普通高等教育"十一五"国家级规划教材
（高职高专）

机械基础

（第2版）

主　编　杨化书
副主编　谷礼新　周志敏
主　审　梁建和　刘修身

黄河水利出版社
·郑州·

内 容 提 要

本书是普通高等教育“十一五”国家级规划教材，是按照国家对高职高专人才培养的规格要求及高职高专教学特点编写完成的。本书共分15章，主要介绍了工程材料的力学性能、凝固、强化、化学成分、使用范围、铸造、锻压、焊接，以及金属切削加工等；同时介绍了光滑圆柱体的公差与配合、测量技术基础、形状公差与位置公差，以及表面粗糙度等；对于机械零件选材原则及其工艺路线的确定也作了细致的说明；最后，介绍了液压传动的基本原理、元件以及基本回路等。

本书可供高职高专院校机械类、近机类、非机类相关专业教学使用，也可作为职工大学、业余大学、函授大学的教材，同时可供有关专业技术人员、技工阅读参考。

图书在版编目（CIP）数据

机械基础/杨化书主编．—2版．—郑州：黄河水利出版社，2007.9 （2011.5 修订重印）
普通高等教育“十一五”国家级规划教材
ISBN 978-7-80734-284-7

Ⅰ.机… Ⅱ.杨… Ⅲ.机械学-高等学校：技术学校-教材 Ⅳ.TH11

中国版本图书馆CIP数据核字（2007）第146343号

组稿编辑：王路平　电话：0371-66022212　E-mail：hhslwlp@163.com

出 版 社：黄河水利出版社
地址：河南省郑州市顺河路黄委会综合楼14层　邮政编码：450003
发行单位：黄河水利出版社
发行部电话：0371-66026940、66020550、66028024、66022620（传真）
E-mail：hhslcbs@126.com
承印单位：黄河水利委员会印刷厂
开本：787 mm×1 092 mm　1/16
印张：18.25
字数：420千字　　印数：12 201—16 000
版次：2002年9月第1版　　印次：2011年5月第4次印刷
2007年9月第2版
2011年5月修订

书号：ISBN 978-7-80734-284-7/TH·23　　定价：30.00元

再版前言

本书是普通高等教育“十一五”国家级规划教材，是根据《国务院关于大力发展职业教育的决定》、教育部《关于全面提高高等职业教育教学质量的若干意见》等文件精神，以及教育部对普通高等教育“十一五”国家级规划教材建设的具体要求组织编写的。

为把本书再版工作做好，对各章内容都进行了重新编写。在重新编写过程中，主要考虑了以下几个问题：

(1)要使本书能够成为高职高专特色教材。国家教育部、财政部示范性高职高专院校重点专业建设要求，对于教材，不仅要能使学生在学习中掌握必要的理论知识，更重要的是使学生掌握较强的职业技能，即专业实践技能。因此，本书在重新编写过程中，增加了必要的专业实践技能内容，如在普通热处理的淬火介质内容中，不仅介绍了常用的水、油和盐或苛性钠水溶液，还介绍了新的淬火介质；在量具选择中，介绍了量具选择的实例；在可锻性之前，介绍了金属的加工硬化与再结晶；在习题中增添了判断正误题和选择题等。这些内容的增加，相信对学生专业实践技能的提高会有很大的帮助。

(2)各章之后，增加了小结。在各章的小结中，提出了重点学习的内容以及是否重点章。

(3)把原来各章之后的复习题更名为习题。习题的主要类型规整为判断正误题、选择题、问答题、计算题和分析题，以便于学生学习。

参加本书重新编写者，都是长期从事高职高专机械类和近机类的教师，其中四位编者在相关机械制造企业和机电企业从事过多年的实际生产和技术工作，积累了丰富的编写教材的资料和经验。因此，本书是编者长期教学工作与实际生产和技术工作的结晶。

本书编写人员及编写分工如下：黄河水利职业技术学院杨化书编写第一章和第三章、宋新编写第二章、曲新峰编写第四章和第五章、谷礼新编写第八章至第十章、朱焕立编写第十二章，广西水利电力职业技术学院姜俊编写第六章和第七章，山东水利职业学院李永敏编写第十一章和第十三章，四川水利职业技术学院周志敏编写第十四章和第十五章。本书由杨化书担任主编并负责全书统稿，由谷礼新、周志敏担任副主编，由广西水利电力职业技术学院梁建和、开封朝阳汽车配件有限公司高级工程师刘修身担任主审。

本书在重新编写过程中参考了有关教材和资料，并得到了很多同行和企业技术专家的帮助和支持，在此一并表示衷心的感谢。

由于编者的水平有限，书中难免有错误和不足之处，恳请广大读者批评指正。

编　者

2007 年 6 月

前　言

本书是根据教育部《关于加强高职高专人才培养工作意见》和《面向21世纪教育振兴行动计划》等文件精神，以及由全国水利水电高职教研会拟定教材的编写规划，报水利部批准，用中央财政安排的“支持示范性职业技术学院建设”项目经费组织编写的水利水电类全国统编教材。

本教材是按照水利职业教育协会高等职业教育教研分会制定的《高等职业教育〈机械基础〉教学基本要求》和《高等职业教育〈机械基础〉教材编写大纲》，并参考一些高职高专院校对教材改革的经验而编写的。本教材主要适用于高职高专机械类、近机类(不含章前带*号部分)、非机类专业(含章前带*号的部分)的专科生；也可作为职工大学、业余大学、函授大学学生的教材，有关技术人员和生产第一线人员也可选用及参考。

本书编写过程中，主要考虑了以下几个问题：

(1)本教材编写过程中，首先考虑了使用问题：要不仅适用于高职高专机械类、近机类专科生，同时也要适用于非机类专业的专科生；也可作为职工大学、业余大学、函授大学学生的教材，有关技术人员和生产第一线人员也可选用及参考。

(2)在编写过程中，注意了结合实际，如第三章结尾，选择了机床和汽车的一些零件的使用；第四章选择了内燃机一些零件的配合等。

(3)在整个编写过程中，注意删掉了原来专科教材中的过多的理论部分，以高职高专培养目标中要求的够用为准。

参加本书编写者，长期从事机械类、近机类和非机类工科学生的金工实习及教学，并有几位编者在相关机械制造企业从事过实际生产技术工作，积累了丰富的编写《机械基础》教材的资料和经验。因此，可以说，本书的编写是编者长期教学工作和实际生产技术工作的总结。

参加本书编写工作的有：黄河水利职业技术学院杨化书编写第一章和第三章、宋新编写第二章、谷礼新编写第八章至第十章，广西水利电力职业技术学院姜委编写第四章至第七章、山东水利职业学院李永敏编写第十一章至第十三章、四川农业大学水利电力学院周志敏编写第十四章和第十五章。

全书由杨化书任主编并统稿，谷礼新任副主编，广西水利电力职业技术学院梁建和主审。

本书在编写过程中参考了有关教材、资料，并得到了许多同行的支持和帮助，在此一并表示衷心的感谢。

由于编者的水平有限，书中难免有错误和不足之处，敬请广大读者批评指正。

编　者

2002年6月

目　录

第一章　工程材料的性能

各种工程材料，按其性能不同，可以用来制作不同的结构件、机械零件、工具或其他件等。制作上述各件，工程技术人员在选择工程材料时，必须具有工程材料使用性能(如力学性能、物理性能和化学性能等)的基本知识，同时兼顾考虑工程材料的工艺性能和经济性。

工程材料在使用条件下所显示出来的性能称为使用性能。工程材料的使用性能包括物理性能(如密度、熔点、导热性、导电性、磁性等)、化学性能(如耐蚀性、抗氧化性、化学稳定性等)、力学性能(如强度、硬度、塑性和韧性等)。工程材料的工艺性能是指其在加工条件下的成型能力，如金属材料的铸造性能、锻压性能、焊接性能、热处理性能、切削加工性能等。工程材料通常分为金属材料和非金属材料两大类。

第一节　工程材料的力学性能

工程材料的力学性能是指在力的作用下所显示的性能，常用的有强度、硬度、塑性、冲击韧度、疲劳极限和断裂韧度等。

一、强度与塑性

材料的强度与塑性是一个重要指标，是通过拉伸试验测定出来的。所谓拉伸试验是指用静拉伸力对标准拉伸试样进行缓慢的轴向拉伸，直至拉断的一种试验方法。拉伸试验是在拉伸试验机上进行的。试验之前，先将被测材料制成如图 1-1 所示的标准试样(参见《金属拉伸试样》(GB6397—86))。图中 d_0 为试样直径，l_0 为测定塑性用的标距长度。试验时，在试样两端缓慢地施加轴向拉伸力。随着轴向拉伸力不断增加，试样被逐渐拉长，直至拉断。若将试样从开始加载直到断裂前所受的拉力 F，与其所对应的试样标距 l_0 的伸长量 Δl 绘成曲线，将得到拉伸曲线。

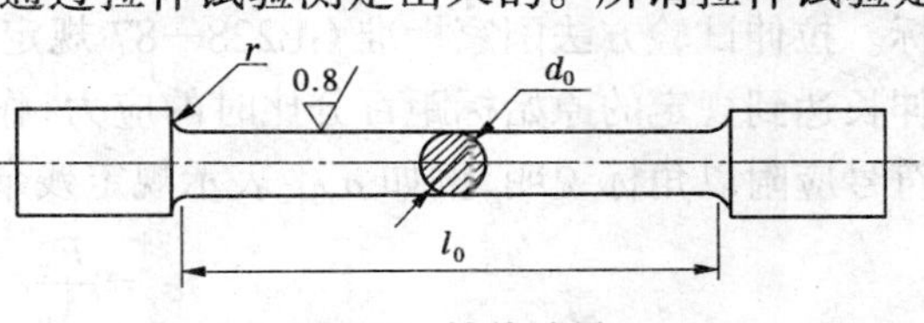

图 1-1　拉伸试样

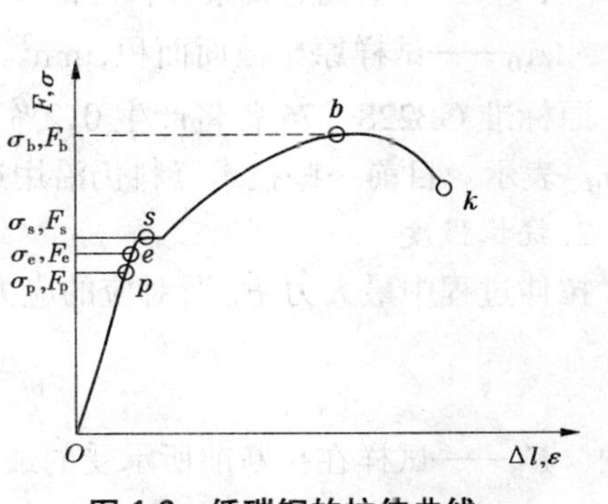

图 1-2　低碳钢的拉伸曲线

图 1-2 所示为低碳钢的拉伸曲线，由图可见，在开始的 Oe 阶段，力 F 与伸长

量 Δl 为线性关系，除去试验力后，试样将恢复到原始长度。此阶段的变形称为弹性变形。力超过 F_e 后，试样除发生弹性变形外还将发生塑性变形。此时，试验力除去后试样不能恢复到原始长度，这是由于其中的塑性变形已不能恢复，形成了永久变形的原因。当试验力增大到 F_s 之后，拉伸曲线上出现了水平线段，这表明试验力虽未增加，但试样继续发生塑性变形而伸长，这种现象称为“屈服”。当试验力超过 F_b 以后，试样上某部分开始变细，出现了“颈缩”，由于其截面缩小，继续变形所需试验力下降。试验力到达 F_k 时，试样在颈缩处断裂。

为使曲线能够直接反映出材料的力学性能，可用应力 σ（试样单位截面上的力，$\frac{4F}{\pi d_0^2}$）代替试验力 F，以应变 ε（试样单位长度上的伸长量，$\frac{\Delta l}{l_0}$）取代伸长量 Δl，由此绘成的曲线称为 $\sigma \sim \varepsilon$ 曲线。$\sigma \sim \varepsilon$ 曲线和 $F \sim \Delta l$ 曲线形状相同，仅是坐标的含义不同。

(一)强度

强度是材料在试验力的作用下，抵抗塑性变形和断裂的能力。强度有多种判据，工程上以屈服点和抗拉强度最为常用。

1. 屈服点

屈服点是指拉伸试样产生屈服现象时的应力，用 σ_s 表示。σ_s 按下式计算：

$$\sigma_s = \frac{F_s}{A_0} \quad (\text{MPa}) \tag{1-1}$$

式中　F_s——试样发生屈服时所承受的最大试验力，N；

A_0——试样原始截面面积，mm^2。

对于许多没有明显屈服现象的金属材料，用“规定残余伸长应力”作为相应的强度指标。拉伸试验方法国家标准 GB228—87 规定：当试样卸除拉伸力后，其标距部分的残余伸长达到规定的原始标距百分比时的应力，作为规定残余伸长应力（σ_r）。表示此应力的符号应附以角标说明，例如 $\sigma_{r0.2}$ 表示规定残余伸长率为 0.2% 时的应力。

$$\sigma_r = \frac{F_r}{A_0} \quad (\text{MPa}) \tag{1-2}$$

式中　F_r——产生规定残余伸长时的试验力，N。

A_0——试样原始截面面积，mm^2。

原标准 GB228—76 曾将产生 0.2% 残余伸长率的规定伸长应力 $\sigma_{r0.2}$ 称为屈服强度，以 $\sigma_{0.2}$ 表示。目前一些技术资料仍沿用这一术语。

2. 抗拉强度

拉伸过程中最大力 F_b 所对应的应力 σ_b 称为抗拉强度（也称强度极限）。

$$\sigma_b = \frac{F_b}{A_0} \quad (\text{MPa}) \tag{1-3}$$

式中　F_b——试样在拉断前所承受的最大力，N；

A_0——试样原始截面面积，mm^2。

抗拉强度的物理意义是表征材料对最大均匀变形的抗力，表征材料在拉伸条件下所能承受最大力的应力值，它是设计和选材的主要依据之一，是工程技术上的主要强度指标。

(二)塑性

断裂前材料发生不可逆永久变形的能力称为塑性。常用的塑性判据是材料断裂时最大相对塑性变形，如拉伸时的断后伸长率和断面收缩率。

1. 伸长率

试样拉断后，标距的伸长量与原始标距的百分比称为伸长率，以 δ 表示。

$$\delta = \frac{l_1 - l_0}{l_0} \times 100\% \tag{1-4}$$

式中 l_0——试样原始标距长度，mm。

l_1——试样拉断后的标距长度，mm。

必须注意的是，伸长率的数值与试样尺寸有关，所以试验时应对所选定的试样尺寸作出规定，以便进行比较。如当 $l_0 = 5d_0$ 时，用 δ_5 表示；当 $l_0 = 10d_0$ 时，用 δ_{10}或 δ 表示。

2. 收缩率

材料的塑性也可用断面收缩率 Ψ 表示：

$$\Psi = \frac{A_0 - A_1}{A_0} \times 100\% \tag{1-5}$$

式中 A_0——试样的原始截面面积，mm^2；

A_1——试样拉断后端口处截面面积，mm^2。

δ 值和 Ψ 值愈大，材料的塑性愈好。良好的塑性不仅是金属材料进行轧制、锻压、冲压、焊接的必要条件，而且在使用时万一超载，由于产生塑性变形，能够避免突然断裂。

二、硬度

金属材料抵抗局部变形的能力，称为硬度。硬度是衡量金属软硬的判据。硬度直接影响到材料的耐磨性及切削加工性。机械制造中的刃具、量具、模具及工件的耐磨表面都应具有足够高的硬度，才能保证其使用性能和使用寿命。如果所加工的工件硬度过高，肯定会给切削加工带来一定的困难。可见，硬度也是重要的力学性能指标，应用十分广泛。

金属材料的硬度是在硬度计上测定的。常用的有布氏硬度和洛氏硬度，有时还采用维氏硬度。

(一)布氏硬度

布氏硬度的测定原理是用一定大小的试验力 F(N)，把直径为 D(mm)的淬火钢球或硬质合金球压入被测工件的表面(见图 1-3)，保持规定时间后卸除试验力，用读数显微镜测出压痕平均直径 d (mm)，然后按公式求出布氏硬度 HB 值，或者根据 d 从布氏硬度表中查出 HB 值。

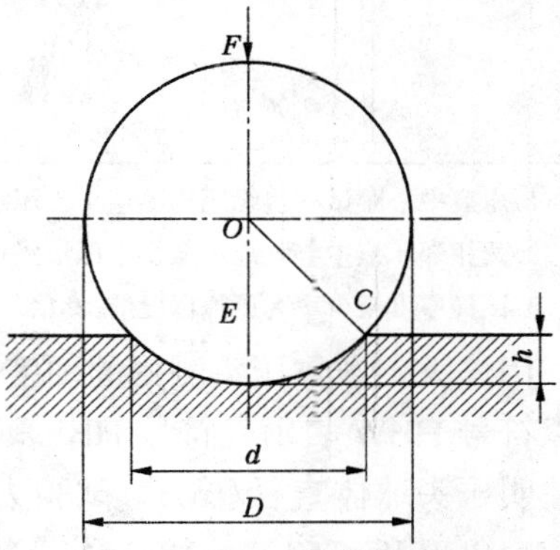

图 1-3 布氏硬度试验原理示意图

$$\mathrm{HBS(HBW)} = 0.102\frac{F}{\pi Dh} = 0.102\frac{2F}{\pi D(D-\sqrt{D^2-d^2})}$$

由于金属材料有硬有软，被测工件有厚有薄，有大有小，如果只采用一种标准的试验力 F 和压头直径 D，就会出现对某些材料和工件不适用的现象。对同一种材料采用不同的 F 和 D 进行试验时，能否得到同一的布氏硬度值，关键在于压痕几何形状的相似性，即应建立 F 和 D 的某种选配关系，以保证布氏硬度的不变性。

布氏硬度计的压头有 Ø10 mm、Ø5 mm、Ø2.5 mm 三种，而试验力有 29 420 N、9 80 7N、7 355 N、2 452 N、1 839 N、613 N、153 N 等数种，供不同材料和不同厚度试样测试时选用，其中常用的压头直径为 10mm，试验力为 29 420N。布氏硬度试验规范见表 1-1。

表 1-1 布氏硬度试验规范

材料种类	布氏硬度使用规范	球直径 D(mm)	$0.102F/D^2$ 值	试验力 F(N)	试验力保持时间(s)
钢、铸铁	≥140HBS	10	30	29 420	10
		5		7 355	
		2.5		1 839	
	<140HBS	10	10	9 807	10～15
		5		2 452	
		2.5		613	
非铁金属材料	≥130HBS	10	30	29 420	30
		5		7 355	
		2.5		1 839	
	35～130HBS	10	10	9 807	30
		5		2 452	
		2.5		613	
	<35HBS	10	2.5	2 452	60
		5		613	
		2.5		153	

注：1. 压痕中心距试样边缘距离不应小于压痕平均直径的 2.5 倍。

2. 两相邻压痕中心距离不应小于压痕平均直径的 4 倍。

3. 试样厚度至少应为压痕深度的 10 倍。试验后，试样支撑面应无可见变形痕迹。

用淬火钢球作压头测得的硬度值以符号 HBS 表示；用硬质合金球作压头测得的硬度值以符号 HBW 表示。符号 HBS 和 HBW 之前的数字为硬度值，符号后面依次用相应数值注明压头球体直径(mm)、试验力(0.102 N)、试验力保持时间(s)(10～15 s 不标注)。例如 550HBW5/750 表示用直径 5 mm 硬质合金球在 7 355 N 试验力作用下保持 10～15 s 测得的布氏硬度值为 550；130 HBS10/1000/30 表示用直径 10 mm 的钢球压头在 9 807 N 试验力作用下保持 30 s 测得的布氏硬度值为 130。

布氏硬度试验法主要用于铸铁、非铁金属以及经退火、正火和调质处理的钢材的硬度测定。

(二)洛氏硬度

洛氏硬度的测试原理是以顶角为 120°金刚石圆锥体(或 Ø1.588 mm 淬火钢球)为压头,在规定试验力作用下,垂直地压入被测金属表面,卸载后依据压入深度 h,由刻度盘上的指针直接指示出 HR 值(见图 1-4)。

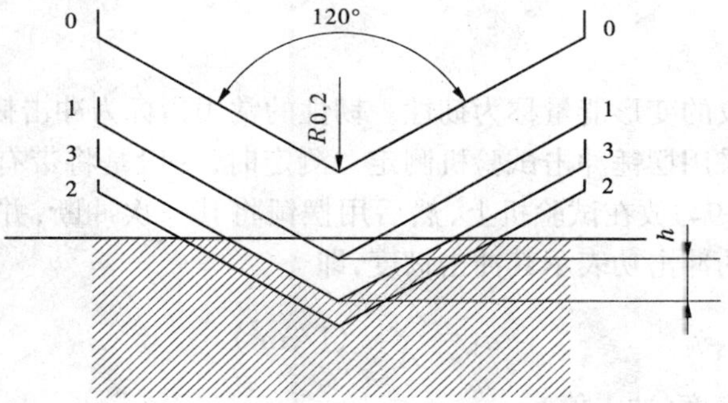

图 1-4 洛氏硬度试验原理

实际上,金属越硬,h 值越小。为适应人们习惯上数值越大硬度越高的观念,故人为地规定以常数 K 减去压痕深度 h 的值作为洛氏硬度指标,并规定每 0.002 mm 为一个洛氏硬度单位,用符号 HR 表示,则洛氏硬度值为:

$$\mathrm{HR}=\frac{K-h}{0.002}$$

可见,洛氏硬度是一个无量纲性能指标。使用金刚石压头时,常数 K 为 0.2 mm;使用钢球压头时,常数 K 为 0.26 mm。

为使洛氏硬度计能够测试从软到硬各种材料的硬度,其压头及载荷可以变更,而刻度盘上也有三个不同标尺。表 1-2 列出了各个硬度标尺的压头、总载荷及其适用材料。其中,HRC 在生产中应用最广。

表 1-2 常用的三种洛氏硬度的试验条件及应用范围

符号	压头类型	总试验力 F(kN)	硬度值有效范围	应用举例
HRA	120°金刚石圆锥体	0.588 4	70~85	硬质合金,表面淬硬层,渗碳层
HRB	Ø1.588 mm 钢球	0.980 7	25~100	非铁金属,退火钢、正火钢等
HRC	120°金刚石圆锥体	1.471 1	20~67	淬火钢、调质钢等

注:总试验力 = 初始试验力 + 主试验力;初始试验力全为 98 N。

洛氏硬度测试简单、迅速,因压痕小,可用于检验成品。它的缺点是测得的硬度值重复性较差,这对有偏析或组织不均匀的被测金属尤为明显。为此,需在被测工件的不同部位测量数次(至少三次),取其算术平均值方可。

洛氏硬度试验设备简单,测试迅速,不损坏被测工件。同时,硬度和强度间有一定的换算关系(可参阅有关手册,本书不叙述),故在产品零件图的技术条件中,通常标出硬度要求。

上述硬度试验方法中,布氏硬度试验力与压头直径受制约关系约束.并有钢球压头变形问题;洛氏硬度各标尺之间没有直接的简单对应关系。维氏硬度(符号为 HV)克服了上述两种硬度试验的缺点，其优点是试验力可以任意选择，特别适用于表面强化处理（如化学热处理）的机械零件和很薄的产品，但维氏硬度试验的效率不如洛氏硬度试验高，不适宜成批生产的常规检验。维氏硬度的测定原理与布氏硬度相类似，其试验方法和技术条件可参阅国家标准 GB4340—84。

三、韧性

材料断裂前吸收的变形能量称为韧性。韧性的常用指标为冲击韧度。

冲击韧度通常采用摆锤冲击试验机测定。测定时，一般是将带有缺口的标准冲击试样（参见 GB/T229—94）放在试验机上，然后用摆锤将其一次冲断，并以试样缺口处单位截面面积上所吸收的冲击功表示其冲击韧度，即

$$a_{\mathrm{k}}=\frac{A_{\mathrm{k}}}{A}\quad(\mathrm{J/cm^2})\tag{1-6}$$

式中　a_{k}——冲击韧度（冲击值）；

A_{k}——冲断试样所消耗的冲击功，J；

A——试样缺口处的截面面积，$\mathrm{cm^2}$。

对于脆性材料（如铸铁、淬火钢等）的冲击试验，试样一般不开缺口，因为开缺口的试样冲击值过低，难以比较不同材料冲击性能的差异。

冲击值的大小与很多因素有关。它不仅受试样形状、表面粗糙度、内部组织的影响，还与试验时的环境温度有关。因此，冲击值一般作为选择材料的参考，不直接用作强度计算。

必须注意：承受冲击载荷的机械零件，很少是在大能量下一次冲击而破坏的，如连杆、曲轴、齿轮等。因此，在大能量、一次冲断条件下来测定冲击韧度，方法简单，对大多数在工作中承受小能量重复冲击的机械零件不一定合适。不过试验研究表明，在冲击不太大的情况下，金属材料承受多次重复冲击的能力，主要取决于强度，而不要求过高的冲击韧度。例如，用球墨铸铁制造的曲轴，只要强度足够，其冲击韧度达到 8～15 $\mathrm{J/cm^2}$ 时，其使用性能就能够得到满足。

冲击值对组织缺陷很敏感，它能反映出材料品质、宏观缺陷和显微组织等方面的变化。因此，冲击试验是生产上用来检验冶炼、热加工、热处理等工艺质量的有效方法。

四、疲劳极限

许多机械零件，如曲轴、齿轮、连杆、弹簧等是在周期性或非周期性动载荷（称为疲劳载荷）的作用下工作的。这些承受疲劳载荷的机械零件发生断裂时，其应力值往往低于该材料的强度极限，这种断裂称为疲劳断裂。

金属材料所承受的疲劳应力（σ）与其断裂前的应力循环次数（N），具有如图 1-5 所示的疲劳曲线关系。当应力下降到某值之后，疲劳曲线成为水平线，这表示该材料可经受无数次应力循环而不发生疲劳断裂，这个应力值称为疲劳极限或疲劳强度，也就是金属材料在无数次循环载荷作用下不致引起断裂的最大应力。当应力按正弦曲线对称循环时，疲劳强度以符号 σ_{-1}表示。

由于实际测试时不可能做到无数次应力循环，故规定各种金属材料应有一定的应力

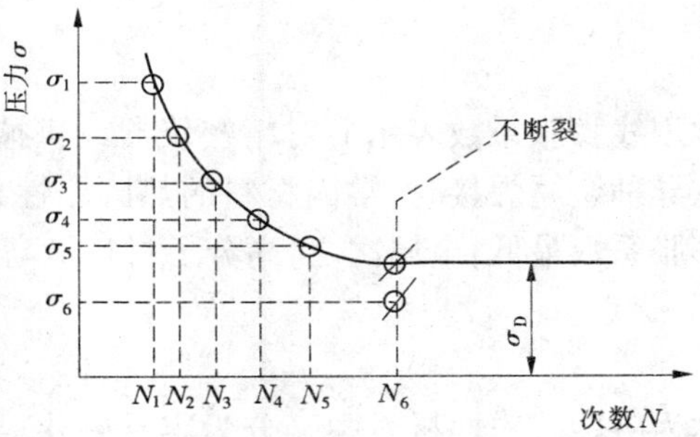

图 1-5　疲劳曲线

循环基数。如钢材以 10^7 为基数，即钢材的应力循环达到 10^7 仍不发生疲劳断裂，就认为不会发生疲劳断裂了。对于非铁合金和某些超高强度钢，则常取 10^8 为基数。

产生疲劳断裂的原因，一般认为是由于材料含有杂质、表面划痕及其他能引起应力集中的缺陷，产生微裂纹，这种微裂纹随应力循环次数的增加而逐渐扩展，致使机械零件有效截面逐步缩减，直至不能承受所加载荷而突然断裂。

为了提高机械零件的疲劳强度，除应改善其结构形状，减少应力集中外，还可采用表面强化的方法，如提高机械零件的表面质量、喷丸处理、表面热处理等。同时，应控制材料的内部质量，避免气孔、夹杂等缺陷。

第二节　工程材料的物理性能

工程材料的物理性能表示的是其固有的一些属性，如密度、熔点、热膨胀性、磁性、导热性与导电性等。

一、密度

材料的密度是指单位体积中材料的质量。不同材料的相对密度各不相同，如钢为7.8左右，陶瓷为2.2～2.5，各种塑料的就更小。材料的相对密度直接关系到产品的重量和效能。如发动机要求质轻、运动时惯性小的活塞时，常采用密度小的铝合金制造。一般将密度小于 $5\times10^3\ kg/m^3$ 的金属称为轻金属，密度大于 $5\times10^3\ kg/m^3$ 的金属称为重金属。

抗拉强度 σ_b 与密度 ρ 之比称为比强度；弹性模量 E 与密度 ρ 之比称为比弹性模量。这两者也是考虑某些机械零件材料性能的重要指标。

二、熔点

熔点是指材料的熔化温度。金属都有固定的熔点。陶瓷的熔点一般都显著高于金属及合金的熔点，而高分子材料一般不是完全晶体，所以没有固定的熔点。

合金的熔点取决于它的化学成分，其对于金属与合金的冶炼、铸造和焊接等都是一个重要的工艺参数。熔点高的金属称为难熔金属（如W、Mo、V等），可以用来制造耐高温的机械零件，在燃气轮机、航空航天等领域有着广泛的应用。熔点低的金属称为易熔金属（如Sn、Pb等），可以用来制造保险丝、防火安全阀等零件。

三、热膨胀性

材料的热膨胀性通常用线膨胀系数表示。对精密仪器或机械零件，热膨胀性是一个非常重要的性能指标。在异种金属焊接时，常因材料的热膨胀性相差过大而使焊件变形或破坏。一般陶瓷的线膨胀系数最低，金属次之，高分子材料最高。

四、磁性

材料能导磁的性能称为磁性。磁性材料中又分为容易磁化、导磁性良好及外磁场去掉后磁性基本消失的软磁性材料(如电工用纯铁、硅钢片等)和去磁后保持磁场、磁性不易消失的硬磁性材料(如淬火的钴钢、稀土钴等)。许多金属(如 Fe、Ni、Co 等)均具有较高的磁性。但也有许多金属(如 Al、Cu、Pb 等)是无磁性的。非金属材料一般无磁性。

五、导热性

材料的导热性用热导率(亦称导热系数)λ 来表示。材料的热导率越大，说明导热性越好。一般来说，金属越纯，其导热能力越大，金属的导热能力以 Ag 为最好，Cu、Al 次之。金属及合金的热导率远高于非金属材料。

导热率是金属材料的重要性能之一。导热性好的材料其散热性也好，可用来制造热交换器等传热设备的零部件。在制定各类热加工工艺时，必须考虑材料的导热性，以防止材料在加热或冷却过程中，由于表面和内部产生温差膨胀不同形成过大的内应力，引起材料发生变形或开裂。

六、导电性

材料的导电性一般用电阻率来表示。通常金属的电阻率随温度升高而增加，而非金属材料则与此相反。金属一般具有良好的导电性，Ag 的导电性最好，Cu、Al 次之。导电性与导热性一样，是随合金成分的复杂化而降低的，因而纯金属的导电性总比合金要好。高分子材料都是绝缘体，但有的高分子复合材料也有良好的导电性。陶瓷材料虽然也是良好的绝缘体，但某些特殊成分的陶瓷却是有一定导电性的半导体。

第三节　工程材料的化学性能

工程材料在机械制造中，要满足其使用性能。即不仅要满足其力学性能、物理性能的要求，同时也要求具有一定的化学性能。尤其是要求耐腐蚀、耐高温的机械零件，更应重视其化学性能。

材料的化学性能是指材料在室温下抵抗各种化学介质作用的能力，一般包括耐腐蚀性与高温抗氧化性等。所谓高温抗氧化并不是指高温下材料完全不被氧化，而是指材料在迅速氧化后，能在表面形成一层连续、致密并与机体结合牢固的膜，从而阻止了材料进一步氧化。总的来说，非金属材料的耐腐蚀性远高于金属材料。

一、金属腐蚀的基本过程

根据金属腐蚀过程的不同特点，金属腐蚀可分为化学腐蚀和电化学腐蚀两类。

(一)化学腐蚀

金属与周围介质(非电解质)接触时单纯由化学作用而引起的腐蚀称为化学腐蚀，一般发生在干燥的气体或不导电的流体(润滑油或汽油)场合中。例如，金属和干燥气体 SO_2 相接触时，在金属表面生成硫化物，从而使金属零件因腐蚀而损坏。

氧化是最常见的化学腐蚀，形成的氧化膜通过扩散逐渐加厚。温度越高，高温下加热时间越长，氧化越严重。

(二)电化学腐蚀

金属与电解质溶液(如酸、碱、盐)构成原电池而引起的腐蚀，称为电化学腐蚀。如金属在海水中发生的腐蚀、地下金属管道在土壤中的腐蚀等均是电化学腐蚀。金属的腐蚀绝大多数是由电化学腐蚀引起的，电化学腐蚀比化学腐蚀快得多，危害性也更大。

二、防止金属腐蚀的途径

提高金属耐腐蚀性应做到：一是尽可能使金属保持均匀的单相组织；二是尽量减少两极之间的电极电位差，并提高阴极的电极电位；三是尽量不与电解质溶液接触，减小甚至隔断腐蚀电流。

工程上经常采用的防腐蚀方法主要有：①选择合理的防腐蚀材料；②采用覆盖法防腐蚀；③改善腐蚀环境；④电化学保护法。

第四节　工程材料的工艺性能和经济性

一、工程材料的工艺性能

工程材料的工艺性能是指其在加工条件下成型能力的性能。如金属材料的铸造性能、锻压性能、焊接性能、热处理性能、切削加工性能等。工程材料的工艺性能好坏，决定着它加工成型的难易程度，会直接影响制造零件的工艺方法、质量以及制造成本。

(一)铸造性能

铸造性能是指用金属液体浇注铸件时，金属易成型并获得优质铸件的性能。流动性好、收缩率小、偏析倾向小是表示铸造性能好的指标。在金属材料中，铸铁和青铜的铸造性能较好。

(二)锻压性能

锻压性能一般用金属材料的可锻性来衡量。可锻性是指材料是否易于进行压力加工的性能。一般钢的可锻性良好，而铸铁不能进行压力加工。

(三)焊接性能

焊接性能一般用材料的可焊性来衡量。可焊性是指材料是否易于焊接在一起并能保证焊缝质量的性能。可焊性好坏一般用焊接处出现各种缺陷的倾向来评定。低碳钢的可焊性较好，而铸铁和铝合金的可焊性差。某些工程塑料也有良好的可焊性，但工程塑料与金属的焊接机制及工艺方法有所不同。

（四）切削加工性能

切削加工性能是指材料在切削加工时的难易程度。它与材料的种类、成分、硬度、韧性、导热性及内部组织状态等许多因素有关。切削加工性能好的材料切削容易，对刀具磨损小，加工出的工件表面也比较光滑。铸铁、铜合金、铝合金及一般碳钢的切削加工性能较好。非金属材料与金属材料的切削加工工艺要求不同。

二、工程材料的经济性

材料的经济性，对于工程技术人员来说，是必须考虑的。据有关资料统计，在一般的工业部门中，材料价格要占产品价格的30%～70%。在考虑了材料的使用性能和工艺性能后，必须建立材料经济性概念。制造机械零件时，所选用材料的成本达到最低，使制造的机械零件的总成本较低，这样才能使你所在的企业取得较好的经济效益，使产品在市场上具有较强的竞争力。

本章小结

本章主要介绍了工程材料的力学性能包括屈服点、抗拉强度、断后伸长率、断面收缩率、冲击韧性、疲劳极限，工程材料硬度的测试方法及其表示方法。简单介绍了工程材料的物理性能包括密度、熔点、热膨胀性、磁性、导热性和导电性，金属腐蚀的基本过程和防止金属腐蚀的途径；工程材料的工艺性能和经济性。

本章重点掌握工程材料的屈服点、抗拉强度、断后伸长率、断面收缩率、硬度的测试方法及其表示方法。

习　题

一、判断正误（正确的打√，错误的×）

1.弹性变形能随载荷的去除而消失。（　）

2.所有金属材料在拉伸试验时都会出现显著的屈服现象。（　）

3.材料的屈服点越低，则允许的工作应力越高。（　）

4.洛式硬度值无单位。（　）

5.做布氏硬度试验，当试验条件相同时，其压痕直径越小，材料的硬度越低。（　）

二、单向选择题

1.拉伸试验时，试样拉断前所能承受的最大应力称为材料的。

A.屈服点　　B.抗拉强度　　C.弹性极限　　D.疲劳极限

2.做疲劳试验时，试样承受的载荷为______。

A.静载荷　　B.冲击载荷　　C.交变载荷　　D.动载荷

3.洛式硬度C标尺所用的压头是______。

A. 淬硬钢球　　B. 金刚石圆锥体　　C. 硬质合金球　　D. 一般压头

4. 金属材料抵抗塑性变形或断裂的能力称为______。

A. 塑性　　B. 硬度　　C. 强度　　D. 韧性

5. 用拉伸试验可测定材料的______性能指标。

A. 强度　　B. 硬度　　C. 韧性　　D. 塑性

三、问答题

1. 什么叫应力?

2. 什么叫应变?

3. 拉伸试验一般可以得到哪些力学性能指标?

4. 在生产中,冲击试验有何重要作用?

5. 什么叫疲劳试验?

6. 结合具体例子,说明选用材料时,如何综合考虑材料的物理性能、化学性能和材料的经济性。

四、计算题

有一 $d_0=10$ mm、$l_0=5$ 0mm 的低碳钢试样,做拉伸试验时测得 $F_s=20.5$ kN,$F_b=31.5$ kN,$d_1=6.25$ mm,$l_1=66$ mm,试确定此低碳钢的 σ_s、σ_b、Ψ、δ。强度数值修正到 1 MPa,塑性数值修正到 1%。

第二章　工程材料的结构、强化与处理

工程材料的各种性能，尤其是力学性能，与其微观结构有关。物质的聚集状态有三种：气态、液态和固态。物质由液态转变为固态的过程称为凝固。大多数工程材料都是在固态下使用的。所以，应该认真分析和了解工程材料的固态结构与其形成过程。

第一节　金属材料的晶体结构

一、晶体结构的基本概念

物质都是由原子组成的，原子的排列方式和空间分布称为结构。固态物质根据其原子排列情况分为两种形式：晶体和非晶体。物质的结构可以通过外界条件加以改变，这种改变为材料性能的改善提供了可能。

组成物质的质点（原子、分子和离子）之间通过某种相互作用而联系在一起，这种作用力称为结合键。结合键对物质的性能有重大影响。通常结合键分为结合力较强的离子键、共价键、金属键和结合力较弱的分子键与氢键。

（一）晶体与非晶体

原子或分子通过结合键结合在一起，依键性的不同以及原子或分子的大小不同可在空间组成不同的排列，即形成不同的结构。

原子或分子在空间有秩序地排列形成晶体；无序排列是非晶体。

几乎所有的金属、大部分陶瓷以及一些聚合物在其凝固时都要发生结晶，形成原子在三维空间按一定几何规律周期性排列的有序结构，这种结构称为晶体。晶体具有固定的熔点（如 Fe 的熔点是 1 538 ℃，Cu 的熔点是 1 083 ℃等）和各向异性等。

某些工程上常用的材料，包括玻璃、绝大多数的塑料和少数从液态快速冷却下来的金属，如人们所熟悉的松香、沥青等，其内部原子无规律地堆积在一起，这种结构称为非晶体。非晶体的共同特点是：

（1）结构无序，物理性质表现为各向同性。

（2）无固定熔点。

（3）导热率和热膨胀性均小。

（4）塑性变形大。

（5）组成的变化范围大。

非晶体结构从整体上看是无序的，但在小范围内观察，还是具有一定的规律性，即是近程有序的；而晶体尽管从整体上看是有序的，但由于有缺陷，在很小的范围内也存在着无序性。因此，两者之间尚有共同特点且可互相转化。物质在不同条件下，既可形成晶体结构，也可形成非晶体结构。如金属液体在高速冷却下可以得到非晶体结构，玻璃经适当热处理可以形成晶体结构。有些物质,可以看成是有序和无序的中间状态,如塑料等。

(二)晶格与晶胞

实际晶体中的各类质点(包括离子、电子等)虽然都是在不停地运动着,但在讨论晶体结构时,常把原子看成是一个固定的小球,这些小球按一定的几何形状在空间紧密排列(见图 2-1(a))。

为便于描述晶体内部原子排列的规律,将每个原子只视为一个几何质点,并用一些假想几何线条将各质点连接起来,便形成一个空间几何格架。这种用于描述原子在晶体中排列方式的空间几何格架称为晶格(见图 2-1(b))。由于晶体中原子作周期性规则排列,所以可以在晶格内取一个能代表晶格特征的,由最小数目的原子构成的最小结构单元来表示晶格,称为晶胞(见图 2-1(c))。

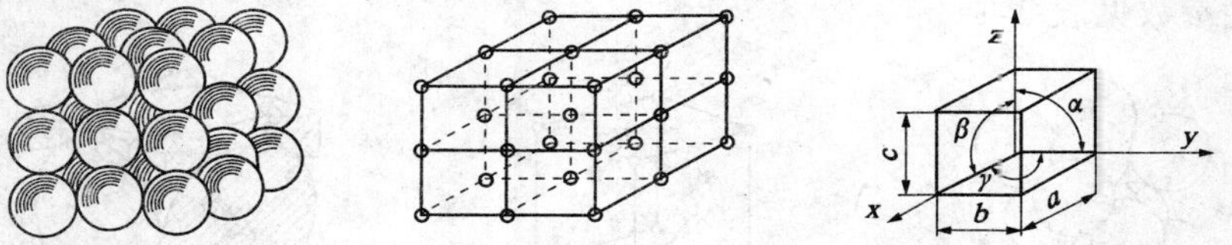

(a)晶体中的原子排列　　(b)晶格　　(c)晶胞及晶格参数表示方法

图 2-1　简单立方晶格与晶胞示意图

为研究晶体结构的需要,在晶体学中还规定用晶格参数来表示晶胞的几何形状及尺寸。晶格参数包括晶胞的棱边长度 a、b、c 和棱边夹角 α、β、γ(见图 2-1(c))。晶胞的棱边长度又称为晶格常数,其度量单位为 Å(1 Å $=10^{-10}$m),当三个棱边长度 $a=b=c$,三个棱边夹角 $\alpha=\beta=\gamma=90°$时,这种晶胞组成的晶格称为简单立方晶格。

在晶格中由一系列原子组成的平面称为晶面,而晶面又是由一行行的原子列组成的。晶格中各原子列的位向称为晶向。

二、三种典型的金属晶体结构

根据晶胞中原子小球排列的规律不同,可以将晶格的基本类型分为 14 种。在金属中,常见的晶格类型有体心立方晶格、面心立方晶格和密排六方晶格三种。

体心立方晶格的晶胞是一个立方体,在立方体的八个角上和晶胞中心各有一个原子(见图 2-2),体心立方晶胞每个角上的原子均为相邻八个晶胞所共有,而中心原子为该晶胞所独有,所以体心立方晶胞中的原子数为 $1+8\times1/8=2$ 个,属于这种晶格类型的金属有 $\alpha-Fe$、Cr、W、Mo、V、Nb 等。

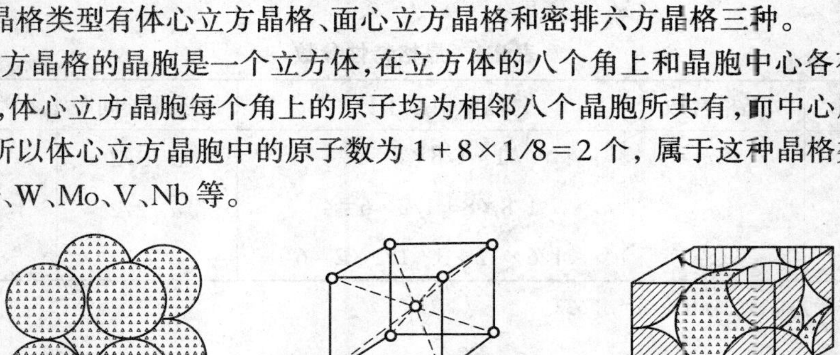

(a)　　(b)　　(c)

图 2-2　体心立方晶格的晶胞示意图

原子在晶格中排列的紧密程度对晶体性能有较大的影响。晶胞中原子所占有的体积与晶胞体积的比值称为晶格的致密度。晶格的致密度越大,则原子排列越紧密。在体心立方晶格中每个晶胞含有两个原子，这两个原子占有的体积为 $2\times4\pi r^3/3$，r 为原子半径。

体心立方晶格中原子半径 r 与晶格常数 a 的关系为 $r=(\sqrt{3}/4)a$；晶胞体积为 a^3。所以,体心立方晶格的致密度为

$$致密度=\frac{晶胞中原子占有的体积}{晶胞体积}=\frac{2\times4\pi r^3/3}{a^3}=0.68$$

这表明在体心立方晶格中有68%的体积被原子所占有,其余为空隙。

面心立方晶格如图2-3所示,密排六方晶格如图2-4所示。属于面心立方晶格类型的金属有$\gamma-Fe$、Cu、Al、Ni、Ag、Pb等,属于密排六方晶格的金属有Mg、Zn、Be等。三种晶格的特性参数见表2-1。

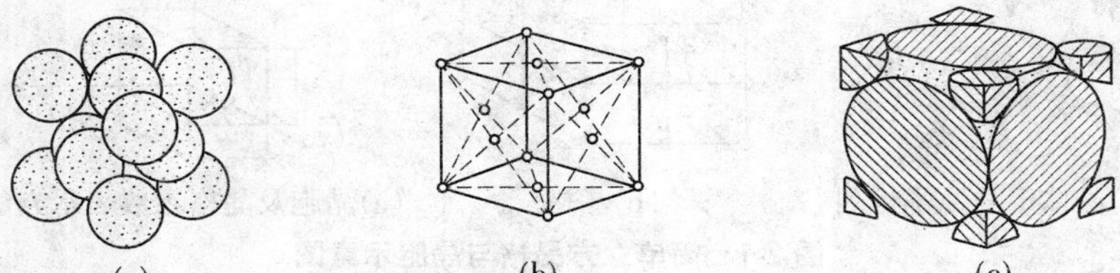

图2-3 面心立方晶格的晶胞示意图

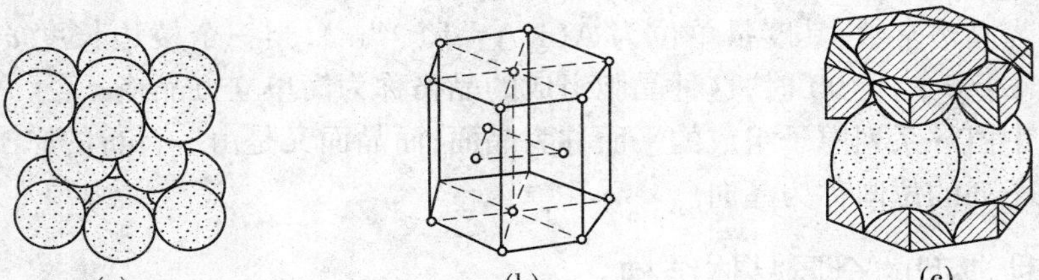

图2-4 密排六方晶格的晶胞示意图

表2-1 晶格特性参数

结构类型	晶格常数	晶胞中原子数	最近原子间距	致密度
体心立方	a	$1+1/8\times8=2$	$a\sqrt{3}/2$	0.68
面心立方	a	$1/8\times8+1/2\times6=4$	$a\sqrt{2}/2$	0.74
密排六方	a,c	$1/6\times12+3+1/2\times2=6$	a	0.74

注:理想密排六方晶格的轴比 $c/a=1.633$。

三、实际金属的晶体结构

(一)单晶体与多晶体

如果金属的晶格位向完全一致,称单晶体。金属单晶体只能在实验室用特殊方法制

得。实际使用的金属材料都是由许多晶格位向不同的微小晶粒组成的,称为多晶体(见图2-5)。每个小晶粒都相当于一个单晶体,而小晶粒间的位向是不相同的。晶粒与晶粒之间的界面称为晶界。

(二)晶体缺陷

根据晶体缺陷存在的几何形式特点,分为点缺陷、线缺陷、面缺陷三大类。

1.点缺陷

点缺陷是指在空间三个方向尺寸都很小的缺陷,最常见的点缺陷是晶格空位和间隙原子,如图2-6所示。晶格中某个原子脱离了平衡位置,形成了空结点,称为空位。某个晶格间隙中挤进了原子,称为间隙原子。晶格缺陷的出现破坏了原子间的平衡状态,使晶格发生扭曲,称为晶格畸变。晶格畸变将使晶体性能发生改变,如强度、硬度和电阻增加。

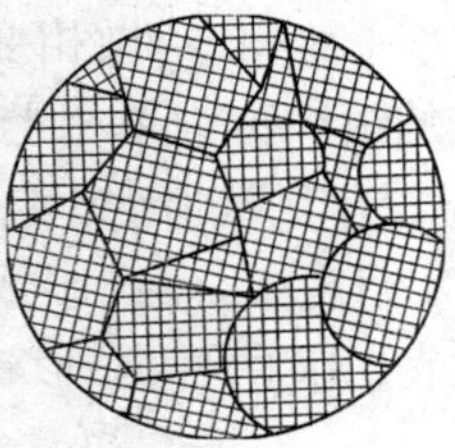

图2-5　多晶体示意图

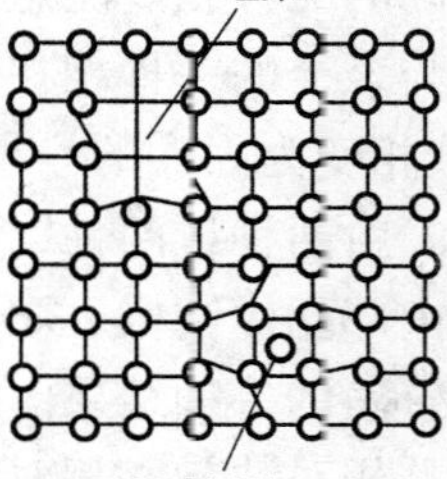

图2-6　晶格点缺陷示意图

空位和间隙原子的运动也是晶体中原子扩散的主要方式之一,这对金属热处理是极其重要的。

2.线缺陷

线缺陷的特征是在晶体两个方向上尺寸很小,而在第三个方向上尺寸很大。线缺陷主要是位错。

位错是晶体中一列或数列原子发生有规律错排的现象。位错有许多类型,其中最常见的就是刃型位错。位错的存在及其密度的变化对金属性能会产生重大影响。

3.面缺陷

面缺陷的特征是在一个方向上尺寸很小,而另外两个方向上尺寸很大,主要指晶界和亚晶界。

实际金属是一个多晶体结构。在一个晶粒内部,存在许多更细小的晶块,它们之间晶格位向很小,通常小于2°~3°,这些小晶块称为亚晶粒(也称镶嵌块)。亚晶粒之间的界面称为亚晶界。

由于晶界处原子排列不规则,偏离平衡位置,因而使晶界处能量较晶粒内部要高,引起晶界的性能与晶粒内部不同。常温下,晶界处不易产生塑性变形,所以晶界处硬度和强度较晶内高。晶粒越细小,晶界亦越多,则金属的硬度和强度亦越高。

四、合金的晶体结构

纯金属的力学性能较低,因此工程上应用最广的是各种合金。

合金是由两种或两种以上的金属元素或金属元素和非金属元素组成的具有金属特性的物质。如黄铜是铜和锌的合金；碳钢是铁和碳的合金。合金的结构直接影响其性能。

组元：组成合金的最基本的独立物质。组元可以是金属元素、非金属元素和稳定的金属化合物。黄铜中铜和锌，碳钢中铁和 Fe_3C 都是组元。

合金系：组元一定，而组元比例发生变化，可以得到一系列的合金。根据组元数的多少，可分为二元合金、三元合金等。碳钢是二元合金，黄铜也是二元合金。

相：金属或合金中具有相同成分、相同结构并以界面相互分开的各个均匀组成部分。

组织：是指用肉眼或借助于放大镜、金相显微镜观察到的材料内部的形态结构。

组织和相的区分：①若合金是由成分、结构都相同的同一种晶粒所构成的，则各晶粒虽有界面分开，却属于同一种相；若合金是由成分、结构互不相同的几种晶粒所构成的，它们将属于不同的几种相。注意：一般把固态下的相称为固相，而把液体状态下的相称为液相。②金属与合金的一种相在一定条件下可以转变成为另一种相，叫做相变。例如纯金属结晶，是液相变为固相的一种相变。③只有一种相组成的组织称为单相组织（固溶体或金属化合物）；由两种或两种以上的相（固溶体和金属化合物）组成的组织称为多相组织。④相是材料内部晶体结构、成分的一种组成；而组织则是人们观察（用肉眼或借助于放大镜、金相显微镜）的一种结果。因此，组织的含义包括组成物“相”的种类、形状、大小，即不同“相”之间的相对数量和相对分布。

固态合金中的相，按其组元原子的存在方式可分为固溶体和金属化合物两大类。

（一）固溶体

溶质原子溶入溶剂中而仍保持溶剂晶格类型的合金相称为固溶体。根据溶质原子在溶剂晶格中所占位置不同，固溶体可分为置换固溶体和间隙固溶体两类。

溶质原子占据晶格结点位置而形成的固溶体叫置换固溶体（见图 2-7）。溶质原子按在固溶体中的溶解度不同，又可分为有限固溶体和无限固溶体。

溶质原子占据溶剂晶格间隙所形成的固溶体称为间隙固溶体（见图 2-8）。间隙固溶体只能是有限固溶体。

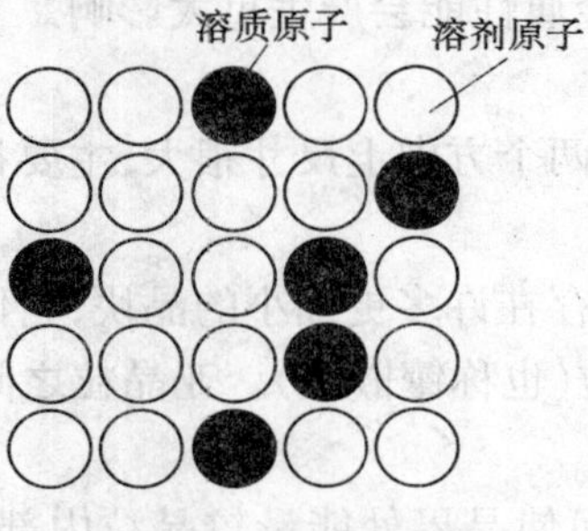

图 2-7　置换固溶体

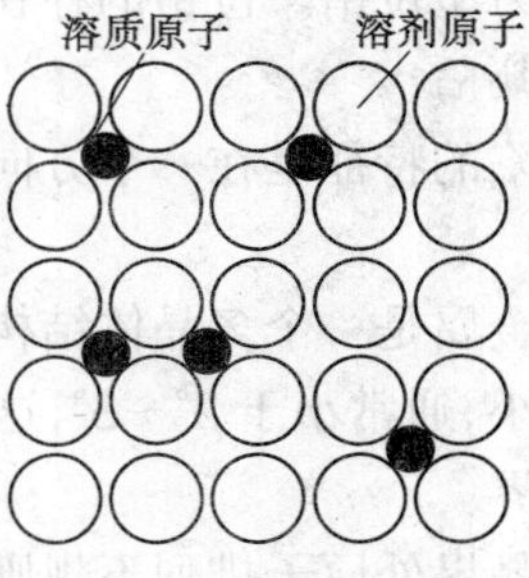

图 2-8　间隙固溶体

由于溶质原子的溶入，会引起固溶体晶格发生畸变，使合金的强度、硬度提高，塑性、韧性有所下降。这种通过溶入原子，使合金强度和硬度提高的方法叫做固溶强化。固溶强化是提高材料力学性能的重要途径之一。

(二)金属化合物

金属化合物是合金元素间发生相互作用而生成的具有金属性质的一种新相，其晶格类型不同于合金中的任意组成元素。

金属化合物一般具有复杂的晶体结构，熔点高，硬而脆。当合金中出现金属化合物时，通常能提高合金的强度、硬度和耐磨性，但会降低塑性和韧性。金属化合物是各种合金钢、硬质合金及许多非金属的重要组成相。

金属化合物的种类很多，常见的有正常价化合物、电子化合物和间隙化合物三类。

五、非金属材料的结构特点

(一)陶瓷材料的结构特点

陶瓷是由金属化合物和非金属化合物构成的多晶固体材料，其结构比金属晶体复杂得多。既有以离子键为主要结合键构成的离子晶体，也有以共价键为主要结合键构成的共价晶体。常认为其组织结构由晶体相、玻璃相和气相三部分组成。

(二)高分子材料的结构特点

高分子材料的主要组分是高分子化合物。高分子化合物是由许多小分子(或称低分子)通过共价键连接起来的大分子有机化合物，故又称为聚合物或高聚物。高聚物具有链状结构，常称其为大分子链。

高聚物的结构主要包括两个微观层次：一个是大分子链结构，包括其结构单元的化学组成、链接方式和立体结构、分子大小及构象等；另一个是大分子的聚集态结构，即高聚物分子间的结构形式，如晶态、非晶态等。

高聚物是由小分子化合物聚合而成的。凡是可以聚合生成大分子链的小分子化合物称为单体。大分子链的重复结构单元称为链节。一个大分子链中链节的数量称为聚合度。聚合度反映了大分子链的长短及相对分子质量的大小。如聚乙烯是由乙烯聚合而成的，乙烯就是聚乙烯的单体。

第二节　工程材料的凝固

一、工程材料的凝固

物质的凝固过程，按其反应性质的不同，可分为第一类凝固反应和第二类凝固反应两大类型。第一类凝固反应以水、液态金属或合金等为代表，当它们由液态转变为固态时，其流动性和其他物理性质会发生突然的变化，凝固后的固体是晶体，这种凝固过程称为结晶。第二类凝固反应以玻璃、聚乙烯、沥青和松香等为代表，当它们由液态变成固态时，流动性和其他物理性质不发生显著和突然的改变，这类液体无固定的凝固温度，在冷却过程中是逐渐变硬的，其凝固后的固体则是非晶体。

不同物质所发生的凝固过程是随条件而变化的。从理论上讲，任何物质都可能出现两类凝固过程。对金属来说，当冷却速度极大时，也可能获得非晶态组织。

(一)金属的结晶特点

晶体物质都有一个平衡结晶温度(熔点),液体低于这一温度时才能结晶,固体高于这一温度时才能熔化。液体与晶体在平衡结晶温度时同时并存,处于平衡状态。纯金属的实际结晶过程可用冷却曲线来描述。冷却曲线是温度随时间变化的曲线,是用热分析法测绘的。从图 2-9 所示的冷却曲线可看出,液态金属随时间冷却到某一温度时,在曲线上出现了一个平台,这个平台所对应的温度就是纯金属的实际结晶温度。由于结晶时放出了结晶潜热,补偿了此时向环境散发的热量,使温度保持恒定,结晶完成后,温度继续下降。试验表明,纯金属的实际结晶温度 T_1 总是低于平衡结晶温度 T_0,这种现象称为过冷现象。实际结晶温度 T_1 与平衡结晶温度 T_0 的差值 ΔT 称为过冷度。液体冷却速度越大,ΔT 越大。从理论上来说,当冷却速度无限小时,ΔT 趋于零,即实际结晶温度与平衡结晶温度趋于一致。

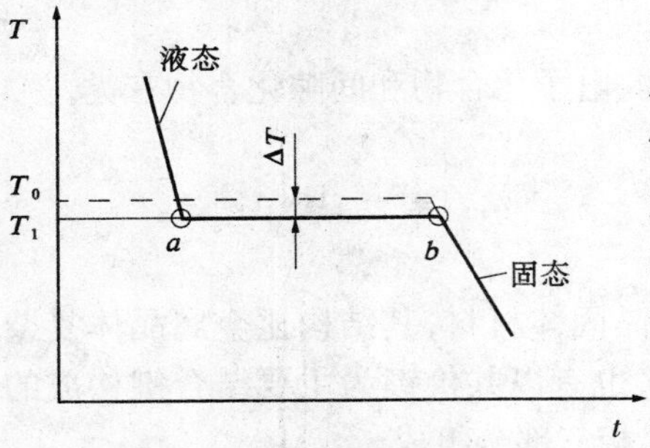

图 2-9　纯金属的冷却曲线

1. 结晶的一般过程

试验表明,结晶是晶体在液体中从无到有(晶核形成)、由小变大(晶核长大)的过程。从高温冷却到结晶温度的过程中,液体内部的一些微小区域内原子由不规则排列向晶体结构的规则排列逐渐过渡,不断产生许多类似晶体中原子排列的小集团,这种不稳定的原子排列的小集团,是结晶中产生晶核的基础。当液体被过冷到结晶温度以下时,某些尺寸较大的原子小集团变得稳定,能够自发地成长,即成为结晶的晶核。这种只依靠液体本身在一定过冷条件下形成晶核的过程叫做自发形核。实际生产中,金属液体内常存在各种固体的杂质微粒。金属结晶时,依附于这些杂质的表面形成晶核比较容易。这种依附于杂质表面形成晶核的过程称为非自发形核。

过冷度除影响形核外,对晶核的长大也有很大的影响,当过冷度较大时,金属晶体常以树枝状方式长大。在晶核成长初期,外形大多是比较规则的。但随着晶核的长大,形成了棱角,棱角处的散热条件优于其他部位,所以优先长大,如树枝一样先长出枝干,称为一次晶轴。在一次晶轴伸长和变粗的同时,在其侧面棱角处会长出二次晶轴,随后又可出现三次晶轴、四次晶轴……相邻的树枝状骨架相遇时,树枝骨架停止扩展,每个晶轴不断变粗,并长出新的晶轴,直到枝晶间液体全部消失,每一枝晶成长为一个晶粒。

对于每一个单独的晶粒而言,其结晶过程在实际上划分必是先形核、后长大两个阶段,但对整体而言,形核与长大在整个结晶期间是同时进行的,直至每个晶核长大到互相接触形成晶粒为止。

2. 结晶后的晶粒大小及其控制

金属结晶后,获得由许多晶粒组成的多晶体组织。晶粒大小可以用单位体积内晶粒数目来表示。通常测量常以单位截面面积上晶粒数目或平均直径来表示。晶粒大小对金属的力学性能、物理性能和化学性能均有很大的影响。细晶粒组织的金属不仅强度高,而且塑性和韧性也好。这是因为晶粒越细,一定体积内的晶粒数目越多,在同样的变形条件下,变形量被分散到更多的晶粒内进行,各晶粒的变形比较均匀而不致产生过分的应力集中现象;另外,晶粒越细,晶界就越多、越曲折,越不利于裂纹的传播,从而使其在断裂前能承受较大的塑性变形,表现出较高的塑性和韧性。所以,在实际生产中,通常采用适当方法获得细小晶粒来提高金属材料的强度,这种强化金属材料的方法,称为细晶强化。实际生产中常用以下三种方法来获得细晶粒:

(1)增大过冷度。根据过冷度对形核率和长大速率的影响规律,增大过冷度可使晶粒细化,在生产中增大冷却速度,降低浇注温度,都可以细化晶粒,但只能用于小型和薄壁零件。

(2)变质处理。在实际生产中,对于铸锭或大铸件,因为散热慢,要获得较大的过冷度都很困难,而且过大的冷却速度往往导致铸件开裂而造成废品。为得到细晶粒,浇注前在液态金属中加入少量的变质剂,促使形成大量非自发晶核,提高形核率,这种细化晶粒的方法称为变质处理。变质处理在冶金和铸造生产中应用非常广泛,如钢中加入 Al、Ti、V 和 B 等;铸铁中加入 Si、Ca 等与铸造铝硅合金中加入钠盐等都是变质处理的例子。

(3)附加振动。在金属结晶时,对液态金属附加机械振动、超声波振动和电磁波振动等,使枝晶破碎,晶核数量增大,也能使晶粒细化。

3. 铸锭组织

金属的铸锭组织直接影响铸件的使用性能,金属的铸锭组织及质量也影响到压力加工后型材的质量。由于多种因素的影响,铸造金属的组织多种多样。

如果将一个金属铸锭沿纵向和横向剖开磨光并加以侵蚀,可看到其组织包括表面细晶区、柱状晶区和中心等轴晶区等三个晶区。

铸锭中三层组织对铸锭性能的影响是不同的。表面细晶区力学性能虽好,但对整个铸锭的性能影响不大。柱状晶区比较细密,对于塑性较好的非铁金属,希望得到较大的柱状晶区,另外柱状晶区沿其长度方向的强度较高,对于那些主要承受单向载荷的机械零件,常需获得柱状晶组织。但柱状晶粒的交接面常聚集易溶杂质和非金属夹杂物而形成脆弱界面,所以铸钢锭要设法抑制结晶时柱状晶区的发展。中心等轴晶区的性能没有方向性,但该区结晶时形成很多微小的缩孔和缩松,会使力学性能降低。

(二)非晶态凝固的特点

影响非晶态凝固的因素主要有两个:

(1)熔体的黏度。高黏度的熔体,凝固时易于形成非晶体。而大多数物质结晶时,液体的黏度是很低的。

(2)冷却速度。如果冷却速度很快,晶核不能形成,就会得到非晶体。现在用高速旋转的铜轮来冷却金属液,就可获得带状非晶态合金。

二、铁碳合金相图

合金相图:在平衡条件下给定合金系中合金的成分、温度和组织状态之间关系的坐标图形。合金相图又称为合金状态图或合金平衡图。

合金相图是在全面了解合金的组织随成分、温度变化的规律,对合金系中不同成分的合金进行试验,观察分析其在极其缓慢加热、冷却过程中内部组织的变化,绘制而成的图。

二元合金相图:具有两个组元的合金相图。它是研究二元合金结晶过程和组织变化的简单图解。最常见的二元合金相图有二元匀晶相图、三元共晶相图、二元共析相图、二元包晶相图等。铁碳合金相图就是一个由二元匀晶相图、二元共晶相图、二元共析相图与二元包晶相图组成的综合的二元合金相图。在生产中,铁碳合金相图应用最广泛。对金属来说,合金相图是制定熔炼、铸造、锻压及热处理等工艺的重要依据。

铁碳合金相图是研究在平衡状态下铁碳合金成分、组织和性能之间关系及其变化规律的重要工具,掌握铁碳合金相图对于制定钢铁材料的加工工艺具有重要的指导意义。

铁和碳作用,可形成 Fe_3C、Fe_2C、FeC 等一系列稳定的化合物,而稳定的化合物可以作为一个独立的组元,所以整个铁碳合金相图可以分解为 $Fe-Fe_3C$、Fe_3C-Fe_2C、Fe_2C-FeC 等一系列二元合金相图。由于含碳量超过 5% 的铁碳合金无使用价值,所以我们经常所说的铁碳合金相图,实际上仅是 Fe 和 Fe_3C 两个组元组成的 $Fe-Fe_3C$ 相图。

(一)铁碳合金的基本组元与基本相

1. 纯铁的同素异构转变

同一种元素在不同固态温度下,其晶格类型会发生转变,称为同素异构转变。自然界中有许多元素具有同素异构转变,纯铁即具有同素异构转变,可以形成体心立方晶格和面心立方晶格的同素异构体。图 2-10 是纯铁在常压下的冷却曲线,由图可见,纯铁的熔点是 1 538 ℃,在 1 394 ℃和 912 ℃出现平台。经过分析,纯铁结晶后具有体心立方晶格,称为 $\delta-Fe$。当温度下降到 1 394 ℃时,体心立方晶格的 $\delta-Fe$ 转变为面心立方晶格,称为 $\gamma-Fe$。在 912 ℃时,$\gamma-Fe$ 又转变为体心立方晶格,称为 $\alpha-Fe$。再继续冷却,其晶格类型不再发生变化。正是由于纯铁具有同素异构转变,所以钢才有可能进行各种热处理,以改变其组织和性能。

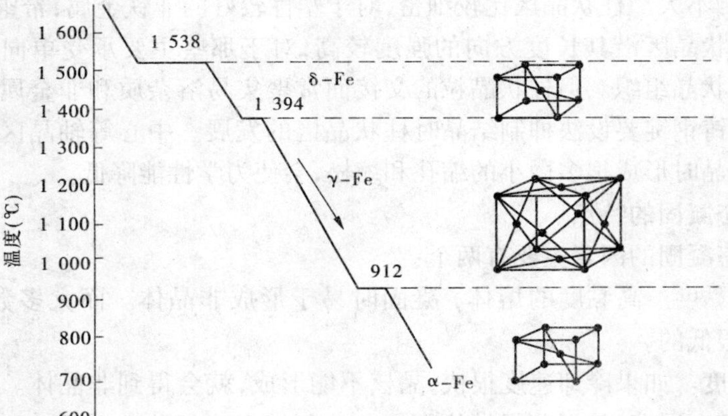

图 2-10　纯铁的冷却曲线及晶体结构的变化

2. 铁碳合金的基本相及其性能

液态下,铁和碳可以相互溶成均匀的液体。固态下,碳可有限地溶于铁中形成间隙固溶体。当含碳量超过在相应温度固相的溶解度时,则会析出具有复杂晶体结构的间隙化合物——渗碳体。

(1)液相。铁碳合金在熔化温度以上形成的均匀液体称为液相,用符号 L 表示。

(2)铁素体。碳溶入 α－Fe 中形成的间隙固溶体称为铁素体,用符号 F 表示。碳在 α－Fe中的溶解度很低,在 727℃ 时溶解度最大,为 0.021 8%,在室温时几乎为零(0.000 8%)。铁素体的力学性能几乎与纯铁相同,其强度和硬度很低,但塑性和韧性良好。其力学性能为 σ_b = 180～280 MPa; δ = 30%～50%; α_K = 160～200 J/cm²; 布氏硬度 50～80 HBS。工业纯铁(ω_C<0.021 8%)在室温时组织由铁素体组成,如图 2-11 所示。

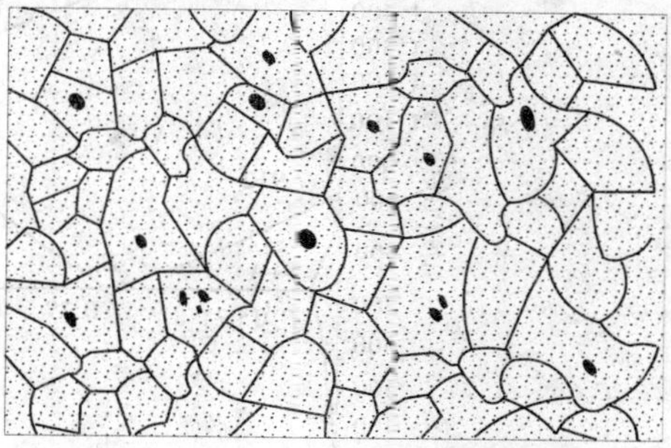

图 2-11　铁素体显微组织

(3)奥氏体。碳溶入 γ－Fe 中形成的间隙固溶体称为奥氏体,用符号 A 表示。碳在 γ－Fe 中的溶解度也有限,但比在 α－Fe 中的溶解度大得多,在1 148℃时,碳在 γ－Fe 中的溶解度最大可达2.11%。随着温度的降低,溶解度也逐渐下降,在 727℃时,奥氏体的碳质量分数为 0.77%。奥氏体的硬度不高,易于塑性变形。

(4)渗碳体。渗碳体是一种具有复杂晶格的间隙化合物。它的分子式为 Fe_3C,渗碳体的碳质量分数为 6.69%。在 Fe－Fe_3C 相图中,渗碳体既是组元,又是基本相。渗碳体的硬度很高,约为 800HBW,而塑性和韧性几乎没有,硬而脆。渗碳体是铁碳合金中主要的强化相,它的形状、大小与分布对钢的性能有很大影响。

(二)Fe－Fe_3C 相图分析

Fe－Fe_3C 相图如图 2-12 所示,图中左上角部分实际应用很少,为便于研究和分析,将此部分简化。简化后的相图如图 2-13 所示。

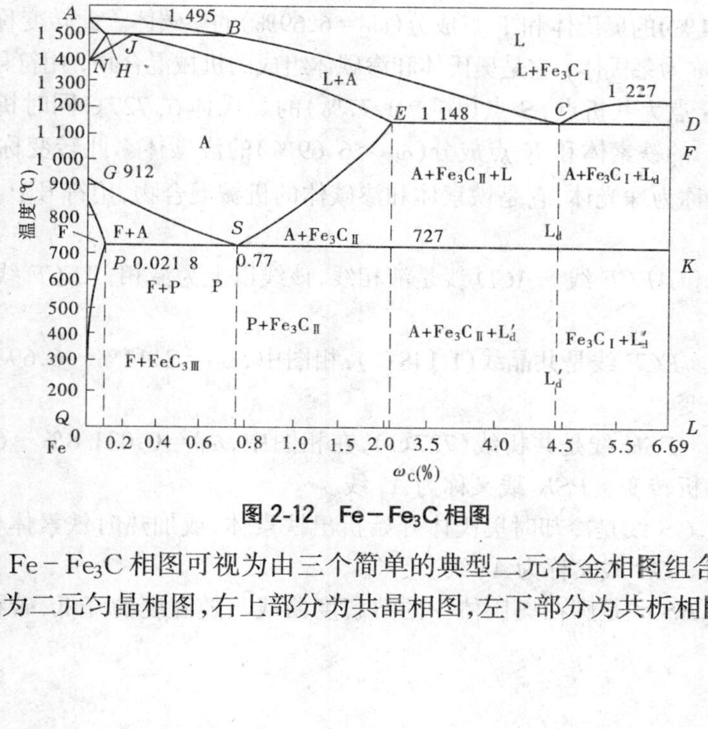

图 2-12　Fe－Fe_3C 相图

简化后的 Fe－Fe_3C 相图可视为由三个简单的典型二元合金相图组合而成。图 2-13 中的左上部分为二元匀晶相图,右上部分为共晶相图,左下部分为共析相图。

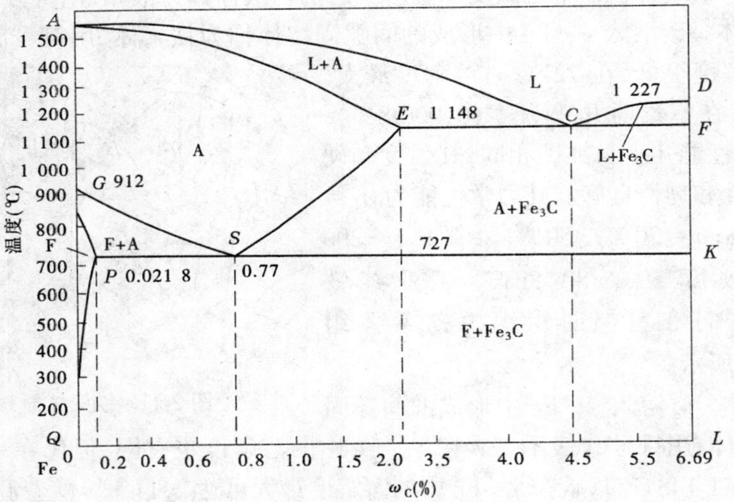

图 2-13 简化后的 Fe－Fe_3C 相图

1．主要点

(1)A 点和 D 点。A 点是铁的熔点(1 538℃)；D 点是渗碳体的熔点(1 227℃)。

(2)G 点。G 点是铁的同素异构转变点，温度为 912℃。铁在该点发生面心立方晶格与体心立方晶格的相互转变。

(3)E 点和 P 点。E 点是碳在 $\gamma-Fe$ 中的最大溶解度点，$\omega_C = 2.11\%$，温度为 1 148℃；P 点是碳在 $\alpha-Fe$ 中的最大溶解度点，$\omega_C = 0.021\ 8\%$，温度为 727℃。

(4)Q 点。Q 点是室温下碳在 $\alpha-Fe$ 中的溶解度点，$\omega_C = 0.000\ 8\%$。

(5)C 点。C 点为共晶点，C 点成分($\omega_C = 4.3\%$)的液相在 1 148℃同时结晶出 E 点的成分($\omega_C = 2.11\%$)的奥氏体和 F 点成分($\omega_C = 6.69\%$)的渗碳体。此转变称为共晶转变。共晶转变的产物称为莱氏体，它是奥氏体和渗碳体组成的机械混合物，用符号 L_d 表示。

(6)S 点。S 点为共析点，S 点($\omega_C = 0.77\%$)的奥氏体在 727℃同时析出 P 点成分($\omega_C = 0.021\ 8\%$)的铁素体和 K 点成分($\omega_C = 6.69\%$)的渗碳体。此转变称为共析转变。共析转变的产物称为珠光体，它是铁素体和渗碳体的机械混合物，用符号 P 来表示。

2．主要线

(1)ACD 线和 $AECF$ 线。ACD 线是液相线，该线以上为液相；$AECF$ 线是固相线，该线以下是固相。

(2)ECF 线。ECF 线是共晶线(1 148℃)，相图中，$\omega_C = 2.11\% \sim 6.69\%$ 的铁碳合金都要发生共晶转变。

(3)PSK 线。PSK 线是共析线(727℃)，在相图中，$\omega_C = 0.021\ 8\% \sim 6.69\%$ 的铁碳合金都要发生共析转变。PSK 线又称为 A_1 线。

(4)GS 线。GS 线是冷却时奥氏体开始析出铁素体，或加热时铁素体全部溶入奥氏体的转变温度线。GS 线又称为 A_3 线。

(5)ES 线。ES 线是碳在奥氏体中的溶解度曲线。随温度的降低，碳在奥氏体中的

溶解度沿 ES 线从 2.11%变化至 0.77%。由于奥氏体中含碳量的减少，将从奥氏体中沿晶界析出渗碳体，称为二次渗碳体(Fe_3C_{II})。ES 线又称为 A_{cm}线。

(6)PQ 线。PQ 线是碳在铁素体中的溶解度曲线。随温度的降低，碳在铁素体中的溶解度沿 PQ 线从 0.021 8%变化至 0.000 8%。由于铁素体中含碳量的减少，将从铁素体中沿晶界析出渗碳体，称为三次渗碳体(Fe_3C_{III})。因其析出量少，在含碳量较高的钢中可以忽略不计。

由于生成条件不同，渗碳体可以分为 Fe_3C_I、Fe_3C_{II}、Fe_3C_{III}、共晶 Fe_3C 和共析 Fe_3C 五种。其中 Fe_3C_I 是含碳量大于 4.3%的液相缓冷到液相线(ACD 线)对应温度时所直接结晶出的渗碳体。尽管它们是同一相，但由于形态与分布不同，对铁碳合金的性能有着不同的影响。

3. 相区

(1)单相区。简化的 $Fe-Fe_3C$ 相图中有 F、A、L 和 Fe_3C 四个单相区。

(2)两相区。简化的 $Fe-Fe_3C$ 相图中有五个两相区，即 $L+A$、$L+Fe_3C$、$A+Fe_3C$、$A+F$和 $F+Fe_3C$ 两相区。

(三)典型铁碳合金的室温组织与分类

由于铁碳合金的成分不同，室温下将得到不同的组织。根据铁碳合金的含碳量及组织的不同，可将铁碳合金分为工业纯铁、钢和白口铸铁三种。

1. 工业纯铁

$\omega_C<0.021\,8\%$，室温组织为 F。

2. 钢

钢又可分为三类：

(1)亚共析钢。$0.021\,8\%\leqslant\omega_C<0.77\%$，室温组织为 $P+F$。

(2)共析钢。$\omega_C=0.77\%$，室温组织为 P。

(3)过共析钢。$0.77\%<\omega_C<2.11\%$，室温组织为 $P+Fe_3C_{II}$。

3. 白口铸铁

白口铸铁可分为三类：

(1)亚共晶白口铸铁。$2.11\%\leqslant\omega_C<4.3\%$，室温组织为 $P+Fe_3C_{II}+L_d'$。

(2)共晶白口铸铁。$\omega_C=4.3\%$，室温组织为 L_d'。

(3)过共晶白口铸铁。$4.3\%<\omega_C<6.69\%$，室温组织为 $L_d'+Fe_3C_I$。

(四)含碳量与铁碳合金组织及性能的关系

铁碳合金室温组织虽然都是由铁素体和渗碳体两相组成的，但因其含碳量不同，组织中两相的相对量、分布及形态不同，所以不同成分的铁碳合金具有不同的性能。

1. 铁碳合金含碳量与组织的关系

图 2-14 所示为室温下铁碳合金中含碳量与平衡组织及相之间的关系。由于铁素体在室温时含碳量很低，所以在铁碳合金中，碳主要以渗碳体的形式存在。随铁碳合金含碳量的增加，组织中渗碳体的相对量也随之增加。温度阶段不同，形成的渗碳体类型、形态和分布也不同，形成的组织也不同。

从图 2-14 中可看出铁碳合金组织变化的基本规律：随含碳量的增加，工业纯铁中的

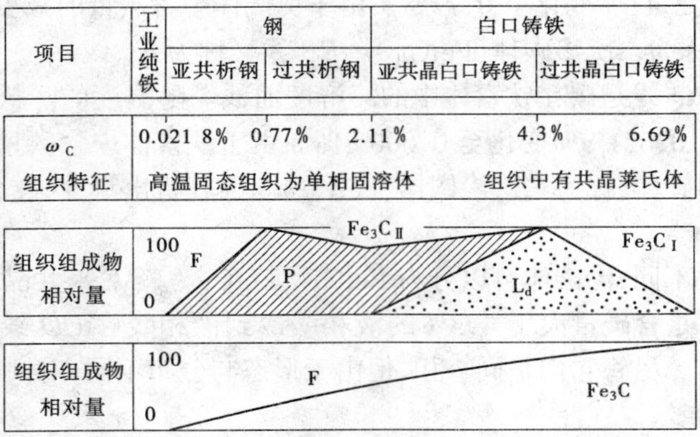

图 2-14　室温下铁碳合金的含碳量与平衡组织及相的关系

三次渗碳体的量增加；亚共析钢中的铁素体量减少；过共析钢中的二次渗碳体量增加；亚共晶白口铸铁中的珠光体和二次渗碳体量也减少，共晶渗碳体量增加；过共晶白口铸铁中的一次渗碳体和共晶渗碳体量增加。这就是影响铁碳合金力学性能的根本原因。

2. 铁碳合金含碳量与力学性能的关系

在铁碳合金中，碳含量和存在形式对合金的力学性能有直接的影响。

图 2-15 表示含碳量对钢力学性能的影响。从图 2-15 中可以看出，由于工业纯铁的含碳量很低，所以塑性很好而强度、硬度很低；亚共析钢组织中的铁素体随含碳量的增多而减少，珠光体量相应增加，因而塑性、韧性下降，强度和硬度直线上升；共析钢为珠光体组织，具有较高的强度和硬度，但塑性较低；在过共析钢中，随含碳量的增加，开始时强度和硬度继续增加，当 $\omega_C = 0.9\%$ 时，抗拉强度达到最大值，随着含碳量继续增加，塑性与韧性继续下降，强度也显著降低。这是因为二次渗碳体的形状是网状的，从而使钢的脆性增加。硬度始终是直线上升的。

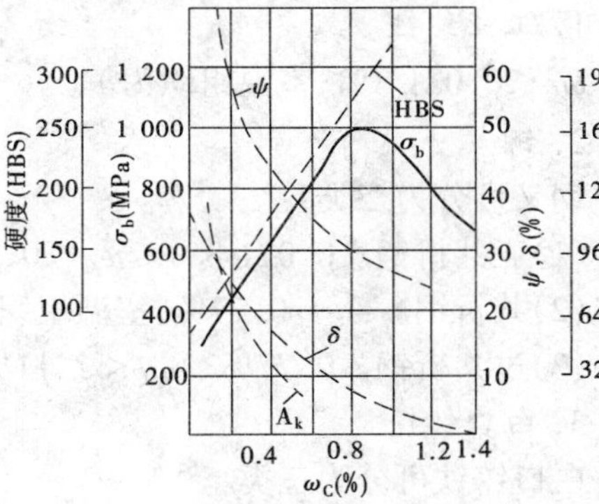

图 2-15　含碳量对钢力学性能的影响

白口铸铁中都有莱氏体组织。莱氏体组织具有很高的硬度和脆性，既难切削加工，也不能锻造，所以白口铸铁的使用受到了限制。但白口铸铁具有很高的抗磨损能力。对于要求表面高硬度和耐磨的机械零件（如犁铧、冷轧辊等），常用白口铸铁制造。

要注意：上述分析的是铁碳合金平衡组织的性能。随冷却和加热条件不同，铁碳合金的组织、性能都会大不相同。

（五）铁碳合金相图的应用

铁碳合金相图对实际生产具有重要意义，它不仅可作为材料选用的参考，还可作为制定铸造、锻压、焊接及热处理等热加工工艺的重要依据。

1. 选材

利用铁碳相图，根据机械零件的具体工作条件和性能要求，来选择合适的机械零件材料。如需塑性、韧性好的材料，可选低碳钢；如需强度、硬度高，塑性好的材料，可选中碳钢；如需硬度高、耐磨性好的材料，可选高碳钢；如需耐磨性好，不受冲击的工件材料，可选白口铸铁。

2. 铸造

由 $Fe-Fe_3C$ 相图可知，共晶成分的铁碳合金熔点最低，结晶温度范围最小，因此共晶成分的铁碳合金具有良好的铸造性能。在实际铸造生产中，经常选用接近共晶成分的铸铁来生产铸件。

3. 压力加工

奥氏体的强度较低，塑性较好，便于塑性变形。所以，钢材的锻压、轧制均选择在奥氏体区范围进行。一般始锻(轧)温度控制在固相线以下 100～200 ℃。温度过高，钢易发生严重氧化或晶界熔化。终锻(轧)温度的选择可根据钢种和加工目的不同而异。对亚共析钢，一般控制在 *GS* 线以上，以避免加工时铁素体呈带状组织而使钢材韧性降低；为提高强度，某些低合金高强度钢选择 800 ℃为终锻温度；对过共析钢，则选择在 *PSK* 线以上某一温度，以锻碎网状二次渗碳体。

4. 焊接

焊接时由焊缝到母材各区域的温度是不同的，由 $Fe-Fe_3C$ 相图可知，不同加热温度各区域在随后的冷却中可能出现不同的组织与性能。因此，对于重要的机械零件，焊接后一定要进行必要的热处理，以改善其性能。

5. 热处理

$Fe-Fe_3C$ 相图对制定热处理工艺有着特别重要的意义。对此，将在下节内容中作详细介绍。

第三节　材料的强化和处理

材料的强化和处理主要包括钢铁材料的热处理、高分子聚合物的改性强化和正在迅速发展的表面处理技术。

材料通过各类强化和处理，既可提高材料的力学性能，又可获得一些特殊要求的性能。

所谓钢的热处理是将钢在固态下以适当的方式进行加热、保温和冷却，以获得所需组织和性能的工艺。

热处理的种类很多，通常根据加热、冷却方法的不同及钢组织和性能变化的特点分为普通热处理(如退火、正火、淬火、回火等)和表面热处理(如表面淬火、化学热处理等)两大类。

各种热处理都是由加热、保温和冷却三个阶段组成的，如图 2-16 所示。改变加热速度、保温时间、冷却速度，会在一定程度上发生相应的预期组织转变，从而改变材料的性能。

一、钢在加热时的转变

加热是热处理的第一道工序。大多数热处理工艺首先要将钢加热到相变点(又称临界点)以上,目的是获得奥氏体。共析钢、亚共析钢和过共析钢分别加热到 $PSK(A_1)$线、$GS(A_3)$线和 $ES(A_{cm})$线以上温度才能获得单相奥氏体组织。A_1、A_3 和 A_{cm}都是平衡临界点。但实际热处理时,加热和冷却都不可能是非常缓慢的,因此组织转变都要偏离平衡临界点,即加热时偏向高温,冷却时偏向低温。为区别平衡临界点,通常将加热时的临界点用 A_{c1}、A_{c3}和 A_{ccm}表示;而冷却时的临界点用 A_{r1}、A_{r3}和 A_{rcm}表示,见图 2-17。

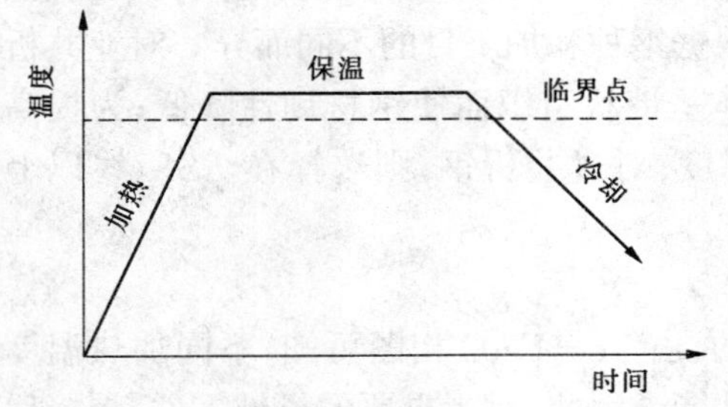

图 2-16　钢的热处理曲线

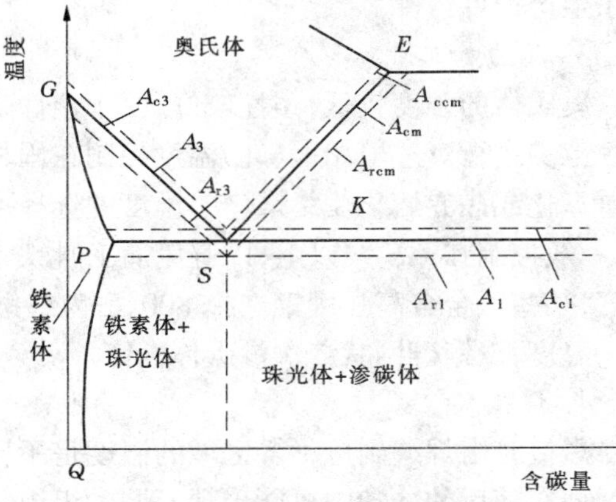

图 2-17　钢的加热和冷却温度临界点

共析钢加热到 A_{c1}以上温度时,便会发生珠光体向奥氏体的转变过程(奥氏体化)。奥氏体的形成过程可分为奥氏体晶核的形成、奥氏体晶核的长大、剩余渗碳体的溶解和奥氏体均匀化四个阶段。

亚共析钢和过共析钢奥氏体化的过程与共析钢基本相似,不同之处是亚共析钢和过共析钢需加热到 A_{c3}或 A_{ccm}以上时,才能获得单一的奥氏体组织,即完全奥氏体化。但对过共析钢来说,此时奥氏体晶粒已经粗化。

奥氏体晶粒大小对冷却转变后钢的性能有很大影响。热处理加热时,若获得细小、均匀的奥氏体,则冷却后钢的力学性能就好。所以,奥氏体晶粒的大小是评定热处理加热质量的主要指标之一。

二、钢在冷却时的转变

钢经奥氏体化后,由于冷却条件不同,其转变产物在组织和性能上有很大的差别。从表 2-2 中可以看出,45 钢在同样奥氏体化条件下,由于冷却速度不同,其力学性能有明显差别。

在热处理生产中,常用的冷却方法有两种,即等温冷却和连续冷却,如图 2-18 所示。钢在等温冷却和连续冷却条件下,其组织转变均不能用 $Fe-Fe_3C$ 相图分析。为研究奥氏体在不同冷却条件下冷却时的组织转变规律,测定了过冷奥氏体(是指在相变温度 A_1 以下,未发生转变而处于不稳定状态的奥氏体)等温转变曲线和连续冷却转变曲线,这两种曲线揭示了过冷奥氏体转变的规律,为钢的热处理奠定了理论基础。

表 2-2　45 钢加热到 840 ℃后，在不同条件下冷却后的力学性能

冷却方法	σ_b(MPa)	σ_s(MPa)	δ(%)	Ψ(%)	HRC
随炉冷却	519	272	32.5	49	15～18
空气冷却	657～706	333	15～18	45～50	18～24
油中冷却	882	608	18～20	48	40～50
水中冷却	1 078	706	7～8	12～14	52～60

(一)过冷奥氏体的等温转变

1. 共析钢过冷奥氏体等温转变曲线的特点

图 2-19 是共析钢过冷奥氏体等温转变曲线，图中曲线呈“*C*”字形，通常又称为 *C* 曲线。在 *C* 曲线中，左边的一条 *C* 曲线为过冷奥氏体等温转变开始线，右边的一条为等温转变终了线。在转变开始线的左方是过冷奥氏体区，在转变终了线的右方是转变产物区，两条曲线之间是转变区。在*C*曲线下部有两条水平线，另一条是马氏体转变开始线(以 M_s 表示)，一条是马氏体转变终了线(以M_f表示)。

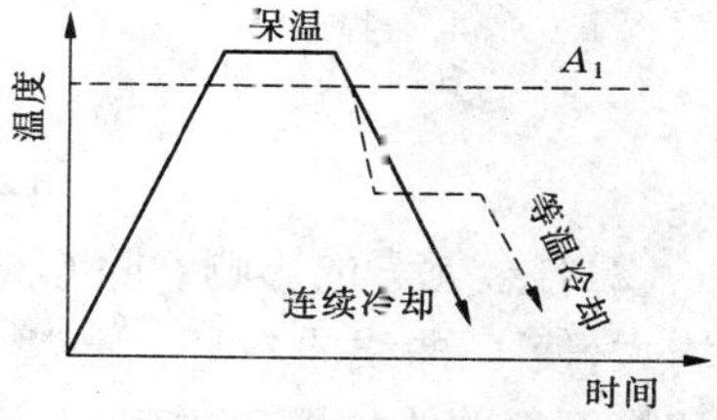

图 2-18　两种冷却方法示意图

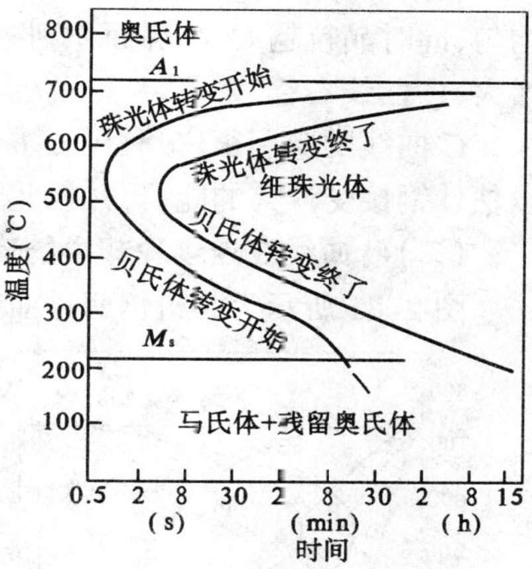

图 2-19　共析钢过冷奥氏体等温转变曲线

2. 共析钢过冷奥氏体等温转变产物的组织和性能

共析钢过冷奥氏体等温转变共分为珠光体型转变、贝氏体型转变和马氏体型转变三种。共析钢过冷奥氏体等温转变产物的组织和性能见表 2-3。

3. 影响奥氏体等温转变的因素

(1)碳的影响。在正常加热条件下，亚共析钢的 *C* 曲线随含碳量的增加向右移，过共析钢的 *C* 曲线随含碳量的增加向左移，共析钢的过冷奥氏体最稳定。由图 2-20 中的三个曲线可见，与共析钢相比，亚共析钢和过共析钢 *C* 曲线上部分别有一条先析出铁素体线和一条二次渗碳体线。

表 2-3　共析钢过冷奥氏体等温转变产物的组织和性能

组织转变	组织名称	符号	形成温度(℃)	硬度(HRC)	组织形态
珠光体型转变	珠光体	P	A_1～650	<20	层片状 F 和 Fe_3C，较粗
	索氏体	S	650～600	20～35	层片状 F 和 Fe_3C，较细
	托氏体	T	600～550	35～40	层片状 F 和 Fe_3C，细小
贝氏体型转变	上贝氏体	$B_{上}$	550～350	40～45	羽毛状
	下贝氏体	$B_{下}$	350～M_s	45～55	黑色针叶状
马氏体型转变	马氏体	M	M_s～M_f	55～66	板条状和片状

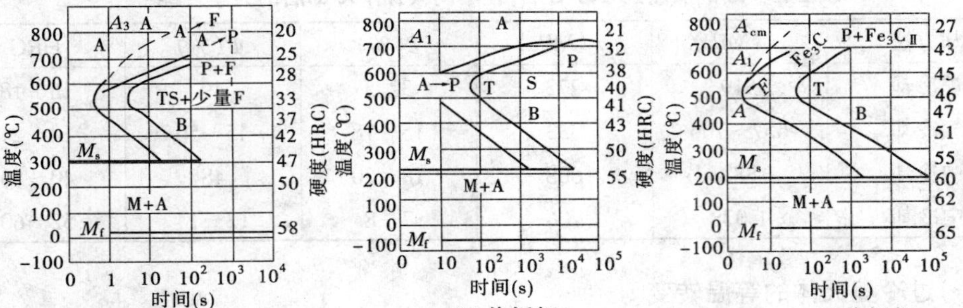

(a)亚共析钢 (b)共析钢 (c)过共析钢

图 2-20 含碳量对 *C* 曲线的影响

(2)合金元素的影响。除 Co 以外,能溶入奥氏体的合金元素都使过冷奥氏体的稳定性增大,使 *C* 曲线向右移。当奥氏体中溶入较多碳化物形成元素(如 Cr、Mo、V、W、Ti 等)时,不仅曲线位置会改变,而且 *C* 曲线可出现两个鼻尖。

(3)加热温度和保温时间的影响。奥氏体化温度越高,保温时间越长,奥氏体成分越均匀,同时晶粒越大,晶界面积则减少,这会降低过冷奥氏体转变的形核率,奥氏体稳定性增大,*C* 曲线右移。

C 曲线的应用很广,利用 *C* 曲线可以制定等温退火、等温淬火和分级淬火的工艺;可以估计钢接受淬火的能力,并据此选择适当的冷却介质。

(二)*C* 曲线在连续冷却中的应用

图 2-21 所示为共析钢两种曲线的比较,由图可知:

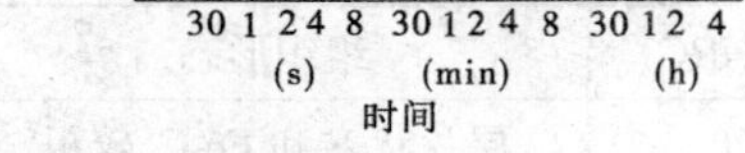

图 2-21 共析钢 *C* 曲线与 *CCT* 曲线比较

(1)同一成分钢的连续冷却曲线(*CCT* 曲线)位于 *C* 曲线右下方。这说明要获得同样的组织,连续冷却转变比等温冷却转变的温度要低一些,孕育期要长些。

(2)连续冷却时,转变是在一个温度范围内进行的,转变产物的类型可能不只一种,有时是几种类型组织的混合。

(3)连续冷却转变时,共析钢不发生贝氏体转变。

CCT 曲线准确反应了钢在连续冷却条件下的组织转变,可作为制定和分析热处理工艺的依据。但是,由于 *CCT* 曲线的测定比较困难,至今尚有许多钢未测定出来。而各种钢的 *C* 曲线测定较为容易,因此生产中常利用等温转变曲线定性地、近似地分析连续冷却转变的情况。分析的结果可作为制定热处理工艺的参考。

三、钢的普通热处理

钢的普通热处理包括退火、正火、淬火和回火等。

(一)钢的退火与正火

在机械零件或工(模)具等件的制造过程中,要经过各种冷热加工,其中就包括热处理工序。在生产中,常把热处理分为预备热处理和最终热处理两类。为消除上道工序(铸造、锻压、焊接)造成的组织缺陷及内应力,或为后道工序做好组织和性能上的准备,一般要进行预备热处理。为使工件满足使用条件下的性能而进行的热处理,称为最终热处理。

退火与正火主要用于钢的预备热处理,对于某些不太重要的工件,也可作为最终热处理。

1.钢的退火

将钢加热到一定温度,保温一定时间,然后缓慢冷却,获得接近的平衡组织,这种热处理工艺称为退火。

退火的主要目的:一是降低硬度,改善切削加工性能(经适当退火后,一般钢件的硬度在200～250 HBS,切削加工性能较好);二是消除内应力,稳定工件尺寸,防止变形和开裂;三是细化晶粒,改善组织,提高钢的力学性能;四是为最终热处理做好组织上的准备。

根据钢的化学成分及退火目的的不同,可分为完全退火、球化退火、扩散退火和去应力退火等。

(1)完全退火。完全退火是将亚共析钢加热到 $A_{c3}+(30\sim50)$℃,保温后随炉冷到600 ℃以下,再出炉空气冷却。完全退火用于亚共析钢和合金钢的铸、锻件及热轧型材,有时也用于焊接件。其目的是细化晶粒,消除应力,降低硬度,便于切削加工,为最终热处理做好组织上的准备。

完全退火的加热和保温时间是根据工件的有效厚度来计算的,并考虑装炉量和装炉方式加以修正。退火的冷却速度要缓慢,以获得所需要的组织和性能。

(2)球化退火。球化退火是将共析钢和过共析钢加热到 $A_{c1}+(20\sim30)$℃,保温后随炉冷到700 ℃左右,再出炉冷却。球化退火得到的组织是球状珠光体,它比片状珠光体硬度低、塑性好。用于共析钢、过共析碳钢和合金钢,使渗碳体球化,降低硬度,改善切削性。

球化退火的特点是加热温度较低,冷却较慢。当加热温度超过 A_{c1} 不多时,渗碳体开始熔解,但又未完全熔解,只是把渗碳体片熔断为许多细微的点状,弥散分布在奥氏体基体上。由于加热温度不高,保温时间较短,形成了较为均匀的粒状渗碳体。

对碳质量分数高的过共析钢,为消除网状渗碳体,应在球化退火前进行一次正火。

(3)扩散退火。扩散退火是将钢加热到 $A_{c3}(A_{ccm})+(150\sim300)$℃,长时间(10～15 h)保温后,随炉冷却。其目的是消除铸件的枝晶偏析,使成分均匀化。主要用于质量要求高的合金钢铸锭、铸件和锻件。

由于扩散退火是在高温下长时间加热,钢的组织严重过热,所以扩散退火后必须进行一次完全退火或正火,以细化晶粒,消除过热。

(4)去应力退火。去应力退火是将钢加热到500～600 ℃,保温后随炉冷却。用于消除铸件、锻件、焊件、冷冲压件及机加工件的残余应力,以稳定工件尺寸,防止变形与开裂。

2.钢的正火

钢的正火是将钢件加热到 A_{c3}(或 A_{ccm})$+(30\sim50)$℃,保温后在空气中冷却的一种热处理工艺。各种退火和正火的加热温度范围见图2-22。

正火与退火相比，主要是正火的冷却速度较快，得到的组织（碳质量分数≤0.6%的钢的组织为F+S，碳质量分数>0.6%的钢的组织为S，这种S的碳质量分数不是共析钢的成分，称为伪共析组织）较细，强度、硬度较高。对于低、中碳钢的普通结构件，正火作为最终热处理。对于比较重要的零件，正火常作为预备热处理。

一般认为钢的硬度在150～250 HBS范围内，其切削加工性能较好，硬度过高或过低，都不利于切削加工。正火还可以消除过共析钢严重的网状渗碳体，以便于球化退火。

正火与退火相比，其生产周期短，操作方便，所以在条件允许的情况下，应优先采用正火。

（二）钢的淬火

钢的淬火是将钢加热至 A_{c1} 或 A_{c3} 以上温度，保温一定时间，然后快速冷却，以得到一定组织和性能的一种热处理工艺。钢淬火的加热温度范围见图2-23。

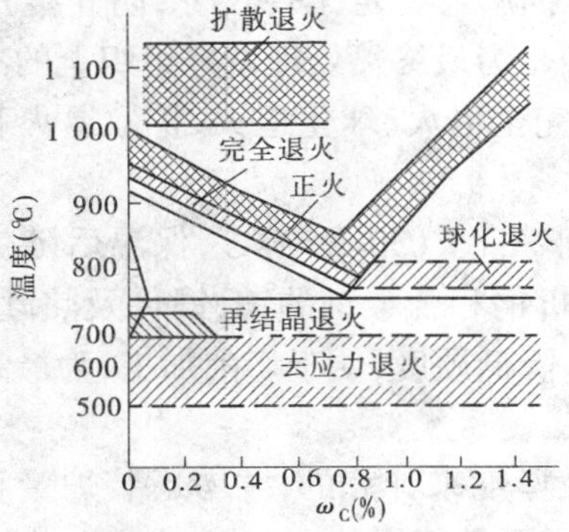

图2-22　各种退火和正火的加热温度范围

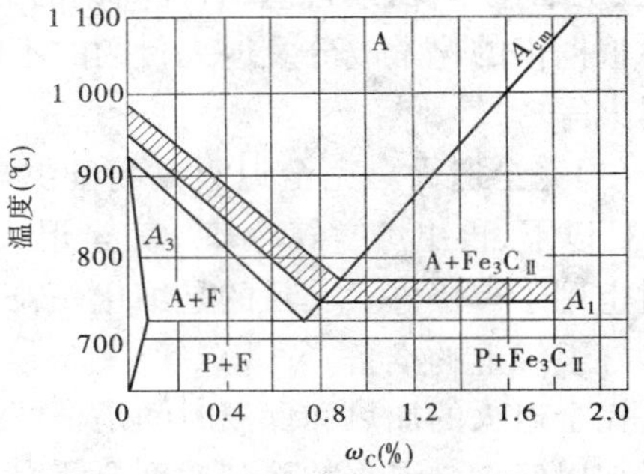

图2-23　钢淬火的加热温度范围

淬火的目的是得到马氏体组织，以便在适当温度回火后，得到所需的组织和性能。

亚共析钢淬火加热温度是 $A_{c3}+(30\sim50)$℃，淬火后的组织是M+少量A′。如果在 $A_{c1}\sim A_{c3}$ 之间加热，淬火后的组织是F+M+少量A′，这样就造成硬度不足。但加热温度若超过 A_{c3} 过高时，奥氏体晶粒粗化，淬火后所得到的M粗大，使钢的韧性大大下降。

共析钢和过共析钢的加热温度为 $A_{c1}+(30\sim50)$℃。过共析钢在此温度淬火后，获得粒状 Fe_3C_{II} +M+少量A′，由于粒状渗碳体的硬度与耐磨性比马氏体高，所以淬火钢的硬度更高、耐磨性更好。如果加热至 A_{ccm} 以上的温度，其组织就成为单相的奥氏体，奥氏体中的碳质量分数就会升高，M_s 下降，淬火后钢中的A′增加，马氏体组织粗大，使钢的硬度、耐磨性都会降低。

1.淬火介质

淬火是为了得到马氏体，而要得到马氏体，工件在淬火介质中的冷却速度就必须大于临界淬火冷却速度。但并不是冷却速度越快越好，因为冷却速度越大，产生的内应力也越大，淬火工件会变形或开裂。因此，在淬硬的条件下，应尽量选择冷却速度小的淬火介质。

从碳钢的 C 曲线来看，为了得到马氏体，并不需在整个冷却过程中都快速冷却，关键是在 C 曲线的鼻尖附近，仅在650～550 ℃快冷，在其他区域内并不需快冷，特别是在 M_s 以下，更不需快冷，否则会引起淬火工件的变形或开裂。所以，钢在淬火时，理想的淬火冷

却曲线是与 C 曲线鼻尖相切，而在 A_1 附近和 M_s 附近冷却速度较慢的一条曲线。能满足这种理想冷却速度的淬火介质称为理想淬火介质。

(1)水。到目前为止，还未找到理想淬火介质。因此，常用的淬火介质是水、盐或苛性钠水溶液和矿物油。水是生产中常用的淬火介质，它在 650～550 ℃内具有很强的冷却能力，但在 300～200 ℃内的冷却能力仍然很大。所以，工件在水中淬火时，容易发生变形与裂纹。因此，水适用于截面尺寸不大、形状简单的碳素钢工件的淬火冷却。

(2)盐或苛性钠水溶液。如在水中加入盐或苛性钠类物质，增加了 650～550 ℃内的冷却能力，在 300～200 ℃内的冷却能力改变不大，所以其冷却能力确实比水强，其缺点是介质的腐蚀性大。一般情况下，盐水的浓度为 10%，苛性钠水溶液的浓度为 10%～15%。可用作碳钢及低合金结构钢工件的淬火介质，使用温度不应超过 60 ℃，淬火后应及时清洗并进行防锈处理。

(3)矿物油。各种矿物油在 650～550 ℃内的冷却能力不大，在 300～200 ℃内的冷却能力比较小，冷却介质一般采用的矿物油如机油、变压器油和柴油等。机油一般采用 10 号、20 号、30 号机油，油的号越大，黏度越大，闪点越高，冷却能力越低，使用温度相应提高。因此，仅适合合金钢的淬火。

目前使用的新型淬火油主要有高速淬火油、光亮淬火油和真空淬火油三种。

高速淬火油是在高温区冷却速度得到提高的淬火油。获得高速淬火油的基本途径有两种：一种是选类型不同和黏度不同的矿物油，以适当的配比相互混合，从而提高特性温度以提高高温区冷却能力；另一种是在普通淬火油中加入添加剂，形成粉灰状浮游物。高速淬火油在过冷奥氏体不稳定区冷却速度明显高于普通淬火油，而在低温马氏体转变区冷却速度与普通淬火油相接近。这样既可得到较高的淬透性和淬硬性，又大大减少了变形，适用于形状复杂的合金钢工件的淬火。

光亮淬火油能使工件在淬火后保持表面光亮。在矿物油中加入不同性质的高分子添加物，可获得不同冷却速度的光亮淬火油。这些添加物的主要成分是光亮剂，其作用是将不溶解于油的老化产物悬浮起来，防止在工件上积聚和沉淀。另外，光亮淬火油添加物中还含有抗氧化剂、表面活性剂和催冷剂等。

真空淬火油是用于真空热处理淬火的冷却介质。真空淬火油必须具备低的饱和蒸汽压、较高而稳定的冷却能力以及良好的光亮性和热稳定性，否则会影响真空热处理的效果。

新型淬火剂有聚乙烯醇水溶液和三硝水溶液等。

聚乙烯醇常用质量分数为 0.1%～0.3% 的水溶液，其冷却能力介于水和油之间。当工件投入该溶液时，工件表面形成一层蒸汽膜和一层凝胶薄膜，两层膜使加热工件冷却。进入沸腾阶段后，薄膜破裂，工件冷却加快，当达到低温时，聚乙烯醇凝胶薄膜复又形成，工件冷却速度又下降，所以这种溶液在高、低温区冷却能力低，在中温区冷却能力高，有良好的冷却特性。

三硝水溶液由 25% 硝酸钠 + 20% 亚硝酸钠 + 20% 硝酸钾 + 35% 水组成。在高温(650～500 ℃)时由于盐晶体析出，破坏蒸汽膜形成，冷却能力接近于水。在低温(300～200 ℃)时由于浓度极高，流动性差，冷却能力接近于油，故其可代替水－油双液淬火。几种常用的淬火冷却介质的冷却能力见表2-4。

表2-4 几种常用淬火冷却介质的冷却能力

淬火冷却剂	冷却速度(℃/s)		淬火冷却剂	冷却速度(℃/s)	
	650～550 ℃	300～200 ℃		650～550 ℃	300～200 ℃
水(18 ℃)	600	270	10%NaOH+水(18 ℃)	1 200	300
水(50 ℃)	100	270	矿物油	100～200	20～50
10%NaCl+水	1 100	300	0.5%聚乙烯醇+水	介于油、水间	180

2. 淬火方法

为使工件在淬火后的组织和性能符合要求，淬火内应力小，变形小，开裂少，采用了不同的淬火方法。

(1)单液淬火法。把加热到规定温度、保温到规定时间的工件投入一种淬火介质，一直冷却至室温的淬火称为单液淬火。如碳钢在水或者盐水中淬火，合金钢在油中淬火。单液淬火是最常用的。

单液淬火操作简便，容易实现机械化和自动化，单液淬火后的工件内应力较大，容易产生变形或开裂，所以单液淬火适合于形状简单的钢件。

(2)双液淬火。把加热到规定温度、保温到规定时间的工件先投入一种冷却能力强的淬火介质冷却，冷至 M_s 点附近立即转入冷却能力较弱的另一种淬火介质冷却至室温，以发生马氏体转变的淬火称为双液淬火。如形状复杂的碳钢件，常采用先水冷再油冷的双液淬火。

双液淬火的优点是把两种淬火介质的长处有利地结合起来，克服了单液淬火的缺点，淬火工件内应力小，防止了变形或开裂。缺点是从冷却能力强的淬火介质取出，投入冷却能力较弱的另一种淬火介质的时间很难控制好。如钢件先在水中后在油中淬火，钢件从水中取出过早，由于温度较高，投入到油中后，奥氏体转变成珠光体组织，钢件淬火后的硬度低；钢件从水中取出过迟，已冷至 M_s 点以下，马氏体转变已很充分，相当于单液淬火，钢件容易产生变形或开裂，失去了双液淬火的意义。

(3)分级淬火。把加热到规定温度、保温到规定时间的工件先放入温度为 M_s 线附近(150～260 ℃)的盐浴或碱浴中，稍加停留(2～5 min)，待工件表面和心部的温度均匀后，取出空气冷却，以获得马氏体的淬火称为分级淬火。分级淬火可使工件表面和心部的温度一致，淬火后的工件内应力很小，变形小，防止了开裂。

与双液淬火相比，分级淬火操作简单，工件淬火质量好，但盐浴或碱浴中冷却速度不大，同时又受到盐浴或碱浴槽的限制，多用于形状复杂而尺寸较小的工件。

(4)等温淬火。把加热到规定温度、保温到规定时间的工件放入温度稍高于 M_s 的盐浴或碱浴中保温足够时间，使其发生下贝氏体转变后出炉空冷，这种淬火称为等温淬火。等温淬火的工件由于获得下贝氏体组织，硬度虽略低，但其韧性好，变形小。

与分级淬火相同，由于盐浴或碱浴冷却速度不大，同时又受到盐浴或碱浴槽的限制，多用于形状复杂而尺寸较小的工件。如各种冷、热冲模，成型刃具和弹簧等。

(5)局部淬火。根据其需要，把加热到规定温度、保温到规定时间的工件的局部在淬火介质中冷却，从而发生马氏体转变的淬火工艺，称为局部淬火。该淬火工艺是为了使工件局部得到高硬度和高耐磨性，适用于所有的钢。常用的淬火方法见表 2-5。

表 2-5　常用的淬火方法

淬火	方法	特点	应用举例
单液淬火	投入到一种淬火介质中连续冷却至室温	操作简便，易于机械化和自动化；易产生淬火缺陷	碳钢在水中淬火；合金钢在油中淬火
双液淬火	先投入一种冷却能力强的介质冷却，冷至 M_s 点以下转入冷却能力小的另一种介质冷却至室温	可防工件的变形与开裂	一般工件
分级淬火	先放入温度为 M_s 线附近 150～260 ℃的盐浴或碱浴中，稍加停留(2～5 min)，待工件温度均匀，取出空冷，以获得马氏体	可有效地避免工件变形与开裂；易于操作	形状复杂、尺寸较小的工件
等温淬火	在稍高于 M_s 的盐浴或碱浴中保温足够使其发生贝氏体转变后出炉空冷	综合力学性能好，变形开裂很小	各种冷、热冲模，成型刃具和弹簧等
局部淬火	对工件局部淬火	局部高硬度	所有工件

(三)钢的回火

钢在淬火后，一般都要进行回火(钢等温淬火除外)，工件回火后所得到的组织与性能，决定了其实际使用状态。

1. 回火的目的

(1)获得工件所需的组织和性能。工件淬火后硬度高、脆性大，为满足不同工件的性能要求，进行适当的回火，以获得所需的组织和性能。

(2)消除淬火内应力。淬火后的工件内应力较大，如不及时进行回火消除，会引起工件进一步变形甚至开裂。

(3)稳定工件尺寸。马氏体和残余奥氏体都是不稳定的组织，在室温下使用时会发生缓慢分解，使工件体积变化，使其形状和尺寸也会变化。工件回火后，淬火组织转变为稳定的回火组织，保证了工件在使用中不再发生形状和尺寸的变化。

2. 回火的种类

根据工件性能要求不同，按回火温度范围，回火可以分为低温回火、中温回火和高温回火。

(1)低温回火(150～250 ℃)。回火后的组织为回火马氏体。其目的是保持钢的高硬度和高耐磨性，降低其淬火内应力和脆性。低温回火一般用于要求高硬度、高耐磨性的工件。如各种刃具、冷冲模具、量具、滚动轴承、渗碳件和表面淬火件等。

(2)中温回火(350～500 ℃)。回火后的组织为回火托氏体。其目的是使工件具有高的弹性极限和屈服点，且具有较好的韧性。中温回火一般用于要求弹性好的各种弹性件，如各种弹簧等。

(3)高温回火(500～650 ℃)。回火后的组织为回火索氏体。其目的是使工件具有较高的硬度、塑性和韧性，即有较好的综合力学性能。通常把淬火后进行高温回火称为调质，调质主要用于承受重载同时又受冲击载荷作用的一些重要零件。如汽车、拖拉机、机床等上的齿轮、轴类件、连杆、高强度螺栓等。

钢的各种退火、正火、淬火和回火的热处理方法和应用见表2-6。

表2-6 钢的各种退火、正火、淬火和回火的热处理方法和应用

热处理名称	热处理方法	应用场合
完全退火	将亚共析钢加热到 $A_{c3}+(30\sim50)$℃，保温后随炉冷到600 ℃以下，再出炉空气冷却	用于亚共析钢和合金钢的铸、锻件，目的是细化晶粒，消除应力，软化钢
球化退火	将过共析钢加热到 $A_{c1}+(20\sim30)$℃，保温后随炉冷到700 ℃左右，再出炉冷却	用于共析、过共析碳钢和合金钢，使渗碳体球化，降低硬度，改善切削性
扩散退火	将钢加热到 $A_{c3}(A_{ccm})+(150\sim300)$℃，长时间保温后，随炉冷却	用于质量要求高的合金钢铸锭、铸件和锻件，使其成分和组织均匀
去应力退火	将钢加热到500～600 ℃，保温后随炉冷	消除铸、锻、焊、机加工件的残余应力
正火	将钢件加热到 A_{c3}(或 A_{ccm})$+(30\sim50)$℃，保温后在空气中冷却	低、中碳钢的预备热处理；为球化退火做准备；普通结构件的最终热处理
淬火	将钢件加热到 $A_{c3}(A_{c1})+(30\sim50)$℃，保温后在淬火介质中冷却	提高钢件的硬度和耐磨性，是强化钢材最重要的热处理方法
高温回火	淬火后，加热到500～650 ℃，保温后在空气中冷却。得到综合力学性能好的 $S_{回}$ 组织	获得良好的综合力学性能，用于重要机械零件如轴、齿轮等
中温回火	淬火后，加热到350～500 ℃，保温后，在空气中冷却。得到 $T_{回}$ 组织	获得较高的弹性。用于各种弹簧及各种高弹性零件
低温回火	淬火后，加热到150～250 ℃。得到 $M_{回}$ 组织	降低应力和脆性，用于各种淬火、渗碳淬火、表面淬火的工件

(四)钢的淬透性和回火脆性

1.钢的淬透性

钢的淬透性是指钢在淬火冷却时，获得马氏体组织深度的能力。一般规定由钢的表面至内部马氏体组织占50%的距离为有效淬硬层深度。淬透性是钢的一种重要的热处理工艺性能，其高低以钢在规定的标准淬火条件下能够获得的有效淬硬层深度来表示。用不同钢种制造的相同形状和尺寸的工件，在同样条件下淬火，有效淬硬层深度深的钢淬透性好。

钢的淬透性是机械设计制造过程中，合理选材和正确制定热处理工艺的重要依据。

要注意两点区别：

(1)淬透性与实际工件淬硬层深度是有区别的。同一钢种不同截面的工件在同样奥氏体化条件下淬火,其淬透性是相同的。但是其淬硬层深度却因工件的形状、尺寸和冷却介质的不同而异。淬透性是钢本身所固有的属性,对于一种钢,它是确定的,可用于不同钢种之间的比较。而实际工件的淬硬层深度除了取决于钢的淬透性外,还与工件的形状、尺寸及采用的冷却介质等外界因素有关。

(2)钢的淬透性与淬硬性是两个不同的概念。淬硬性是指钢淬火后能达到的最高硬度,它主要取决于钢中马氏体的含碳量。淬透性好的钢其淬硬性不一定好。例如,低碳合金钢淬透性相当好,但其淬硬性却不好;高碳非合金钢的淬硬性好,但其淬透性却差。

2. 钢的回火脆性

回火过程中,冲击韧度不一定总是随回火温度的升高而不断提高。有些钢在某一温度回火时,其冲击韧度比在较低温度回火时反而显著下降,这种脆化现象称为回火脆性。在250～400 ℃的温度范围内出现的回火脆性称为第一类回火脆性,对于所有的钢都有第一类回火脆性。防止的办法是不在此温度范围内回火。在500～600 ℃温度范围内出现的回火脆性称为第二类回火脆性。部分合金钢易产生这类回火脆性。加入Mo、W或回火后快冷可避免这类回火脆性产生。

四、钢的表面热处理

某些在冲击载荷、交变载荷及摩擦条件下工作的机械零件,如曲轴、凸轮轴、齿轮、主轴等,表层承受较高的应力。因此,要求工件表层具有高强度、高硬度、高耐磨性及疲劳强度,而心部要求具有足够的塑性和韧性。为了达到上述的性能要求,生产中广泛应用表面热处理和化学热处理。

(一)表面淬火

表面淬火是对钢的表面快速加热至淬火温度,并立即以大于临界冷却速度的速度冷却,使表层强化的热处理。表面淬火不改变钢表层的成分,仅改变表层的组织,且心部组织不发生变化。

生产中广泛使用的表面淬火方法有感应加热和火焰加热两种。

1. 感应加热表面淬火

感应加热表面淬火是将工件放在铜管绕制的感应圈内,当感应圈通以一定频率的电流时,感应圈内部和周围产生同频率的交变磁场,于是工件中相应产生了自成回路的感应电流,由于集肤效应,感应电流主要集中在工件表层,使工件表面迅速加热到淬火温度。随即喷水冷却,使工件表层淬硬。

根据所用电流频率的不同,感应加热可分为高频(200～300 kHz)加热、超音频(20～40 kHz)加热、中频(2.5～8 kHz)加热、工频(50 Hz)加热等,用于各类中型、大型机械零件。感应电流频率越高,电流集中的表层越薄,加热层也越薄,淬硬层深度越小。

感应加热表面淬火零件宜选用中碳钢和中碳低合金结构钢。应用最广的是汽车、拖拉机、机床和工程机械中的齿轮、轴类等;也可运用高碳钢、低合金钢制造工具和量具,以及铸铁冷轧辊等。经感应加热表面淬火的工件,表面不易氧化、脱碳,变形小,淬火层深度易于控制,一般高频感应加热淬硬层深度为1.0～2.0 mm,表面硬度比普通淬火高2～3

HRC。此外，该热处理方法生产效率高，易于实现机械化，多用于大批量生产的形状较简单的零件。

2. 火焰加热表面淬火

使用乙烯－氧焰或煤气－氧焰，将工件表面快速加热到淬火温度，立即喷水冷却的淬火方法称火焰加热表面淬火。火焰加热淬火的淬硬层深度为2～6 mm，适应于大型工件的表面淬火，如大模数齿轮等。这种方法所用设备简单，投资少；但加热时易过热，淬火质量不稳定。

(二)化学热处理

钢的化学热处理是将工件置于一定的活性介质中保温，使一种或几种元素渗入工件表层，以改变其化学成分，从而使工件获得所需组织和性能的热处理工艺。其目的主要是表面强化和改善工件表面的物理、化学性能，即提高工件的表面硬度、耐磨性、疲劳强度、热硬性和耐腐蚀性。

化学热处理的种类很多，一般以渗入的元素来命名。有渗碳、渗氮、碳氮共渗(氰化)、渗硫、渗硼、渗铬、渗铝及多元共渗等。不管是哪一种化学热处理，活性原子渗入工件表层都是由以下三个基本过程组成的：

分解：由化学介质分解出能渗入工件表层的活性原子。

吸收：活性原子由钢的表面进入铁的晶格中形成固溶体，甚至可能形成化合物。

扩散：渗入的活性原子由表面向内部扩散，形成一定厚度的扩散层。

1. 钢的渗碳

钢的渗碳是将工件置于富碳的介质中，加热到高温(900～950 ℃)，使碳原子渗入表层的过程，其目的是使增碳的表面层经淬火和低温回火后，获得高硬度、高耐磨性和高疲劳强度。适于低碳钢和低碳合金钢，常用于汽车齿轮、活塞销、套筒等零件。

据采用的渗碳剂不同，渗碳可分为气体渗碳、液体渗碳和固体渗碳三种。气体渗碳在生产中广泛采用。

气体渗碳是将工件置于密封的渗碳炉中，加热到900～950 ℃，通入渗碳气体(如煤气、石油液化气、丙烷等)或易分解的有机液体(如煤油、甲苯、甲醇等)，在高温下通过反应分解出活性碳原子，活性碳原子渗入高温奥氏体中，并通过扩散形成一定厚度的渗碳层。渗碳的时间主要由渗碳层的深度决定，一般保温1h，渗碳层增0.2～0.3 mm，渗碳层ω_C＝0.8%～1.1%。工件渗碳后必须进行淬火和低温回火。渗碳淬火工艺常用以下三种：

(1)直接淬火法。工件渗碳后出炉，经预冷直接淬火和低温回火。

(2)一次淬火法。工件渗碳后出炉缓冷，然后重新加热，进行淬火和低温回火。

(3)两次淬火法。用于性能要求高的渗碳件。第一次淬火(加热到850～900 ℃)目的是细化心部组织，第二次淬火(加热到750～800 ℃)目的是使表层获得细片状马氏体和粒状渗碳体组织。

一般低碳钢经渗碳淬火、低温回火后表层硬度可达60～64 HRC，心部为30～40 HRC。气体渗碳的渗碳层质量高，渗碳过程易于控制，生产率高，劳动条件好，易于实现机械化和自动化，适于成批或大量生产。

2. 渗氮

将氮原子渗入工件表层的过程称渗氮(氮化)。其目的是提高工件表面硬度、耐磨性、疲劳强度、热硬性和耐蚀性。常用的渗氮方法主要有气体渗氮、液体渗氮及离子渗氮等。气体渗氮最常用。

气体渗氮是将工件置于通入氨气的炉中,加热至500～600 ℃,使氨分解出活性氮原子,渗入工件表层,并向内部扩散形成氮化层。气体渗氮的特点如下:

(1)与渗碳相比,渗氮工件的表面硬度较高,可达1 000～1 200 HV(相当于69～72 HRC)。

(2)渗氮温度较低,并且渗氮件一般不再进行其他热处理,因此渗氮件变形量很小。

(3)渗氮后工件的疲劳强度可提高15%～35%。

(4)渗氮层具有高耐蚀性,这是由于氮化层是由致密的、耐腐蚀的氮化物所组成的,能有效地防止某些介质(如水、过热蒸气、碱性溶液等)的腐蚀作用。

由于渗氮工艺复杂,生产周期长,成本高,氮化层薄而脆,不易承受集中的重载荷,并需要专用的氮化用钢,所以只用于要求高耐磨性和高精度的机械零件,如精密机床的丝杠、镗床主轴、重要的阀门等。为了克服渗氮周期长的缺点,近十几年在原渗氮的基础上发展了软氮化和离子氮化等先进的氮化方法。

五、热处理技术的应用

热处理在机械制造中应用相当广泛,它穿插在机械零件制造的加工工序之间,正确合理地安排热处理工序位置非常重要。另外,机械零件的类型很多,形状结构复杂,工作时承受各种应力,选用的材料及要求的性能各异。因此,热处理技术条件的提出、热处理工艺规范的正确制定和实施等也是相当重要的。

(一)热处理的技术条件

设计者应根据机械零件的工作条件、所选用的材料及性能要求提出热处理技术条件,并标注在零件图上。其内容包括热处理的方法及热处理后应达到的力学性能。一般机械零件需标出硬度值;重要的机械零件还应标出强度、塑性、韧性指标或金相组织要求。对于要进行化学热处理的机械零件,还应标注渗层部位和渗层的深度。

标注热处理技术条件时,一般用文字在产品图纸标题栏上方标注出。应采用《金属热处理工艺分类及代号》(GB/T12603—90)的规定标注热处理工艺,并标出应达到的力学性能指标及其他要求。热处理后应达到的技术要求可按相应规定加以标注。

(二)热处理工序位置的确定

热处理工序一般安排在铸、锻、焊等热加工和切削加工的各个工序之间。根据热处理的目的和工序位置的不同,可将其分为预备热处理和最终热处理两大类。

1. 热处理工序位置确定的一般规律

1)预备热处理工序位置的确定

预备热处理包括退火、正火、调质等。其工序位置一般安排在毛坯生产之后,切削加工之前;或粗加工之后,精加工之前。正火和退火的作用是消除热加工毛坯的内应力、细化晶粒、调整组织、改善切削加工性,为后续热处理工序做好组织准备。调质是为了提高零件的综合力学性能，为最终热处理做组织准备。对于一般性能要求不高的零件，调质也可作为最终热处理。

2)最终热处理工序位置的确定

最终热处理包括各种淬火、回火及化学热处理等。机械零件经这类热处理后硬度较高，除磨削外，不适宜其他切削加工，故其工序位置应尽量靠后，一般均安排在半精加工之后，磨削之前。

(1)淬火的工序位置。淬火与表面淬火的工序位置安排基本相同。淬火件的变形及氧化、脱碳应在磨削中予以去除，故需留磨削余量(例如直径 200 mm 以下，长度 1 000 mm 以下，磨削余量一般为 0.35～0.75 mm)。对于表面淬火件，为了提高其心部力学性能及获得细马氏体表层组织，常需先进行正火或调质处理。因表面淬火件变形较小，其磨削余量也比淬火件小。淬火件的加工路线一般为：

下料→锻造→退火(正火)→机械粗、半精加工→淬火、(低、中温)回火→磨削。

感应加热表面淬火件的加工路线一般为：

下料→锻造→退火(正火)→机械粗加工→调质→机械半精加工→感应表面淬火、回火→磨削。

不经调质的感应加热表面淬火件，锻造后预先热处理必须用正火。

(2)渗碳的工序位置。渗碳分整体渗碳与局部渗碳两种。当渗碳件局部不允许有高硬度时，应在设计图纸上予以注明。该部位可镀铜以防止渗碳，或采用多留余量的方法，待机械零件渗碳后淬火前再去掉该处渗碳层。

渗碳件的加工路线一般为：

下料→锻造→正火→机械粗、半精加工→渗碳→淬火、低温回火→磨削。

渗碳件的防渗余量及磨削余量见表 2-7 及表 2-8。

表 2-7　渗碳件的防渗余量

设计要求的渗碳层深度(mm)	不渗碳表面每面留余量(mm)
0.2～0.4	1.1 + a
0.4～0.7	1.4 + a
0.7～1.1	1.8 + a
1.1～1.5	2.2 + a
1.5～2.0	2.7 + a

注：a 为淬火前留磨削余量(见表 2-8)。

表 2-8　渗碳件的磨削余量

设计要求的渗碳层深度(mm)	淬火前留磨削余量(mm)	实际工艺渗碳深度(mm)
0.3	0.15～0.20	0.4～0.6
0.5	0.20～0.25	0.7～1.0
0.9	0.25～0.30	1.0～1.4
1.3	0.35～0.40	1.5～1.9
1.7	0.45～0.50	2.0～2.5

(3)氮化的工序位置。氮化的温度低、变形小、氮化层硬而薄，因而其工序应尽量靠后，一般氮化后只需研磨或精磨。为了防止因切削加工产生的残余应力引起氮化件变形，在氮化前常进行去应力退火。又因氮化层薄而脆，心部必须有较高的强度才能承受载荷，故一般应先进行调质。调质后形成细密、均匀的回火索氏体，可提高心部力学性能与氮化层质量。

氮化件(38CrMoAlA)的加工路线一般为：

下料→锻造→退火→机械粗加工→调质→机械半精加工→去应力退火→粗磨→氮化→精磨或研磨。

对需精磨的氮化件，粗磨时直径应留 0.10～0.15 mm 余量；对需研磨的氮化件，则只留 0.05 mm 余量。对零件不需氮化部位应镀锡(或镀铜)保护，也可留 1 mm 防渗余量，氮化后再磨去。

2. 确定热处理位置的实例

1)车床主轴

车床主轴是传递力的重要零件，它承受一般载荷，轴颈处要求耐磨，一般车床主轴选用中碳钢(如 45 钢)制造。热处理技术条件为：整体调质处理，硬度 220～250 HBS；轴颈及锥孔表面淬火，硬度 50～52 HRC。

(1)车床主轴制造工艺过程如下：

锻造→正火→机加工(粗)→调质→机加工(半精)→高频表面淬火、低温回火→磨削。

(2)车床主轴热处理各工序的作用如下：

正火：作预备热处理。目的是消除锻件内应力，细化晶粒，改善切削加工性。

调质：获得回火 S 组织，使主轴整体具有较好的综合力学性能，为表面淬火做好组织准备。

高频表面淬火、低温回火：作为最终热处理。高频表面淬火是为了使轴颈及锥孔表面得到高硬度、高耐磨性和高的疲劳强度；低温回火是为了消除应力，防止磨削时产生裂纹，并保持高硬度和高耐磨性。

2)齿轮

机床齿轮的工作条件比矿山机械、动力机械中的齿轮好。它运转平稳、载荷不很大。因此，一般可选调质钢进行调质或调质加表面淬火。

汽车、拖拉机齿轮，工作条件繁重，对耐磨性、疲劳强度及心部强度、韧性等方面均比机床齿轮要求高，故一般多用渗碳钢进行渗碳淬火。

(三)常见热处理缺陷及其预防

在热处理生产中，由于加热过程控制不良、淬火操作不当或其他原因，会出现一些缺陷。有些缺陷是可以挽救的，有些严重缺陷将使机械零件报废。钢在热处理加热及淬火时出现的缺陷如表 2-9 所示。

六、高聚物的改性强化

高分子聚合物的改性强化(所谓改性强化就是通过改变高分子聚合物的结构进而改变原聚合物的力学性能或形成具有崭新性能的新聚合物的工艺过程)方式主要有同种聚

合物改性强化和不同种聚合物共混改性强化。其中,聚合物的“共混改性”已成为高分子材料科学和工程领域的“热点”。一些工程聚合物共混物力学性能可与铝合金媲美。

表 2-9 钢在热处理加热及淬火时出现的缺陷

缺陷类别	缺陷名称	产生缺陷的后果	预防、补救措施
加热时的缺陷	欠热	会在亚共析钢组织中出现 F,硬度不足;过共析钢中存在过多未溶渗碳体	退火或正火
	过热	加热时得到粗大 A 晶粒,淬火后得到粗大 M,零件变脆	退火或正火
	过烧	钢晶界氧化或局部熔化,使零件报废	无法
	氧化	使工件尺寸变小,硬度下降	加热用盐浴炉;也可用保护气氛加热、真空加热、工件表面涂保护层等法
	脱碳	含碳量降低,钢淬火后表层硬度不足,疲劳强度下降,易形成淬火裂纹	加热用盐浴炉;也可用保护气氛加热、真空加热、工件表面涂保护层等法
淬火时的缺陷	变形	变形不可避免。把变形控制在一定范围	①正确选材,对形状复杂、要求变形小的精密零件,选高淬透性钢;②零件结构要合理;③选择和制定合理的淬火工艺
	开裂	冷速过快或零件结构设计不合理造成,应该绝对避免	

聚合物的共混物是指两种或两种以上的均聚物或共聚物的混合物,又称聚合物合金或高分子合金。聚合物的共混物类型很多,一般是指塑料与塑料的共混物以及在塑料中的掺混橡胶。在塑料中掺混少量橡胶的共混体系,由于其冲击性能有很大提高,故称为橡胶增韧塑料。近年来,又有工程聚合物共混物和功能性聚合物共混物出现。前者是指以工程塑料为基体或具有工程塑料特性的聚合物的共混物;后者则是指除通用性能之外,还具有某种特殊功能(如抗静电性、高阻隔性、离子交换性等)的聚合物的共混物。

制备聚合物的共混物方法主要有机械共混法、共溶剂法(又称溶液共混法)、乳液共混法、工聚 - 共混法、各种互穿网络聚合物(IPN)法等。

聚合物共混改性的效果主要有:各聚合物组分性能互相取长补短,消除各单一组分性能上的弱点,获得综合性能较为理想的聚合物材料;使用少量的某一聚合物作为另一聚合物的改性剂,改性效果显著;通过共混可改善聚合物的加工性能;聚合物共混可以满足一些特殊需要,制备出一系列崭新性能的聚合物材料;对某些性能卓越,但价格昂贵的工程塑料,可通过共混,在不影响使用要求的前提下降低原材料的成本。

本章小结

本章主要介绍了金属、合金的晶体结构,铁碳合金相图,共析钢的 C 曲线,钢的热处理工艺。简单介绍了陶瓷、高分子材料的结构特点,金属结晶的特点,非晶态凝固的结构特点,二元合金相图的概念,高聚物的改性强化,工程材料的表面处理。

本章重点掌握晶体与非晶体、金属材料的晶体结构等基本概念,铁碳合金相图(相图中的点、线和区域),共析钢 C 曲线(各条线,高温转变区、中温转变区、低温转变区的组织和特性,鼻尖),钢的退火、正火、淬火和回火(加热温度、保温时间和冷却速度,所得到的组织,适用范围)。

理解实际金属的晶体结构,结合键和晶体结构等基本概念。

本章难点是共析钢 C 曲线的理解。要清楚铁碳合金相图和共析钢的 C 曲线的区别。

本章是重点章。

习　题

一、判断正误(正确的打√,错误的×)

1. 体心立方晶格的原子位于立方体的八个顶角及立方体六个平面的中心。(　)
2. 金属的实际结晶温度均低于理论结晶温度。(　　)
3. 金属结晶时过冷度越大,结晶后晶粒越粗。(　　)
4. 单晶体具有各向异性的特点。(　　)
5. 固溶体的晶格类型与溶剂的晶格类型相同。(　　)

二、单向选择题

1. 组成合金的最基本的独立物质称为______。

   A. 相　　B. 组元　　C. 组织　　D. 单元

2. 金属发生结构改变的温度称为______。

   A. 临界点　　B. 凝固点　　C. 过冷度　　D. 再结晶

3. 渗碳体的碳质量分数为______%。

   A. 0.77　　B. 2.11　　C. 6.69　　D. 0.021 8

4. 珠光体的碳质量分数为______%。

   A. 0.77　　B. 2.11　　C. 6.69　　D. 0.021 8

5. 共晶白口铸铁的碳质量分数为______%。

   A. 2.11　　B. 4.3　　C. 6.69　　D. 0.021 8

6. 铁碳合金共晶转变的温度是______℃。

   A. 727　　B. 1 148　　C. 1 227　　D. 912

7. 碳质量分数为 1.2% 的铁碳合金,在室温下的组织为______。

   A. 珠光体　　B. 珠光体加铁素体

   C. 珠光体加二次渗碳体　　D. 珠光体加二次渗碳体加低温莱氏体

三、问答题

1. 晶体缺陷有哪些?

2. 合金的结构与纯金属的结构有什么不同?

3. 细晶粒组织为什么具有较好的综合力学性能? 细化晶粒的基本途径有哪几条?

4. 说明 F、A、Fe_3C、P、L_d'等基本组织的显微组织特征及其性能,分析 $Fe_3C_Ⅰ$、$Fe_3C_Ⅱ$、$Fe_3C_Ⅲ$、共晶 Fe_3C、共析 Fe_3C 的异同之处。

5. 默画简化的 Fe－Fe_3C 相图,说明图中主要点、线的意义;填写各相区的相和组织。

6. 试述共析钢奥氏体形成可分为哪几个阶段。

7. 说明共析钢 C 曲线各个区、各条线的物理意义,在曲线上标注出各类转变产物的组织名称及其符号和性能。

8. 简述各种淬火方法及其使用范围。

四、计算题

请计算面心立方晶格的原子半径和致密度。

五、分析题

1. 用 T10 钢制成形状简单的车刀和用 45 钢制成较重要的轴,工艺路线均为:锻造→热处理→机加工→热处理→精加工。对两种工件:①说明预备热处理的工艺方法及其作用;②制定最终热处理工艺规范(加热温度、冷却介质),并指出最终热处理后的大致硬度。

2. 现有 20 钢和 40 钢制造的齿轮各一个,为提高齿面的硬度和耐磨性,宜采用何种热处理工艺?

3. 甲、乙两厂同时生产一种 45 钢零件,硬度要求为 220～250 HBS。甲厂采用正火处理,乙厂采用调质处理,都达到了硬度要求。试分析甲、乙两厂产品的组织和性能的差别。

第三章　工程材料

工程材料可分为金属材料和非金属材料两大类。金属材料主要包括工业用钢、铸铁和非铁金属材料。

以铁为主要元素，碳含量在2%以下，并含有其他元素的材料称为钢。非合金钢价格低廉，工艺性好，力学性能能够满足一般工程和机械制造的使用要求，是工业中用量最大的金属材料。合金钢是在非合金钢的基础上，加入了某些合金元素而得到的，与非合金钢相比，其力学性能好，还具有某些特殊的物理、化学性能，改善了钢的工艺性能。

铸铁是C($\omega_C=2.0\%\sim4.0\%$)、Fe、Si、Mn等多元合金。有时为了提高力学性能或物理、化学性能，还可加入一定量的合金元素，得到合金铸铁。铸铁在机械制造中应用很广。

除去铁碳合金等黑色金属材料以外的金属材料，称为非铁金属材料或有色金属材料。与钢铁相比，非铁金属材料的产量低，价格高，但由于具有许多优良特性，因而是一种不可缺少的工程材料。

按照化学成分、主要质量等级和主要性能及使用特性，可将钢分(按新标准GB/T11304—91《钢分类》)为非合金钢(普通质量非合金钢、优质非合金钢和特殊质量非合金钢)、低合金钢(普通质量低合金钢、优质低合金钢和特殊质量低合金钢)和合金钢(优质合金钢和特种质量合金钢)三大类。

根据碳在铸铁中存在形态不同，铸铁可分为白口铸铁、灰铸铁、可锻铸铁、球墨铸铁、蠕墨铸铁共五类。灰铸铁、可锻铸铁、球墨铸铁、蠕墨铸铁是一般工程用铸铁。为了满足工业生产的各种特殊性能要求，向上述铸铁中加入某些合金元素，可得到具有耐磨、耐热、耐腐蚀等特性的多种合金铸铁。

非铁金属材料的种类很多，工业中常用的主要有铝及铝合金、铜及铜合金、硬质合金、钛合金和镁合金。

实际使用的非合金钢并不是单纯的铁碳合金，由于冶炼时所用原料以及冶炼工艺方法等影响，钢中总不免有少量其他元素存在，如Si、Mn、S、P等。这些元素一般作为杂质看待。它们的存在对钢性能有较大的影响。

为一定目的加入到钢中，以改善钢的组织和性能的元素，称为合金元素。常用的合金元素有Cr、Mn、Si、Ni、Mo、W、V、Co、Ti、Al、Cu、B、N、稀土等。S、P在特定条件下也可认为是合金元素，如易切削钢中的S。合金元素在钢中的作用，主要表现为合金元素与铁、碳之间的相互作用以及对铁碳相图和热处理相变过程的影响。

钢中常存杂质元素Si、Mn是有益元素，对提高钢的力学性能有好处；S、P属于有害元素。大多数合金元素溶入钢中F，能使其强度、硬度提高，塑性、韧性下降；能形成碳化物的元素加入到钢中，能够与C形成碳化物；合金元素对$Fe-Fe_3C$相图中的E点和S点有影响，可使E点和S点发生偏移。合金钢的奥氏体化比非合金钢需要的温度更高，保温时间更长。

除 Co 以外，大多数合金元素都使钢的过冷奥氏体稳定性提高，从而使钢的 C 曲线右移，而且碳化物形成元素使珠光体和贝氏体的转变曲线分离为两个 C 形。合金钢的淬透性高。除 Co、Al 以外，大多数合金元素都使 M_s 点下降，使钢淬火时残余奥氏体量增加。

随着回火温度的提高，淬火合金钢的硬度下降比非合金钢慢的现象称为回火稳定性。所以，合金钢与非合金钢回火到相同的硬度，需要比非合金钢更高的加热温度。

在高合金钢中，W、Mo、V 等强碳化物形成元素在 500～600 ℃回火时，会形成细小弥散的特殊碳化物，使钢回火后硬度有所回升；同时淬火后残余奥氏体在回火冷却过程中部分转变为马氏体，使钢回火后硬度显著提高。这两种现象都称为“二次硬化”。高的回火稳定性和二次硬化使合金钢在较高温度（500～600 ℃）回火时，仍保持高硬度（≥60 HRC），这种性能称为热硬性。热硬性对高速切削刀具及热变形模具等非常重要。

合金元素对淬火钢回火后力学性能的不利方面主要是回火脆性。回火脆性主要在含 Co、Ni、Mn、Si 的调质钢中出现，而 Mo 和 W 可降低这种回火脆性。

第一节　非合金钢

非合金钢按现行标准主要分为碳素结构钢、优质碳素结构钢、碳素工具钢、易切削结构钢和工程用铸造碳钢共五类。

一、碳素结构钢

碳素结构钢是建筑及工程用非合金结构钢，价低，焊接性、冷变形成型性优良，用于制造一般工程结构件及普通机械零件。通常轧制成各种型材（圆钢、方钢、工字钢、钢筋等），一般不热处理，在热轧状态下直接使用。表 3-1 列出了碳素结构钢的牌号、化学成分和力学性能。

碳素结构钢的牌号：Q（汉语拼音字母）+ 屈服点数值 + 质量等级符号（A、B、C、D、E 共五级）+ 脱氧方法符号等。脱氧方法用 F（沸腾钢）、b（半镇静钢）、Z（镇静钢）、TZ（特殊镇静钢）表示，“Z”和“TZ”可以不标。如：Q235AF 代表屈服点 $\sigma_s = 235\text{MPa}$、质量为 A 级的沸腾碳素结构钢。

Q195、Q215 钢通常轧成薄板、钢筋等，可用于制作铆钉、螺钉、地脚螺栓及轻负荷的冲压零件和焊接结构件等。Q235、Q255 钢可用作螺栓、螺母、拉杆、销子、吊钩和不太重要的机械零件以及建筑结构中的螺纹钢、工字钢、槽钢、钢筋等。Q235C、Q235D 可作为重要焊接结构件用。Q275 钢可部分代替优质碳素结构钢使用。Q195、Q275 一般无特殊要求时是普通质量非合金钢，其余是优质非合金钢。

二、优质碳素结构钢

优质碳素结构钢用于制造重要的机械零件，一般要经过热处理。优质碳素结构钢的牌号、成分和性能见表 3-2。优质碳素结构钢的牌号用两位数字表示，表示钢中平均碳含量为万分之几。若钢中锰的含量较高，在两位数字后面加 Mn。如 40 表示钢中平均碳含量为 0.40%；65Mn 表示平均碳含量为 0.65%，Mn 含量在 0.7%～1.00%。

表 3-1　碳素结构钢的牌号、化学成分和力学性能(GB700—88)

牌号	等级	化学成分 ω_{Me}(%)					脱氧方法	拉伸试验												
		C	Mn	Si	S	P		屈服点 σ_s(MPa) 钢材厚度(直径)$\delta(d)$(mm)						抗压强度 σ_b(MPa)	伸长率 δ_s(%) 钢材厚度(直径)$\delta(d)$(mm)					
				不大于				≤16	16~40	40~60	60~100	100~150	>150		≤16	16~40	40~60	60~100	100~150	>150
								不小于							不小于					
Q195		0.06~0.12	0.25~0.50	0.30	0.050	0.045	F,b,Z	(195)	(185)					315~390	33	32				
Q215	A	0.09~0.15	0.25~0.55	0.30	0.050	0.045	F,b,Z	215	205	195	185	175	165	335~410	31	30	29	28	27	26
	B				0.045															
Q235	A	0.14~0.22	0.30~0.65	0.30	0.050	0.045	F,b,Z	235	225	215	205	195	185	375~460	26	25	24	23	22	21
	B	0.12~0.20	0.30~0.70		0.045															
	C	≤0.18	0.35~0.80		0.040	0.040	Z													
	D	≤0.17			0.035	0.035	TZ													
Q255	A	0.18~0.28	0.40~0.70	0.30	0.050	0.045	Z	255	245	235	225	215	205	410~510	24	23	22	21	20	19
	B				0.045															
Q275		0.28~0.38	0.50~0.80	0.35	0.050	0.045	Z	275	265	255	245	235	225	490~610	19	18	17	16	15	14

表 3-2　优质碳素结构钢的牌号、化学成分和力学性能(GB699—88)

牌号	化学成分 ω_{Me}(%)					力学性能						
	C	Si	Mn	P	S	屈服点 σ_s (MPa)	抗拉强度 σ_b (MPa)	伸长率 (%)	断面收缩率 Ψ(%)	冲击韧度 α_k (J/cm^2)	硬度≤ (HBS)	
						不小于					热轧钢	退火钢
05F	≤0.06	≤0.03	≤0.04	≤0.035	≤0.040	—	—	—	—	—	—	—
08F	0.05~0.11	≤0.03	0.25~0.50	≤0.040	≤0.040	180	300	35	60	—	131	—
08	0.05~0.12	0.17~0.37	0.35~0.65	≤0.035	≤0.040	200	330	33	60	—	131	—
10F	0.07~0.14	≤0.07	0.25~0.50	≤0.040	≤0.040	190	320	33	55	—	137	—
10	0.07~0.14	0.17~0.37	0.35~0.65	≤0.035	≤0.040	210	340	31	55	—	137	—
15F	0.12~0.19	≤0.07	0.25~0.50	≤0.040	≤0.040	210	360	29	55	—	143	—
15	0.12~0.19	0.17~0.37	0.35~0.65	≤0.040	≤0.040	230	380	27	55	—	143	—
20F	0.17~0.24	≤0.07	0.25~0.50	≤0.040	≤0.040	230	390	27	55	—	156	—
20	0.17~0.24	0.17~0.37	0.35~0.65	≤0.040	≤0.040	250	420	25	55	—	156	—
25	0.22~0.30	0.17~0.37	0.50~0.80	≤0.040	≤0.040	280	460	23	50	90	170	—
30	0.27~0.35	0.17~0.37	0.50~0.80	≤0.040	≤0.040	300	500	21	50	80	179	—
35	0.32~0.40	0.17~0.37	0.50~0.80	≤0.040	≤0.040	320	540	20	45	70	187	—
40	0.37~0.45	0.17~0.37	0.50~0.80	≤0.040	≤0.040	340	580	19	45	60	217	187
45	0.42~0.50	0.17~0.37	0.50~0.80	≤0.040	≤0.040	360	610	16	40	50	241	197
50	0.47~0.55	0.17~0.37	0.50~0.80	≤0.040	≤0.040	380	640	14	40	40	241	207
55	0.52~0.60	0.17~0.37	0.50~0.80	≤0.040	≤0.040	390	660	13	35	—	255	217

续表 3-2

牌号	化学成分 ω_{Me}(%)					力学性能						
	C	Si	Mn	P	S	屈服点 σ_s (MPa)	抗拉强度 σ_b (MPa)	伸长率 (%)	断面收缩率 Ψ(%)	冲击韧度 α_k (J/cm^2)	硬度≤ (HBS)	
						不小于					热轧钢	退火钢
60	0.57~0.65	0.17~0.37	0.50~0.80	≤0.040	≤0.040	410	690	12	35	—	255	229
65	0.62~0.70	0.17~0.37	0.50~0.80	≤0.040	≤0.040	420	710	10	30	—	255	229
70	0.67~0.75	0.17~0.37	0.50~0.80	≤0.040	≤0.040	430	730	9	30	—	269	229
75	0.72~0.80	0.17~0.37	0.50~0.80	≤0.040	≤0.040	900	1 100	7	20	—	285	241
80	0.77~0.85	0.17~0.37	0.50~0.80	≤0.040	≤0.040	950	1 100	6	30	—	285	241
85	0.82~0.90	0.17~0.37	0.50~0.80	≤0.040	≤0.040	1 000	1 150	6	30	—	302	255
15Mn	0.12~0.19	0.17~0.37	0.70~1.00	≤0.040	≤0.040	250	420	26	55	—	163	—
20Mn	0.17~0.24	0.17~0.37	0.70~1.00	≤0.040	≤0.040	280	460	24	50	—	197	—
25Mn	0.22~0.30	0.17~0.37	0.70~1.00	≤0.040	≤0.040	300	500	22	50	90	207	—
30Mn	0.27~0.35	0.17~0.37	0.70~1.00	≤0.040	≤0.040	320	550	20	45	80	217	187
35Mn	0.32~0.40	0.17~0.37	0.70~1.00	≤0.040	≤0.040	340	570	18	45	70	229	197
40Mn	0.37~0.45	0.17~0.37	0.70~1.00	≤0.040	≤0.040	360	600	17	45	60	229	207
45Mn	0.42~0.50	0.17~0.37	0.70~1.00	≤0.040	≤0.040	380	630	15	40	50	241	217
50Mn	0.48~0.56	0.17~0.37	0.70~1.00	≤0.040	≤0.040	400	660	13	40	40	255	217
60Mn	0.57~0.65	0.17~0.37	0.70~1.00	≤0.040	≤0.040	420	710	11	35	—	269	229
65Mn	0.62~0.70	0.17~0.37	0.90~1.20	≤0.040	≤0.040	440	750	9	30	—	285	229
70Mn	0.67~0.75	0.17~0.37	0.90~1.20	≤0.040	≤0.040	460	800	8	30	—	285	229

用途：08F 钢一般轧成高精度薄板或薄带供应，主要用于冷冲压件，如汽车外壳、仪器和仪表外壳等；10～25 钢常用于冲压件、焊接件、强度要求不高的零件及渗碳件，如机器外罩、焊接容器、小轴、销子、法兰盘、螺钉、螺母、垫圈及渗碳凸轮、齿轮等；30～55 钢调质后可得到良好的综合力学性能，主要用于受力较大的机械零件，如曲轴、连杆、齿轮、机床主轴等；60 以上的钢具有较高的强度、硬度和弹性，但焊接性、切削性差，主要用于制作各种弹簧、高强度钢丝、机车轮缘、低速车轮及其他耐磨件。牌号后加 Mn 的钢，其用途与对应钢号的普通含锰量钢基本相同，但淬透性和强度稍高，可制作截面稍大或强度稍高的零件。

65Mn、70Mn、70、75、80 是特殊质量非合金钢，其余为优质非合金钢。

为适应某些专业的特殊需要，对优质碳素结构钢的成分和工艺作一些调整，使性能能够适应专业需要，可派生出锅炉与压力容器、船舶、桥梁、汽车、农机、纺织机械、焊条、铆螺等一系列专业用钢，国家已制定了标准。

三、碳素工具钢

常用碳素工具钢的牌号、成分、硬度和用途见表 3-3。其生产成本较低，加工性能良好，可用于制造低速、手动刀具及常温下使用的工具、模具、量具等。各种牌号的碳素工具钢淬火后的硬度相差不大，但随含碳量的增加，未溶的二次渗碳体增多，钢的耐磨性提高，韧性降低。所以，不同牌号的工具钢使用于不同用途的工具。

表 3-3 常用碳素工具钢的牌号、成分、硬度和用途

牌号	化学成分 ω_{Me}(%)			硬度			用途举例
	C	Mn	Si	退火状态	试样淬火		
				硬度不大于(HBS)	淬火温度(℃)和淬火介质	硬度≥(HRC)	
T7	0.65～0.74	≤0.40	≤0.35	187	800～820 水	62	承受振动、冲击，硬度适中，有较好韧性的工具，如凿子、冲头、木工工具、大锤等
T8	0.75～0.84	≤0.40	≤0.35	187	780～800 水	62	有较高硬度和耐磨性的工具，如冲头、木工工具、剪切金属用剪刀等
T8Mn	0.80～0.90	0.40～0.60	≤0.35	187	780～800 水	62	与 T8 钢相似，但淬透性高，可制造截面较大的工具
T9	0.85～0.94	≤0.40	≤0.35	192	760～780 水	62	一定硬度和韧性的工具，如冲头、冲模、凿子等
T10	0.95～1.04	≤0.40	≤0.35	197	760～780 水	62	耐磨性要求较高，不受剧烈振动，具有一定韧性及锋利刃口的各种工具，如刨刀、车刀、钻头、丝锥、手用锯条、拉丝模、冷冲模等
T11	1.05～1.14	≤0.40	≤0.35	207	760～780 水	62	
T12	1.15～1.24	≤0.40	≤0.35	207	760～780 水	62	不受冲击，高硬度的各种工具，如丝锥、锉刀、刮刀、绞刀、板牙、量具等
T13	1.25～1.35	≤0.40	≤0.35	217	760～780 水	62	不受振动，要求极高硬度的各种工具，如剃刀、刮刀、刻字刀具等

碳素工具钢的牌号是T("碳"的汉语拼音字首)+数字(表示钢的平均含碳量为千分之几)。例如T10表示平均$\omega_C=1.00\%$的碳素工具钢。碳素工具钢都是优质钢,如钢号后标A,表示该钢是高级优质钢。

四、易切削结构钢

在钢中加入一种或几种元素,利用其本身或与其他元素形成一种对切削有利的夹杂物,以改善钢材的切削加工性的钢叫易切削钢。常用元素有S、P、Pb,也用Ca、Se、Te等。其牌号是在同类结构钢牌号前冠以"Y",以区别其他结构用钢。例如Y15Pb中$\omega_C=0.05\%\sim0.10\%$,$\omega_S=0.23\%\sim0.33\%$,$\omega_{Pb}=0.15\%\sim0.35\%$。Y12、Y15是硫磷复合低碳易切削钢,用来制造螺栓、螺母、管接头等不重要的标准件;Y20切削加工后可渗碳处理,用来制造表面耐磨的仪器仪表零件;Y45Ca适合于高速切削加工,比45提高生产效率一倍以上,用来制造重要的零件,如机床的齿轮轴、花键轴等零件。

GB8731—88中的Y40Mn属优质低合金钢,其余均属于优质非合金钢。随着汽车工业的发展,用合金易切削钢制造承受载荷大的齿轮和轴类零件日益增多。

五、工程用铸造碳钢

铸造碳钢广泛用于制造重型机械、矿山机械、冶金机械、机车车辆的某些零件、构件。铸造碳钢的铸造性能比铸铁差,主要体现在流动性差、凝固时收缩率大、易产生偏析等。

工程用铸造碳钢的牌号:ZG("铸钢"二字的汉语拼音字首)+三位数字(表示屈服点)+—+三位数字(表示抗拉强度)。若钢号末尾标字母H(焊),表示该钢是焊接结构用碳素铸钢。例如,ZG220—400表示屈服点为200MPa、抗拉强度为400MPa的工程用铸钢。《铸钢牌号表示方法》(GB/T5613—1995)还规定,以化学成分表示的铸钢牌号中"ZG"后面一组数字表示铸钢名义万分含碳量,其后排列各主要合金元素符号及名义百分含量。如ZG15Cr1Mo1V表示平均$\omega_C=0.15\%$,$\omega_{Cr}=0.9\%\sim1.4\%$,$\omega_{Mo}=0.9\%\sim1.4\%$,$\omega_V=0.9\%$的铸钢。

工程用铸造碳钢的牌号、成分、力学性能和用途见表3-4。

表3-4 工程用铸造碳钢的牌号、成分、力学性能和用途

牌号	主要化学成分 ω_{Me}(%)				室温力学性能(不小于)					用途举例
	C ≤	Si ≤	Mn ≤	P、S ≤	σ_s ($\sigma_{0.2}$) (MPa)	σ_b (MPa)	δ (%)	Ψ (%)	A_{KV} (J)	
ZG200—400	0.20	0.50	0.80	0.04	200	400	25	40	30	良好的塑性、韧性和焊接性。用于受力不大的机械零件,如机座、变速箱壳等
ZG230—450	0.30	0.50	0.90	0.04	230	450	22	32	25	一定的强度和好的塑性、韧性,铸造性良好。用于受力不大、韧性好的机械零件,如外壳、轴承盖、阀体、犁柱等

续表 3-4

牌号	主要化学成分 ω_{Me}(%)				室温力学性能(不小于)					用途举例
	C ≤	Si ≤	Mn ≤	P、S ≤	σ_s ($\sigma_{0.2}$) (MPa)	σ_b (MPa)	δ (%)	Ψ (%)	A_{KV} (J)	
ZG270—500	0.40	0.50	0.90	0.04	270	500	18	25	22	较高的强度和较好的塑性,铸造性良好,焊接性尚好。用于轧钢机机架、轴承座、连杆、箱体、曲轴、缸体等
ZG310—570	0.50	0.60	0.90	0.04	310	570	15	21	15	强度和切削性良好,塑性韧性较差。用于载荷较大的大齿轮、缸体、制动轮、辊子等
ZG340—640	0.60	0.60	0.90	0.04	340	640	10	18	10	有高的强度和耐磨性,切削性好,焊接性较差,流动性好,裂纹敏感性较大。用于齿轮、棘轮等

第二节　合金钢

合金钢分为低合金钢、机械结构用合金钢、合金工具钢、高速工具钢和特殊性能钢。

一、合金钢的编号

(一)合金结构钢

一般合金结构钢用两位数字(平均含碳量为万分之几)+合金元素符号+数字(合金元素含量为百分之几),当 ω_{Me}<1.5%时,可不标,如 60Si2Mn;滚动轴承钢的编号是 G("滚"的汉语拼音字首)+Cr+数字(Cr 含量为千分之几)+合金元素符号+数字,如 GCr15、GCr15SiMn;低合金结构钢中的低合金高强度钢与碳素结构钢的编号相同。

(二)合金工具钢

当合金工具钢的碳含量小于 1%时,编号为:一位数字(平均含碳量为千分之几)+合金元素符号+数字,如 9Mn2V;当合金钢的含碳量大于 1%时,编号为:合金元素符号+数字,如 Cr12;高速钢牌号中不标含碳量,如 W18Cr4V。

(三)特殊性能钢

牌号编制与合金工具钢含碳量小于 1%的基本相同,只是当 $\omega_C \leqslant 0.08\%$ 和 $\omega_C \leqslant 0.03\%$ 时,在牌号前面分别冠以"0"及"00",如 0Cr19Ni9,00Cr30Mo2 等。

二、低合金钢

低合金钢是低碳低合金量的工程用钢。

低合金钢的特点是:较高的强度和屈强比;较好的塑性和韧性;良好的焊接性;较低的缺口敏感性和冷弯后低的时效敏感性。

低合金钢主要用于房屋、桥梁、船舶、车辆、铁道、高压容器及大型军事工程等工程结构件。

低合金钢可分为低合金高强度钢、低合金耐候钢和低合金专业用钢三大类。

低合金高强度结构钢的牌号和化学成分见表 3-5；低合金高强度结构钢的力学性能、新旧牌号对照和用途举例见表 3-6。

表 3-5　低合金高强度结构钢的牌号和化学成分

牌号	质量等级	化学成分 ω_{Me}(%)										
		C ≤	Mn	Si ≤	P ≤	S ≤	V	Nb	Ti	Al ≥	Cr ≤	Ni ≤
Q295	A	0.16	0.80~1.50	0.55	0.045	0.045	0.02~0.15	0.015~0.060	0.02~0.20	—		
	B	0.16	0.80~1.50	0.55	0.040	0.040	0.02~0.15	0.015~0.060	0.02~0.20	—		
Q345	A	0.20	1.00~1.60	0.55	0.045	0.045	0.02~0.15	0.015~0.060	0.02~0.20	—		
	B	0.20	1.00~1.60	0.55	0.040	0.040	0.02~0.15	0.015~0.060	0.02~0.20	—		
	C	0.20	1.00~1.60	0.55	0.035	0.035	0.02~0.15	0.015~0.060	0.02~0.20	0.015		
	D	0.18	1.00~1.60	0.55	0.030	0.030	0.02~0.15	0.015~0.060	0.02~0.20	0.015		
	E	0.18	1.00~1.60	0.55	0.025	0.025	0.02~0.15	0.015~0.060	0.02~0.20	0.015		
Q390	A	0.20	1.00~1.60	0.55	0.045	0.045	0.02~0.20	0.015~0.060	0.02~0.20	—	0.30	0.70
	B	0.20	1.00~1.60	0.55	0.040	0.040	0.02~0.20	0.015~0.060	0.02~0.20	—	0.30	0.70
	C	0.20	1.00~1.60	0.55	0.035	0.035	0.02~0.20	0.015~0.060	0.02~0.20	0.015	0.30	0.70
	D	0.20	1.00~1.60	0.55	0.030	0.030	0.02~0.20	0.015~0.060	0.02~0.20	0.015	0.30	0.70
	E	0.20	1.00~1.60	0.55	0.025	0.025	0.02~0.20	0.015~0.060	0.02~0.20	0.015	0.30	0.70
Q420	A	0.20	1.00~1.70	0.55	0.045	0.045	0.02~0.20	0.015~0.060	0.02~0.20	—	0.40	0.70
	B	0.20	1.00~1.70	0.55	0.040	0.040	0.02~0.20	0.015~0.060	0.02~0.20	—	0.40	0.70
	C	0.20	1.00~1.70	0.55	0.035	0.035	0.02~0.20	0.015~0.060	0.02~0.20	0.015	0.40	0.70
	D	0.20	1.00~1.70	0.55	0.030	0.030	0.02~0.20	0.015~0.060	0.02~0.20	0.015	0.40	0.70
	E	0.20	1.00~1.70	0.55	0.025	0.025	0.02~0.20	0.015~0.060	0.02~0.20	0.015	0.40	0.70
Q460	C	0.20	1.00~1.70	0.55	0.035	0.035	0.02~0.15	0.015~0.060	0.02~0.20	0.015	0.70	0.70
	D	0.20	1.00~1.70	0.55	0.030	0.030	0.02~0.15	0.015~0.060	0.02~0.20	0.015	0.70	0.70
	E	0.20	1.00~1.70	0.55	0.025	0.025	0.02~0.15	0.015~0.060	0.02~0.20	0.015	0.70	0.70

三、机械结构用合金钢

主要用于制造各种机械零件，其质量等级都属于特殊质量等级，大多需经热处理后才能使用，按用途、热处理特点可分为渗碳钢、调质钢、弹簧钢、滚动轴承钢、超高强度钢等。

（一）合金渗碳钢

通常是指经渗碳、淬火、低温回火后使用的合金钢。主要制造承受强烈冲击载荷和摩擦磨损的机械零件，如汽车、拖拉机中的变速齿轮，内燃机上的凸轮轴、活塞销等。

渗碳件工作表面需具有高硬度、高耐磨性，心部需具有良好的塑性和韧性。

合金渗碳钢的碳含量为 0.10%~0.25%，低碳保证了淬火后零件心部具有足够的塑性和韧性。

主要合金元素是 Cr，还可加入 Ni、Mn、B、W、Mo、V、Ti 等元素。可提高淬透性，使大

表 3-6　低合金高强度结构钢的力学性能、新旧牌号对照和用途举例

牌号	质量等级	厚度(直径)(mm)				σ_b (MPa)	δ_s (%)	旧国标	用途举例
		<16	16～35	35～50	50～100				
		$\sigma_s \geqslant$ (MPa)							
Q295	A B	295	275	255	235	390～570	23	09MnV,9MnNb, 09Mn2,12Mn	车辆的冲压件、低压锅炉汽包、中低压化工容器、输油管道、油船等
Q345	A B C D E	345	325	295	275	470～630	21 21 22 22 22	12MnV,14MnNb, 16Mn,18Nb, 16MnRE	船舶、铁路车辆、桥梁、管道、锅炉、压力容器、石油储罐、起重及矿山机械、电站设备厂方钢架等
Q390	A B C D E	390	370	350	330	490～650	19 19 20 20 20	15MnTi,16MnNb, 10MnPNbRE, 15MnV	中高压锅炉汽包、中高压石油容器、大型船舶、桥梁、车辆、起重机及其他较高载荷的焊接结构件等
Q420	A B C D E	420	400	380	360	520～680	18 18 19 19 19	15MnVN, 14MnVTiRE	大型船舶、桥梁、电站设备、起重机械、中高压锅炉及容器、机车车辆、大型焊接结构件等
Q460	C D E	460	440	420	400	550～720	17		可淬火、回火,用于大型挖掘机、起重运输机械、钻井平台等

尺寸零件的心部淬火、回火后有较高的强度和韧性;少量的 W、Mo、V、Ti 能形成细小、难溶的碳化物,宜阻止渗碳过程中高温、长时间保温条件下晶粒长大。在零件表层形成的合金碳化物还可提高渗碳层的耐磨性。

热处理一般是渗碳后直接淬火或渗碳后二次淬火加上低温回火。热处理后的表层组织是:高碳回火马氏体+未溶合金渗碳体+少量残余奥氏体,硬度 58～64 HRC;心部组织视钢的淬透性高低及零件尺寸的大小而定,可以得到低碳回火马氏体或珠光体加铁素体组织。

常用合金渗碳钢的牌号、热处理、力学性能和用途见表 3-7。

(二)合金调质钢

合金调质钢指经调质后使用的合金钢。主要用于制造在重载下同时又受冲击载荷作用的一些重要零件,如汽车、拖拉机、机床上的齿轮、轴类件、连杆、高强度螺栓等。它是机械结构用钢的主体。

合金调质钢的综合力学性能良好。

表 3-7　常用合金渗碳钢的牌号、热处理、力学性能和用途（摘自 GB3077—88）

牌号	热处理工艺			力学性能（不小于）				用途举例
	第一次淬火（℃）	第二次淬火（℃）	回火（℃）	σ_b（MPa）	σ_s（MPa）	δ（%）	A_{KV}（J）	
20Cr	880 水、油	800 水、油	200 水、空	835	540	10	47	截面在 30mm 以下载荷不大的零件，如机床及小汽车齿轮、活塞销等
20CrMnTi	880 油	870 油	200 水、空	1 080	835	10	55	汽车、拖拉机截面在 30mm 以下，承受高速、中或重载荷及受冲击、摩擦的重要渗碳件，如齿轮、轴、爪形离合器、蜗杆等
20MnVB	860 油		200 水、空	1 080	835	10	55	模数较大、载荷较重的中小渗碳件，如重型机床齿轮，轴，汽车后桥主动、被动齿轮等淬透性件
12Cr2Ni4	860 油	780 油	200 水、空	1 080	835	10	71	大截面、载荷较高、缺口敏感性低的重要零件，如重型载重车、坦克的齿轮等
18Cr2Ni4WA	950 空	850 空	200 水、空	1 175	835	10	78	截面更大、性能要求更高的零件，如大截面的齿轮、传动轴、精密机床上控制进刀的蜗轮等

合金调质钢的含碳量为 0.3%～0.5%。含碳量过低，回火后强度、硬度不足；含碳量过高，则塑性、韧性不够。

加入的主要合金元素是 Cr、Ni、Mn、Si、Mo、B 等。主要是提高淬透性，加入 W、Mo、V、Ti 等元素可形成稳定的合金碳化物，阻止奥氏体晶粒长大，细化晶粒及防止回火脆性。

合金调质钢的最终热处理为淬火后高温回火，即调质处理。回火温度一般是 500～650 ℃。热处理后的组织是回火索氏体。要求表面有良好耐磨性的重要零件，可在调质后进行表面淬火或氮化处理。

常用合金调质钢的牌号、热处理、力学性能和用途见表 3-8。

表 3-8 常用合金调质钢的牌号、热处理、力学性能和用途(摘自 GB3077—88)

牌号	热处理		力学性能(不小于)					用途举例
	淬火(℃)	回火(℃)	σ_b(MPa)	σ_s(MPa)	δ(%)	Ψ(%)	A_{KV}(J)	
40Cr	850 油	520 水、油	980	785	9	45	47	汽车后桥半轴、机床齿轮、轴、花键轴、顶尖套等
40MnB	850 油	500 水、油	980	785	10	45	47	代替 40Cr 钢制造中、小截面重要调质件等
35CrMo	850 油	550 水、油	980	835	12	45	63	制造受冲击、振动、弯曲、扭转载荷的机件,如主轴、大电机轴、曲轴、锤杆等
38CrMoAl	940 油	640 水、油	980	835	14	50	71	是高级渗氮钢,制作磨床主轴、精密丝杆、精密齿轮、高压阀门、压缩机活塞杆等
40CrNiMoA	850 油	600 水、油	980	835	12	55	78	韧性好、强度高及大尺寸重要调质件,如重型机械中高载荷轴类、直径大于 250mm 汽轮机轴、叶片、曲轴等

(三)合金弹簧钢

合金弹簧钢是专用结构钢,主要用于制造弹簧等弹性元件。

合金弹簧钢应具有高的弹性极限和屈强比,还应具有足够的疲劳强度和韧性。屈强比是材料的屈服点与抗拉强度之比,屈强比高表示材料的强度发挥比较充分。

合金弹簧钢的碳含量为 0.45%～0.7%,属中、高碳钢。

加入的主要合金元素有 Si、Mn、Cr 等,其主要作用是提高弹簧钢的淬透性。

热处理一般是淬火后中温回火,获得回火托氏体组织。截面尺寸≥8 mm 的大型弹簧常在热态下成型,即把钢加热到比淬火温度高 50～80 ℃热卷成型,利用成型后的余热立即淬火与回火。截面尺寸≤8 mm 的弹簧常采用冷拉钢丝冷卷成型,通常也进行淬火与中温回火或去应力退火处理。

常用合金弹簧钢的牌号、热处理、力学性能和用途见表 3-9。

(四)滚动轴承钢

滚动轴承钢主要用于制造轴承的内、外套圈以及滚动体,另外还可用于制造某些工具、量具、模具等。

滚动轴承钢必须具有高而均匀的硬度和耐磨性、高的接触疲劳强度、足够的韧性和对大气的耐蚀能力。

滚动轴承钢的碳含量一般为 0.95%～1.15%,属于高碳钢。

其主要合金元素是 Cr,其作用是提高淬透性以及形成合金渗碳体,提高硬度和耐磨性。加入 Si、Mn、V 等元素进一步提高淬透性,便于制造大型轴承。

表 3-9　常用合金弹簧钢的牌号、热处理、力学性能和用途（摘自 GB1222—84）

牌号	热处理		力学性能(不小于)			用途举例
	淬火(℃)	回火(℃)	σ_b (MPa)	σ_s (MPa)	Ψ (%)	
55Si2Mn	870 油	480	1 274	1 176	30	用途广，汽车、拖拉机、机车上的减振板簧和螺旋弹簧，气缸安全阀弹簧等
60Si2CrA	870 油	420	1 764	1 568	20	用作承受高应力及 300～500 ℃以下的弹簧，如汽轮机汽封弹簧、破碎机用弹簧等
50CrVA	850 油	500	1 274	1 127	40	用作高载荷重要弹簧及工作温度小于300℃的阀门弹簧、活塞弹簧、安全阀弹簧等
30W4Cr2VA	1 050～1 100 油	600	1 470	1 323	40	用作工作温度≤500 ℃的耐热弹簧，如锅炉主安全阀弹簧、汽轮机汽封弹簧等

滚动轴承钢的最终热处理是淬火后低温回火，得到极细的回火马氏体、均匀分布的细粒状碳化物及微量的残余奥氏体，硬度为 61～65 HRC。为保证精密轴承的尺寸稳定性，可在淬火后进行冷处理（－60～－80 ℃），然后再进行低温回火。磨削加工后，再进行时效处理，进一步消除应力、稳定尺寸。

常用滚动轴承钢的牌号、化学成分、热处理和用途见表 3-10。

表 3-10　常用滚动轴承钢的牌号、化学成分、热处理和用途

牌号	化学成分 ω_{Me}(%)						热处理			用途举例
	C	Si	Mn	Cr	P	S	淬火(℃)	回火(℃)	硬度(HRC)	
GCr9	1.00～1.10	0.15～0.35	0.25～0.45	0.90～1.20	≤0.025		810～830	150～170	62～66	一般工作条件下小尺寸轴承的滚动体和内、外套圈
GCr15	0.95～1.05	0.15～0.35	0.25～0.45	1.40～1.65	≤0.025		825～845	150～170	62～66	广泛用于汽车、拖拉机、内燃机、机床及其他工业设备上的轴承
GCr15SiMn	0.95～1.05	0.45～0.75	0.95～1.25	1.40～1.65	≤0.025		825～845	150～180	＞62	大型轴承或特大轴承（外径＞440 mm）的滚动体和内外圈

(五)超高强度钢

超高强度钢一般指抗拉强度超过 1 500 MPa 或屈服强度超过 1 380 MPa 的合金结构钢。这类钢主要用于航空、航天工业。其主要特点是具有很高的强度和足够的韧性，且比强度和疲劳强度极限极高，在静载荷和动载荷条件下，能承受很高的工作应力，从而可减轻结构重量。超高强度钢通常按化学成分和韧性化机制分为低合金超高强度钢、二次硬化型超高强度钢、马氏体时效钢和超高强度不锈钢等四类。

低合金超高强度钢是在合金调质钢基础上加入一定量合金元素而成的。含碳量 $\omega_C \leqslant 0.45\%$，以保证足够的塑性和韧性。合金元素总量 ω_{Me} 在 5% 左右，其主要作用是提高淬透性、回火稳定性及韧性。热处理工艺是淬火和回火。例如 30CrMnSiNi2A，热处理后抗拉强度为 1 700～1 800 MPa，是航空工业中应用最广的一种低合金超高强度钢。

二次硬化型超高强度钢大多含有强碳化物形成元素，其合金总量 $\omega_{Me} = 5\% \sim 10\%$。其典型钢种是 Cr－Mo－V 型中合金超高强度钢，如 4Cr5MoSiV（平均含碳量为千分之几）。这类钢经过高温淬火和三次高温（580～600 ℃）回火后，获得高强度、抗氧化性和抗热疲劳性。

马氏体时效钢含碳量极低（$\omega_C \leqslant 0.03\%$），主要是 Fe－Ni 基超低碳高合金超高强度钢，通过马氏体转变和时效析出金属化合物（Ni_2Mo、Fe_2Mo 等）而达到强化效果。典型钢种有 Ni18Co9Mo5TiAl 等。

超高强度不锈钢则兼有较高的强度和良好的耐腐蚀性能。马氏体沉淀硬化不锈钢是最早应用的超高强度不锈钢，除主要通过马氏体转变产生强化作用外，还经过时效处理析出弥散强化相来进一步强化。此外还有半奥氏体沉淀硬化不锈钢、马氏体时效不锈钢等。

四、合金工具钢和高速工具钢

工具钢按化学成分可分为合金工具钢、高速工具钢和非合金工具钢三大类。合金工具钢与非合金工具钢相比，主要是加入的合金元素提高了淬透性、回火稳定性和强韧性。

(一)合金工具钢

按用途分类，现行标准（GB1299—85）分成六组，即量具刃具钢、耐冲击工具钢、冷作模具钢、热作模具钢、无磁工具钢和塑料模具钢。

1. 量具刃具钢

按用途不同还可分为刃具钢和量具钢。主要用于制造形状复杂、截面尺寸较大的低速切削刃具，如车刀、铣刀、钻头等。也用于制造如卡尺、千分尺、块规、样板等在机械制造过程中控制加工精度的测量工具。

刃具钢要具有高强度、高硬度、高耐磨性、高的热硬性和足够的塑性与韧性。制作量具的钢应该有较高的硬度和耐磨性、高的尺寸稳定性以及一定的韧性。

量具刃具钢的含碳量较高，一般为 $\omega_C = 0.8\% \sim 1.5\%$，以保证钢的高硬度、高耐磨性。加入合金元素 Cr、W、Mn、V 等提高钢的淬透性和回火稳定性，在淬火时使用较缓和的冷却介质，以减少热应力及变形，保证高的尺寸精度。

量具与刃具在成型前进行球化退火，其最终热处理是淬火并低温回火。对量具在淬火后还应立即进行 －70～－80 ℃ 的冷处理，使残余奥氏体尽可能地转变为马氏体，以保证量具尺寸的稳定性。

常用量具刃具钢的牌号、化学成分、热处理和用途见表3-11。

表3-11 常用量具刃具钢的牌号、化学成分、热处理和用途

牌号	化学成分 ω_{Me}(%)						热处理		用途举例
	C	Si	Mn	Cr	P	S	淬火(℃)	淬火后硬度≥(HRC)	
					不大于				
9SiCr	0.85～0.95	1.20～1.60	0.30～0.60	0.95～1.25	0.03		820～860油	62	板牙、丝锥、钻头、铰刀、齿轮铣刀、拉刀等，还可作冷冲模、冷轧辊等
Cr06	1.30～1.45	≤0.40	≤0.40	0.50～0.70	0.03		780～810油	64	作剃刀、刀片、手术刀具以及刮刀、刻刀等
Cr2	0.95～1.10	≤0.40	≤0.40	1.30～1.65	0.03		830～860油	62	用作加工材料不很硬的低速切削刀具，可作样板、量规、冷轧辊等
9Cr2	0.80～0.95	≤0.40	≤0.40	1.30～1.70	0.03		820～850油	62	主要用作冷轧辊、钢印、冲孔凿、冷冲模、冲头、量具及木工工具等

2. 耐冲击工具钢

这类钢是在CrSi钢的基础上，添加2.0%～2.5%的W，以细化晶粒，提高回火后的韧性，例如5CrW2Si钢等，主要用作风动工具、冲模、冷作模具等。

3. 合金模具钢

根据用途，模具用钢可分为冷作模具钢、热作模具钢和塑料模具钢。

(1)冷作模具钢制作使金属冷塑性变形的模具，如冷冲模、冷墩模、冷挤压模等，工作温度不超过200～300 ℃。应具有高硬度、高耐磨性和足够的强度、韧性。高碳，含碳量在1%以上，加入Cr、Mo、W、V等合金元素强化基体，形成碳化物，提高硬度和耐磨性等。冷作模具钢的预备热处理是球化退火，最终热处理一般是淬火后低温回火，硬度可达到62～64 HRC。

常用冷作模具钢的牌号、化学成分、热处理和用途见表3-12。

(2)热作模具钢用于制作使金属在高温下塑变成型的模具，如热锻模、热挤压模、压铸模等，工作时型腔表面温度可达600 ℃以上。在高温下应具有足够的强度、硬度、耐磨性和韧性，以及良好的耐热疲劳性，即在反复的受热、冷却循环中，表面不易热疲劳(龟裂)，还应具有良好的导热性及高的淬透性。碳含量为0.3%～0.6%，加入的合金元素有Cr、Mn、Ni、Mo、W等，Cr、Mn、Ni的主要作用是提高淬透性，Mo、W提高回火稳定性并防止回火脆性，Cr、Mo、W、Si还提高钢的耐热疲劳性。热作模具钢的最终热处理为淬火后高温(或中温)回火，组织为回火托氏体或回火索氏体，硬度在40 HRC左右。

常用热作模具钢的牌号、化学成分、热处理和用途见表3-13。

表3-12　常用冷作模具钢的牌号、化学成分、热处理和用途

牌号	化学成分 ω_{Me}(%)					热处理		用途举例
	C	Cr	W	Mo	V	淬火(℃)	淬火后硬度≥(HRC)	
Cr12	2.00～2.30	11.50～13.00				950～1 000油	60	冷冲模、冲头、钻套、量规、螺纹滚丝模、拉丝模等
Cr12MoV	1.45～1.70	11.00～12.50		0.40～0.60	0.15～0.30	950～1 000油	58	截面较大、形状复杂、工作条件较差的各种冷作模具等
9Mn2V	0.85～0.95				0.10～0.25	780～810油	62	要求变形小、耐磨性高的量规、块规、磨床主轴等
CrWMn	0.90～1.05	0.90～1.20	1.20～1.60			800～830油	62	淬火变形很小、长而形状复杂的切削刀具及形状复杂、高精度的冷冲模等

表3-13　常用热作模具钢的牌号、化学成分、热处理和用途

牌号	化学成分 ω_{Me}(%)					交货状态(退火)(HBS)	热处理	用途举例
	C	Cr	W	Mo	V		淬火(℃)	
5CrMnMo	0.50～0.60	0.60～0.90		0.15～0.30		197～241	820～850油	中小型锤锻模(边长≤300～400 mm)及小压铸模
5CrNiMo	0.50～0.60	0.50～0.80		0.15～0.30		197～241	830～860油	形状复杂、冲击载荷大的各种大、中型锤锻模
3Cr2W8V	0.30～0.40	2.20～2.70	7.50～9.00		0.20～0.50	207～255	1 075～1 125油	压铸模、平锻机凸模和凹模、镶块、热挤压模等
4Cr5W2VSi	0.32～0.42	4.50～5.50	1.60～2.40		0.60～1.00	≤229	1 030～1 050油或空冷	高速锤用模具与冲头、热挤压用模具、有色金属压铸模等

(3)塑料模具钢工作条件非常复杂,应根据具体要求选用。玻璃纤维或矿物质无机物增强的工程塑料对模具的磨损、擦伤十分严重,宜采用含碳量高的合金工具钢如7CrMn2WMo、Cr12MoV等,或用合金渗碳钢12Cr6Ni3、20Cr2Ni4等。某些添加铁氧体的塑料制品需要在磁场内注射成型,要求模具无磁性,一般采用奥氏体钢。但耐磨性要求较高时,宜采用无磁模具钢。在成型过程中产生腐蚀性气体的聚苯乙烯(ABS)等塑料制品和含有卤族元素、福尔马林、氨等腐蚀介质的塑料制品,宜采用Cr13或Cr17系列不锈钢制作模具。生产表面光洁、透明度高、视觉舒适的塑料制品,要求模具钢的研磨抛光性和光刻浸蚀性要好,这类钢都要经真空冶炼或电渣重熔等精炼处理,对非金属夹杂物、偏析、疏松等冶金缺陷的要求严格。这类镜面塑料模具钢的代表钢种有3Cr2Mo、3Cr2NiMnMo及5CrNiMnMoVSCa等。为了改善预硬型塑料模具钢的切削加工性,已研制了含有S、Ca等元素的易切削预硬性塑料模具钢。

常用塑料模具用钢的推荐用钢牌号及用途举例见表3-14。

表3-14　常用塑料模具用钢的推荐用钢牌号及用途举例

推荐用钢	用途举例
45,40Cr,T10,10,20,20Cr	中小模具,精度不高、受力不大、生产规模小的模具
20Cr,12CrNi3,20Cr2Ni4,20CrMnTi	受磨损较大、受较大动载荷、生产批量大的模具
4Cr5MoSiV, 4Cr5MoSiV1, 4Cr3Mo3SiV,5CrNiMnMoVSCa	大型复杂的注射成型模或挤压成型模
9MnV, CrWMn, GCr15, Cr12, Cr12MoV,7CrSiMnMoV	热固性成型模,高耐磨高强度的模具
2Cr13, 4Cr13, 9Cr18, Cr18MoV, 3Cr2Mo,Cr14Mo4V,8Cr2MnWMoVS,3Cr17Mo	耐腐蚀、高精度模具
7Mn15Cr2Al3V2WMo	无磁模具

(二)高速工具钢

(1)用途。高速工具钢简称高速钢。用于制造高速切削刃具,有锋钢之称。

(2)性能特点。高速工具钢要求具有高强度、高硬度、高耐磨性以及足够的塑性和韧性。高速切削时,其温度高达600 ℃,因此要求此时其硬度仍无明显下降,要具有良好的热硬性。

(3)成分特点。含碳量高($\omega_C = 0.7\% \sim 1.2\%$),以形成足够的碳化物。钢中加入大量的W、V、Mo及较多的Cr,其中W、V、Mo主要是提高热韧性和耐磨性,Cr主要是提高淬透性。

(4)热处理。淬火加热温度高(1 200 ℃以上),回火温度高(560 ℃左右)、次数多(三次)。高速钢加热温度远高于珠光体向奥氏体转变温度,但由于难溶碳化物较多,所以奥氏体晶粒并无明显长大。高速钢的导热性较差,形成的热应力较大,因此淬火加热到800～850 ℃要预热。淬火温度高是为了使难溶碳化物能最大限度地溶入奥氏体,淬火后所得马氏体中的W、V、Mo含量足够高,以保证其热硬性;回火温度高是因为马氏体中的碳化物形成元素含量高,所以回火稳定性好;多次回火是因为高速钢淬火后残余奥氏体量大(可超过30%),多次回火才能基本消除残余奥氏体。正是这样,高速钢回火时的二次硬化效应很显著,三次回火后硬度可达 63～64 HRC。高速钢淬火后的组织为:隐针 M + 粒状碳化物 + 较多残余 A。高速钢回火后的组织为:$M_{回}$ + 粒状碳化物 + 微量残余 A。

高速钢的典型代表是 W18Cr4V 和 W6Mo5Cr4V2,在此基础上改变钢的基本成分或添加 Co、Al、Re 等,派生出许多新钢种。常用高速工具钢的牌号、化学成分、热处理和硬度见表 3-15。

表 3-15　常用高速工具钢的牌号、化学成分、热处理和硬度(摘自 GB9943—88)

牌号	化学成分 ω_{Me}(%)						热处理				
	C	Mn	Cr	V	W	Mo	预热(℃)	淬火(℃) 盐浴炉	淬火(℃) 箱式炉	回火(℃)	硬度≥(HRC)
W18Cr4V	0.70～0.80	0.10～0.40	3.80～4.40	1.00～1.40	17.5～19.0	≤0.30	820～870	1 270～1 285 油	1 270～1 285 油	550～570	63
W6Mo5Cr4V2	0.80～0.90	0.15～0.40	3.80～4.40	1.75～2.20	5.50～6.75	4.50～5.50	730～840	1 210～1 230 油	1 210～1 230 油	540～560	63(箱式炉) 64(盐浴炉)

五、特殊性能钢

特殊性能钢是指具有某些特殊的物理、化学、力学性能的钢。这些钢能在特殊的环境条件下使用,工程中最常用的特殊性能钢有不锈钢、耐热钢、耐磨钢等。

(一)用途

不锈钢是不锈钢和耐酸钢的统称。能够抵抗空气、蒸汽和水等弱腐蚀性介质腐蚀的钢为不锈钢;在酸、碱、盐等强腐蚀性介质中能够抵抗腐蚀的钢为耐酸钢。不锈钢主要用来制造在各种腐蚀介质中工作的零件或构件,例如化工装置中的各种管道、阀门和泵,医疗手术器械,防锈刃具和量具等。

耐热钢主要用于热工动力机械(汽轮机、燃气轮机、锅炉和内燃机)、化工机械、石油装置和加热炉等高温条件工作的构件。

耐磨钢主要用于在运转过程中承受严重磨损和强烈冲击的零件,如铁路道岔、坦克履带、挖掘机铲齿等。

(二)性能特点

不锈钢的性能要求是耐蚀性要好,还要有合适的力学性能,良好的冷、热加工和焊接性能。

耐热钢的性能要求是耐热性要好,另外还要有合适的物理性能。

耐磨钢的性能特点是要使制造的零件表面硬度高、耐磨,心部韧性好、强度高。

(三)成分特点

不锈钢的耐蚀性要求越高,碳含量应越低。大多数不锈钢的碳含量为 0.1%～0.2%,但用于制造刃具等的不锈钢碳含量可高达 0.85%～0.95%。Cr 是不锈钢获得耐蚀性要求的基本元素,当含 Cr 量不小于 11.7%时,使钢的表面形成致密的 Cr_2O_3 保护膜，避免形成电化学原电池；加入 Cr、Ni 等合金元素，提高被保护金属的电极电位，减小原电池极间的电位差，从而减小电流，使腐蚀速度降低，或使钢在室温下获得单相组织（A、F、M），以免在不同的相间形成微电池。通过提高对化学腐蚀和电化学腐蚀的抑制能力，提高钢的耐蚀性。

耐热钢为了提高钢的抗氧化性，加入合金元素 Cr、Si 和 Al，在钢的表面形成完整稳定的氧化物保护膜。加入 Ti、Nb、V、W、Mo、Ni 等合金元素来提高高温强度。

耐磨钢的成分特点是高碳、高锰：碳含量为 0.9%～1.3%，锰含量为 11.5%～14.5%。

（四）常用钢种及其热处理特点

不锈钢和耐热钢的常用钢种、热处理、性能和主要用途见表 3-16。

ZGMn13 是最重要的耐磨钢。它在受到高冲击载荷的强烈凿削磨料磨损条件下（如大型破碎机颚板），才会出现其良好的抗磨性。但在中低冲击载荷的碾磨磨损条件下（如中小型球磨机），高锰钢由于不能充分加工硬化而抗磨性较差。因此，人们用了多种措施来解决不同工况条件下的抗磨料磨损的材料问题。这类钢大多按多元素综合合金化原则进行设计，采取微合金化处理（在主体化学成分基础上添加一些微量合金元素），加以适当的热处理，使钢获得较好的抗磨性和满意的韧性。

表 3-16　不锈钢和耐热钢的常用钢种、热处理、性能和主要用途

名称		钢号	热处理			力学性能（不小于）				用途举例
按性能	按组织		退火（℃）	淬火（℃）	回火（℃）	σ_s（MPa）	σ_b（MPa）	δ（%）	硬度	
不锈钢	M 钢	1Cr13		1 000～1 050 水、油	700～790	420	600	20	187 HB	汽轮机叶片、水压机阀、螺旋、螺母等抗弱腐蚀介质并承受冲击的零件
		2Cr13		1 000～1 050 油	660～770	450	600	16	197 HB	
		3Cr13		1 000～1 050 油	200～300	—	—	—	48 HRC	制耐磨件，如加油泵轴、阀门件、轴承、弹簧及医疗器械
		4Cr13		1 050～1 100 水、油	200～300	—	—	—	50 HRC	
	F 钢	0Cr13		1 000～1 050 水、油	700～790	350	500	24	—	抗水蒸气及热含硫石油腐蚀的设备
		1Cr17		—	750～800	250	400	20	—	硝酸工厂、食品工厂设备
		1Cr28		—	700～800	300	450	20	—	制浓硝酸设备
		1Cr17Ti9		—	700～800	300	450	20	—	同 1Cr17，但晶间腐蚀抗力较高
	A 钢	0Cr19Ni9		固溶 1 050～1 100 水		180	490	40	—	深冲零件、焊 NiCr 钢的焊芯
		1Cr19Ni9		固溶 1 100～1 150 水		200	550	45	—	耐硝酸、有机酸、盐、碱溶液腐蚀的设备
		1Cr18Ni9Ti		固溶 1 000～1 100 水		200	550	40	—	制焊芯、抗磁仪表、医疗器械、耐酸容器、输送管道

续表 3-16

名称		钢号	热处理			力学性能(不小于)				用途举例
按性能	按组织		退火(℃)	淬火(℃)	回火(℃)	σ_s(MPa)	σ_b(MPa)	δ(%)	硬度	
耐热钢	A钢	1Cr19Ni9		1 050 固溶		205	515	35		870 ℃以下反复加热，锅炉过热器、再热器等
		4Cr14Ni14W2Mo		820～850 固溶		314	706	20		内燃机重载荷排气阀等
		3Cr18Mn12Si2N		1 100～1 150 固溶		392	686	35		锅炉吊架、耐 1 000 ℃高温加热炉、传送带、料盘、炉爪等
	F钢	0Cr13Al	780～830 空，缓			177	412	20		燃气透平压缩机叶片、退火箱、淬火台架等
	M钢	1Cr5Mo		900～950 油	600～700 空	392	588	18		锅炉吊架，燃气轮机衬套、泵的零件、阀、活塞杆、高压加氢设备部件
		4Cr10Si2Mo		1 010～1 040 油	720～760 油	690	885	10		650 ℃中高载荷汽车发动机进、排气阀等
		1Cr12Mo		950～1 000 空	650～710 空	550	685	18		汽轮机叶片、喷嘴块、密封环等

第三节　铸　铁

一、铸铁的石墨化

铸铁中的碳除极少量固溶于铁素体以外，大部分碳以两种形式存在：一是碳化物状态，如渗碳体及合金铸铁中的其他碳化物；二是游离状态，即石墨。石墨的晶格类型为简单六方晶格，如图 3-1 所示，其基面中的原子间距为 0.142 nm，结合力较强，而两基面之间的面间距为 0.340 nm，结合力弱，故石墨的基面很容易滑动，其强度、硬度、塑性和韧性极低，常呈片状形态存在。

铸铁组织中石墨的形成过程称为石墨化过程。铸铁的石墨化有两种方式：一种是石墨直接从液态合金和奥氏体中析出；另一种是渗碳体在一定条件下分解出石墨。铸铁的石墨化到底按哪种方式进行，主要取决于铸铁的化学成分与保温冷却条件。

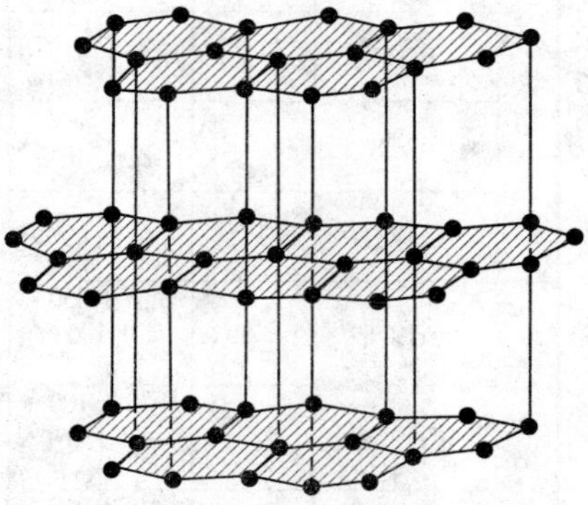

图 3-1　石墨的晶体结构

（一）铁碳合金双重相图

实践证明，成分相同的铁水在冷却时，冷却速度愈慢，析出石墨的可能性愈大；冷却速度愈快，则析出渗碳体的可能性越大。此外，形成的渗碳体若加热到高温，长时间保温，又可分解为铁素体和石墨。可见，石墨是稳定相，而渗碳体仅是亚稳定相。$Fe-Fe_3C$相图说明了亚稳定相Fe_3C的析出规律，而要说明稳定相石墨的析出规律，必须应用 Fe－G 相图。为了便于比较和应用，习惯上把两个相图合画在一起，称为铁碳合金双重相图，如图 3-2 所示。其中实线表示 $Fe-Fe_3C$ 相图，虚线表示Fe－G相图，凡虚线与实线重合的线条都用实线表示。

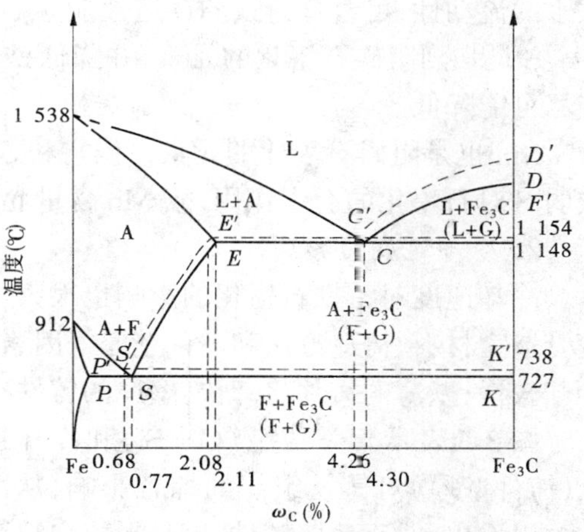

图 3-2　铁碳合金双重相图

(二)石墨化过程

按照 Fe－G 相图，可将铸铁的石墨化过程分为三个阶段。

第一阶段石墨化。从铸铁的液相中析出一次石墨 G_{I} 以及通过共晶转变时形成共晶石墨，或者通过一次渗碳体在高温分解形成石墨。

中间阶段石墨化。从过饱和奥氏体中直接析出二次石墨 G_{II}，或者通过二次渗碳体分解而析出石墨。

第二阶段石墨化。在共析转变过程中奥氏体分解为铁素体和共析石墨 $G_{共析}$，或者由共析渗碳体分解形成石墨。

石墨化过程需要铁碳原子扩散，进行石墨化的温度越低，原子扩散越困难，因而石墨化进程越慢。因此，铸铁中第二阶段石墨化常常不能充分进行。铸铁的组织受到各阶段石墨化程度的影响。如果第一、中间和第二阶段石墨化都能充分进行，就会得到铁素体基体的铸铁；如果第一和中间阶段石墨化充分进行，但第二阶段石墨化未能充分进行或完全没有进行，则得到珠光体＋铁铸体为基体的铸铁或全部为珠光体基体的铸铁；如果不仅第二阶段石墨化没有进行，而且中间阶段甚至第一阶段石墨化也仅部分进行，则得到含有两次渗碳体甚至莱氏体的麻口铸铁；如果完全没有进行各阶段石墨化，那就会得到白口铸铁。

(三)影响石墨化的因素

铸铁的组织取决于石墨化过程的程度，而影响石墨化的主要因素是铸铁的化学成分和冷却速度。

1. 化学成分的影响

各种元素对石墨化过程的影响互有差别，促进石墨化的元素按作用由强到弱排列为Al、C、Si、Ni、Cu、P；阻碍石墨化的元素按作用由弱到强排列为 W、Mn、Mo、S、Cr、V、Mg。这里仅介绍铸铁中常见的五种元素 C、Si、Mn、P、S 对铸铁的影响。

C 与 Si 是强烈促进石墨化的元素。铸铁中 C、Si 含量越高，石墨化进行得越充分。铸铁中每增加 1％的 Si，能使共晶点碳含量相应降低 0.33％。一般将($\omega_C+1/3\omega_{Si}$)称为碳当量。碳当量接近共晶成分的铸铁具有最佳的铸造性能。

P 也是促进石墨化的元素，但其作用较弱。P 在铸铁中还易生成 Fe_3P，常与 Fe_3C 形成共晶组织分布在晶界上，增加铸铁的硬度和脆性，故一般应限制其含量。但 P 能提高铁水的流动性，可改善铸铁的铸造性能。

S是强烈阻碍石墨化的元素，并降低铁水的流动性，使铸铁的铸造性能恶化，其含量应尽可能降低。

Mn也是阻碍石墨化的元素。但它和S有很大的亲和力，在铸铁中能与S形成MnS，减弱S对石墨化的有害作用，故Mn含量允许在较高的范围。

2. 冷却速度的影响

冷却速度对铸铁石墨化的影响也很大。冷却越慢，越有利于石墨化的进行。冷却速度受造型材料、铸造方法和铸件壁厚等因素的影响。例如，金属型铸造冷却快，砂型铸造冷却较慢；壁薄的铸件冷却快，壁厚的铸件冷却慢。

图3-3表示化学成分(C+Si)和冷却速度(铸件壁厚)对铸铁组织的综合影响，从图中可以看出，对于薄壁铸件，容易形成白口铸铁组织。要得到灰铸铁组织，应增加铸铁的C、Si含量。相反，厚大的铸件，为避免得到过多的石墨，应适当减少铸铁的C、Si含量。

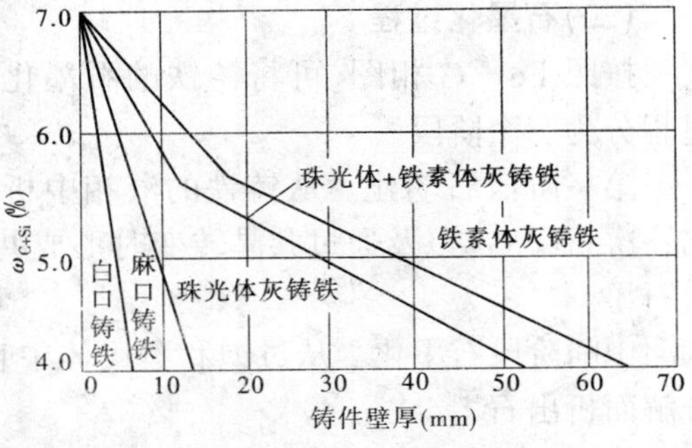

图3-3 铸铁的成分和冷却速度对铸铁组织的影响

二、常用铸铁

常用的铸铁有灰铸铁、球墨铸铁、可锻铸铁和蠕墨铸铁。它们的组织形态都是由某种基体组织加上不同形态的石墨构成的。

(一)灰铸铁

1. 灰铸铁的化学成分、组织和性能

灰铸铁中：$\omega_C = 2.5\% \sim 3.6\%$，$\omega_{Si} = 1.0\% \sim 2.5\%$，$\omega_P \leqslant 0.3\%$，$\omega_{Mn} = 0.5\% \sim 1.3\%$，$\omega_S \leqslant 0.15\%$，灰铸铁的性能取决于基体组织和石墨的数量、形态、大小和分布状态。一般灰铸铁的化学成分和显微组织不作为验收条件，但为了达到规定的牌号和相应的力学性能，必须以相应的化学成分和显微组织来保证。

灰铸铁的第一、中间阶段石墨化已充分进行，其基体组织取决于第二阶段的石墨化程度。由于石墨化程度不同，可以获得三种不同的基体组织：铁素体、珠光体+铁素体、珠光体。铁素体基体强度、硬度低，珠光体基体强度、硬度较高。当石墨状态相同时，珠光体的量越多，铸铁的强度就越高。因此，灰铸铁的抗拉强度、抗疲劳强度都很低，塑性、冲击韧度几乎没有。当机体组织相同时，其石墨越多、片越粗大、分布越不均匀，铸铁的抗拉强度和塑性越低。因此，珠光体铸铁应用广泛。

石墨虽然降低了铸铁的力学性能，但使铸铁获得了许多钢所得不到的优良性能。如铸铁有良好的减摩性及减震性、缺口敏感性低、良好的切削加工性、熔点低、流动性好、铸造工艺性好，能够铸造形状复杂的零件。

2. 灰铸铁的牌号和用途

灰铸铁的牌号以“HT”和其后的一组数字表示。其中“HT”表示“灰铁”二字的汉语拼音字首，其后一组数字表示直径30 mm试棒的最小抗拉强度值(MPa)。灰铸铁的牌号、力学性能和用途见表 3-17。

表 3-17　灰铸铁的牌号、力学性能和用途

铸铁类型	牌号	铸件壁厚(mm)	力学性能		用途举例
			σ_b(MPa)	硬度(HBS)	
F 灰铸铁	HT100	2.5～10 10～20 20～30 30～50	130 100 90 80	110～160 93～140 87～131 82～122	适用于载荷小、对摩擦和磨损无特殊要求的不重要零件，如防护罩、盖、油盘、手轮、支架、底板、重锤、小手柄、镶导轨的机床底座等
F+P 灰铸铁	HT150	2.5～10 10～20 20～30 30～50	175 145 130 120	137～205 119～179 110～166 105～157	承受中载荷的零件，如机座、支架、箱体、刀架、床身、轴承座、工作台、带轮、法兰、泵体、阀体、管路附件、飞轮、电动机座等
P 灰铸铁	HT200	2.5～10 10～20 20～30 30～50	220 195 170 160	157～236 148～222 134～200 129～192	承受较大载荷和要求一定的气密封性或耐蚀性等较重要零件，如汽缸、齿轮、机座、飞轮、床身、汽缸体、活塞、齿轮箱、刹车轮、联轴器盘、中等压力(80 MPa 以下)阀体、泵体、液压缸、阀门等
	HT250	4.0～10 10～20 20～30 30～50	270 240 220 200	175～262 164～247 157～236 150～225	
孕育铸铁	HT300	10～20 20～30 30～50	290 250 230	182～272 168～251 161～241	承受高载荷、耐磨和高气密性重要零件，如重型机床、剪床、压力机、自动机床的床身、机座、机架、高压液压件、活塞环、齿轮、凸轮、车床卡盘、衬套，大型发动机的汽缸体、缸套、汽缸盖等
	HT350	10～20 20～30 30～50	340 290 260	199～298 182～272 171～257	

3. 灰铸铁的孕育处理

为了改善灰铸铁的组织和力学性能，生产中常采用孕育处理，即在浇注前向铁水中加入少量孕育剂(如硅铁、硅钙合金等)，改变铁水的结晶条件，从而得到细小均匀分布的片状石墨和细小的珠光体组织。经孕育处理后的灰铸铁称为孕育铸铁。孕育铸铁的强度有较大的提高，塑性和韧性也有改善，并且由于孕育剂的加入，冷却速度对结晶过程的影响减小，使铸件的结晶几乎是在整个体积内同时进行，使铸件在各个部位获得均匀一致的组织，因而孕育铸铁用于制造力学性能要求较高、截面尺寸变化较大的大型铸件。

4. 灰铸铁的热处理

由于热处理只能改变灰铸铁的基体组织，不能改变石墨的形状、大小和分布，故灰铸铁的热处理一般只用于消除铸件内应力和白口组织、稳定尺寸、提高工件表面的硬度和耐磨性等。

(1)消除应力退火。将铸铁缓慢加热到 500～600 ℃，保温一段时间，随炉冷却至 200 ℃后出炉空冷。

(2)消除白口组织的退火。将铸件加热到850～950 ℃,保温2～5 h,然后随炉冷却到400～500 ℃,出炉空冷,使渗碳体在高温和缓慢冷却中分解,用以消除白口,降低硬度,改善切削加工性。

(3)表面淬火。为了提高某些铸件的表面耐磨性,常采用高(中)频表面淬火或接触电阻加热表面淬火等方法,使工作面(如机床导轨)获得细马氏体基体+石墨的组织。

(二)球墨铸铁

球墨铸铁的基体组织上分布着球状石墨,由于球状石墨对基体组织的割裂作用和应力集中作用很小,所以球墨铸铁力学性能远高于灰铸铁,而且石墨球越圆、细小、均匀,则力学性能越高,在某些性能方面甚至可与碳钢相媲美。球墨铸铁同时还具有灰铸铁的减震性、耐磨性和低的缺口敏感性等一系列优点。

球墨铸铁是将铁水经过球化处理而得到的。球化处理是在铁水浇注前加入少量的球化剂,使石墨呈球状析出。常用的球化剂有镁、稀土合金和稀土镁合金三种,我国广泛采用稀土镁合金。由于镁和稀土元素都是强烈阻止石墨化的元素,只加球化剂处理,易使铸铁生成白口,所以还应加入适量的孕育剂硅铁,以促进石墨化。

球墨铸铁的化学成分范围是:$\omega_C = 3.8\% \sim 4.0\%$,$\omega_{Si} = 2.0\% \sim 2.8\%$,$\omega_{Mn} = 0.6\% \sim 0.8\%$,$\omega_S \leqslant 0.04\%$,$\omega_P < 0.1\%$,$\omega_{Mg} = 0.03\% \sim 0.05\%$,$\omega_{RE} < 0.03\% \sim 0.05\%$。

在生产中经退火、正火、调质处理、等温退火等不同的热处理,球墨铸铁可获得不同的基体组织:铁素体、珠光体+铁素体、珠光体、贝氏体。

球墨铸铁的牌号用"QT"和其后的两组数字表示。其中"QT"表示"球铁"二字的拼音字首,后面的两组数字分别表示最低抗拉强度和最低断后伸长率。球墨铸铁的牌号、力学性能和用途见表3-18。

表3-18 球墨铸铁的牌号、力学性能和用途

牌号	力学性能				基体组织类型	用途举例
	σ_b(MPa)	$\sigma_{0.2}$(MPa)	δ(%)	硬度(HBS)		
	不大于					
QT400—18	400	250	18	130～180	F	承受冲击、振动的零件,如汽车及拖拉机轮毂、差速器壳、拨叉、农机具零件、中低压阀门、上下水及输气管道、压缩机高低压汽缸、电机机壳、齿轮箱、飞轮壳等
QT400—15	400	250	15	130～180	F	
QT450—10	450	310	10	160～210	F	
QT500—7	500	320	7	170～230	F+P	机器座架、传动轴飞轮、电动机架、内燃机的机油泵齿轮、铁路机车车轴瓦等
QT600—3	600	370	3	190～270	F+P	载荷大、受力复杂的零件,如汽车、拖拉机、曲轴、连杆、凸轮轴、磨床、铣床、车床的主轴、机床蜗杆、轧钢机轧滚、大齿轮、汽缸体等
QT700—2	700	420	2	225～305	P	
QT800—2	800	480	2	245～335	P或回火组织	
QT900—2	900	600	2	280～360	B或$M_{回}$	高强度齿轮,如汽车后桥锥齿轮、大减速器齿轮、内燃机曲轴、凸轮轴等

(三)可锻铸铁

可锻铸铁是由一定化学成分的白口铸铁通过可锻化退火而获得的具有团絮状石墨的铸铁。可锻铸铁的生产过程可分为两步:第一步先铸成白口铸铁件;第二步再经高温长时间的可锻化退火,使渗铁体分解出团絮状石墨。如果铸件不是完全的白口组织,一旦有片状石墨生成,则在随后的退火过程中,由渗碳体分解的石墨将会沿已有的石墨片析出,最终得到粗大的片状石墨组织,为此必须控制铸件化学成分,使之具有较低的 C、Si 含量。通常化学成分为:$\omega_{C}=2.2\%\sim2.8\%$,$\omega_{Si}=1.0\%\sim1.8\%$,$\omega_{Mn}=0.5\%\sim0.7\%$,$\omega_{S}<0.1\%$,$\omega_{P}\leqslant0.2\%$。

可锻铸铁的牌号分别用"KTH"(黑心可锻铸铁)、"KTZ"(珠光体可锻铸铁)和其后的两组数字表示。其中"KT"是"可铁"两字的汉语拼音字首,两组数字分别表示最低抗拉强度和最低断后伸长率。常用可锻铸铁的牌号、性能和用途见表 3-19。

表 3-19　常用可锻铸铁的牌号、性能和用途

种类	牌号	试样直径(mm)	力学性能				用途举例
			σ_b(MPa)	$\sigma_{0.2}$(MPa)	δ(%)	硬度(HBS)	
			不大于				
黑心可锻铸铁	KTH300—06	12或15	300		6	≤150	制弯头、三通管件、中低压阀门等
	KTH330—08		330		8		制机床扳手、犁刀、犁柱、车轮壳等
	KTH350—10		350	200	10		汽车及拖拉机前后轮壳、后桥壳、减速器壳、转向节壳、制动器、铁道零件等
	KTH370—12		370		12		
珠光体可锻铸铁	KTZ450—06		450	270	6	150～200	载荷较高和耐磨零件,如曲轴、凸轮轴、连杆、齿轮、活塞环、摇臂、轴套、耙片、万向节头、棘轮、扳手、传动链条、犁刀、矿车轮等
	KTZ550—04		550	340	4	180～250	
	KTZ650—02		650	430	2	210～260	
	KTZ700—02		700	530	2	240～290	

可锻铸铁生产过程较为复杂,退火时间长,因此生产率低、能耗大、成本较高。近年来,不少可锻铸铁件已被球墨铸铁件所代替。但可锻铸铁韧性和耐蚀性好,适宜制造形状复杂、承受冲击的薄壁铸件及在潮湿环境中工作的零件,与球墨铸铁相比,具有质量稳定、铁水处理简易、易于组织流水线生产等优点。

(四)蠕墨铸铁

蠕墨铸铁是近几十年发展起来的新型铸铁。它是在一定成分的铁水中加适量的蠕化剂,获得的石墨形态介于片状与球状之间,形似蠕虫状石墨的铸铁。石墨近似片状,但短而厚,一般长厚比为 2～10,而灰铸铁中片状石墨的长厚比常大于 50。

蠕墨铸铁的化学成分要求与球墨铸铁相近,生产方法与球墨铸铁也相似。蠕化剂有镁钛合金、稀土镁钛合金、稀土镁钙合金等。生产中蠕墨铸铁的蠕虫状石墨往往与球状石墨共存,蠕化率是影响蠕墨铸铁性能的主要因素。蠕墨铸铁的牌号用"RuT"和其后的一组数字表示(JB4403—87),"RuT"为"蠕铁"的汉语拼音字首,数字表示最小抗拉强度。例如 RuT340。各牌号蠕墨铸铁的主要区别在于基体组织。

蠕墨铸铁的力学性能介于相同基体组织的灰铸铁和球墨铸铁之间,其铸造性能和热传导性、耐疲劳性及减震性与灰铸铁相近。蠕墨铸铁已在加工业中广泛应用,主要用来制造大马力柴油机汽缸盖和汽缸套、电动机外壳、机座、机床床身、阀体、玻璃模具、起重机卷筒、纺织机零件、钢锭模等铸件。

三、合金铸铁

在灰铸铁、白口铸铁或球墨铸铁中加入一定量的合金元素,可以使铸铁具有某些特殊性能(如耐热、耐酸、耐磨等),这类铸铁称为合金铸铁。合金铸铁与在相似条件下使用的合金钢相比有熔炼简便、成本较低、使用性能良好的优点,但力学性能比合金钢低,脆性较大。

(一)耐磨铸铁

一般耐磨铸铁按其工作条件大致可分为两大类:一类是在无润滑、干摩擦条件下工作的抗磨铸铁,如犁铧、轧锟、破碎机和球磨机零件等;另一类是在润滑条件下工作的减磨铸铁,如机床导轨、汽缸套和活塞环等。

(二)耐热铸铁

耐热铸铁(GB9437—88)具有抗高温和抗生长性能,能够在高温下承受一定载荷。在铸铁中加入 Al、Si、Cr 等合金元素可以在铸铁表面形成致密的保护性氧化膜(如 Al_2O_3、SiO_2、Cr_2O_3),使铸铁在高温下具有抗氧化性的能力,同时能够使铸铁的基体变为单相铁素体,在高温下不发生相变;加入 Ni、Mo 能增加在高温下的强度和韧性,从而提高铸铁的耐热性。

常用的耐热铸铁中有硅铸铁、高铬铸铁、镍铬硅铸铁、镍铬球墨铸铁、中硅球墨铸铁等,主要用于制造加热炉附件,如炉底板、加热炉传送链构件、换热器、渗碳坩埚等。

(三)耐蚀铸铁

耐蚀铸铁(GB9437—87)主要有高硅、高铝、高铬、高镍等系列。在铸铁中加一定量的 Si、Al、Cr、Ni、Cu 等元素,可使铸件表面生成致密的氧化膜,从而提高耐蚀性。高硅(ω_{Si}=10%~18%)铸铁是最常用的耐蚀铸铁,为了提高对盐酸腐蚀的抵抗力,可加入 Cr 和 Mo 等合金元素。高硅铸铁广泛用于化工、石油、化纤、冶金等工业设备,如泵、管道、阀门、储罐的出口等。高铬(ω_{Cr}=20%~35%)铸铁在各种氧化性酸和多种盐的条件下工作十分可靠。对强力的热苛性碱溶液则一般用高镍铸铁。

第四节　非铁金属材料

一、铝及其合金

(一)纯铝

纯铝为面心立方晶格,塑性好,强度、硬度低,一般不宜作结构材料使用。纯铝密度低,仅为铜的1/3,熔点660 ℃,基本无磁性,导电导热性优良,仅次于银和铜。铝在大气中表面会生成致密的 Al_2O_3 薄膜而阻止其进一步氧化,所以抗大气腐蚀能力强。

纯铝主要用于制作电线、电缆、电气元件及换热器件。纯铝的导电导热性随其纯度降低而变低,故纯度是纯铝材料的重要指标。纯铝的牌号中数字表示纯度高低。例如工业纯铝旧牌号有L1、L2、L3…符号L表示铝,后面的数字越大纯度越低。对应新牌号为1070、1060、1050…

(二)铝合金的分类

Al中加入Si、Cu、Mg、Zn、Mn等元素制成合金,强度提高,还可以通过变形、热处理等方法进一步强化,所以铝合金可以制造某些结构零件。

铝合金依据其成分和工艺性能,可划分为变形铝合金和铸造铝合金两大类。前者塑性优良,适于压力加工;后者塑性差,更适于铸造成型。

《铸造有色金属及其合金牌号表示方法》(GB/T8063—94)规定:铸造有色金属牌号由Z和基体金属元素符号、主要合金元素符号以及表明合金元素名义百分含量的数字组成。优质合金在牌号后面标注字母“A”,压铸合金在合金牌号前面标字母“YZ”。

《变形铝及铝合金牌号表示方法》(GB/T16474—1996)规定:我国变形铝及铝合金采用国际四位数字体系牌号和四位字符体系牌号的命名方法。按化学成分已在国际牌号注册组织注册命名的铝及铝合金,直接采用四位数字体系牌号;国际牌号注册组织未命名的,则按四位字符体系牌号命名。两种牌号命名方法的区别仅在第二位。

牌号第一位数字表示铝及铝合金组别,1×××、2×××、3×××、…、9×××,分别按顺序代表纯铝($\omega_{Al}>99.00\%$)、以铜为主要合金元素的铝合金、以锰为主要合金元素的铝合金,以硅为主要合金元素的铝合金、以镁和硅为主要合金元素的铝合金、以锌为主要合金元素的铝合金……以其他合金元素为主要合金元素的铝合金及备用合金组。

牌号第二位数字(国际四位数字体系)或字母(四位字符体系)表示原始纯铝或铝合金的改型情况,数字0或字母A表示原始纯铝和原始合金,如果是1~9或B~Y表示改型情况。

牌号最后两位数字用以标识同一组中不同的铝合金,纯铝则表示最低铝百分含量中小数点后面的两位。

在新旧牌号命名的过渡期间,国内原GB3190—82中使用的牌号仍可继续使用。

(三)铝合金的强化途径

铝合金的种类不同,其强化原理、途径也不同。

1. 不可热处理的变形铝合金

这类铝合金在固态范围内加热、冷却无相变,因而不能热处理强化,其常用的强化方法是冷变形,如冷轧、压延等方法。

2. 可热处理强化变形铝合金

这类铝合金不但可变形强化,还能够通过热处理进一步强化,其工艺是先固溶处理(俗称淬火),然后时效处理。

铝合金的淬火在机理上与钢的淬火是不同的,其强度、硬度并无显著提高,若将其在常温下放置一段时间(约2 h)以后,强度、硬度上升,塑性、韧性下降的效果才逐步产生,这种合金的性能随时间而变化的现象称为时效。合金工件经固溶处理后,在室温进行的时效处理称为时效处理。若要缩短时效时间,可以在加热条件下处理,即人工时效处理。

3. 铸造铝合金

铸造铝合金组织中有一定比例的共晶体，熔点低，流动性好，可制造形状复杂的零件；但共晶体往往粗大且性能差，这是铸造铝合金强度低，塑性、韧性差的主要原因。若采用变质处理就能使共晶体细化，并在一定程度上使铸造铝合金强化、韧化。

(四)变形铝合金

GB3190—82 将变形铝合金分为防锈铝合金(LF)、硬铝合金(LY)、超硬铝合金(LC)、锻铝合金(LD)四类。常用变形铝合金的牌号、性能及用途见表 3-20。

表 3-20　常用变形铝合金的牌号、性能和用途

<table>
<tr><th rowspan="2">类别</th><th rowspan="2">原牌号</th><th rowspan="2">新牌号</th><th rowspan="2">半成品种类</th><th rowspan="2">状态</th><th colspan="2">力学性能</th><th rowspan="2">用途举例</th></tr>
<tr><th>σ_b(MPa)</th><th>δ(%)</th></tr>
<tr><td rowspan="2">防锈铝合金</td><td>LF2</td><td>5A02</td><td>冷轧板材
热轧板材
挤压板材</td><td>0
H112
0</td><td>167～226
117～157
≤226</td><td>16～18
7～6
10</td><td>在液体下工作的中等强度焊接件、冷冲压件和容器、骨架零件等</td></tr>
<tr><td>LF21</td><td>5A21</td><td>冷轧板材
热轧板材
挤制厚壁管材</td><td>0
H112
H112</td><td>98～147
108～118
≤167</td><td>18～20
15～12
—</td><td>要求高的塑性和良好的焊接性、在液体或气体介质中工作的低载荷零件，如油箱、油管、液体容器、饮料罐等</td></tr>
<tr><td rowspan="3">硬铝合金</td><td>LY11</td><td>2A11</td><td>冷轧板材(包铝)
挤压棒材
拉挤制管材</td><td>0
T4
0</td><td>226～235
353～373
≤245</td><td>12
10～12
10</td><td>各种要求中等强度的零件和构件、冲压的连接部件、空气螺旋桨叶片、局部墩粗的零件(如螺栓、铆钉)</td></tr>
<tr><td>LY12</td><td>2A12</td><td>冷轧板材(包铝)
挤压棒材
拉挤压管材</td><td>T4
T4
0</td><td>407～427
255～275
≤245</td><td>10～13
8～12
10</td><td>用量最大，用作各种要求高载荷的零件和构件(不包括冲压件和锻件)，如飞机上的骨架零件、蒙皮、翼、铆钉等</td></tr>
<tr><td>LY8</td><td>2B11</td><td>铆钉线材</td><td>T4</td><td>225</td><td>—</td><td>铆钉材料</td></tr>
<tr><td rowspan="2">超硬铝合金</td><td>LC3</td><td>7A03</td><td>铆钉线材</td><td>T6</td><td>284</td><td>—</td><td>制作受力结构的铆钉</td></tr>
<tr><td>LC4
LC9</td><td>7A04
7A09</td><td>挤压棒材
冷轧板材
热轧板材</td><td>T6
0
T6</td><td>490～510
≤245
490</td><td>5～7
10
3～6</td><td>承力构件和高载荷零件，如飞机上的大梁、檩条、加强框、蒙皮、翼肋、起落架等，通常多用于取代 2A12</td></tr>
<tr><td rowspan="2">锻铝合金</td><td>LD5
LD7
LD8</td><td>2A50
2A70
2A80</td><td>挤压棒材
挤压棒材
挤压棒材</td><td>T6
T6
T6</td><td>353
353
441～432</td><td>12
8
8～10</td><td>形状复杂和中等强度的锻件和冲压件，内燃机活塞，气压机叶片、叶轮、圆盘以及其他在高温下工作的复杂锻件。2A70 耐热性好</td></tr>
<tr><td>LD10</td><td>2A14</td><td>热轧板材</td><td>T6</td><td>432</td><td>5</td><td>高负荷和形状简单的锻件和模锻件</td></tr>
</table>

注：状态中 0 为退火，T4 为固溶 + 自然时效，T6 为固溶 + 人工时效，H112 为热加工(取自 GB/T16475—1996)。

(五)铸造铝合金

铸造铝合金可分为 Al－Si 系、Al－Cu 系、Al－Mg 系和 Al－Zn 系四类。其典型合金的牌号、代号、性能和用途见表 3-21。

二、铜及铜合金

铜是应用最广的非铁金属材料，主要用作具有导电、导热、耐磨、抗磁、防暴等性能并兼有耐蚀性的器件。

表 3-21　典型铸造铝合金的牌号、代号、性能和用途

类别	牌号	主要性能特点	用途举例
铝硅合金	ZAlSi12(ZL102) YZAlSi2 (YL102)	铸造性好,有集中缩孔,吸气性大,需变质处理,耐蚀性、焊接性好,切削性差,不能热处理,强度不高,耐热性较差	形状复杂、耐蚀性和气密性好、承受较低载荷、≤200 ℃的薄壁零件,如仪表壳罩、盖、船舶零件等
	ZAlSi5Cu1Mg (ZL105)	铸造工艺性和气密性良好,无热裂倾向,熔炼工艺简单,不需变质处理,可热处理,强度高,塑性、韧性差,焊接性和切削性良好,耐热性和耐蚀性一般	在航空工业中广泛采用,铸造形状复杂、承受较高静载荷、<225 ℃的薄壁零件,如汽缸体、盖、发动机曲轴箱等
	ZAlSi12Cu2Mg1 (ZL108) YZAlSi12Cu2(YL108)	密度小,热胀系数小,热导率高,耐热性好,铸造性优良,气密性好,线收缩小,可得尺寸精确铸件,无热裂倾向,强度高,耐磨性好,需变质处理	常用活塞铝合金,用于铸造汽车、拖拉机活塞和其他工作温度低于 250 ℃的零件
铝铜合金	ZAlCu5Mn (ZL201)	铸造性不好,热裂、缩孔倾向大,气密性差,可热处理,室温强度高,韧性、耐热性、焊接性、切削性好,耐蚀性差	工作温度在 300 ℃以下承受中等负荷、中等复杂程度的飞机受力铸件,也可用于低温承力件,用途广
	ZAlCu4 (ZL203)	铸造性差,热裂倾向大,不需变质处理,可热处理,有较高的强度和塑性,切削性好,耐热性一般,人工时效状态耐蚀性差	形状简单、中等静载荷或冲击载荷、工作温度低于 200 ℃的小零件,如支架、曲轴等
	ZAlRE5Cu3Si2 (ZL207)	含 4.4%～5.0%混合稀土,在 300～400 ℃能长期工作,是耐热性最好的铸造铝合金,结晶范围小,充填能力强,热裂倾向小,气密性好,不能热处理,室温力学性能差,焊接性好,耐蚀性低于 Al－Si、Al－Mg 系合金,而优于 Al－Cu 系合金	形状复杂、在 300～400 ℃长期工作、承受液压和气压的零件
铝镁合金	ZAlMg10 (ZL301)	铸造性、气密性差,熔炼工艺复杂,可热处理,耐热性不好,有应力腐蚀倾向,焊接性差,切削性好,其最大优点是耐大气和海水腐蚀	承受高静载荷或冲击载荷、工作温度低于 200 ℃、长期在大气或海水中工作的零件,如水上飞机、船舶件
	ZAlMg5Si1 (ZL303)	铸造性比 ZL301 好,耐蚀性良好,切削性是铸造铝合金中最佳者,焊接性好,热处理不能明显强化,室温力学性能较差,耐热性一般	低于 200 ℃承受中等载荷的耐蚀零件,如海轮配件、航空或内燃机车零件
铝锌合金	ZAlZn11Si7 (ZL401)	铸造性优良,需进行变质处理,铸态下具有自然时效能力,不热处理可达到高的强度,耐热,焊接性和切削性优良,耐蚀性差,可用阳极化处理以提高耐蚀性	大型、形状复杂、承受高静载荷、工作温度不超过 200 ℃的铸件,如汽车零件、仪表零件、医疗器械、日用品等
	ZAlZn6Mn (ZL402)	铸造性良好,铸造后有自然时效能力,较好的力学性能,耐蚀性良好,耐热性差,焊接性一般,可加工性良好	高静载荷或冲击载荷、不能进行热处理的铸件,如空气压缩机活塞、精密仪表零件等

(一)纯铜(紫铜)

纯铜的晶体结构是面心立方晶格,密度为 $8.96\times10^3\ kg/m^3$,熔点为 1 083 ℃,导电、导热性优良,塑性好,易于进行冷、热加工,但强度、硬度低,经冷变形加工后强度可提高,但塑性显著下降。

工业纯铜按杂质含量可分为 T1、T2、T3、T4 四个牌号,序号越大纯度越低,如 T1 含铜量为 99.95%,而 T4 为 99.50%,余量为杂质。纯铜一般不作结构材料使用,主要用于制造电线、电缆、电子元件及导热器件等。

(二)黄铜

黄铜对海水和大气有优良的耐蚀性,力学性能与含 Zn 量有关。当 $\omega_{Zn}<39\%$ 时,Zn 能完全溶解在黄铜内,形成面心立方晶格的 α 固溶体,塑性好,随含 Zn 量增加其强度和塑性都上升。当 $\omega_{Zn}>39\%$ 以后,黄铜的组织由 α 固溶体和体心立方晶格的 β′相组成,β′相在 470 ℃以下塑性极差,但少量的 β′相对强度无影响,因此强度仍较高。但 $\omega_{Zn}>45\%$ 以后铜合金组织全部是 β′相和别的脆性相,致使强度和塑性均急剧下降。

经冷加工后黄铜可获得良好的力学性能。

为改善黄铜的性能,加入少量的 Al、Mn、Sn、Si、Pb、Ni 等元素就得到特殊黄铜,如铅黄铜、锡黄铜、铝黄铜、锰黄铜、铁黄铜、硅黄铜等。其中,Al、Mn、Si 能改善力学性能;Al、Mn、Sn 能提高抗蚀性;Si 和 Pb 共存时能提高耐磨性;Pb 能提高切削加工性;Ni 能降低应力腐蚀的倾向。

《加工黄铜——化学成分和产品形状》(GB5232—85)规定压力加工普通黄铜的牌号用"黄"的汉语拼音字首"H"加数字表示,数字表示平均铜的质量分数。特殊黄铜由 H+合金元素符号+数字(铜含量)—合金元素含量组成。

常用黄铜的牌号、性能和用途见表 3-22。

(三)青铜

青铜种类较多,由锡青铜、铅青铜、硅青铜、铍青铜、钛青铜等。常用青铜的牌号、主要性能和用途见表 3-23。

三、滑动轴承合金

(一)滑动轴承合金的性能

制造滑动轴承的轴瓦及其内衬的合金叫滑动轴承合金。滑动轴承合金应具备以下性能:具有足够的抗压强度与疲劳强度,以承受轴颈所施加的载荷;有足够的塑性和韧性,以保证与轴颈配合良好,并承受冲击与振动;摩擦系数小,能保持润滑油,以减少对轴颈的摩擦;具有小的膨胀系数和良好的导热性、耐蚀性,以防止轴瓦与轴颈因强烈摩擦升温而发生咬合,并能抵抗润滑油的侵蚀;具有良好的磨合能力,使载荷能均匀分布;加工工艺性良好,价格低。

轴承合金的组织通常由软基体上均匀分布一定数量和大小的硬质点组成,或者由硬基体加软质点组成。当轴运转时,轴瓦的软基体易磨损而凹陷,能容纳润滑油,硬质点则相对突起支撑着轴颈。这就减少了轴颈和轴瓦之间的接触面积,降低了摩擦系数。另外,软基体可承受冲击和振动,并使轴颈和轴瓦之间能很好地磨合,并且偶然进入的外来硬质点能嵌入基体中。

表 3-22 常用黄铜的牌号、性能和用途

类别	牌号	制品种类	力学性能		主要特征	用途举例
			σ_b (MPa)	δ (%)		
普通加工黄铜	H80	板、带、管、棒	640	5	在大气、淡水及海水中有较好的耐蚀性，加工性优良	造纸网、薄壁管、皱纹管、建筑装饰用品、镀层等
	H68	板、带、管、棒、线、箔	660	3	有较高强度，塑性为黄铜中最佳者，应用最广，有应力腐蚀开裂倾向	复杂冷冲件和深冲件，如子弹壳、导管、雷管等
	H62		600	3	有较高强度，热加工性、可加工性好，易焊接。有应力腐蚀开裂倾向，价格较便宜，应用较广	一般机器零件、铆钉、垫圈、螺钉、螺帽、导管、散热器、筛网等
铅黄铜	HPb59—1	板、管、棒、线	550	5	可加工性好，可冷、热加工，易焊接，耐蚀性一般。有应力腐蚀开裂倾向，用途广	热冲压和切削加工制作的零件，如螺钉、垫片、衬套、喷嘴等
锰黄铜	HMn58—2	板、带、棒、线	700	10	在海水、过热蒸汽、氯化物中有好的耐蚀性。有应力腐蚀开裂倾向，导热导电性能差	应用较广的黄铜品种，主要用于船舶制造和精密电器制造工业
铸造黄铜	ZCuZn38	砂型、金属型	295 295	30 30	良好的铸造性和可加工性，力学性能较好，可焊接，有应力腐蚀开裂倾向	一般结构件，如螺杆、螺母、法兰、阀座、日用五金等
铸铝黄铜	ZCuZn31Al2 YZCuZn30Al3	砂型、金属型	295 390	12 15	良好的铸造性，在空气、淡水、海水中耐蚀性较好，易切削，可焊接	适于压力铸造，如电机、仪表压铸件及造船和机械制造业的耐蚀件
铸锰黄铜	ZCuZn40Mn2	砂型、金属型	345 390	20 25	有较高的强度和耐蚀性，铸造性能好，受热时组织稳定	在水、蒸汽、液体燃料中的耐蚀件，需镀锡或浇注巴士合金的零件
铸硅黄铜	ZCuZn16Si4	砂型、金属型	345 390	15 20	有较高的强度和耐蚀性，铸造性能好，流动性好，铸件组织致密，气密性好	接触海水的管配件、水泵、叶轮，在空气、淡水、油、燃料及压力≤4.5 MPa和＜250 ℃蒸汽中工作的铸件

表 3-23 常用青铜的牌号、主要性能和用途

类别	牌号	制品种类	力学性能		主要特征	用途举例
			σ_b (MPa)	δ (%)		
压力加工锡青铜	QSn4—3	板、带、棒、线	350	40	有好的弹性和耐磨性，抗磁性良好，能很好地承受冷、热压力加工；在硬态下，切削性好，易焊接，在大气、淡水和海水中耐蚀性好	弹簧及其他弹性元件，化工设备上的耐蚀零件以及耐磨零件、抗磁零件、造纸工业用的刮刀
	QSn6.5—0.4	板、带、棒、线	750	9	抗疲劳强度较高，弹性和耐磨性较好，但在热加工时有热脆性	除用作弹簧和耐磨零件外，主要用作造纸工业制作耐磨的铜网和载荷＜980 MPa、圆周速度＜3 m/s的零件
	QSn4—4—2.5	板、带	650	3	好的减磨性和良好的切削性，易焊接，在大气、淡水中耐蚀性良好	轴承、卷边轴套、衬套、圆盘以及衬套的内垫等
铸造锡青铜	ZCuSn10Zn2	砂型	240	12	耐蚀性、耐磨性和切削性好，铸造性好，铸件致密性较高，气密性较好	在中等及较高载荷和小滑动速度下工作的重要管配件及阀、旋塞、泵体、齿轮、叶轮和蜗轮
		金属型	245	6		
	ZCuSn10Pb1	砂型	200	3	硬度高，耐磨性极好，不易产生咬死现象，有较好的铸造性和切削性，在大气、淡水中耐蚀性良好	高载荷和高滑动速度下工作的耐磨零件，如连杆衬套、轴瓦、齿轮、蜗轮等
		金属型	310	2		
		离心	330	4		
特殊青铜	QBe2	板、带、棒、线	500	3	是力学、物理、化学综合性能良好的一种合金。经淬火时效后，具有高的强度、硬度、弹性、耐磨性、疲劳极限和耐热性，同时还具有高的导电性、导热性和耐寒性，无磁性，碰击时无火花，易焊接，在大气、淡水和海水中耐蚀性极好	各种精密仪表、仪器中的弹簧和弹性元件，各种耐磨零件以及在高速、高压下工作的轴承、衬套，矿山和炼油厂用的冲击不产生火花的工具以及各种深冲零件
	ZCuPb30	金属型	—	—	有良好的自润滑性，易切削，铸造性差，易产生比重偏析	要求高滑动速度的双金属轴瓦、减磨零件等
	ZCuAl10Fe3	砂型	490	13	高的强度，耐磨性和耐蚀性好，可焊接，但不易钎焊，大型铸件自700 ℃空冷可防止变脆	强度高、耐磨、耐蚀的重型铸件，如轴套、螺母、蜗轮及250 ℃以下的管配件
		金属型	540	15		

(二)常用的轴承合金

滑动轴承合金按基体组织可分为锡基轴承合金(锡基巴士合金)、铅基轴承合金(铅基巴士合金)、铜基轴承合金和铝基轴承合金四种。

《铸造轴承合金》(GB1174—92)规定的牌号表示方法与GB/T8063—94有色金属及其合金的牌号表示方法相同。常见的锡基、铅基轴承合金的牌号、性能特点和用途见表3-24。

表3-24　　常见的锡基、铅基轴承合金的牌号、性能特点和用途

牌号	熔化温度(℃)	力学性能(不小于)			主要特征	用途举例
		σ_b (MPa)	δ (%)	硬度(HBS)		
ZSnSb12Pb10Cu4	185			29	软而韧,耐压,硬度较高,热强度较低,浇注性差	一般中速、中压发动机的主轴承,不适于高温
ZSnSb11Cu6	241	90	6.0	27	硬度适中,减摩性和抗磨性较好,膨胀系数比其他巴士合金都小,优良的导热性和耐蚀性,疲劳强度低,不易浇注很薄且振动载荷大的轴承	重载、高速、工作温度<100 ℃,如750 kW以上电机、890kW以上快速行程柴油机、高速机床主轴的轴承和轴瓦
ZSnSb4Cu4	225	80	7.0	20	韧性为巴士合金中最高者,与ZSnSb11Cu6相比,强度、硬度较低	韧性好、浇注层较薄的重载荷高速轴承,如蜗轮内燃机轴承
ZPbSb16Sn16Cu2	240	78	0.2	30	与ZSnSb11Cu6相比,摩擦系数较大,耐磨性和使用寿命不低,但冲击韧度低,不能承受冲击载荷,价格便宜	工作温度<120 ℃、无显著冲击载荷、重载高速轴承及轴衬
ZPbSb15Sn10	240	60	1.8	24	冲击韧性比ZPbSb16Sn16Cu2高,摩擦系数大,但磨合性好,经退火处理,其塑性、韧性、强度和减摩性均大大提高,硬度有所下降	承受中等冲击载荷、中速机械的轴承,如汽车、拖拉机的曲轴和连杆轴承
ZPbSb15Sn5	248		0.2	20	与ZSnSb11Cu6比,耐压强度相当,塑性和导热性较差,在≤100 ℃冲击载荷较低的条件下,其使用寿命相近,属性能较好的铅基低锡轴承合金	低速、轻压力条件下的机械轴承,如矿山水泵轴承,汽轮机、中等功率电机、空压机的轴承和轴衬

四、粉末冶金材料

将金属粉末与金属或非金属(或纤维)混合,经过成型、烧结等过程制成的零件或材料,叫做粉末冶金材料。

(一)粉末冶金工艺简介

现以铁基粉末冶金为例简述其工艺过程:

粉料制取→粉料混合→成型→烧结→后处理→成品

为获得必要的性能,在铁粉中加入石墨和合金元素,再加入压制成型的润滑剂(少量硬脂酸锌和机油),并按一定比例配制成混合料;混合料在巨大压力下粉状颗粒间产生机械咬合作用,相互结合为具有一定强度的制品,但此时强度并不高,还必须进行高温下的烧结;烧结是在保护气氛下加热的,材料中至少有一种组元仍处于固相,在高温下吸附在粉末表面的气体被清除,增加了颗粒间的接触表面,所以使粉末颗粒结合得更紧密;再通过原子的扩散、变形,使粉末再结晶以及晶粒长大等过程,就得到了金相组织与钢铁类似的铁基粉末冶金制品。

经烧结后的制品即可使用,但对精度要求高、表面光洁的制品可再进行精压加工,对要改善力学性能的制品,可进行淬火或表面淬火等热处理。对轴承等制品为达到润滑或耐蚀的目的,可进行浸油或浸渍其他液态润滑剂等处理。

(二)粉末冶金的应用

粉末冶金用来制造各种衬套和轴套、齿轮、凸轮、含油轴承、摩擦片等。与一般零件生产方法相比,粉末冶金法具有少切削或无切削、材料利用率高、生产率高、减少机械加工设备、降低成本等特点。

用粉末冶金还可制造一些具有特殊成分或性能的制品。如硬质合金、难溶金属及其合金、金属陶瓷、无偏析高速钢、磁性材料、耐热材料等。

硬质合金是将一些难溶金属化合物粉末混合加压成型,再经烧结而成的一种粉末冶金产品。由于机械加工的切削速度不断提高,大量高硬度或高韧性材料的切削加工,使切削刀具的韧部工作温度已超过了 700 ℃,一般高速钢很难胜任,而需要材料热硬性更高的硬质合金。硬质合金种类很多,目前常用的有金属陶瓷硬质合金和钢结硬质合金。

第五节 非金属材料

非金属材料指除金属材料以外的其他材料。这类材料发展快、种类多、用途广。在机械制造中使用的非金属材料主要包括有机高分子材料和陶瓷材料,其中工程塑料和工程陶瓷在工程结构中占有重要的地位。

一、高分子材料

高分子化合物包括有机高分子化合物和无机高分子化合物两大类,有机高分子又有天然的和合成的。工程中使用的有机高分子材料主要是人工合成的高分子聚合物,简称高聚物。

(一)高聚物的人工合成

高聚物是通过聚合反应以低分子化合物结合而成的。聚合反应有加聚反应和缩聚反应两种。

1. 加聚反应

加聚反应是由一种或多种单体相互加成而连接成聚合物的反应。这种反应没有低分子副产品生成。其中,单体为一种的称均加聚,如乙烯加聚成聚乙烯;单体为两种或两种以上的则称为共加聚,如ABS工程塑料是由丙烯腈、丁二烯和苯乙烯三种单体共聚合成的。在生产人造橡胶时广用共聚反应。

均聚反应的产量很大,用途广。但由于其结构的限制,性能存在一些不足。而共聚物则可以通过改变单体,进而改进聚合物的性能。组成共聚物的单体不同,单体的排列方式不同及各种单体所占比例的不同都将使共聚物的性能发生很大的变化,这是对均聚物实行改性,制造新品种高聚物的重要途径。

2. 缩聚反应

缩聚反应是由一种或多种单体相互作用而连接成高聚物,同时析出新的低分子副产物的反应。其单体是含有两种或两种以上活泼官能团的低分子化合物。按照参加反应的单体不同,缩聚反应分为均缩聚和共缩聚两种,酚醛树脂(电木)、聚酰胺(尼龙)、环氧树脂等都是缩聚反应的产物。

(二)有机高分子材料的组成及性能特点

1. 有机高分子材料的组成

有机高分子材料是以高聚物为主要组分,再添加各种辅助组分而制成的。前者称为基料,如合成高聚物(树脂、生橡胶)等;后者称为添加剂,如填充剂、增塑剂、软化剂、固化剂、稳定剂、润滑剂、发泡剂、着色剂等。

基料是主要组分,对高分子材料起决定性的作用;添加剂是辅助组分,对材料起改善性能、补助性能的作用。

2. 有机高分子材料的性能特点

与金属材料相比,有机高分子材料的力学性能有如下特点:比强度高、高弹性和低弹性模量、高耐磨性和低硬度。

有机高分子材料的物理性能特点是:电绝缘性优良,耐热性、导热性差。

有机高分子材料的化学性能特点是:化学稳定性高,在酸、碱、盐中耐蚀性较强。但某些高聚物在某些特定的溶剂和油中会发生软化、溶胀的现象。

有机高分子化合物会发生老化现象。

(三)工程塑料

塑料一般以合成树脂(高聚物)为基础,再加入各种添加剂而制成。

按树脂的热性能分为热塑性塑料与热固性塑料两类;按应用范围分为通用塑料、工程塑料和其他塑料(如耐热塑料)三类。

工程塑料相对金属来说,具有密度小、比强度高、耐腐蚀、电绝缘性好、透光、隔热、消音、吸震等优点,也有强度低、耐热性差、容易蠕变和老化的缺点。聚氯乙烯(PVC)、聚乙烯(PE)、聚丙烯(PP)、聚酰胺(PA)、苯乙烯 - 丁二烯 - 丙烯腈共聚体(ABS)、聚甲醛

(POM)、聚四氟乙烯(F－4)、聚砜(PSF)、氯化聚醚、聚碳酸酯(PC)、聚氨酯塑料(PUR)、酚醛塑料(PF)、环氧塑料(EP)、有机硅塑料、聚对－羟基苯甲酸酯塑料等热塑性塑料和热固性塑料的使用非常广泛,可根据具体情况来选择这些材料使用。

(四)合成橡胶

橡胶是在室温下处于高弹性的高分子材料,最大的特性是高弹性,其弹性模量很低,只有1～10 MPa;弹性变形量很大,可达100%～1 000%;具有优良的伸缩性和积贮能量的能力;还有良好的耐磨性、隔音性、阻尼性和绝缘性等。

橡胶在工业上应用相当广泛,可用于制作轮胎、动静态密封件(如旋转轴、管道接口密封件)、减震防震件(如机座减震垫片、汽车底盘橡胶弹簧)、传动件(如三角胶带、传动滚子)、运输胶带、管道、电线、电工绝缘材料和制动件等。

橡胶是以生胶为基础加入适量的配合剂组成的。

橡胶按原料来源分为天然橡胶与合成橡胶;按用途分为通用橡胶和特种橡胶。天然橡胶属通用橡胶,广泛用于制造轮胎、胶带、胶管等;合成橡胶产量最大的是丁苯橡胶,占橡胶产量的60%～70%,发展最快的是顺丁橡胶;特种橡胶价格较贵,主要用于要求耐热、耐寒、耐蚀的特殊环境。

二、陶瓷材料

陶瓷是金属元素和非金属元素组成的无机化合物材料。性能硬而脆,比金属材料和工程塑料更能抵抗高温和环境的作用,已成为现代工程材料的三大支柱之一。

(一)陶瓷的分类和性能特点

1. 陶瓷的分类

陶瓷的种类繁多,工业陶瓷可分为普通陶瓷和特种陶瓷两大类;按性能和应用的不同,陶瓷也可分为工程陶瓷和功能陶瓷两大类。

2. 陶瓷的性能特点

和金属材料相比,大多数陶瓷的硬度高、弹性模量大、脆性大、几乎没有塑性、抗拉强度低、抗压强度高。

陶瓷熔点高、抗蠕变能力强,热硬性可达1 000 ℃,但热膨胀系数和导热系数小、承受温度快速变化的能力差,在温度巨变时会开裂。

陶瓷的化学稳定性很好,有良好的抗氧化能力,在强腐蚀介质、高温共同作用下有良好的抗蚀性能。

大多数陶瓷是电绝缘体,功能陶瓷具有光、电、磁、声等特殊性能。

(二)常用工程陶瓷的种类、性能和用途

1. 普通陶瓷

普通陶瓷按用途可分为日用陶瓷、建筑陶瓷、电瓷、卫生瓷、化学瓷与化工瓷等。这类陶瓷质地坚硬、不氧化、耐腐蚀、不导电、成本低,但强度低,使用温度不能过高。普通陶瓷产量大、种类多,广泛用于电气、化工、建筑等行业。

2. 特种陶瓷

氧化铝陶瓷又叫高铝陶瓷。其主要性能特点是耐高温性能好,可在1 600 ℃高温下长期使用,耐蚀性很强,硬度很高,耐磨性好。可制造熔化金属的坩埚、高温热电偶套管、道具与模具等。

氮化硅陶瓷的原料丰富,加工性能优良。它能耐各种酸和碱的腐蚀,也能抵抗熔融有色金属的侵蚀;其硬度很高,耐磨性好,热膨胀系数小,有极好的抗温度急变性。氮化硅陶瓷的使用温度不如氧化铝陶瓷,但它的硬度在 1 200 ℃仍不降低。氮化硅陶瓷主要用来制造刀具、高温轴承、机械密封环、热电偶套管、燃气轮机叶片等。

碳化硅的最大特点是,高温强度高,在 1 400 ℃时抗弯强度仍保持在 500～600 MPa 的较高水平。碳化硅有很好的耐磨性,耐腐蚀、抗蠕变性能、热传导能力很强。可用于制作火箭尾喷管的喷嘴、炉管、高温轴承与高温热交换器等。

氮化硼有良好的耐热性、热稳定性、导热性和高的高温介电强度,是理想的散热材料和高温绝缘材料,如制作冶金用高温容器、半导体散热绝缘材料、高温轴承、热电偶套管等。其硬度不高,是目前唯一易于机械加工的陶瓷。立方氮化硼结构牢固,硬度接近金刚石,是极好的耐磨材料,作为超硬工模具材料,现已用于高速切削刀具和拔丝模具等。

第六节　常用机械装置主要零件的用材资料

下面收集了机床主轴和汽车的主要零件的用材资料,用表格的方式列出来(见表 3-25～表 3-28),以供大家在以后的工作学习中参考。

表 3-25　汽车底盘主要零件用材

主要零件	材料牌号	使用性能要求	零件失效方式	热处理及其他
纵、横梁,传动轴、钢圈等	25、Q345 钢板	强度、刚度、韧性	弯曲、扭斜铆钉松动、断裂	用冲压工艺性能好的优质钢板
前桥转向节臂、半轴等	45、40Cr、40MnB	强度、韧性、疲劳强度	弯曲变形、扭转变形、断裂	模锻成型、调质处理、圆角滚压
变速箱齿轮、后桥齿轮等	20CrMnTi、30CrMnTi、20MnTiB、12Cr2Ni4	强度、耐磨、接触疲劳强度及断裂抗力	麻点、剥落、油面过量磨损、变形、断齿	渗碳、淬火、低温回火。58～62 HRC
变速器壳	HT200	刚度、尺寸稳定、一定强度	产生裂纹、轴承孔磨损	去应力
后桥壳等	KTH350—10、QT450—10	刚度、尺寸稳定、一定强度	弯曲、断裂	后桥还可用优质钢板冲压后焊成或用铸钢
钢板弹簧等	65Mn、60Si2Mn、50CrMn、55SiMnVB	耐疲劳、冲击和腐蚀	折断、弹性减退、弯度减小	淬火、中温回火、喷水强化
驾驶室、车箱、罩等	08、20 钢板	刚度、尺寸稳定	变形、开裂	冲压成型
分泵活塞、油管等	有色金属、铝合金、紫铜	耐磨、强度	磨损、开裂	

表 3-26　汽车车身工作条件及性能要求

工作条件		性能要求	工作条件		性能要求
载荷类型	静载荷	弹性及塑性变形抗力	环境条件	温度(－40～120 ℃)	断裂、蠕变、耐蚀性
	动荷载(冲击载荷)	弹性及塑性变形抗力、断裂抗力		湿度(55%～100%)	
	循环载荷	疲劳抗力		介质(水、油、盐水等)	

表 3-27　汽车发动机零件用材

主要零件	材料牌号	使用性能要求	零件失效方式	热处理及其他
缸体、缸盖、飞轮、正时齿轮	HT200	刚度、强度、尺寸稳定	产生裂纹、孔臂磨损、翘曲变形	不处理或去应力退火
缸套、排气门座等	合金铸铁	耐磨、耐热	过量磨损	铸造状态
曲轴等	QT600—3、QT700—2	刚度、强度、耐磨、疲劳抗力	过量磨损、断裂	表面淬火、圆角滚压、氮化
活塞销等	20、18CrMnTi、20Cr、12Cr2Ni4	刚度、耐磨、冲击	磨损、变形、断裂	渗碳、淬火、回火
连杆、连杆螺栓等	45、40Cr、40MnB	刚度、疲劳抗力、冲击韧性	过量变形、断裂	调质、探伤
各种轴承、轴瓦	轴承钢	耐磨、疲劳抗力	磨损、剥落、烧蚀破裂	不热处理(一般都是外购)
气门弹簧	65Mn、60Si2Mn、50CrVA	疲劳抗力	变形、断裂	淬火、中温回火
支架、盖、罩、挡板、油底壳等	Q195、08、20、Q345	刚度、强度	变形	不处理

表 3-28　机床主轴工作条件、用材及热处理

序号	工作条件	材料	热处理	硬度	原因	实例
1	1. 与滚动轴承配合 2. 轻、中载，转速低 3. 精度要求不高 4. 稍有冲击，疲劳可忽略	45	正火或调质	220～250 HBS	热处理后具有一定的强度；刚度要求不高	一般机床
2	1. 与滚动轴承配合 2. 轻、中载，转速略高 3. 精度要求不太高 4. 冲击和疲劳可忽略	45	整体淬火或局部淬火	40～45 HRC	有足够的强度；轴颈及配件装拆处有一定硬度；不能承受冲击载荷	龙门铣床、摇臂钻床、组合机床等

续表 3-28

序号	工作条件	材料	热处理	硬度	原因	实例
3	1. 与滑动轴承配合 2. 有冲击载荷	45	轴颈表面淬火	52～58 HRC	毛坯经正火具有一定强度，轴颈具有高硬度	C620 车床主轴
4	1. 与滚动轴承配合 2. 中载，转速较高 3. 精度要求较高 4. 冲击和疲劳载荷较小	40Cr	整体淬火或局部淬火	42～52 HRC	有足够的强度；轴颈及配件装拆处有一定硬度；冲击小，硬度取高值	摇臂钻床、组合机床等
5	1. 与滑动轴承配合 2. 中载，转速较高 3. 有较大冲击和疲劳载荷 4. 精度要求较高	40Cr	轴颈及配件装拆处表面淬火	≥52 HRC ≥50 HRC	毛坯经预备热处理有一定强度；轴颈具有高耐磨性；配件装拆处有一定硬度	车床主轴、磨床砂轮主轴
6	1. 与滑动轴承配合 2. 中载，转速很高 3. 精度要求很高	38CrMoAl	调质、氮化	250～280 HBS	有很高的心部强度；表面具有高硬度；有很高的疲劳强度；氮化处理变形小	高精度磨床及精密镗床主轴
7	1. 与滑动轴承配合 2. 中载，心部强度不高，转速高 3. 精度要求不高 4. 有冲击和疲劳载荷	20Cr	渗碳、淬火	56～62 HRC	心部强度不高，但有较高韧性；表面硬度高	齿轮铣床主轴
8	1. 与滑动轴承配合 2. 重载，转速高 3. 较大冲击和疲劳载荷	20CrMnTi	渗碳、淬火	56～62 HRC	有较高的心部强度和冲击韧性；表面硬度高	载荷较大的组合机床

本章小结

本章主要介绍了非合金钢（碳素结构钢、优质碳素结构钢、碳素工具钢）、合金钢（低合金钢、机械结构用钢、合金工具钢、特殊性能钢）、铸铁（灰铸铁、可锻铸铁、球墨铸铁、蠕墨铸铁）的牌号、化学成分、性能、热处理及其应用范围。简单介绍了金属材料的分类及其钢中杂质元素的影响，非铁金属材料的牌号、性能及其应用范围。

本章重点掌握非合金钢（碳素结构钢、优质碳素结构钢、碳素工具钢）、合金钢（低合金钢、机械结构用钢、合金工具钢、特殊性能钢）、铸铁（灰铸铁、可锻铸铁、球墨铸铁、蠕墨铸铁）的牌号、化学成分、性能、热处理及其应用范围。根据材料的牌号，能判断金属材料的名称、所用热处理的种类及其应用范围。

本章难点是各种材料的牌号、热处理和应用范围的选用。

本章是重点章。

习　题

一、判断正误(正确的打√,错误的×)

1. 锰、硅在碳钢中都是有益元素,适当地增加其含量,能提高钢的强度。(　　)
2. 硫是钢中的有益元素,它能使钢的脆性下降。(　　)
3. 除 Fe、C 外还含有其他元素的钢就是合金钢。(　　)
4. 大部分合金钢的淬透性都比碳钢好。(　　)
5. 在相同强度条件下合金钢要比碳钢的回火温度高。(　　)
6. 在相同的回火温度下,合金钢比同样碳质量分数的碳素钢具有更高的硬度。(　　)
7. 合金钢只有经过热处理,才能显著提高其力学性能。(　　)

二、选择题

1. 08F 钢中的平均碳质量分数为______。

A. 0.08%　　B. 0.8%　　C. 8%　　D. 0.008%

2 在下列牌号中属于优质碳素结构钢的有______。

A. T8A　　B. 08F　　C. Q235　　D. T10

3. 在下列牌号中属于工具钢的有______。

A. 20　　B. 65Mn　　C. T10A　　D. 45

4. 选择制造下列零件的材料:冷冲压件______;齿轮______;小弹簧______。

A. 08F　　B. 45　　C. 65Mn

5. 选择制造下列工具所采用的材料:錾子______;锉刀______;手工锯条______。

A. T8　　B. T10　　C. T12

6. 38CrMoAl 属于合金______。

A. 渗碳钢　　B. 调质钢　　C. 弹簧钢　　D. 工具钢

7. GCr15 钢中的平均铬质量分数为______%。

A. 15　　B. 1.5　　C. 0.15　　D. 0.015

三、问答题

1. 碳素结构钢、优质碳素结构钢、碳素工具钢各有何性能特点?非合金钢性能的不足是什么?

2. 指出下列每个牌号钢的类别、含碳量、热处理工艺和主要用途:

T10　Q215　40Cr　20CrMnTi　GCr15　60Si2Mn　9SiCr　CrWMn

3. 为什么汽车变速齿轮常采用 20CrMnTi 制造,而机床上同样是变速齿轮却采用 45 钢或 40Cr 制造?

4. 试为下列机械零件或产品选择适用的钢种及牌号:

汽车钢板弹簧　汽车发动机曲轴　地脚螺栓　汽车变速齿轮　机床主轴
汽车发动机连杆　拖拉机轴承　手术刀　板牙　高精度塞规　大型冷冲模
仪表箱壳　机器底座　木工斧子　麻花钻头

5. 为什么一般机器的支架、机床床身常用灰铸铁制造?

6. 铝合金分为哪几类？

7. 铜合金分为哪几类？

8. 轴承合金必须具有哪些特性？其组织有何特点？常用轴承合金有哪些？

9. 高聚物的加聚反应和缩聚反应区别何在？

10. 塑料、橡胶的主要组成物各是什么？

11. 简述陶瓷材料的性能特点。

第四章　光滑圆柱体的公差与配合

第一节　公差与配合的基本术语和定义

一、互换性的概念

所谓互换性，就是指相同规格零、部件之间在尺寸、形状、功能上能够彼此互相替换的性能。如自行车、汽车的某个零件损坏后，用一个相同规格的零件，装好后就能继续使用。在装配车间也经常可以看到这样的例子，只要规格相同的零件都可以互换装配。

零、部件具备了良好互换性，就可以随时更换损坏的零部件，缩短维修时间。就可以大规模专业化地生产，如飞机、汽车的生产就是由许多专业工厂一起协作生产，最后在总厂装配完成的。

为了满足互换的要求，似乎同规格的零部件的尺寸和形状都要做得完全一致。但实际生产中是无法做到的，不过只要零部件的尺寸和形状保持在一定的范围内，就能达到互换的要求。这个要求具体化就是公差要求。任何机械产品的设计和机械零件的加工都有公差的要求。

二、有关尺寸的术语和定义

(一)基本尺寸

基本尺寸是设计给定的尺寸。用 D 表示孔的直径，d 表示轴的直径。它是根据零件的使用要求，通过强度、刚度计算或通过试验、类比法来确定，经圆整后得到的尺寸。

(二)实际尺寸

实际尺寸是通过测量得到的尺寸。由于加工误差的存在，同一零件不同位置的尺寸往往不一样，也称为局部的实际尺寸。由于测量误差的存在，它并不是零件的真实尺寸。因此，零件测量部位不同，常常会得到不同的尺寸数值。

(三)极限尺寸

极限尺寸是允许尺寸变化范围的两个极限值。其中较大的称为最大极限尺寸(D_{max}，d_{max})，较小的称为最小极限尺寸(D_{min}，d_{min})。

三、有关公差与偏差的术语

(一)尺寸偏差(简称偏差)

尺寸偏差指某一尺寸减其基本尺寸所得的代数差。偏差可为正值、负值或零。最大极限尺寸减其基本尺寸所得的代数差称为上偏差，孔的上偏差用 ES 表示，轴的上偏差用 es 表示。

最小极限尺寸减其基本尺寸所得的代数差称为下偏差，孔的下偏差用 EI 表示，轴的下偏差用 ei 表示。上偏差和下偏差统称极限偏差。

$$ES = D_{max} - D \qquad es = d_{max} - d$$
$$EI = D_{min} - D \qquad ei = d_{min} - d$$

实际尺寸减其基本尺寸所得的代数差称为实际偏差。合格零件的实际偏差应在极限偏差范围内。

(二)尺寸公差(简称公差)

公差是允许尺寸的变动量。公差等于最大极限尺寸减最小极限尺寸；也等于上偏差减下偏差，公差值是绝对值。

孔公差用 T_h 表示：$T_h = D_{max} - D_{min} = ES - EI$；

轴公差用 T_s 表示：$T_s = d_{max} - d_{min} = es - ei$。

(三)公差带图

公差带图用来表示两个相互配合的孔、轴的基本尺寸、极限尺寸、板限偏差与公差的相互关系，如图 4-1 所示。为简便起见，一般用图 4-2 来表示。

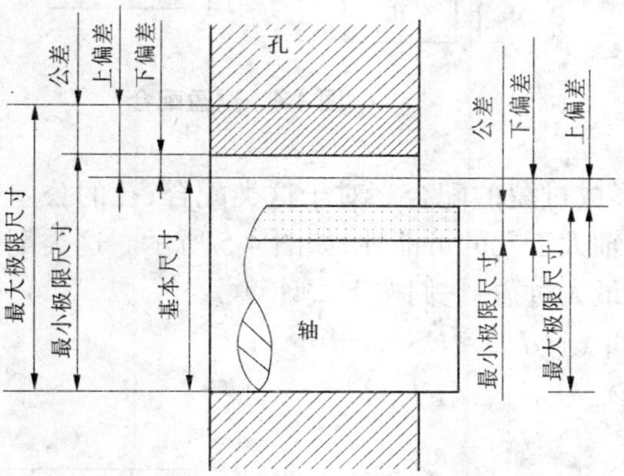

图 4-1　公差带图

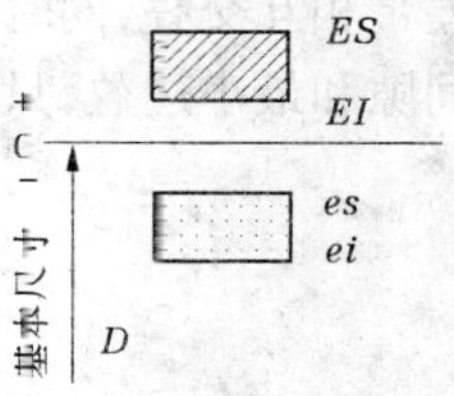

图 4-2　公差带简图

在图 4-2 中，确定偏差的一条基准线称为零线，它表示基本尺寸，也是偏差为零的线。零线上方为正偏差，零线下方为负偏差。

在公差带图中由代表上、下偏差的两条直线限定的区域称为公差带。上面线表示上偏差，下面线表示下偏差。公差带的宽度就是公差值。在公差带图中，尺寸单位为毫米(mm)，偏差和公差单位用微米(μm)，也可以用毫米(mm)。

公差带由大小和位置两要素组成。公差带的大小由公差值来确定；公差带的位置由上偏差或下偏差来确定。

四、有关配合的术语和定义

(一)配合

配合指基本尺寸相同、相互结合的孔、轴公差带之间的关系。按孔和轴结合的松紧程度，将配合分为以下三类。

1. 间隙配合

间隙配合为保证具有间隙的配合。即使把孔做得最小,把轴做得最大,装配后仍具有一定的间隙(包括最小间隙等于零)。对于这类配合,孔的公差带在轴的公差带之上,孔始终都比轴大,如图 4-3 所示。这类配合的最大间隙 X_{max}、最小间隙 X_{min} 按下式计算:

$$X_{max} = D_{max} - d_{min} = ES - ei$$

$$X_{min} = D_{min} - d_{max} = EI - es$$

2. 过盈配合

过盈配合为保证具有过盈的配合。即使把孔做得最大,把轴做得最小,装配后仍有一定的过盈(包括最小过盈等于零)。对于这类配合,孔的公差带是在轴的公差带之下,孔始终比轴小,如图 4-4 所示。这类配合的最大过盈 Y_{max}、最小过盈 Y_{min} 按下式计算:

$$Y_{max} = D_{min} - d_{max} = EI - es$$

$$Y_{min} = D_{max} - d_{min} = ES - ei$$

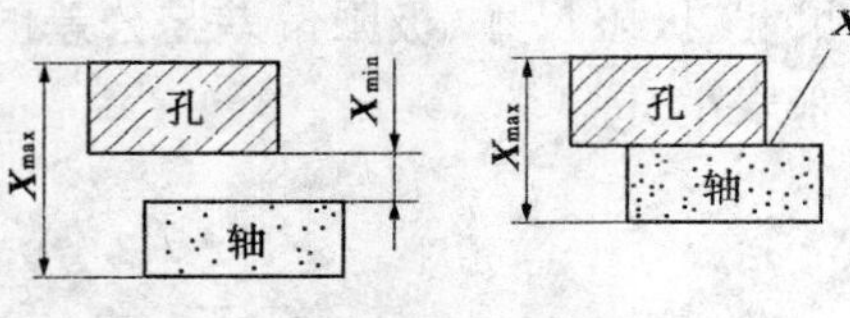

图 4-3 间隙配合

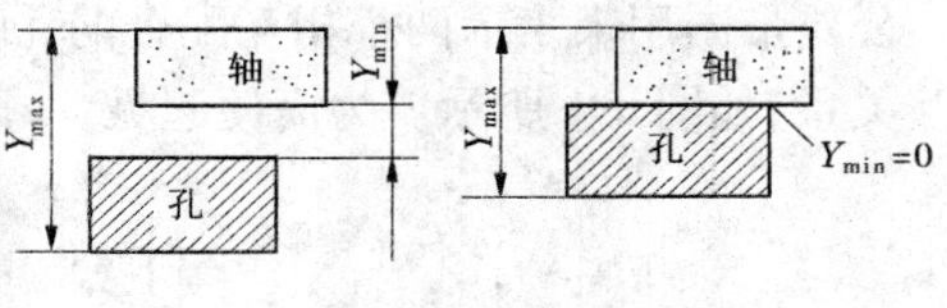

图 4-4 过盈配合

3. 过渡配合

过渡配合为可能形成间隙也可能形成过盈的配合。对于这类配合,孔的公差带与轴的公差带相互交叠,同时有孔大于轴或轴大于孔的可能性,如图 4-5 所示。这类配合没有最小间隙和最小过盈,只有最大间隙和最大过盈,它们按下式计算:

$$X_{max} = D_{max} - d_{min} = ES - ei$$

$$Y_{max} = D_{min} - d_{max} = EI - es$$

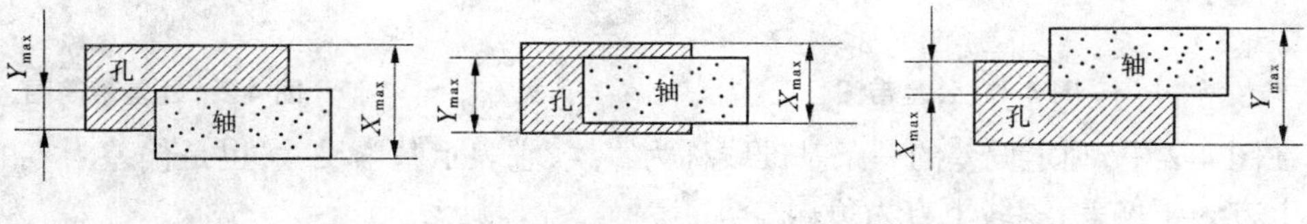

图 4-5 过渡配合

4. 配合公差

配合公差是指间隙或过盈的允许变动量,用 T_f 表示。

对于间隙配合　　$T_f = X_{max} - X_{min}$

对于过盈配合　　$T_f = Y_{min} - Y_{max}$

对于过渡配合　　$T_f = X_{max} - Y_{max}$

从上式看出,不管是哪一类配合,其配合公差都应为

$$T_f = T_h + T_s$$

上式是一个很重要的公式,在设计时经常用到。该式说明,配合精度要求越高,则孔、轴的精度也应越高(公差越小);配合精度要求越低,则孔、轴的精度也应越低(公差越大)。

(二)基准制

国标规定基准制有两种:基孔制和基轴制。

基孔制是以孔的公差带为基准且位置固定不变,改变轴的公差带位置来获得不同的配合性质的一种制度。这时,孔为基准孔,它的基本偏差为下偏差E为零,其代号为“H”,如图 4-6 所示。

基轴制是以轴的公差带为基准且位置固定不变,改变孔的公差带位置来获得不同的配合性质的一种制度。这时,轴为基准轴,它的基本偏差为上偏差且为零,其代号为“h”,如图 4-7 所示。

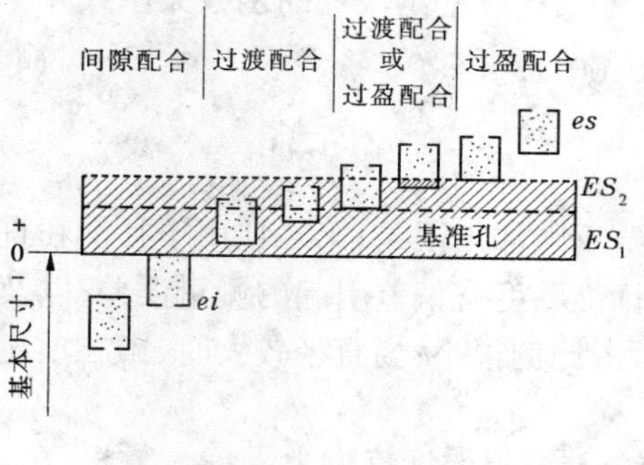

图 4-6 基孔制

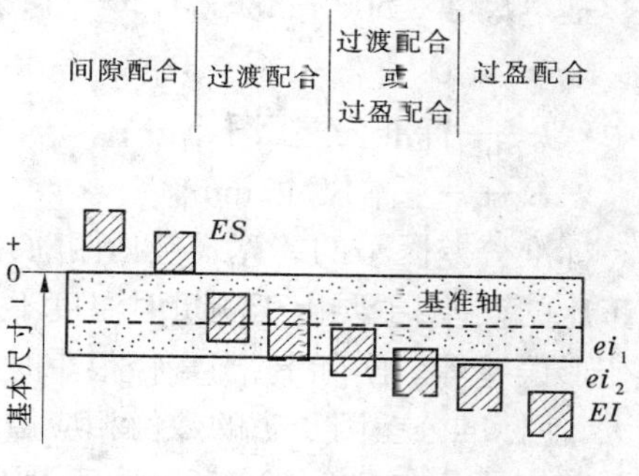

图 4-7 基轴制

【例 4-1】 计算 $\varnothing 50^{+0.021}_{0}$ 孔与 $\varnothing 50^{-0.025}_{-0.044}$ 轴配合的极限间隙和配合公差,并且画出孔、轴公差带图。

解:先画出孔、轴公差带图如图 4-8 所示。

计算极限间隙和配合公差:

$$X_{min} = EI - es$$
$$= 0 - (-25) = 25(\mu m)$$
$$X_{max} = ES - ei$$
$$= 21 - (-44) = 65(\mu m)$$
$$T_f = X_{max} - X_{min} = 65 - 25 = 40(\mu m)$$

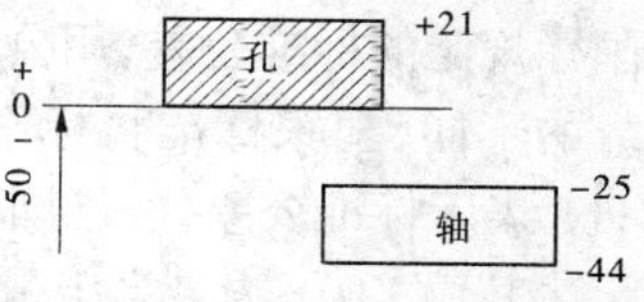

图 4-8 公差带图 (单位:μm)

【例 4-2】 计算 $\varnothing 50^{+0.021}_{0}$ 孔与 $\varnothing 50^{+0.061}_{+0.042}$ 轴配合的极限过盈和配合公差。

解:由已知条件画出公差带图如图 4-9 所示。

计算极限过盈和配合公差:

$$Y_{min} = ES - ei$$
$$= 21 - 42 = -21(\mu m)$$
$$Y_{max} = EI - es$$
$$= 0 - 61 = -61(\mu m)$$
$$T_f = Y_{min} - Y_{max}$$
$$= -21 - (-61) = 40(\mu m)$$

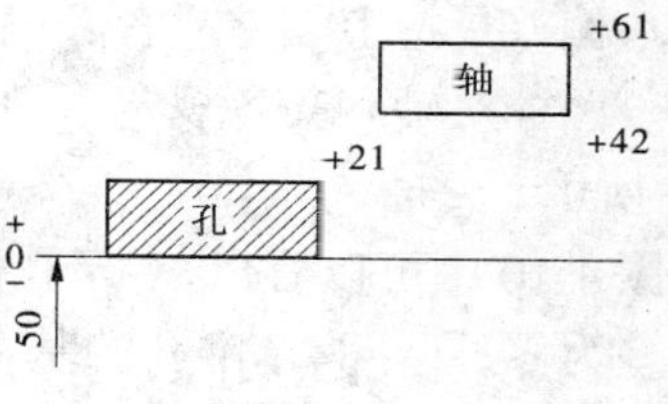

图 4-9 公差带图 (单位:μm)

第二节　公差与配合国家标准

一、标准公差系列

(一)标准公差因子

标准公差因子是确定标准公差数值的基本单位，是评定公差等级与制定标准公差表格的基础。标准公差因子与基本尺寸之间有一定的函数关系，其数值按专门的公式计算。

基本尺寸≤500 mm 时，IT5～IT18 的标准公差因子和基本尺寸的函数关系式为：

$$i = 0.45\sqrt[3]{D} + 0.001D \tag{4-1}$$

式中　i——标准公差因子，μm；

D——基本尺寸，mm。

标准公差因子的计算式包括两项：第一项主要反映加工误差；第二项用于补偿和直径成正比的误差，主要由于测量时温度不稳定和对标准温度有偏差引起的测量误差，以及量规变形误差等。实际上，当直径很小时，第二项所占比例很小；当直径较大时，第二项比例增大，使标准公差因子 i 的数值相应增加。

基本尺寸在 500～3 150 mm 范围内时，标准公差因子的计算式为：

$$I = 0.004D + 2.1 \tag{4-2}$$

式中 I 的单位为 μm，D 的单位为 mm。对于大尺寸而言，测量误差是主要的影响因素，特别是由于温度影响而产生的误差更为主要。

(二)公差等级和标准公差数值

国标规定的标准公差，用公差等级系数与标准公差因子的乘积值来确定。按公差等级系数的不同，国家标准将标准公差分为 20 个等级，即 IT01、IT0、IT1、IT2、…、IT17、IT18；IT 表示标准公差代号(国际公差 ISO Tolerance 的缩写)，公差等级代号用阿拉伯数字表示。其中 IT01 为最高级，然后依次降低，IT18 为最低。分别按精度由不同的标准公差计算公式计算出来，结果见附表 4-1。

二、基本偏差系列

(一)基本偏差及其代号

在国标中，公差带包括了“公差带的大小”和“公差带的位置”。前者由标准公差确定，标准公差是国家标准中规定的已标准化的公差值。后者由基本偏差确定。

基本偏差是指上偏差或者下偏差中(除 J 和 j 以外)离零线最近的即绝对值较小的那个偏差。国标对轴和孔各规定了 28 个基本偏差，即规定了轴和孔各有 28 个公差位置，如图 4-10 所示。

从图 4-10 中可以看出，对于孔的基本偏差，$A \sim H$ 基本偏差为下偏差且为正值，H 的基本偏差为零，即作为基准孔的基本偏差。$J \sim ZC$ 基本偏差为上偏差 ES，除 J 和 K 外其余皆为负值。Js 是一个特殊的基本偏差，其相对零线对称分布，上下偏差的绝对值相等，符号相反，值为公差值的一半。

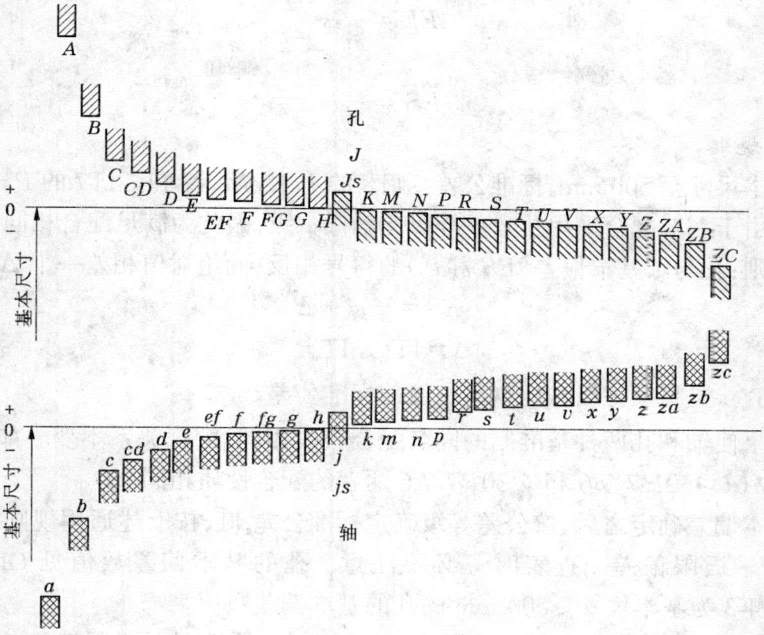

图 4-10　孔、轴基本偏差系列

对于轴的基本偏差，$a \sim h$ 基本偏差为上偏差 es 且为负值，h 的基本偏差为零，即作为基准轴的基本偏差。$j \sim zc$ 基本偏差为下偏差 ei，除 j 外，其余皆为正值。js 是一个特殊的基本偏差，其相对零线对称分布，上下偏差的绝对值相等，符号相反，值为公差值的一半。

（二）轴的基本偏差

$a \sim h$ 用于间隙配合，基本偏差的绝对值正好等于最小间隙绝对值。其中：基本偏差 a、b、c 用于大间隙或热动配合，考虑发热膨胀的影响，采用与直径成正比关系；d、e、f 主要用于旋转运动；g 主要用于滑动或半液体摩擦的动配合，或用于定心的不动配合，间隙要求小，因此直径的指数减小。基本偏差 cd、ef、fg 的绝对值，分别按 c 和 d、e 和 f、f 和 g 绝对值的几何平均值确定。

$j \sim n$ 主要用于过渡配合，根据与一定公差等级的孔相配合所形成的最大间隙小于一定数值来确定其基本偏差。

$p \sim zc$ 为过盈配合，根据与一定公差等级的孔相配所形成的最小过盈来确定其基本偏差。

轴的基本偏差数值见 GB/T1800.3—1998。附表 4-2 为基本尺寸≤500 mm 的轴的基本偏差数值。

（三）孔的基本偏差

孔的基本偏差是以轴的基本偏差为基础换算得来的。换算规则有以下两种。

1. 通用规则

即同一字母所代表的孔和轴基本偏差的绝对值相同，符号相反。

$A \sim H$：

$$EI = -es$$

$J \sim ZC$：

$$ES = -ei$$

2. 特殊规则

对于基本尺寸至 500 mm，标准公差≤IT8 的 J、K、M、N 和≤IT7 的 $P \sim ZC$，均采用特殊规则。由于一般配合采用孔公差等级比轴低一级，因此为满足配合相同的要求，应按如下特殊规则：孔与轴基本偏差（ES 和 ei）的符号相反，而绝对值相差一个 Δ 值，即

$$ES = -ei + \Delta$$

$$\Delta = IT_n - IT_{n-1}$$

式中，IT_n、IT_{n-1} 是指某一级和比它高一级的标准公差。

换算结果使轴和孔两种基准制的同名配合松紧相同，配合关系不变。如 Ø30$H7/f6$ 和 Ø30$F7/h6$；Ø30$H7/p6$ 和 Ø30$P7/h6$ 两者的配合性质相同。

孔的基本偏差确定之后，按公差等级确定标准公差 IT，按上述通用规则或特殊规则，即可确定另一极限偏差。查表时务必要注意。孔的基本偏差数值见 GB/T1800.3—1998。附表 4-3 为基本尺寸≤500 mm 的孔的基本偏差数值。

【例 4-3】 查表确定 Ø30$H7/f6$ 和 Ø30$F7/h6$ 的孔和轴的极限偏差，计算两个配合的极限间隙。

解：查附表 4-1 得孔和轴的公差 IT6 = 13 μm，IT7 = 21 μm。

(1) Ø30$H7/f6$：查附表 4-3 得孔 $H7$ 的下偏差 $EI = 0$。

$$ES = EI + IT7 = 21\ \mu m$$

查附表 4-2 得轴 $f6$ 的上偏差 $es = -20$，$ei = es - IT6 = -33\ \mu m$

$$X_{max} = ES - ei = 21 - (-33) = 54(\mu m)$$

$$X_{min} = EI - es = 0 - (-20) = 20(\mu m)$$

(2) Ø30$F7/h6$ 查附表 4-3 得孔的 $F7$ 的下偏差 $EI = 20\ \mu m$。

$$ES = EI + IT7 = 41\ \mu m$$

查附表 4-2 得轴 $h6$ 的上偏差 $es = 0$，$ei = es - IT6 = -13\ \mu m$。

$$X_{max} = ES - ei = 21 - (-33) = 54(\mu m)$$

$$X_{min} = EI - es = 20 - 0 = 20(\mu m)$$

由上计算可见两个配合的性质相同。

【例 4-4】 查孔的基本偏差数值表和标准公差数值表，确定 Ø30$M7$ 孔的上、下偏差。

解：先查孔的基本偏差数值表（附表 4-3），确定孔的基本偏差数值。孔的基本尺寸 Ø30处于 24～30 mm 的尺寸分段内，因孔的公差等级为 7 级，应属等级≤8 这一栏内，M 的数值为 $-8 + \Delta$。

Δ 值可在附表 4-3 的最右端查出，$\Delta = 8\ \mu m$，由该表可知，M 为上偏差，即

$$ES = -8 + 8 = 0$$

查标准公差数值表（附表 4-1），孔的公差为 IT7 = 21 μm；确定孔的下偏差。

$$EI = ES - IT7 = 0 - 21 = -21(\mu m)$$

第三节　国家标准规定的公差带及配合

按标准公差和基本偏差组合，可得到许多大小和位置不同的公差带。这些孔、轴公差带组合，又可得到大量的各种配合。全部采用既不经济，也不必要。因此，国标规定在尺寸至 500mm 基本尺寸范围内，孔的一般用途公差带为 105 个，其中带方框的 44 个为常用公差带，带圆圈的 13 个为优先公差带，如图 4-11 所示。轴的一般用途公差带为 119 个，其中带方框的 59 个为常用公差带，带圆圈的 13 个为优先公差带，如图 4-12 所示。

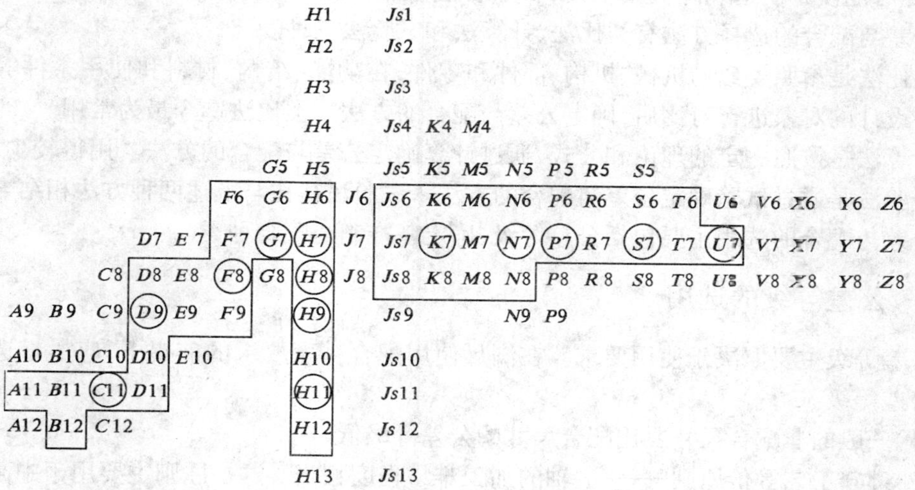

图 4-11　基本尺寸小于 500 mm 孔的一般用途公差带

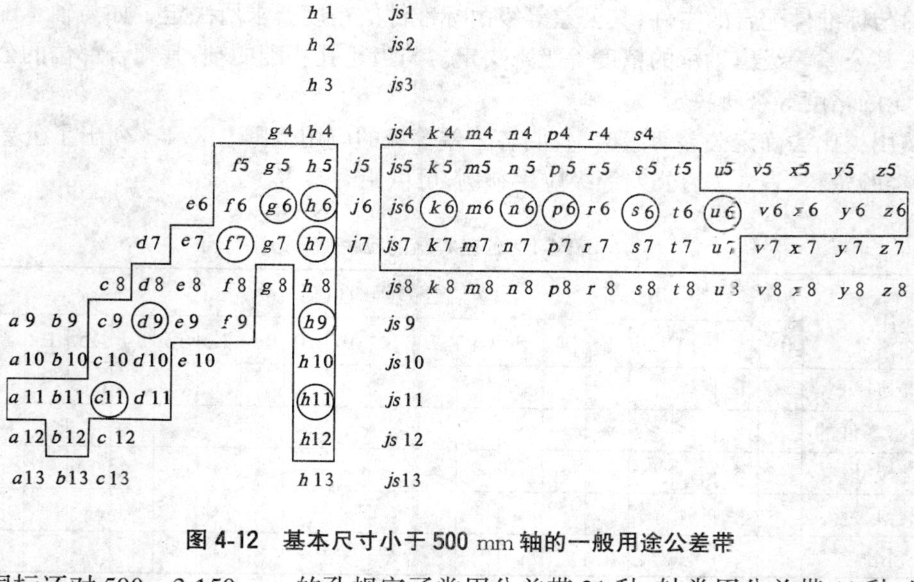

图 4-12　基本尺寸小于 500 mm 轴的一般用途公差带

国标还对 500～3 150 mm 的孔规定了常用公差带 31 种，轴常用公差带 41 种，以及对尺寸至 18 mm 的孔规定了 145 种公差带和轴 163 种公差带，主要用于仪表行业。没有推荐选用次序，可视实际情况选用。可查有关手册。

基孔制的常用配合为 59 个，其中优先配合为 13 个。

基轴制的常用配合为 47 个，其中优先配合为 13 个。

精度较低的非配合零件按《一般公差线性尺寸的未注公差》(GB/T1084—92)处理。一般分为四个等级，具体选用视车间的加工水平来定。一般可不检验。

公差与配合的选用是机械设计的重要环节，它不仅关系到产品的质量，而且关系到产品的制造工艺和生产成本。公差与配合的选用原则可概括为：在保证产品功能要求的前提下，尽可能便于制造和降低成本，以取得最佳的技术经济效果。

公差与配合的选择方法有类比法、计算法和试验法三种。

类比法是参照类似的机械、机构、部件和零件，在功能、结构、材料和使用条件等方面与所要设计的对象进行对比后，确定公差与配合的方法。类比法迄今最为常用。

计算法是按照一定的理论和公式，通过计算确定公差与配合的方法。用得较少。

试验法是通过试验确定公差与配合的方法。试验法往往与上述两种方法相结合。

公差与配合的选用主要包括公差等级、确定基准制与配合种类。

一、公差等级的选用

公差等级主要取决于使用要求。在满足使用配合精度要求的前提下，应尽量选择较低的公差等级。

(1)一般的非配合尺寸要比配合尺寸的公差等级低。

(2)遵守工艺等价原则——孔、轴的加工难易程度相当。这一原则主要用于中高精度(公差等级≤IT8)的配合。在基本尺寸等于或小于 500 mm 时，孔比轴要低一级；在基本尺寸大于 500 mm 时，孔、轴的公差等级相同。

(3)与标准件配合的零件，其公差等级由标准件的精度要求所决定。如与轴承配合的孔和轴，其公差等级由轴承的精度等级来决定。与齿轮孔相配的轴，其配合部位的公差等级由齿轮的精度等级所决定。

(4)用类比法确定公差等级时，查明各公差等级的应用范围。表 4-1 列出了公差等级应用的经验资料，表 4-2 为公差等级应用举例，可供用时参考。

表 4-1　公差等级的应用

应用	公差等级(IT)																			
	01	0	1	2	3	4	5	6	7	8	9	10	11	12	13	14	15	16	17	18
量块	*	*	*																	
特别精密零件的				*	*	*	*													
配合尺寸							*	*	*	*	*	*	*	*	*					
非配合尺寸														*	*	*	*	*	*	*
原材料公差										*	*	*	*	*	*	*				

表 4-2 公差等级应用举例

公差等级	应用举例
IT5	精密机床主轴轴颈,与精密滚动轴承配合的轴和孔,高精度齿轮的基准孔,精密仪器的孔、轴
IT6	广泛用于一般机械制造中的重要配合,机床中与轴承配合的一般传动轴,与齿轮、带轮、蜗轮、联轴器、凸轮等连接的轴颈,机床夹具中导向件的外径尺寸,6 级精度齿轮的基准孔,7、8 级精度齿轮的基准轴,花键的定心直径
IT7	与 IT6 相类似,但要求的精度稍低一点,在一般机械中应用相当普遍,重型机械中精度稍高的要求。纺织机械中的重要零件。齿轮、带轮、蜗轮、联轴器、凸轮等连接的孔径,发动机中的连杆孔、活塞孔。7、8 级精度齿轮的基准孔,9、10 级精度齿轮的基准轴
IT8	属于中等精度,仪器仪表中属较高精度。在农业机械、纺织机械、电机制造中铁心与机座的配合,连杆轴瓦内径,低精度的齿轮的基准孔,6~8 级精度齿轮的顶圆
IT9、IT10	单键连接中的键盘宽配合,发动机中的气门导管内孔,起重机链轮与轴
IT11、IT12	用于配合精度较低的场合。农业机械、机车车箱部件及冲压加工的配合零件

二、基准制选用

基准制的确定要从零件的加工工艺、装配工艺和经济性等方面考虑。

(1)一般情况下优先采用基孔制。从零件加工工艺考虑,孔比轴加工要困难,一般中等尺寸较高精度的孔,常用定值刀具(铰刀、拉刀等)加工,用定值量具检验,在这种情况下,若用基孔制配合可减少定值刀、量具的规格和数量。加工轴所用的工具一般为非定值刀具,如车刀、砂轮等,同一把车刀可以加工不同的尺寸,显然比较经济。其他只有在具有明显经济效果的情况下,才采用基轴制。如随着冷拉和热轧技术的不断提高,用冷拉钢作轴,不必对轴加工。还有在仪器仪表和钟表工业中,对于小尺寸的配合,改变孔径大小比改变轴径大小在技术和经济上更为合理(如小孔用的定值刀、量具制造较为方便,价格也较为便宜),所以也多采用基轴制。

(2)与标准件配合时,基准制的选择通常依标准件而定。例如,与滚动轴承内圈配合的轴应按基孔制;与滚动轴承外圈配合的孔应按基轴制。

(3)对于同一基本尺寸同一个轴上有多孔与之配合,或同一基本尺寸同一个孔上有多轴与之配合,且配合要求不同时,采用基孔制、基轴制、甚或非基准制,应视具体结构、工艺等情况而定。

例如图 4-13 所示的结构,滚动轴承外圈与机座孔的配合只能采用基轴制,内圈与轴的配合只能采用基孔制。当轴的 $\varnothing 50$ 表面与内圈配合处采用了 $k6$ 公差带之后,为了便于加工,把它做成光轴,即把整个表面都按 $\varnothing 50k6$ 制造。齿轮孔与轴要求采用过渡配合,用基孔制配合 $\varnothing 50H7/k6$ 可以满足要求。挡环与轴要求采用间隙配合,由于轴公差带

已经采用了 $k6$，挡环孔公差带不能再用基准孔，只能在高于 $\varnothing 50k6$ 公差带的位置上选取一个合适的孔公差带 $\varnothing 50F8$，这样一来，挡环孔与轴的配合 $\varnothing 50F8/k6$ 便成了非基准制间隙配合。机座孔与端盖 $\varnothing 110$ 外表面也要求采用间隙配合，由于机座孔 $\varnothing 110$ 按 $J7$，端盖 $\varnothing 110$ 外表面公差带不能再用基准轴，只能在低于 $\varnothing 110J7$ 公差带的位置之下选取一合适的轴公差带 $\varnothing 110f9$，这样一来，机座与端盖的配合 $\varnothing 110J7/f9$ 也成为非基准制的间隙配合。

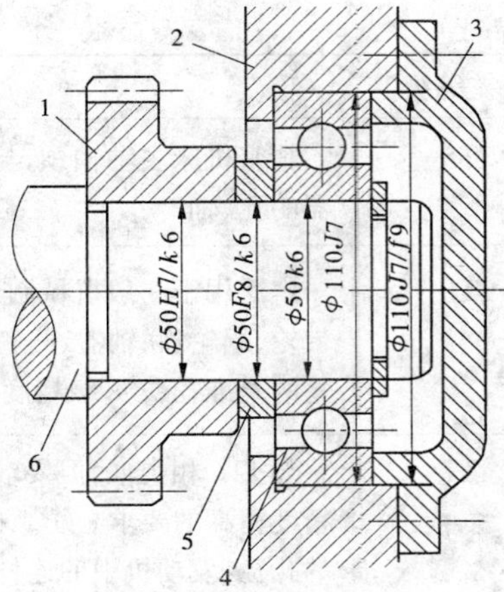

1—齿轮；2—机座；3—端盖；
4—滚动轴承；5—挡环；6—轴
图 4-13　滚动轴承的配合

三、配合种类的选用

设计选用时，首先考虑选优先配合（见表4-3），如果这些不能满足设计要求，则考虑常用配合（见表 4-4）。都不能满足时，可由孔、轴的一般公差带自选组合。

表 4-3　优先配合选用说明

优先配合		说　　明
基孔制	基轴制	
$\frac{H11}{c11}$	$\frac{C11}{h11}$	间隙非常大，用于很松的、转动很慢的动配合；要求大公差与大间隙的外露组件；要求装配方便的、很松的配合
$\frac{H9}{d9}$	$\frac{D9}{h9}$	间隙很大的自由转动配合，用于精度非主要要求时，或有大的温度变化、高转速或大的轴颈压力时
$\frac{H8}{f7}$	$\frac{F8}{h7}$	间隙不大的转动配合，用于中等转速与中等轴颈压力的精确转动；也用于装配较易的中等定位配合
$\frac{H7}{g6}$	$\frac{G7}{h6}$	间隙很小的滑动配合，用于不希望自由转动，但可自由移动和滑动并精密定位时；也可用于要求明确的定位配合
$\frac{H7}{h6}$ $\frac{H8}{h7}$ $\frac{H9}{h9}$ $\frac{H11}{h11}$	$\frac{H7}{h6}$ $\frac{H8}{h7}$ $\frac{H9}{h9}$ $\frac{H11}{h11}$	均为间隙定位配合，零件可自由装拆，而工作时一般相对静止不动，在最大实体条件下的间隙为零，在最小实体条件下的间隙由公差等级决定
$\frac{H7}{k6}$	$\frac{K7}{h6}$	过渡配合，用于精密定位
$\frac{H7}{n6}$	$\frac{N7}{h6}$	过渡配合，允许有较大过盈的更精密定位
$\frac{H7}{p6}$	$\frac{P7}{h6}$	过盈定位配合，即小过盈配合，用于定位精度特别重要时，能以最好的定位精度达到部件的刚性及对中性要求，而对内孔承受压力无特殊要求，不依靠配合的紧固性传递摩擦负荷
$\frac{H7}{s6}$	$\frac{S7}{h6}$	中等压入配合，适用于一般钢件；或用于薄壁件的冷缩配合，用于铸铁件可得到最紧的配合
$\frac{H7}{u6}$	$\frac{U7}{h6}$	压入配合，适用于可以承受高压入力的零件，或不宜承受大压入力的冷缩配合

表 4-4　常用配合的特点与应用

配合类别	配合代号	配合特性和使用条件	应用举例
间隙配合	*a*、*b*、*c*	*a*、*b* 间隙特别大，很少使用。*c* 间隙很大，适用于高温和松弛的动配合	管道连接，起重机的吊钩铰链(见图 4-14)，内燃机的排气门和导管(见图 4-15)，用于工作条件较差(如农业机械)等场合
	d *e*	一般用于 IT7～IT11 级，适用于大直径松的转动配合、高速中载，*e* 多用于 IT7～IT9 级，高速重载	如密封盖、滑轮、空转皮带轮等与轴配合(见图 4-16)，透平机、重型弯曲机等重型机械的滑动轴承及大型电动机、内燃机主要轴承(见图 4-17)
	f	多用于 IT6～IT8 级的转动配合，中等间隙，广泛用于普通机械中	润滑油(润滑脂)润滑的支承，如齿轮箱、小电动机、泵等的转轴与滑动轴承的配合(见图 4-18)
	g	配合间隙小，不推荐用于转动配合。多用于 IT5～IT7 级精密滑动配合	用于插销等定位配合，如精密连杆轴承、活塞及滑阀、连杆销、机床夹具钻套(见图 4-19)
	h	用于 IT4～IT11 级。广泛用于无相对转动的零件，作为定位配合。也用于精密的滑动配合	机床变速箱中齿轮和轴，无相对转动的齿轮、带轮、离合器，车床尾座与套筒(见图 4-20)，汽车的正时齿轮与凸轮轴的配合
过渡配合	*js*	多用于 IT4～IT7 级，要求间隙比 *h* 轴小，并允许略有过盈的定位配合	机床中变速箱中齿轮和轴，电机座与端盖如联轴节、齿圈与钢制轮毂(见图 4-21)，带轮与轴的配合，可用木锤装配
	k	平均间隙接近于零，用于 IT4～IT7 级，用于稍有过盈的定位配合	消除振动用的定位配合，一般用木锤装配，如某机床主轴后轴承座与箱体孔的配合(见图 4-22)
	m	平均过盈较小的配合，适于 IT4～IT7 级，用于不经常拆卸处	压箱机连杆与衬套、减速器的轴与圆锥齿轮，蜗轮青铜轮缘与轮辐的配合(见图 4-23)
	n	平均过盈比 *m* 稍大，适用于 IT4～IT7 级，用锤或压入机装配。精确定位，常用于紧密的组件配合	链轮轮缘与轮心、振动机械的齿轮与轴、安全联轴器销钉与套等，如钻套与衬套的配合(见图 4-19)、冲床齿轮与轴的配合(见图 4-24)
过盈配合	*p*、*r*	轻型过盈，用于精确定位配合，传递扭矩时要加紧固件	重载轮缘与轴，凸轮孔与凸轮轴，如齿轮轴与轴套的配合(见图 4-18)、连杆小孔与衬套(见图 4-25)
	s	中型过盈，不加紧固件可传递较小扭矩，加紧固件可传递较大扭矩，需用热胀法或冷缩法装配	齿轮与轴、柴油机连杆衬套和轴瓦、减速器的轴与蜗轮等，水泵阀座与壳体的配合(见图 4-26)
	t	重型过盈，不加紧固件可传递较大扭矩，材料许用应力要求较大	蜗杆轴衬与箱体、轧钢设备中的辊子与心轴、偏心压床滑块与轴等，联轴器和轴的配合(见图 4-27)
	u	配合过盈大，要用热胀或冷缩法装配	火车轮毂和轴的配合(见图 4-28)
	x、*y*、*z*	过盈量很大，一般不推荐采用	钢与轻合金或塑料等不同材料的配合

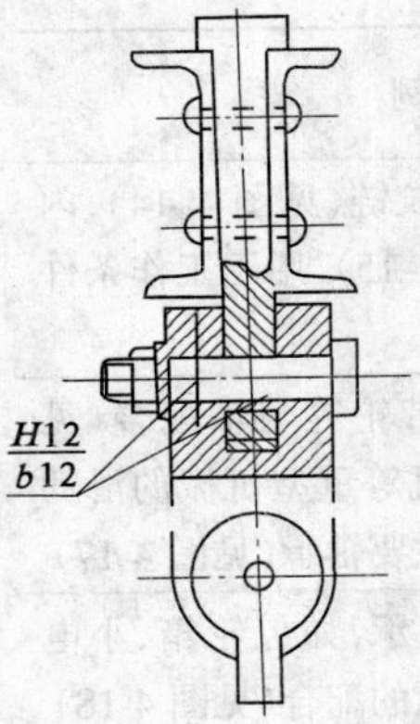

图 4-14　起重机吊钩铰链

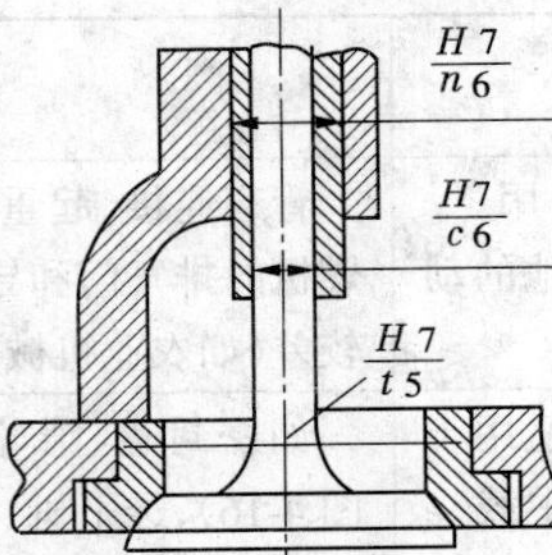

图 4-15　内燃机排气门的导杆和导管配合

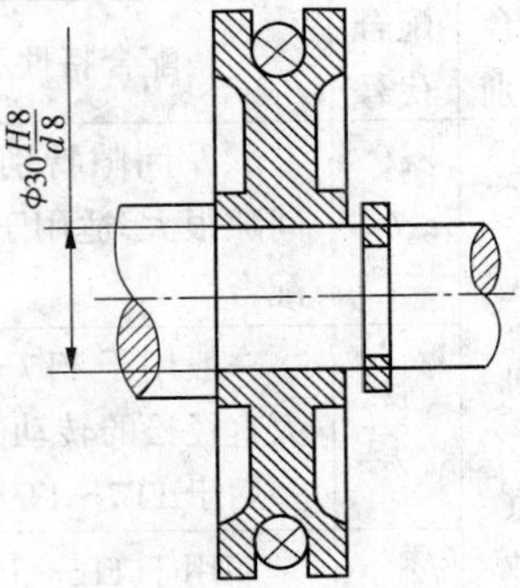

图 4-16　滑轮与轴的配合

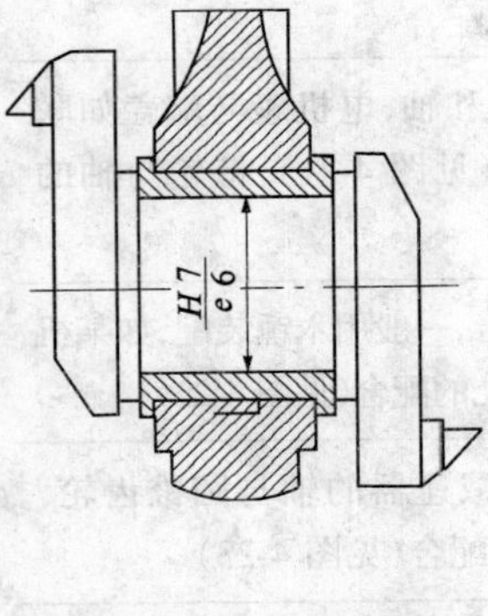

图 4-17　内燃机主轴承与轴瓦的配合

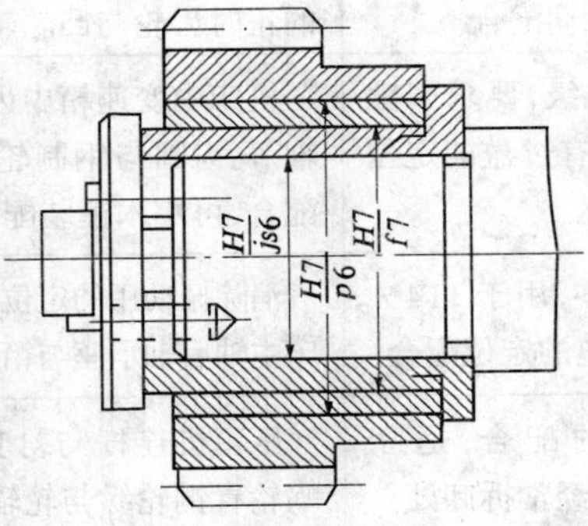

图 4-18　齿轮轴套与轴的配合

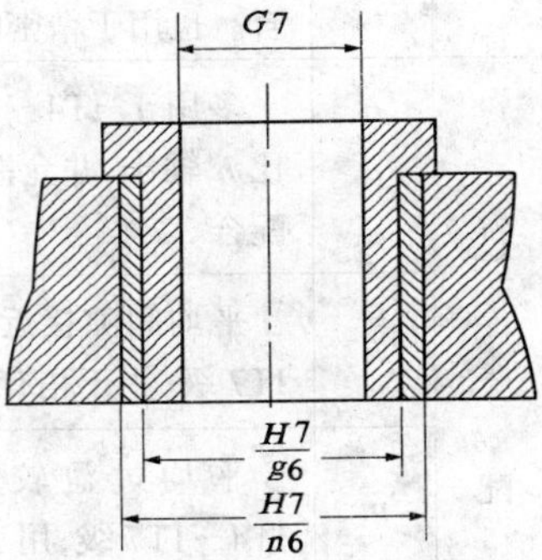

图 4-19　钻套与衬套的配合

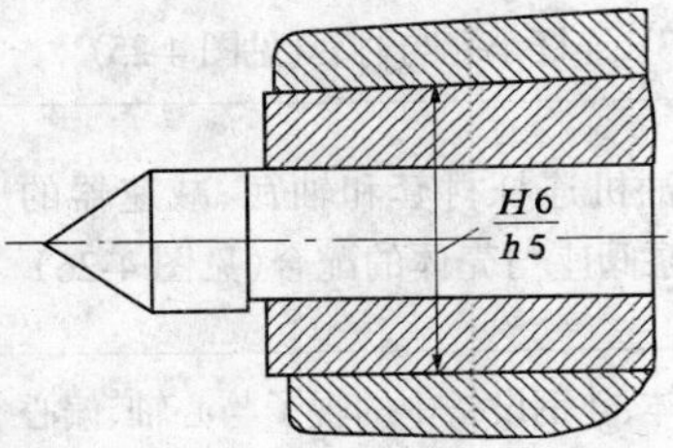

图 4-20　车床尾座和顶尖套筒的配合

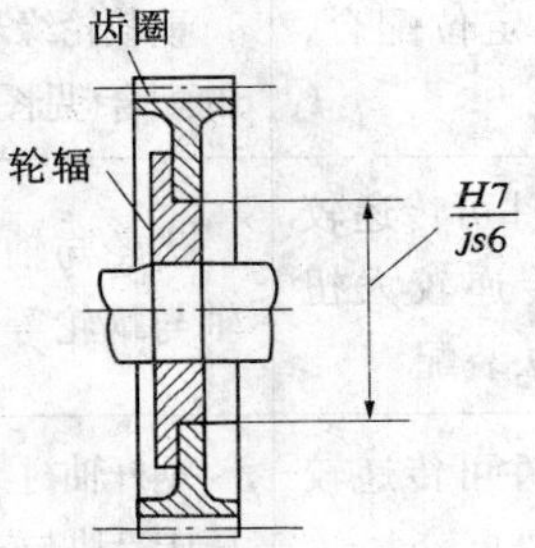

图 4-21　齿圈与钢轮毂的配合

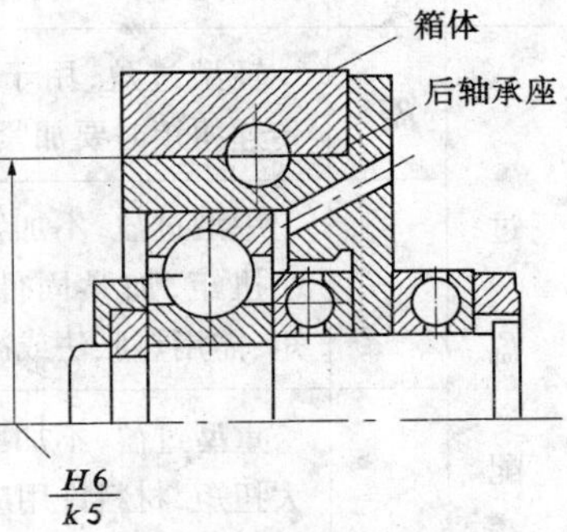

图 4-22　某车床主轴座与箱体孔的配合

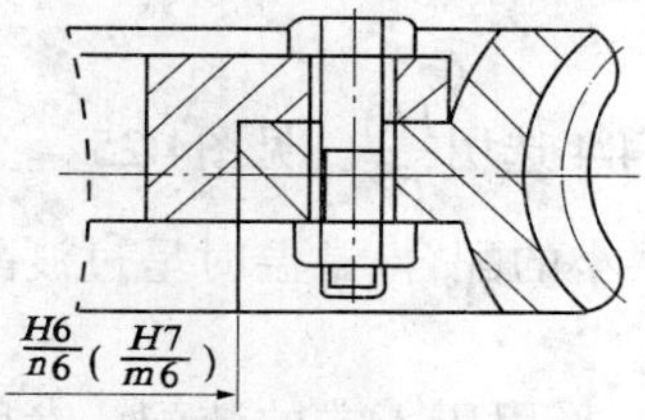

图 4-23 蜗轮青铜轮缘与轮辐的配合

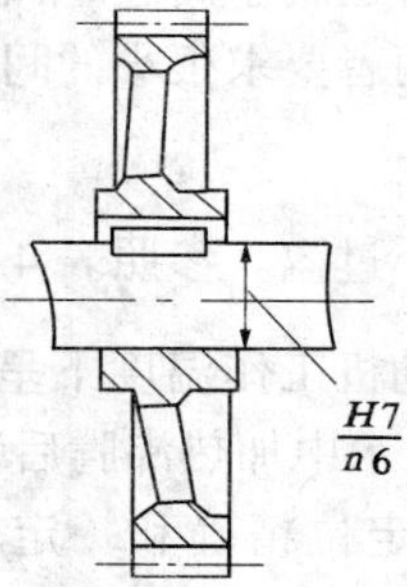

图 4-24 冲床齿轮与轴的配合

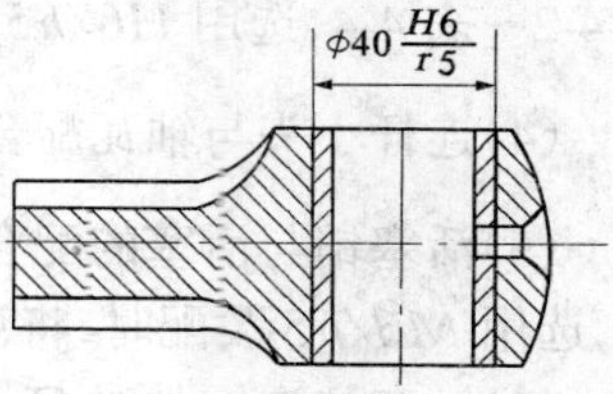

图 4-25 连杆小头孔与轴瓦

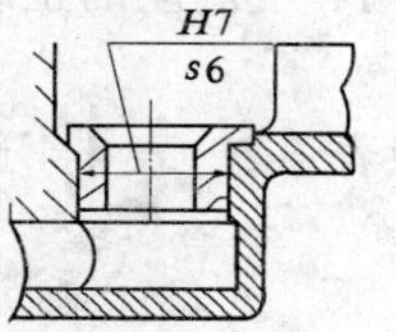

图 4-26 水泵阀座与壳体的配合

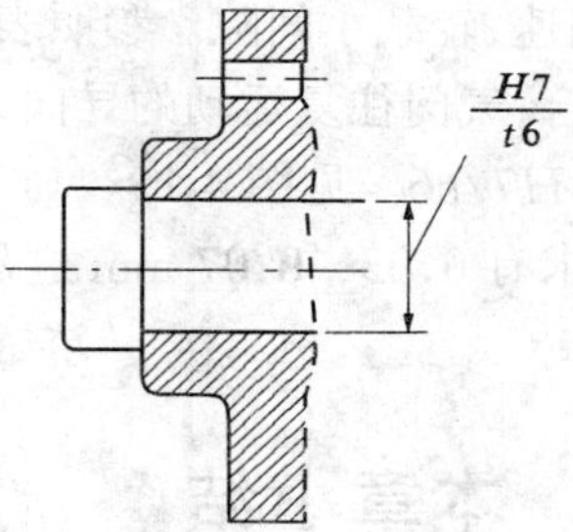

图 4-27 联轴器与轴的配合

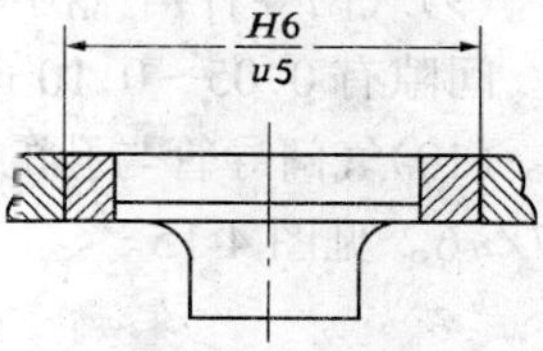

图 4-28 火车车轮与钢箍的配合

选用配合种类时,应注意以下几点:

(1)间隙配合主要是针对有相对运动要求的孔、轴结合,要考虑相对运动的方向、速度、结构状况和工作条件等因素,确定适宜的间隙及允许间隙的变动量,即配合公差。

(2)过盈配合主要是针对不能有相对运动,且要完全依靠过盈传递力或转矩的孔、轴结合,要考虑传递力或转矩的大小、材料、结构状况和工作条件等因素,确定适宜的过盈及允许过盈的变动量。可参考 GB5371—85 进行计算和选用。

(3)过渡配合主要是针对孔、轴有定位要求的结合,要考虑定位精度、结构状况、装拆要求等因素,确定允许间隙和(或)过盈的变动量。

四、示例:汽车发动机几个重要部分配合的选用

汽车发动机的原理主要是汽油经过雾化后,由进气门进入汽缸内燃烧爆炸后推动活塞连杆机构,然后带动曲轴转动。燃烧后的废气由排气门排出。经过进气、压缩、做功、排气四个过程。由配气机构的凸轮轴控制进、排气的开启和关闭。

一般汽车都是生产批量比较大的产品,配合的选用有时需要通过试验,大多还是考虑运用的场合,采用类比法进行选用。

这里列出几个重要的配合仅供参考。

(1)曲轴与主轴承的配合:属于高速、中载的转动,参照表 4-2～表 4-4 选用 $H7/e6$。见图 4-17。

(2)曲轴与连杆大端轴承的配合：也属于高速、中载，适当减小间隙，选用 $H7/f6$。

(3)连杆小头与活塞销的配合：两者要求很小的间隙量(0.002 5～0.007 5 mm)，参照表 4-2～表 4-4，选用 $H6/h5$。

(4)连杆小头与轴瓦配合：要求小过盈。参照表 4-2～表 4-4 选用$\frac{H6}{r5}$。见图4-25。

(5)活塞销与活塞的配合：在发动机工作温度下呈间隙很小的配合，常温时呈过渡配合，选用 $M6/h5$ 装配时，将活塞放入水中加热沸腾后装配。

(6)缸套与汽缸体的配合：要求定位精确和一定的过盈，采用压入式的装配。参照表 4-2～表 4-4 选用 $H7/m6$。

(7)凸轮轴与正时齿轮的配合：要求定位准确。参照表 4-2～表 4-4 选用 $H7/h6$。

(8)凸轮轴与轴承孔的配合：高速、轻载小间隙。参照表 4-2～表 4-4 选用 $H7/f6$。

(9)气门导杆与气门导管的配合：气门往复运动的导向以保证气门和气门座的正确闭合。间隙有 0.05～0.10 mm，选用 $H7/c6$。见图 4-15。

(10)气门导管与孔的配合：要求有 0.03～0.07 mm 过盈量，参照表 4-2～表 4-4 选用 $H7/n6$。见图 4-15。

本章小结

本章主要介绍了有关尺寸的术语和定义，有关公差与偏差的术语和定义，有关配合的术语和定义，标准公差系列，基本偏差系列，一般、常用和优先的轴公差带，一般、常用和优先的孔公差带，公差与配合的选用。

本章重点掌握孔、轴公差带及其配合公差带选择包括公差等级的选择，基准制的选择和配合种类的选择。

本章是重点章。

习　题

一、判断正误(正确的打√，错误的×)

1.机械零件的互换程度越高越好。(　　)

2.基本尺寸是设计给定的尺寸，所以机械零件的实际尺寸越接近基本尺寸，其精度就越高。(　　)

3.过渡配合是可能具有间隙，也可能具有过盈的配合，所以过渡配合可能是间隙配合，也可能是过盈配合。(　　)

4.某孔的实际尺寸小于与之配合的轴的实际尺寸，则形成过盈配合。(　　)

5.孔的基本偏差就是下偏差，轴的基本偏差就是上偏差。(　　)

二、单向选择题

1.基本偏差 p 的公差带与基准孔 H 的公差带形成______。

A.间隙配合　　B.过渡配合　　C.过盈配合　　D.过渡配合或过盈配合

2. 基本偏差 f 的公差带与基准孔 H 的公差带形成______。

A. 间隙配合　　B. 过渡配合　　C. 过盈配合　　D. 过渡配合或过盈配合

3. 在下列配合中，______配合最紧。

A. $H7/g6$　　B. $J7/h6$　　C. $H7/h6$　　D. $H7/s6$

4. 最大实体尺寸是指______。

A. 孔和轴的最大极限尺寸

B. 孔和轴的最小极限尺寸

C. 孔的最大极限尺寸和轴的最小极限尺寸

D. 孔的最小极限尺寸和轴的最大极限尺寸

5. 最小实体尺寸是指______。

A. 孔和轴的最大极限尺寸

B. 孔和轴的最小极限尺寸

C. 孔的最大极限尺寸和轴的最小极限尺寸

D. 孔的最小极限尺寸和轴的最大极限尺寸

三、问答题

1. 公差带的位置是由什么决定的？配合有什么基准制，它们有什么不同？

2. 选择公差配合时应考虑哪些内容？确定公差等级时要考虑什么问题？

3. 选择配合时应考虑哪些问题？

四、分析计算题

1. 查表计算下列配合的极限间隙或极限过盈，并画出孔、轴公差带图，说明各属于哪种配合。

(1) $\varnothing 30H8/g7$； (2) $\varnothing 28H7/p6$； (3) $\varnothing 60K7/h6$；

(4) $\varnothing 50H7/js6$； (5) $\varnothing 50T7/h6$； (6) $\varnothing 25H7/r6$。

2. 已知下列三对孔、轴相配合。要求：分别计算三对配合的最大与最小间隙（X_{max}、X_{min}）或过盈（Y_{max}、Y_{min}）及配合公差。绘出公差带图，并说明它们的配合类别。

(1) 孔：$\varnothing 26^{+0.033}_{0}$　轴：$\varnothing 26^{-0.065}_{-0.098}$； (2) 孔：$\varnothing 37^{+0.007}_{-0.018}$　轴：$\varnothing 37^{0}_{-0.016}$；

(3) 孔：$\varnothing 56^{+0.030}_{0}$　轴：$\varnothing 56^{+0.060}_{+0.041}$。

附表 4-1　标准公差数值

基本尺寸 (mm)	公差等级 (μm)											(mm)								
	IT01	IT0	IT1	IT2	IT3	IT4	IT5	IT6	IT7	IT8	IT9	IT10	IT11	IT12	IT13	IT14	IT15	IT16	IT17	IT18
≤3	0.3	0.5	0.8	1.2	2	3	4	6	10	14	25	40	60	0.10	0.14	0.25	0.40	0.60	1.0	1.4
3~6	0.4	0.6	1	1.5	2.5	4	5	8	12	18	30	48	75	0.12	0.18	0.30	0.48	0.75	1.2	1.8
6~10	0.4	0.6	1	1.5	2.5	4	6	9	15	22	36	58	90	0.15	0.22	0.36	0.58	0.90	1.5	2.2
10~18	0.5	0.8	1.2	2	3	5	8	11	18	27	43	70	110	0.18	0.27	0.43	0.70	1.10	1.8	2.7
18~30	0.6	1	1.5	2.5	4	6	9	13	21	33	52	84	130	0.21	0.33	0.52	0.84	1.30	2.1	3.3
30~50	0.6	1	1.5	2.5	4	7	11	16	25	39	62	100	160	0.25	0.39	0.62	1.00	1.60	2.5	3.9
50~80	0.8	1.2	2	3	5	8	13	19	30	46	74	120	190	0.30	0.46	0.74	1.20	1.90	3.0	4.6
80~120	1	1.5	2.5	4	6	10	15	22	35	54	87	140	220	0.35	0.54	0.87	1.40	2.20	3.5	5.4
120~180	1.2	2	3.5	5	8	12	18	25	40	63	100	160	250	0.40	0.63	1.00	1.60	2.50	4.0	6.3
180~250	2	3	4.5	7	10	14	20	29	46	72	115	185	290	0.46	0.72	1.15	1.85	2.90	4.6	7.2
250~315	2.5	4	6	8	12	16	23	32	52	81	130	210	320	0.52	0.81	1.30	2.10	3.20	5.2	8.1
315~400	3	5	7	9	13	18	25	36	57	89	140	230	360	0.57	0.89	1.40	2.30	3.60	5.7	8.9
400~500	4	6	8	10	15	20	27	40	63	97	155	250	400	0.63	0.97	1.55	2.50	4.00	6.3	9.7

注:基本尺寸小于 1 mm 时,无 IT14~IT18。

附表 4-2　基本尺寸小于等于 500 mm 的轴的基本偏差数值

基本尺寸	基本偏差(μm)																														
	上偏差 *es*												下偏差 *ei*																		
	a	*b*	*c*	*cd*	*d*	*e*	*ef*	*f*	*fg*	*g*	*h*	*js*	*j*			*k*		*m*	*n*	*p*	*r*	*s*	*t*	*u*	*v*	*x*	*y*	*z*	*za*	*zb*	*zc*
	所有公差等级												5~6	7	8	4~7	≤3 >7	所有公差等级													
≤3	−270	−140	−60	−34	−20	−14	−10	−6	−4	−2	0		−2	−4	−6	0	0	+2	+4	+6	+10	+14	—	+18	—	+20	—	+26	+32	+40	+60
3~6	−270	−140	−70	−46	−30	−20	−14	−10	−6	−4	0		−2	−4	—	+1	0	+4	+8	+12	+15	+19	—	+23	—	+28	—	+35	+42	+50	+80
6~10	−280	−150	−80	−56	−40	−25	−18	−13	−8	−5	0		−2	−5	—	+1	0	+6	+10	+15	+19	+23	—	+28	—	+34	—	+42	+52	+67	+97
10~14 14~18	−290	−150	−95	—	−50	−32	—	−16	—	−6	0		−3	−6	—	+1	0-	+7	+12	+18	+23	+28	—	+33	— +39	+40 +45	— —	+50 +60	+64 +77	+90 +108	+130 +150
18~24 24~30	−300	−160	−110	—	−65	−40	—	−20	—	−7	0		−4	−8	—	+2	0	+8	+15	+22	+28	+35	— +41	+41 +48	+47 +55	+54 +64	+63 +75	+73 +88	+98 +118	+136 +160	+188 +218
30~40 40~50	−310 −320	−170 −180	−120 −130	—	−80	−50	—	−25	—	−9	0		−5	−10	—	+2	0	+9	+17	+26	+34	+43	+48 +54	+60 +70	+68 +81	+80 +97	+94 +114	+112 +136	+148 +180	+200 +242	+274 +325
50~65 65~80	−340 −360	−190 −200	−140 −150	—	−100	−60	—	−30	—	−10	0	偏差等于 $\pm\frac{IT}{2}$	−7	−12	—	+2	0	+11	+20	+32	+41 +43	+53 +59	+66 +75	+87 +102	+102 +120	+120 +146	+144 +174	+172 +210	+226 +274	+300 +360	+450 +480
80~100 100~120	−380 −410	−220 −240	−170 −180	—	−120	−72	—	−36	—	−12	0		−9	−15	—	+3	0	+13	+23	+37	+51 +54	+71 +79	+91 +104	+124 +144	+146 +172	+178 +210	+214 +256	+258 +310	+335 +400	+445 +525	+585 +690
120~140 140~160 160~180	−460 −520 −580	−260 −280 −310	−200 −210 −230	—	−145	−85	—	−43	—	−14	0		−11	−18	—	+3	0	+15	+27	+43	+61 +65 +68	+92 +100 +108	+122 +134 +146	+170 +190 +210	+202 +228 +252	+248 +280 +310	+300 +340 +380	+365 +415 +465	+470 +535 +600	+620 +700 +780	+800 +900 +1 000
180~200 200~225 225~250	−660 −740 −820	−340 −380 −420	−240 −260 −280	—	−170	−100	—	−50	—	−15	0		−13	−21	—	+4	0	+17	+31	+50	+77 +80 +84	+122 +130 +140	+166 +180 +196	+236 +258 +284	+284 +310 +340	+350 +385 +425	+425 +470 +520	+520 +575 +640	+670 +740 +820	+880 +960 +1 050	+1 150 +1 250 +1 350
250~280 280~315	−920 −1 050	−480 −540	−300 −330	—	−190	−110	—	−56	—	−17	0		−16	−26	—	+4	0	+20	+34	+56	+94 +98	+158 +170	+218 +240	+315 +350	+385 +425	+475 +525	+580 +650	+710 +790	+920 +1 000	+1 200 +1 300	+1 550 +1 700
315~355 355~400	−1 200 −1 350	−600 −680	−360 −400	—	−210	−125	—	−62	—	−18	0		−18	−28		+4	0	+21	+37	+62	+108 +114	+190 +208	+268 +294	+390 +435	+475 +530	+590 +660	+730 +820	+900 +1 000	+1 150 +1 300	+1 500 +1 650	+1 900 +2 100
400~450 450~500	−1 500 −1 650	−760 −840	−440 −480	—	−230	−135	—	−68	—	−20	0		−20	−32	—	+5	0	+23	+40	+68	+126 +132	+232 +252	+330 +360	+490 +540	+595 +660	+740 +820	+920 1 000	+1 100 +1 250	+1 450 +1 600	+1 850 +2 100	+2 400 +2 600

注：1. 基本尺寸小于 1 mm 时，各级的 *a* 和 *b* 均不采用。

2. *js* 的数值：对 IT7~IT11，若 IT 的数值(μm)为奇数，则取 $js = \pm\frac{IT-1}{2}$。

附表 4-3　基本尺寸小于等于 500 mm 的孔的基本偏差数值

基本尺寸	基本偏差(μm)																																	Δ(μm)					
	下偏差 EI												上偏差 ES																										
	A	B	C	CD	D	E	EF	F	FG	G	H	Js	J			K		M		N		P ~ ZC	P	R	S	T	U	V	X	Y	Z	ZA	ZB	ZC						
	所有的公差等级												6	7	8	≤8	>8	≤8	>8	≤8	>8	≤7	>7												3	4	5	6	7	8
≤3	+270	+140	+60	+34	+20	+14	+10	+6	+4	+2	0	偏差等于 $\pm\frac{IT}{2}$	+2	+4	+6	0	0	-2	-2	-4	-4	在大于7级的相应数值上增加一个Δ值	-6	-10	-14	—	-18	—	-20	—	-26	-32	-40	-60	0					
3 ~ 6	+270	+140	+70	+36	+30	+20	+14	+10	+6	+4	0		+5	+6	+10	-1 +Δ	—	-4 +Δ	-4	-8 +Δ	0		-12	-15	-19	—	-23	—	-28	—	-35	-42	-50	-80	1	1.5	1	3	4	6
6 ~ 10	+280	+150	+80	+56	+40	+25	+18	+13	+8	+5	0		+5	+8	+12	-1 +Δ	—	-6 +Δ	-6	-10 +Δ	0		-15	-19	-23	—	-28	—	-34	—	-42	-52	-67	-97	1	1.5	2	3	6	7
10 ~ 14 14 ~ 18	+290	+150	+95	—	+50	+32	—	+16	—	+6	0		+6	+10	+15	-1 +Δ	—	-7 +Δ	-7	-12 +Δ	0		-18	-23	-28	—	-33	— -39	-40 -45	— —	-50 -60	-64 -77	-90 -108	-130 -150	1	2	3	3	7	9
18 ~ 24 24 ~ 30	+300	+160	+110	—	+65	+40	—	+20	—	+7	0		+8	+12	+20	-2 +Δ	—	-8 +Δ	-8	-15 +Δ	0		-22	-28	-35	— -41	-41 -48	-47 -55	-54 -64	-65 -75	-73 -88	-98 -118	-136 -160	-188 -218	1.5	2	3	4	8	12
30 ~ 40 40 ~ 50	+310 +320	+170 +180	+120 +130	—	+80	+50	—	+25	—	+9	0		+10	+14	+24	-2 +Δ	—	-9 +Δ	-9	-17 +Δ	0		-26	-34	-43	-48 -54	-60 -70	-68 -81	-80 -95	-94 -114	-112 -136	-148 -180	-200 -242	-274 -325	1.5	3	4	5	9	14
50 ~ 65 65 ~ 80	+340 +360	+190 +200	+140 +150	—	+100	+60	—	+30	—	+10	0		+13	+18	+28	-2 +Δ	—	-11 +Δ	-11	-22 +Δ	0		-32	-41 -43	-53 -59	-66 -75	-87 -102	-102 -120	-122 -146	-144 -174	-172 -210	-226 -274	-300 -360	-400 -480	2	3	5	6	11	16
80 ~ 100 100 ~ 120	+380 +410	+220 +240	+170 +180	—	+120	+72	—	+36	—	+12	0		+16	+22	+34	-3 +Δ	—	-13 +Δ	-13	-23 +Δ	0		-37	-51 -54	-71 -79	-91 -104	-124 -144	-146 -172	-178 -210	-214 -254	-258 -310	-335 -400	-445 -525	-585 -690	2	4	5	7	13	19
120 ~ 140 140 ~ 160 160 ~ 180	+440 +520 +580	+260 +280 +310	+200 +210 +230	—	+145	+85	—	+43	—	+14	0		+18	+26	+41	-3 +Δ	—	-15 +Δ	-15	-27 +Δ	0		-43	-63 -65 -68	-92 -100 -108	-122 -134 -146	-170 -190 -210	-202 -228 -252	-248 -280 -310	-300 -340 -380	-365 -415 -465	-470 -535 -600	-620 -700 -780	-800 -900 -1 100	3	4	6	7	15	23
180 ~ 200 200 ~ 225 225 ~ 250	+660 +740 +820	+340 +380 +420	+240 +260 +280	—	+170	+100	—	+50	—	+15	0		+22	+30	+47	-4 +Δ	—	-17 +Δ	-17	-31 +Δ	0		-50	-77 -80 -84	-122 -130 -140	-166 -180 -196	-236 -258 -284	-284 -310 -240	-350 -385 -425	-425 -470 -520	-520 -575 -640	-670 -740 -820	-880 -960 -1 050	-1 150 -1 250 -1 350	3	4	6	9	17	26
250 ~ 280 280 ~ 315	+920 +1 050	+480 +540	+300 +330	—	+190	+110	—	+56	—	+17	0		+25	+36	+55	-4 +Δ	—	-20 +Δ	-20	-34 +Δ	0		-56	-94 -98	-158 -170	-218 -240	-315 -350	-385 -425	-475 -525	-580 -650	-710 -790	-920 -1 000	-1 200 -1 300	-1 550 -1 700	4	4	7	9	20	29
315 ~ 355 355 ~ 400	+1 200 +1 350	+600 +680	+360 +400	—	+210	+125	—	+62	—	+18	0		+29	+39	+60	-4 +Δ	—	-21 +Δ	-21	-37 +Δ	0		-62	-108 -114	-190 -208	-268 -294	-390 -435	-475 -530	-590 -660	-730 -820	-900 -1 000	-1 150 -1 300	-1 500 -1 650	-1 900 -2 100	4	5	7	11	21	32
400 ~ 450 450 ~ 500	+1 500 +1 650	+760 +840	+440 +480	—	+230	+135	—	+68	—	+20	0		+33	+43	+66	-5 +Δ	—	-23 +Δ	-23	-40 +Δ	0		-68	-126 -132	-232 -252	-330 -360	-490 -540	-595 -660	-740 -820	-920 -1 000	-1 100 -1 250	-1 450 -1 600	-1 850 -2 100	-2 400 -2 600	5	5	7	13	23	34

注：1. 基本尺寸小于 1 mm 时，各级的 A 和 B 及大于 8 级的 N 均不采用。

2. Js 的数值：对 IT7 ~ IT11，若 IT 的数值(μm)为奇数，则取 $Js = \pm\frac{IT-1}{2}$。

3. 特殊情况：当基本尺寸为 250 ~ 315 mm 时，$M6$ 的 ES 等于 -9(不等于 -11)。

4. 对小于或等于 IT8 的 K、M、N 和小于或等于 IT7 的 $P \sim ZC$，所需 Δ 值从表内右侧栏选取。例如 6 ~ 10 mm 的 $P6$，$\Delta = 3$，所以 $ES = -15 + 3 = -12$(μm)。

第五章　技术测量基础

第一节　技术测量的一般概念

在工业生产中，测量技术是进行质量管理的手段，是贯彻质量标准的技术保证。零件几何量合格与否，需要通过测量或检验方能确定。

几何量测量是为确定被测几何量的量值而进行的实验过程。在测量中假设 L 为被测量值，E 作为计量单位的标准量，则它们的比值为

$$q = L / E \tag{5-1}$$

式(5-1)表明，在被测量值 L 一定的情况下，比值 q 的大小决定于所采用的计量单位 E，而且是成反比关系。同时也说明计量单位的选择取决于被测量值所要求的精确程度。

因此，测量就是确定比值 $q = L/E$，最后确定被测量 $L = qE$ 的过程。

测量过程应包括测量对象、计量单位、测量方法及测量精度等四个要素。

测量对象：本课程主要指几何量，即长度，包括角度、表面粗糙度、形状和位置误差以及螺纹、齿轮的各个几何参数等。

计量单位：在几何量计量中，长度单位是米(m)，其他常用单位有毫米(mm)和微米(μm)。在超高精度测量中，采用纳米(nm)。在角度测量中单位为弧度(rad)及度、分、秒。

测量方法：是指在进行测量时所采用的测量原理、计量器具和测量条件的综合。根据被测对象的特点，如精度、大小、轻重、材质、数量等来确定所用的计量器具，确定最合适的测量方法以及测量的主客观条件(如环境、温度)等。

测量精度：是指测量结果与真值的一致程度。与之相对应的概念即测量误差。由于各种因素影响，任何测量过程总不可避免地会产生测量误差。误差大说明测量结果离真值远，则测量精度低；测量误差小则测量精度高。

第二节　长度单位和量值传递

一、长度基准和长度基准传递

为保证测量的准确度，首先需要建立统一、可靠的测量单位基准。在几何量计量中，长度单位是米(m)，米是光在真空中 1/299 792 458 s 时间内所经路径的长度，米定义的复现主要采用稳定激光，稳定激光的波长(0.633 μm)作为长度基准。

为保证长度测量的量值统一，长度量值由长度基准通过两个平行的系统向下传递。一个是线纹量具(线纹尺)系统，一个是端面量具(量块)系统。

(一)线纹量具(线纹尺)系统

由激光干涉比长仪、工作基准尺、一等线纹尺、二等线纹尺、三等线纹尺、精密机床用尺之类的工作计量器具、普通尺之类工作计量器具、工作尺寸,依次传递下去。

(二)端面量具(量块)系统

由激光光波干涉仪、一等量块、二等量块、三等量块、四等量块、五等量块、六等量块、各种计量器具、工件尺寸,依次传递下去。

二、量块

量块又名平面平行端规,如图 5-1 所示。它除了作为量值传递的媒介以外,还可用于计量器具、机床、夹具的调整以及工件的测量和检验。量块的形状多为长方形六面体,它有两个平行的测量面。测量面极为光滑、平整,并具有黏合性(研合性),以便多块组合时贴合成一整体。国家标准《量块》(GB6093—85)对量块的制造精度规定了六级:00、0、1、2、3 级和 K 级。其中 00 级最高,精度依次降低,3 级最低,K 级为校准级,其中心长度用光波干涉法测量,并给出实测值,以此为基准。

量块按其检定精度规定了六等:1、2、3、4、5、6 等。其中 1 等最高,精度依次降低,6 等最低。量块分"等"主要是根据量块中心长度测量的极限误差和平面平行性允许偏差来决定的。所谓中心长度,是指测量面中心点处的量块长度。量块的平面平行度偏差是指量块被测量面上任意一点处的长度 L_a 与量块中心长度 L_o 之差的绝对值,如图 5-2 所示。

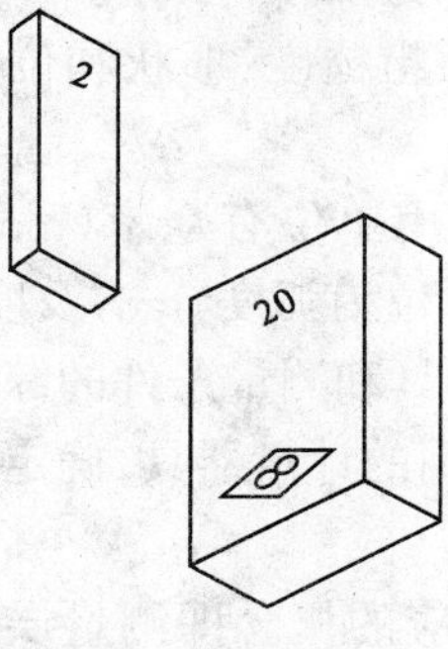

图 5-1　量块

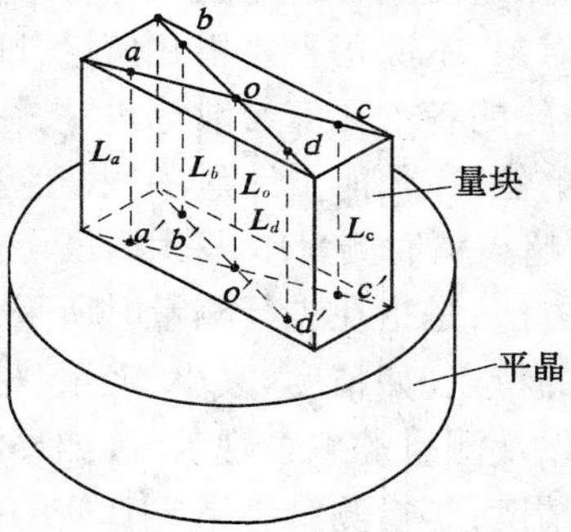

图 5-2　量块中心长度与平面平行度偏差

根据 GB6093—85 的规定,我国生产的成套量块有 91 块、83 块、46 块、38 块等 17 种规格。表 5-1 列出了 83 块一套量块的尺寸组成,使用时可用不同尺寸的量块组合成各种所需工作尺寸,以表 5-2 所示的方法选取,即从消去工作尺寸的最小尾数开始逐一选取,要求尽可能减少块数,一般不超过 4 块组合。

表 5-1　83 块一套量块的组成

公称尺寸系列(mm)	尺寸间隔(mm)	块数	公称尺寸系列(mm)	尺寸间隔(mm)	块数
0.5	—	1	1.5,1.6,…,1.9	0.1	5
1	—	1	2.0,2.5,…,9.5	0.5	16
1.005	—	1	10,20,…,100	10	10
1.01,1.02,…,1.49	0.01	49			

表 5-2 选择步骤

(单位:mm)

需工作尺寸	56.375	剩下尺寸	54
选第一块	1.005	选第三块	4
剩下尺寸	55.37	剩下尺寸	50
选第二块	1.37	选第四块	

第三节 测量器具和测量方法的分类

一、计量器具的分类

计量器具按器具结构特点和用途进行分类,可分为标准量具、极限量规、计量仪器和计量装置等四类。

(一)标准量具

标准量具是指以固定形式复现量值的测量工具。包括单值量具和多值量具两种。单值量具是复现单一量值的量具,如量块、90°角尺等。多值量具是指复现一定范围内的一系列不同量值的量具,如线纹尺等。

(二)极限量规

极限量规是一种没有刻度的专用检验工具。用这种工具不能得到被检验工件的具体尺寸,但能确定被检验工件是否合格,如光滑极限量规、螺纹量规等。

(三)计量仪器(量仪)

量仪是指能将被测的量值转换成可直接观察的指示值或等效信息的计量器具。计量仪器按结构的特点可分为以下几种:游标式量仪如游标卡尺、微动螺旋副式量仪如外径千分尺、机械式量仪如百分表、光学式量仪如光学比较仪、光电式量仪如激光干涉量仪、电动式量仪如电感比较仪等。

(四)计量装置

计量装置是指为确定被测几何量量值必需的计量器具和辅助设备的总体。

二、测量方法的分类

测量方法可以按不同特征分类,如直接测量与间接测量、单项测量与综合测量、接触测量与非接触测量、主动测量与被动测量、静态测量与动态测量等。

第四节 测量器具的基本度量指标

测量仪器的技术性能指标主要有以下几项:

(1)刻度间距:刻度尺或度盘上两相邻刻线中心的距离。为便于目力估计,一般刻度间隔为 1~2.5 mm。

(2)分度值:刻度尺上两相邻刻线间的距离所代表被测量量值。长度量仪中常见的分度值有 0.1 mm、0.05 mm、0.02 mm、0.01 mm、0.002 mm 和 0.001 mm 等。一般说来，计量仪器的分度值越小，精度越高。

(3)示值范围 b：计量器具所能显示或指示的最低值(起始值)到最高值(终止值)的范围。比较式量仪的示值范围常以 $\pm b$ 来表示，如机械比较仪的示值范围 $b = \pm 0.1$ mm。

(4)测量范围：在允许的误差限内，计量器具所能测量的下限值(最低值)到上限值(最高值)的范围。测量范围的上限值与下限值之差称为量程。

(5)灵敏度：量仪指针对被测量变化的反应能力。对一般长度量仪，灵敏度又称放大比(放大倍数)。

(6)示值误差：计量器具上示值与被测几何量真值的代数差。各种计量器具的示值误差可从使用说明书中或检定中得到。一般计量器具的示值误差越小，精度就越高。

(7)测量力：在接触测量过程中，测头与被测物体之间接触的压力。

第五节　测量误差的基本知识

测量误差是反映测量方法和测试装置或量仪精度的定量指标。误差愈小，则精度愈高。因为测量方法和测量条件本身的误差是不可避免的，为了能得到相应精度的测量结果，就必须客观而科学地分析和估算出测量误差。

一、测量误差的基本概念

测量误差可用绝对误差或相对误差表示。

绝对误差是指测量结果与被测量的真值之差，即

$$\delta = l - L \tag{5-2}$$

式中　δ——绝对误差；

L——被测量的真值；

l——测量结果。

由于 l 可能大于或小于 L，因此 δ 可能是正值或负值，即

$$L = l \pm |\delta| \tag{5-3}$$

式(5-3)说明，测量误差绝对值的大小决定了测量精度的高低。误差的绝对值愈大，精度愈低，反之则愈高。

若对大小不同的同类量进行测量，要比较其精度的高低，就需采用相对误差来表示。测量的绝对误差与被测量的真值之比为相对误差，即

$$f = \frac{\delta}{L} \approx \frac{\delta}{l} \tag{5-4}$$

式中　f——相对误差。

相对误差是无量纲的数值，通常用百分比的形式表示。

测量误差按误差出现的规律可分为三种类型：随机误差、系统误差、粗大误差。

二、随机误差

随机误差是指在相同条件下，多次测量同一量值时，绝对值和符号以不可预定的方式变化的误差。所谓随机误差，是指在单次测量中，误差出现是无规律可循的，但当进行多次重复测量时，误差服从统计规律，因此常用概率论和统计原理对它进行处理。随机误差主要是由一些随机因素，如环境变化，仪器中油膜的变化以及对线、读数不一致等所引起的。大量的试验表明，随机误差通常符合正态分布规律。由概率论原理可知，其概率的密度函数为：

$$y=\frac{1}{\sigma\sqrt{2\pi}}e^{-\delta^2/(2\sigma^2)} \tag{5-5}$$

式中　y——随机误差的概率密度；

δ——随机误差（$\delta=l-L$）；

e——自然对数的底（e＝2.718 28）；

σ——标准偏差。

标准偏差 σ 是评定随机误差的尺度。σ 越大说明随机误差也越大，反之随机误差越小。按误差理论，随机误差的标准偏差 σ 可由下列公式计算：

$$\sigma=\sqrt{\frac{\delta_1^2+\delta_2^2+\cdots+\delta_n^2}{n}}=\sqrt{\frac{\sum\delta_i^2}{n}} \tag{5-6}$$

式中　δ_1、δ_2、…、δ_n——测量列中各测得值相应的随机误差；

n——测量次数。

实际测量时 $\delta=l-L$ 中的真值常用算术平均值来计算，即

$$\overline{L}=\frac{1}{n}(l_1+l_2+\cdots+l_n)=\frac{1}{n}\sum_{i=1}^{n}l_i \tag{5-7}$$

$$\upsilon_i=l-\overline{L} \tag{5-8}$$

υ_i 为残余误差。

此时标准偏差为：

$$\sigma=\sqrt{\frac{1}{(n-1)}\sum_{i=1}^{n}\upsilon_i^2} \tag{5-9}$$

算术平均值的标准偏差为：

$$\sigma_{\overline{L}}=\frac{\sigma}{\sqrt{n}}=\sqrt{\frac{1}{n(n-1)}\sum_{i=1}^{n}\upsilon_i^2} \tag{5-10}$$

我们在估计测量结果的随机误差时，往往把 $\pm3\sigma$ 作为随机误差的极限值，即测量极限误差为：

$$\delta_{\lim}=\pm3\sigma \tag{5-11}$$

需要指出的是，在确定误差界限的做法上各国是不尽相同的，有的采用 $\pm2\sigma$，也有的采用 $\pm\sigma$。σ 取得越小，说明估计的测量误差也就越小，换言之，即估计的测量精度也越高，但这种估计的可信程度也就越低。从这一意义上说，测量精度的高低并不取决于对测

量误差的估计，而是取决于测量方法和测量条件的优劣。要提高测量精度，必须采用科学的测量方法和良好的测量条件。

测量结果的表示方法：

单次测量

$$L = l \pm 3\sigma = l \pm \delta_{\lim} \tag{5-12}$$

多次测量

$$L = \overline{L} \pm 3\sigma_L \tag{5-13}$$

三、系统误差

系统误差是在相同条件下，多次测量同一量值时，误差的绝对值和符号保持不变，或在条件改变时，按某一确定的规律变化的误差。

例如，用千分尺测量零件某一尺寸时，千分尺零位调整不正确对各次测量结果的影响是相同的。因此，引起的测量误差为系统误差。

根据系统误差的性质和变化规律，系统误差可用计算或试验对比的方法确定，因而对系统误差可用修正值从测量结果中予以消除或部分消除。有时系统误差的规律难以准确判定，所以完全消除系统误差是难以做到的。

四、粗大误差

粗大误差是指超出在规定条件下预计的测量误差，它明显地歪曲了测量结果。粗大误差是由主观原因和客观原因造成的。主观原因如测量人员疏忽造成读数误差和记录误差。客观原因如外界突然振动引起的误差等。粗大误差会显著地影响测量结果，应将它从测量数据中予以剔除。

判断粗大误差的基本原则有许多。如拉依达准则又称 3σ 准则，主要适用于服从正态分布的误差，重复测量次数又比较多的情况。先计算出标准偏差 σ，然后将测量数据中残余误差 $\upsilon_i > 3\sigma$ 的测量值视为粗大误差给予剔除，再重新计算标准偏差和残余误差进行判断，直到剔除完为止。

第六节　测量器具的选择

一、测量器具选择时应考虑的因素

测量器具的选择主要决定于测量器具的技术指标和经济指标两个因素。主要有以下两点要求：

(1)按被测工件的部位、外形及尺寸来选择计量器具，使所选择的计量器具的测量范围能满足工件的要求。

(2)按被测工件的公差来选择计量器具。考虑到计量器具的误差将会带入工件的测量结果，因此选择的计量器具其允许的极限误差应当小。在选择计量器具时，通常从选择测量器具的不确定度值出发，将技术指标和经济指标统一进行考虑。

不确定度 u 是表示测得的实际尺寸分散程度的测量误差范围。

二、普通测量器具的选择

GB/T3177—1996 用普通计量器具进行光滑工件尺寸检验，适用于车间用的测量器具（如游标卡尺、千分尺等）。标准中规定了两种验收极限。

（一）内缩方式

如图 5-3 所示。该方式规定验收极限分别从工件最大实体尺寸和最小实体尺寸向公差带内缩一个安全裕度 A。这种验收方式用于单一要素包容原则和公差等级较高场合。

（二）不内缩方式

如图 5-4 所示。该方式规定验收极限等于工件最大实体尺寸和最小实体尺寸，即安全裕度 $A=0$。这种验收方式常用于非配合和一般公差的尺寸。

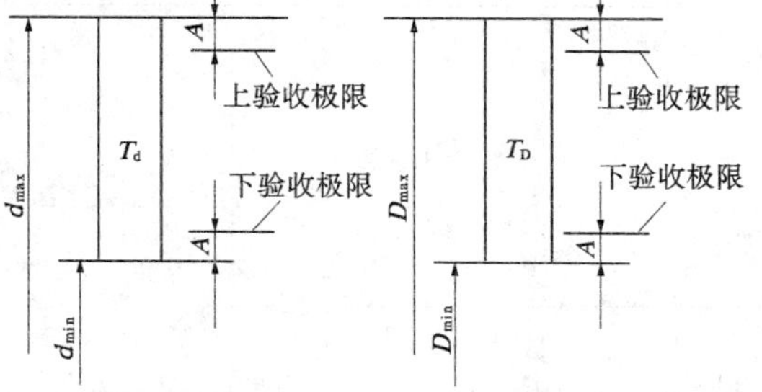

图 5-3　内缩方式测量示意图

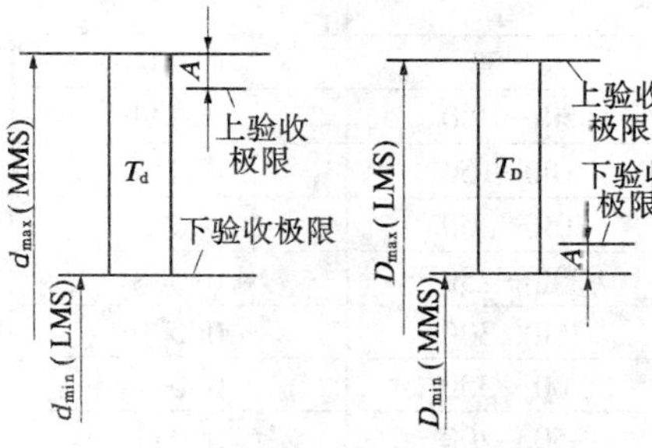

图 5-4　不内缩方式测量示意图

安全裕度 A 的大小由工件的公差大小确定，可查表 5-3。采用安全裕度既能保证产品质量，又能保证生产的经济性，当然误废率会有所提高，但与总产量相比较而言是少量的。

表 5-3　安全裕度及计量器具不确定度的允许值　　（单位：mm）

零件公差值 T		安全裕度 A	计量器具的不确定度的允许值 u_1
大于	至		
0.009	0.018	0.001	0.000 9
0.018	0.032	0.002	0.001 8
0.032	0.058	0.003	0.002 7
0.058	0.100	0.006	0.005 4
0.100	0.180	0.010	0.009 0
0.180	0.320	0.018	0.016 0
0.320	0.580	0.032	0.029 0
0.580	1.000	0.060	0.054 0
1.000	1.800	0.100	0.090 0
1.800	3.200	0.180	0.160 0

标准规定测量器具的选择主要按计量器具的不确定度的允许值 u_1，测量不确定度 u

是由计量器具的不确定度的允许值 u_1 和测量条件引起的不确定度 u_2 组成的。$u_1 = 0.9u, u_2 = 0.45u$。

用普通计量器具测量工件尺寸时，根据工件公差的大小，查取安全裕度 A 和所需计量器具的不确定度的允许值 u_1，再按表 5-4、表 5-5 查计量器具不确定度的数值选择具体的计量器具。所选用的计量器具的不确定度 u_1 应等于或小于其允许值。

表 5-4 千分尺和游标卡尺的不确定度

<table>
<tr><th rowspan="3">尺寸范围</th><th colspan="4">计量器具类型</th></tr>
<tr><th>分度值 0.01
外径千分尺</th><th>分度值 0.01
内径千分尺</th><th>分度值 0.02
游标卡尺</th><th>分度值 0.05
游标卡尺</th></tr>
<tr><th colspan="4">不确定度</th></tr>
<tr><td>0～50</td><td>0.004</td><td rowspan="3">0.008</td><td rowspan="6">0.020</td><td rowspan="4">0.050</td></tr>
<tr><td>50～100</td><td>0.005</td></tr>
<tr><td>100～150</td><td>0.006</td></tr>
<tr><td>150～200</td><td>0.007</td><td rowspan="3">0.013</td></tr>
<tr><td>200～250</td><td>0.008</td><td rowspan="9">0.100</td></tr>
<tr><td>250～300</td><td>0.009</td></tr>
<tr><td>300～350</td><td>0.010</td><td rowspan="3">0.020</td><td rowspan="8"></td></tr>
<tr><td>350～400</td><td>0.011</td></tr>
<tr><td>400～450</td><td>0.012</td></tr>
<tr><td>450～500</td><td>0.013</td><td>0.025</td></tr>
<tr><td>500～600</td><td rowspan="3"></td><td rowspan="3">0.030</td></tr>
<tr><td>600～700</td></tr>
<tr><td>700～800</td><td>0.150</td></tr>
</table>

表 5-5 比较仪的不确定度

<table>
<tr><th colspan="2" rowspan="2">尺寸范围</th><th colspan="4">计量器具类型</th></tr>
<tr><th>分度值为 0.000 5
(相当于放大倍数
2 000 倍)的比较仪</th><th>分度值为 0.001
(相当于放大倍数
1 000 倍)的比较仪</th><th>分度值为 0.002
(相当于放大倍数
400 倍)的比较仪</th><th>分度值为 0.005
(相当于放大倍数
250 倍)的比较仪</th></tr>
<tr><th>大于</th><th>至</th><th colspan="4">不确定度</th></tr>
<tr><td></td><td>25</td><td>0.000 6</td><td rowspan="2">0.001 0</td><td>0.001 7</td><td rowspan="6">0.003 0</td></tr>
<tr><td>25</td><td>40</td><td>0.000 7</td><td rowspan="3">0.001 8</td></tr>
<tr><td>40</td><td>65</td><td>0.000 8</td><td rowspan="2">0.001 1</td></tr>
<tr><td>65</td><td>90</td><td>0.000 8</td></tr>
<tr><td>90</td><td>115</td><td>0.000 9</td><td>0.001 2</td><td rowspan="2">0.001 9</td></tr>
<tr><td>115</td><td>165</td><td>0.001 0</td><td>0.001 3</td></tr>
<tr><td>165</td><td>215</td><td>0.001 2</td><td>0.001 4</td><td>0.002 0</td><td rowspan="3">0.003 5</td></tr>
<tr><td>215</td><td>265</td><td>0.001 4</td><td>0.001 6</td><td>0.002 1</td></tr>
<tr><td>265</td><td>315</td><td>0.001 6</td><td>0.001 7</td><td>0.002 2</td></tr>
</table>

注：测量时，使用的标准器具由 4 块 1 级(或 4 等)量块组成。

通常计量器具的选择可根据标准(如《光滑工件尺寸的检验》(GB/T3177—1996))进行。对于没有标准的其他工件检测用的计量器具,应使所选用的计量器具的权限误差占被测工件公差的1/10～1/3,其中对低精度的工件采用1/10,对高精度的工件采用1/3甚至1/2。

【例5-1】 用普通计量器具测量工件 $\varnothing 50h10$,试确定验收极限并选择适当的计量器具。

解:(1)查表5-3得安全裕度 $A=6\ \mu m$;不确定度的允许值 $u_1=5.4\ \mu m$。

(2)确定验收极限:

上验收极限 $=d_{max}-A=50-0.006=49.994(mm)$。

下验收极限 $=d_{min}+A=50-0.01+0.006=49.996(mm)$

(3)选择计量器具:查表5-4找出分度值为0.01的外径千分尺可以满足要求。其不确定度为0.005 mm,小于 $u_1=0.005\ 4\ mm$。

三、测量器具的维护和保养

使用测量器具时,为了保持计量器具的精度,并延长其使用寿命,必须正确使用和维护保养好量具。主要注意下列几方面:

(1)按量具使用要求正确使用量具,使用时注意轻放,不要自行拆修量具。

(2)不要放在强磁场附近,也不要和其他工具堆放在一起,防止磁化,影响使用。

(3)测量器具使用完毕后,要注意清洁。不用时测量部位要涂上防锈油,放入盒内。

(4)注意定期检测,保持计量器具的精度。

本章小结

本章主要介绍了测量对象、计量单位、测量方法及测量精度等测量过程四要素,量块的特性和使用,量块的制造精度和检定精度,测量器具和测量方法的分类,测量器具的选择,测量器具的基本度量指标。简单介绍了几何量测量的概念、长度基准和长度基准传递、测量误差的基本概念等。

本章重点掌握测量对象、计量单位、测量方法及测量精度等测量过程四要素,量块的特性,测量器具的基本度量指标,测量误差的基本概念等。

本章难点是测量误差的基本概念。

习　题

一、判断正误(正确的打√,错误的×)

1.测量只能判断所测尺寸是否合格,并不能得出其具体的尺寸数值。(　　)

2.量块按"级"和按"等"使用,其测量精度是一样的。(　　)

3.当比较两尺寸的测量精度高低时,应使用绝对误差。(　　)

4.使用量块组合成所需尺寸时,块数越多越好。(　　)

5.计量器具按器具结构特点和用途进行分类,可分为标准量具、极限量规和计量仪器三类。(　　)

二、单向选择题

1.量块按其检定精度规定了六等:______。

A.1、2、3、4、5、6 等　　B.K、00、0、1、2、3 等

C.K、0、1、2、3、4 等　　D.0、1、2、3、4、5 等

2.根据 GB6093—85 的规定,我国生产的成套量块有 91 块、83 块、46 块、38 块等____种规格。

A.17　　B.16　　C.15　　D.14

3.测量方法可以按不同特征分为______等。

A.直接测量与间接测量、单项测量与综合测量、接触测量与非接触测量、主动测量与被动测量、静态测量与动态测量

B.直接测量与间接测量、单项测量与综合测量、接触测量与绝对测量、主动测量与被动测量、静态测量与动态测量

C.直接测量与间接测量、单项测量与综合测量、接触测量与非接触测量、相对测量与被动测量、静态测量与动态测量

D.直接测量与间接测量、相对测量与综合测量、接触测量与非接触测量、主动测量与被动测量、静态测量与动态测量

4.GB/T3177—1996 用普通计量器具进行光滑工件尺寸检验,规定了内缩方式和不内缩方式两种验收极限的目的是______。

A.保证产品的质量　　B.保证产品的生产率

C.保证产品的经济性　　D.前面三项都对

5.安全裕度 A 的大小由工件的______大小确定,可查表。

A.公差　　B.偏差　　C.尺寸　　D.误差

三、问答题

1.量块按“等”和“级”使用时有什么不同?

2.试说明下列术语的区别:①示值范围与测量范围;②绝对误差和相对误差;③系统误差和随机误差。

四、计算题

1.试从 83 块一套的量块中,组合下列尺寸:39.875,47.87,50.79,20.67。

2.一测量方法在等精度的情况下对某一试件测量了四次,其测得值如下(单位为 mm):20.001,20.002,20.000,19.999。若已知单次测量的标准偏差为 0.6 μm,求测量结果及极限误差。

3.设工件尺寸为 $\varnothing 75h9$,试按《光滑工件尺寸的检验》(GB/T3177—1996)选择计量器具,并确定检验的极限尺寸。

第六章　形状和位置公差

第一节　形状公差和误差

一、概述

在公差使用初期，受生产发展水平的限制，人们的认识大多停留在用尺寸公差来控制形位公差的阶段，因而对精度要求较高的零件只能采用收紧尺寸公差带的方法，这样不仅提高了制造成本，而且在不少情况下也达不到控制形状公差的目的。随着科学技术的发展，人们认识到机器设备能保证加工零件达到一定的形状和相对位置的要求，因而提出了相对放松尺寸公差，并给出形状和位置公差的方法来满足零件的功能要求。

生产实践证明，工件的某些形状误差与尺寸公差无关。尺寸精度再高也无法控制工件要素的形状公差。如图 6-1(a)所示，一对孔和轴组成间隙配合。假设完工后的孔处处皆为 12 mm，且具有理想形状，小轴加工后的实际尺寸和形状如图 6-1(b)所示。从尺寸角度看，它是合格的，但事实上却形不成间隙配合。原因是轴存在着较大的形状误差。

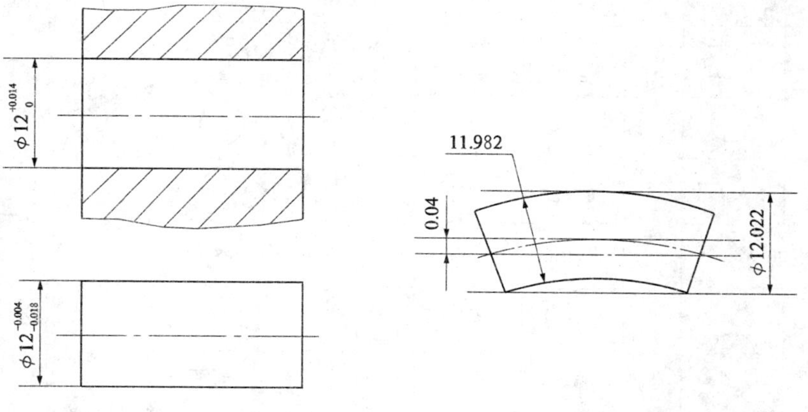

(a)轴孔尺寸公差　　　　(b)轴形状误差

图 6-1　轴与孔尺寸公差与形状误差

零件的形状误差和位置误差(简称形位误差)的存在，将对机器的精度、结合强度、密封性、工作平稳性、使用寿命等产生不良影响。因此，对一些重要零件有必要给定形位公差，以限制形位误差。

限制形位公差的对象是零件的几何要素，即构成零件几何的点、线、面三要素。因此，形位公差的研究对象就是零件的几何要素。形状公差的研究对象有线和面两类要素。

按《形状和位置公差术语及定义》(GB /T1182—1996)规定，几何要素可以分为以下几种：

(1)理想要素。指按设计要求，由图样上给定的点、线、面的理想状态。

(2)实际要素。指零件上实际存在的要素。实际要素的状态通常由测量要素代替。

(3)被测要素。指在图样上给出形状公差和位置公差要求从而成为检测对象的要素。

(4)单一要素。指仅对其本身给出形状公差要求的要素。

(5)关联要素。指对其他要素有功能关系的要素，即规定位置公差要素。

(6)基准要素。指用来确定被测要素方向或位置的要素。理想基准要素简称基准。

(7)轮廓要素。指零件表面上的线、面。当被测要素或基准要素为轮廓要素时，形位公差代号的指引线箭头或基准代号的连线应指在相应轮廓要素的轮廓线上或轮廓线的引出线上，并明显地与尺寸线错开，如表 6-3 中平行度面对面的标注和解释。

(8)中心要素。指构成零件轮廓的对称中心的点、线、面。如零件的轴线、球心、圆心、两平行平面的中心平面等。当被测要素或基准要素为中心要素时，形位公差代号的指引线箭头或基准代号的连线应与该要素的尺寸线对齐，如图 6-11 中$\phi\ 40_{0}^{+0.1}$孔的同轴度公差的标注。

零件的公差共 14 项，见表 6-1(有关的符号将在各节中介绍)。

表 6-1　形位公差符号(摘自 GB/T1182—1996)

形位公差特征项目符号					其他有关符号			
形状公差		位置公差			名称	符号	名称	符号
直线度	—	定向	平行度	//	最大实体要求	Ⓜ	被测要素标注	直接标注
平面度	▱		垂直度	⊥	最小实体要求	Ⓛ		
圆度	○		倾斜度	∠	延伸公差带	Ⓟ		用字母标注 A
圆柱度	⌭	定位	同轴度	◎	包容要求	Ⓔ		
轮廓度			对称度	⌯	可逆要求	Ⓡ		
线轮廓度	⌒		位置度	⌖	理论正确尺寸	[50]	基准要素标注	Ⓐ
		跳动	圆跳动	↗	全周轮廓	↙○		
面轮廓度	⌓		全跳动	⌰	基准目标	ϕ20/A1		
					自由状态条件	Ⓕ		

二、形状公差和误差

(一)形状公差项目、符号及分类

国标规定，形状公差共有六个项目，各项目的名称、符号及分类见表6-2。

(二)形状公差各项目的含义

形状公差是单一实际被测要素的形状对其理想要素所允许的变动量。形状公差包括直线度、平面度、圆度、圆柱度、线轮廓度及面轮廓度六个项目。

1. 直线度

直线度公差是限制实际线对理想直线变动量的一项指标。直线度公差带的定义及示例见表 6-2。直线度误差就是指实际直线对理想直线的变动量。

2. 平面度

平面度公差是限制实际面对理想平面变动量的一项指标。平面度公差带的定义及示例见表 6-2。平面度误差就是指实际被测平面对理想平面的变动量。

表 6-2　形状公差带定义、标注和解释

名称	公差带定义	标注和解释
直线度	在给定平面内，公差带是距离为公差值 t 的两平行直线之间的区域 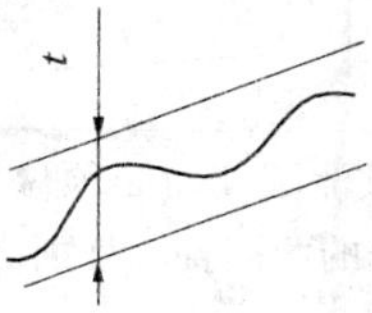	被测表面的素线必须位于平行于图样所示投影面且距离为公差值 0.1mm 的平行直线内 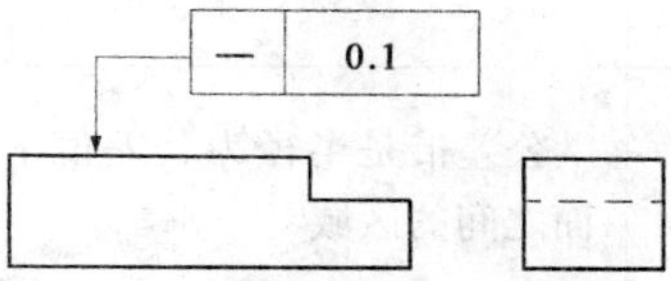
	在给定方向上，公差带是距离为公差值 t 的两平行平面之间的区域 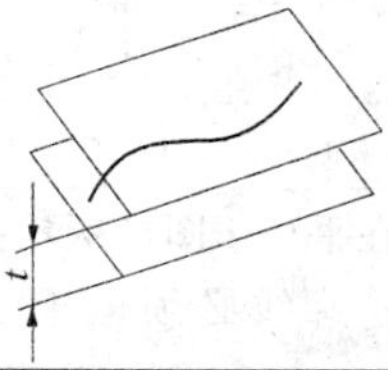	被测圆柱面的一素线必须位于距离为公差值 0.1 mm 的两平行平面之间 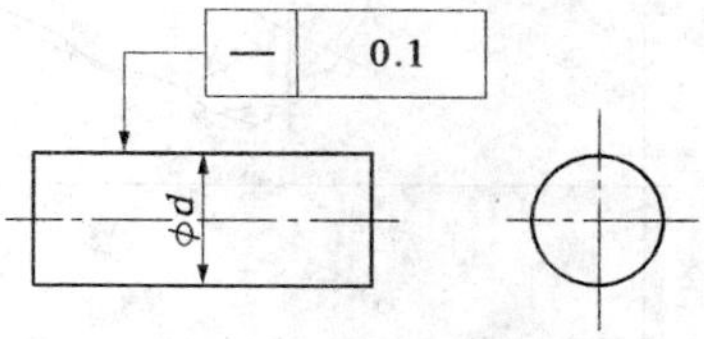
	如在公差值前加注 Ø，则公差带是直径为 t 的圆柱面内的区域 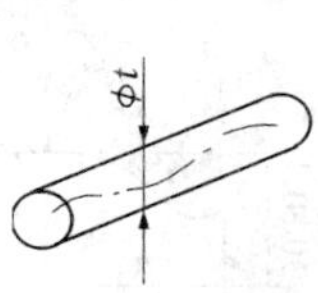	被测圆柱体的轴线必须位于直径为 0.08 mm 的圆柱面内 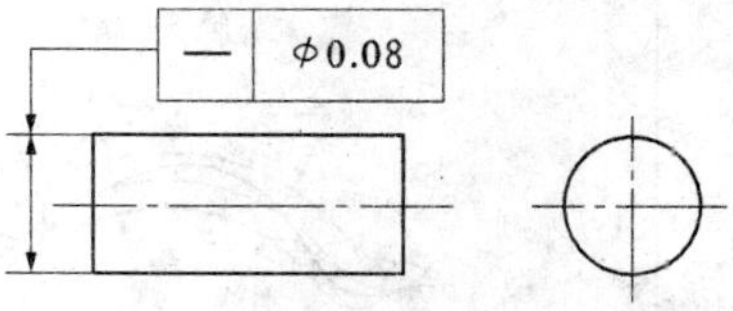
平面度	公差带是距离为公差值 t 的两平行平面之间的区域 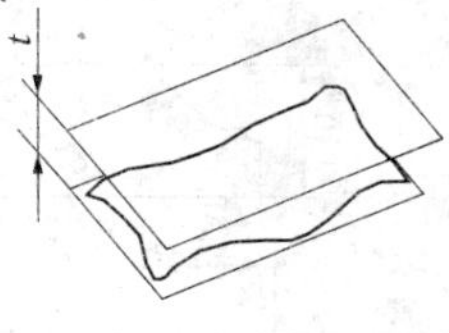	被测表面必须位于距离为公差值 0.06 mm 的两平行平面内 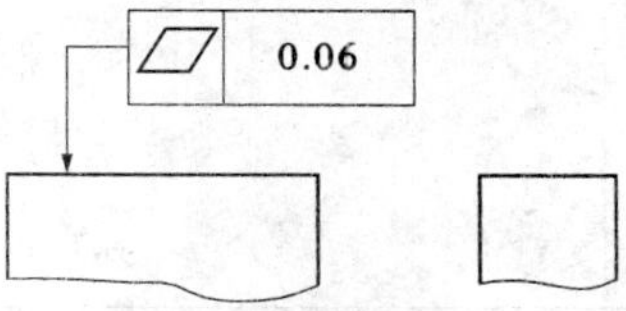

续表 6-2

<table>
<tr><th>名称</th><th>公差带定义</th><th>标注和解释</th></tr>
<tr><td rowspan="2">圆度</td><td rowspan="2">公差带是在同一正截面上，半径差为公差值 t 的两同心圆之间的区域
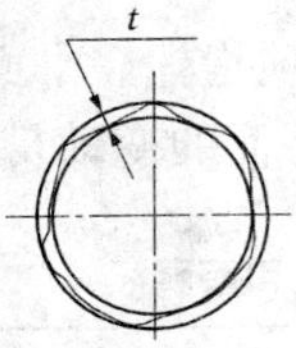
</td><td>被测圆柱面任一正截面的圆周必须位于半径差为公差值 0.02 mm 的两同心圆之间
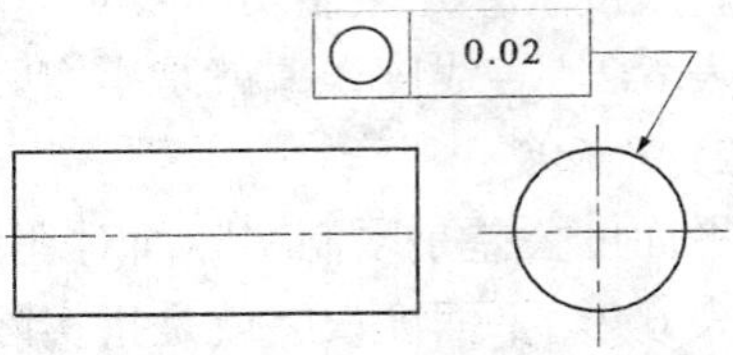
</td></tr>
<tr><td>被测圆锥面任一正截面上的四周必须位于半径差为 0.01 mm 的两同心圆之间
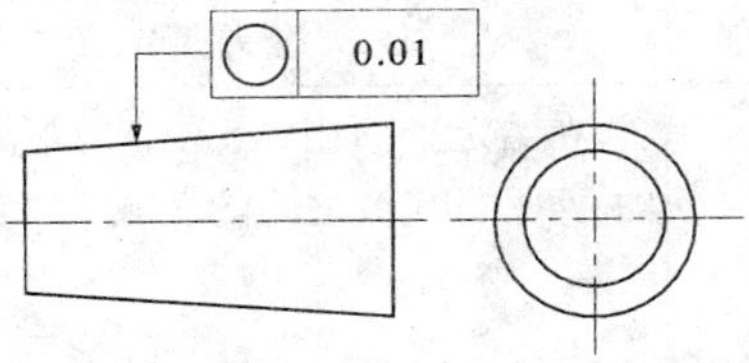
</td></tr>
<tr><td>圆柱度</td><td>公差带是半径为公差值 t 的两同轴圆柱面之间的区域
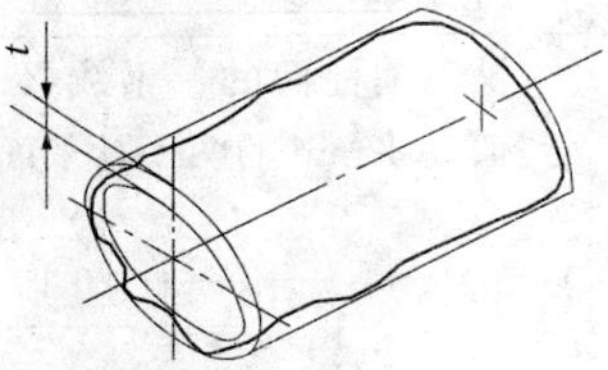
</td><td>被测圆柱面必须位于半径差为公差 0.05 mm 的两同轴圆柱面之间
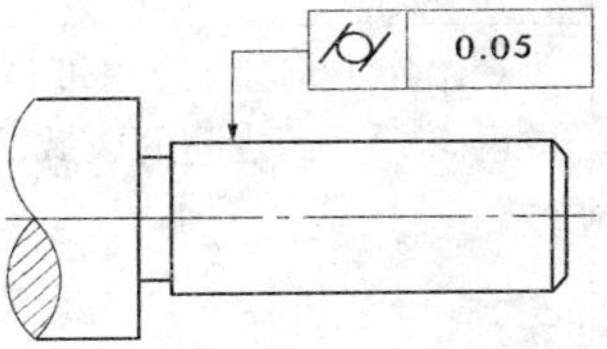
</td></tr>
<tr><td>线轮廓度</td><td>公差带是包络一系列直径为公差值 t 的圆的两包络线之间的区域。诸圆的圆心位于具有理论正确几何形状的线上
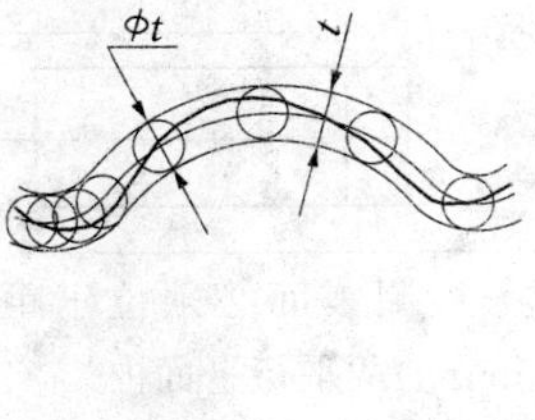
</td><td>在平行于图样所示投影的任一截面上，被测轮廓线必须位于一系列直径为公差值 0.04 mm，且圆心位于具有理论正确几何形状的线上的包络线
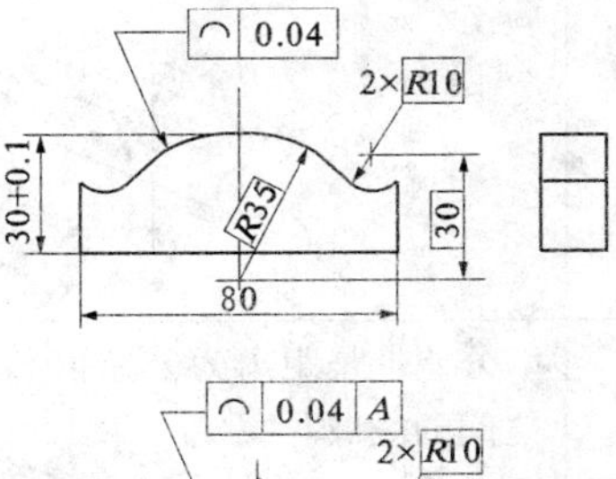

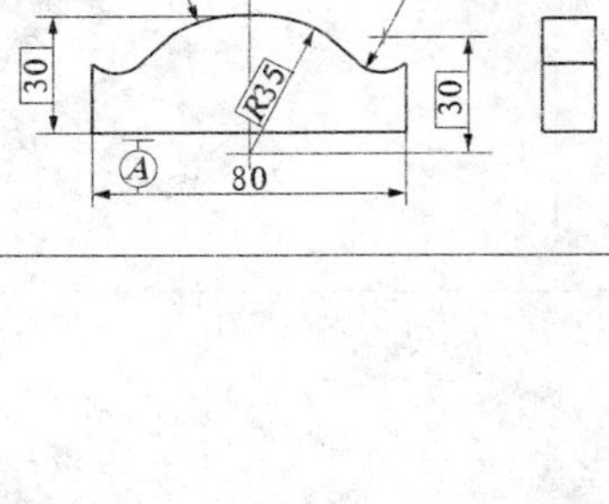
</td></tr>
</table>

续表 6-2

名称	公差带定义	标注和解释
面轮廓度	公差带是包络一系列直径为公差值 t 的球的两包络面之间的区域。诸球的球心位于具有理论正确几何形状的面上 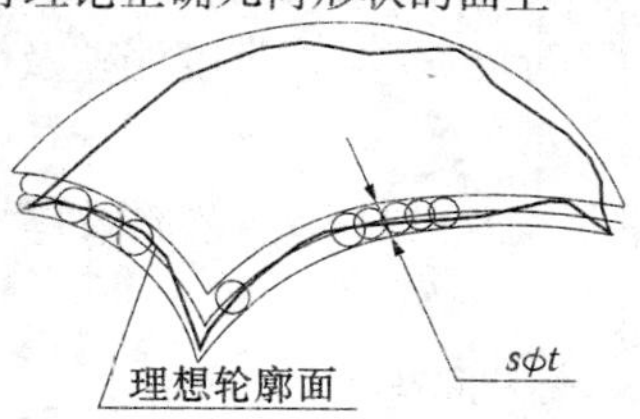 	被测轮廓面必须位于包络一系列球的两包络面之间，诸球的直径为公差值0.02 mm，且球心位于具有理论正确几何形状的面上 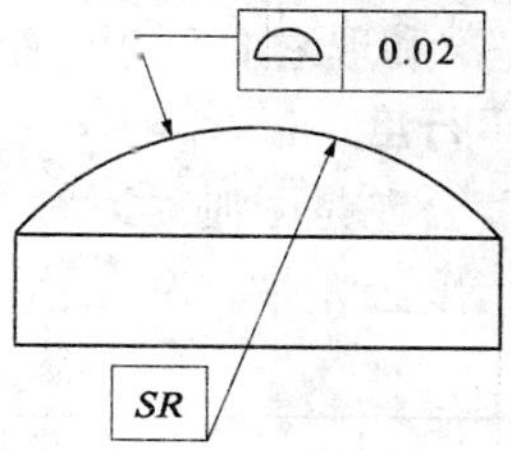

3. 圆度

圆度公差是限制实际圆对理想圆变动量的一项指标。圆度公差带的定义及示例见表 6-2。圆度误差是实际圆对理想圆的变动量。

圆度公差是对横截面为圆要素的控制要求。被测要素可以是圆柱面，也可以是圆锥面或曲面。被测部分可以是整圆，也可以是部分圆。

4. 圆柱度

圆柱度公差是限制实际圆柱面对理想圆柱面变动量的一项指标。圆柱度公差带定义及示例见表 6-2。圆柱度误差是实际圆柱面对理想圆柱面的变动量。

圆柱度公差仅是对圆柱表面的控制要求，它不能用于圆锥表面或其他形状的表面。圆柱度公差同时控制了圆柱体横剖面和轴剖面内各项形状误差，诸如圆度、素线直线度、轴线直线度误差等，因此圆柱度是圆柱面各项形状误差的综合控制指标。

5. 轮廓度公差带的定义及示例

轮廓度公差包括线轮廓度公差和面轮廓度公差。

(1)线轮廓度。线轮廓度公差是对非圆曲线形状误差的控制要求，它是限制实际曲线对理想曲线变动量的一项指标。线轮廓度公差带的定义及示例见表 6-2。

(2)面轮廓度。面轮廓度公差是对任意曲面或锥面形状误差的控制要求，它是限制实际曲面(锥面)对理想曲面(锥面)变动量的一项指标。面轮廓度公差带的定义及示例见表6-2。

轮廓误差是指实际被测轮廓对其理想轮廓的变动量。

线轮廓度和面轮廓度公差如没有对基准的要求，则属形状公差；如有对基准的要求，则属位置公差，其公差带位置应由基准和理论正确尺寸确定。

第二节　位置公差和误差

位置公差是关联实际要素的方向或位置对基准所允许的变动全量。

位置公差包含定向公差、定位公差和跳动公差三类公差项目。

位置公差的检测对象是关联要素，所以位置公差中都有基准要素。

一、定向公差和误差

定向公差包括平行度公差、垂直度公差和倾斜度公差。它是关联实际被测要素对具有确定方向的理想被测要素的允许变动量。理想被测要素的方向由基准和理论正确角度确定。

定向误差是关联实际被测要素对具有确定方向的理想被测要素的变动量，理想被测要素的方向由基准和理论正确角度确定。定向误差分为平行度误差、垂直度误差及倾斜度误差。

（一）平行度

平行度公差是限制实际被测要素对与基准平行（180°）的理想被测要素变动量的一项指标。平行度公差带定义及示例见表 6-3。

表 6-3　定向公差带定义、标注和解释

名称		公差带定义	标注和解释
平行度	面对面	公差带是距离为公差值 t，且平行于基准面的两平行平面之间的区域 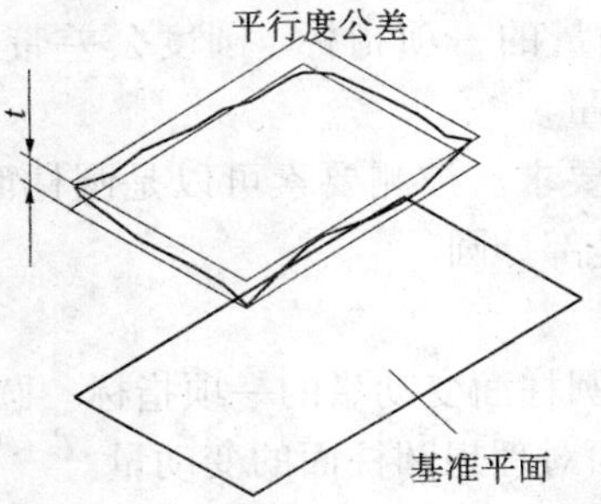	被测表面必须位于距离为公差值 0.05 mm，且平行于基准表面 A（基准平面）的两平行平面之间 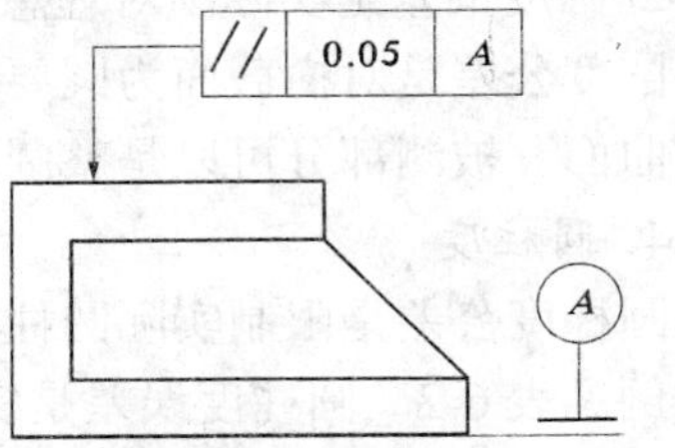
	线对面	公差带是距离为公差值 t，且平行于基准平面的两平行平面之间的区域 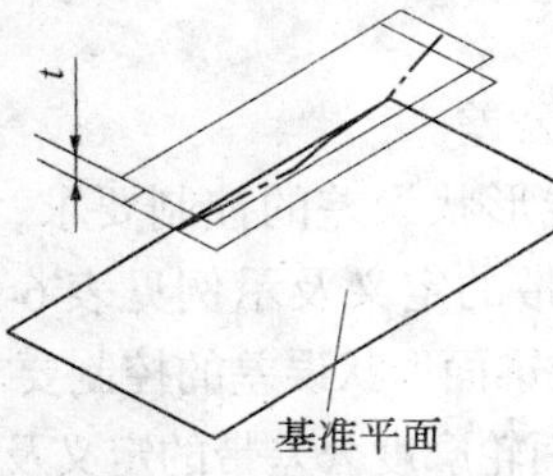	被测轴线必须位于距离为公差值 0.03 mm，且平行于基准表面 A（基准平面）的两平行平面之间 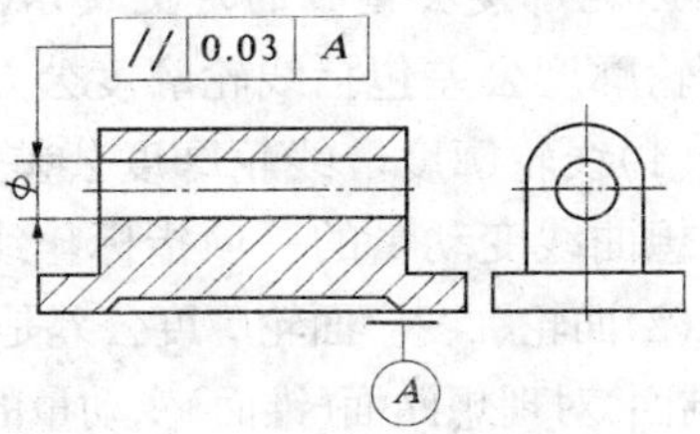
	面对线	公差带是距离为公差值 t，且平行于基准轴线的两平行平面之间的区域 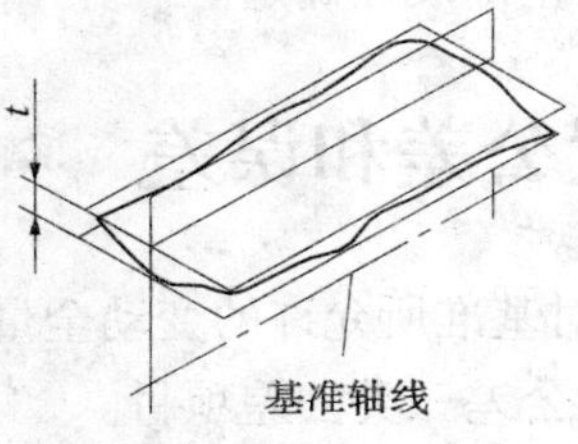	被测表面必须位于距离为公差值 0.05 mm，且平行于基准线 A（基准轴线）的两平行平面之间 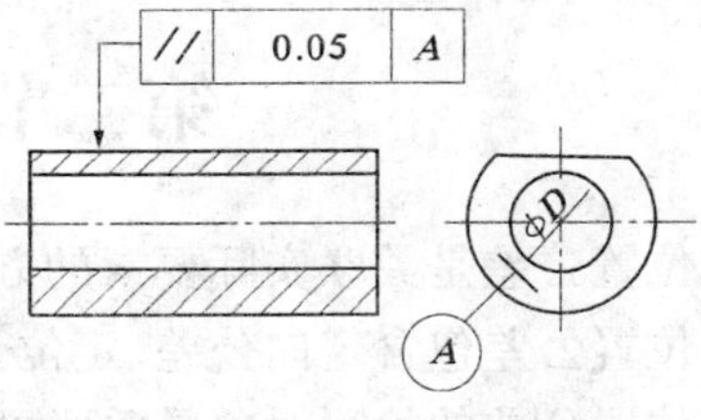

续表 6-3

名称		公差带定义	标注和解释
平行度	线对线	公差带是距离为公差值 t，且平行于基准线，并位于给定方向上的两平行平面之间的区域 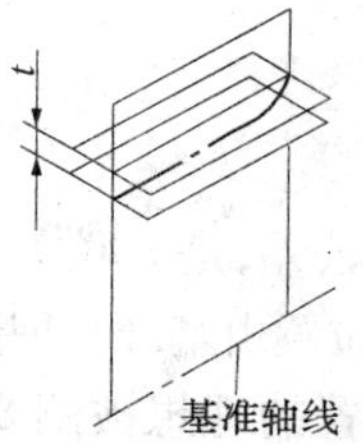	被测轴线必须位于距离为公差值 0.1 mm，在绐定方向平行于基准轴线两平行平面之间 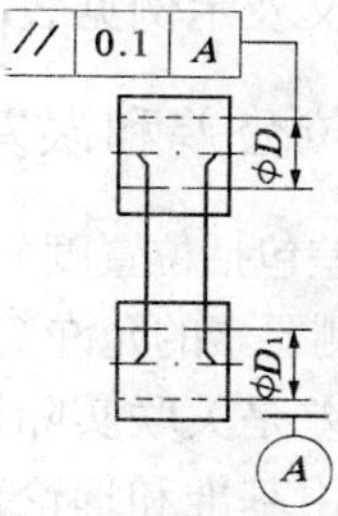
平行度	线对线	如在公差值前加注 Ø，公差带是直径为公差值 t，且平行于基准线的圆柱面内的区域 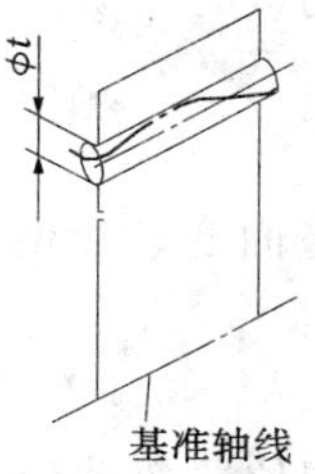	被测轴线必须位于直径为公差值 0.1 mm，且平行于基准轴线的圆柱面内 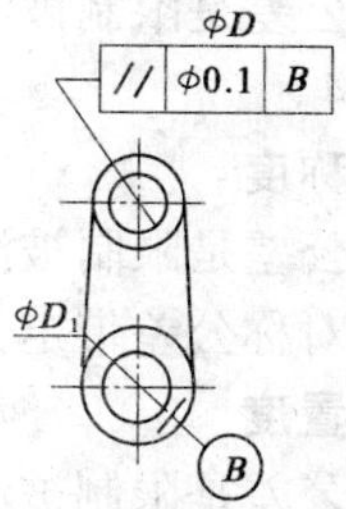
垂直度	面对面	公差带是距离为公差值 t，且垂直于基准平面的两平行平面之间的区域 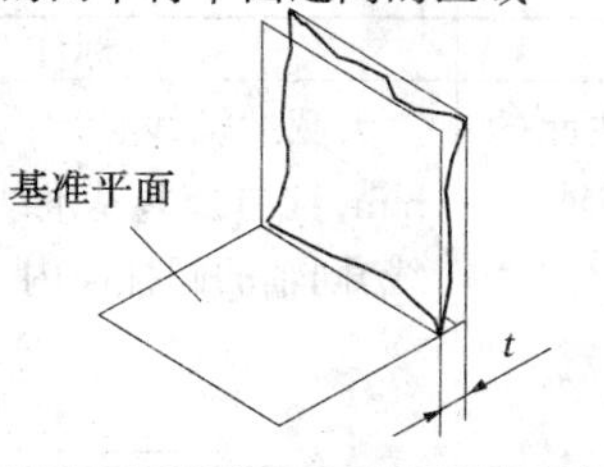	被测面必须位于距离为公差值0.05 mm，且垂直于基准平面 C 的两平行平面之间 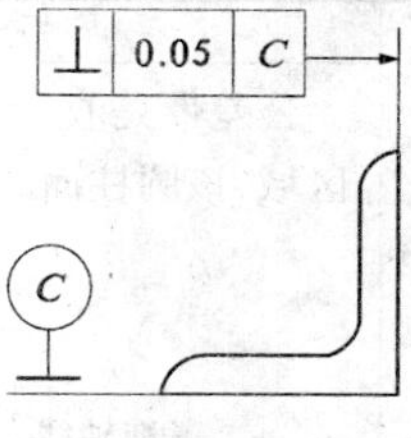
倾斜度	面对线	公差带是距离为公差值 t，且与基准线成一给定角度 α 的两平行平面之间的区域 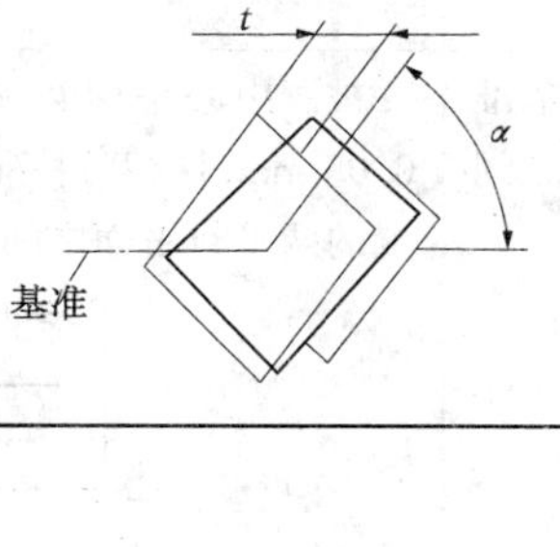	距离为公差值 0.1 mm，且与基准线 D 成理论正确角度 75°的两平行平面之间 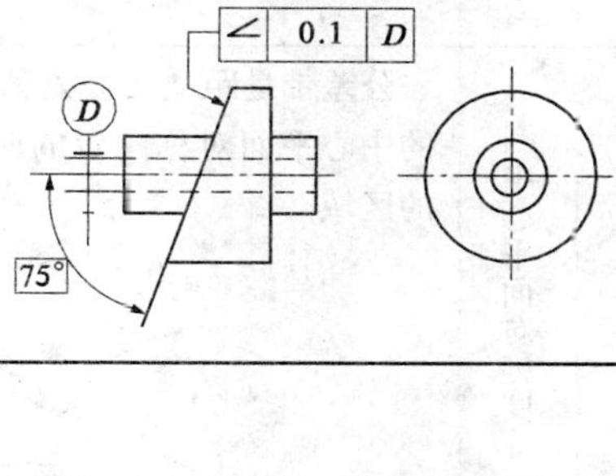

(二)垂直度

垂直度公差是限制实际被测要素对与基准垂直(90°)的理想被测要素的变动量的一

项指标。垂直度公差带定义及示例见表 6-3。

(三)倾斜度

倾斜度公差是限制实际被测要素对与基准呈任意给定角度(0°、90°、180°除外)理想被测要素变动量的一项指标。被测要素与基准的倾斜角度必须用理论正确角度表示。倾斜度公差带定义及示例见表 6-3。

二、定位公差和误差

定位公差包括位置度公差、同轴度公差、对称度公差,是关联实际被测要素对具有确定位置的理想被测要素的允许变动量。理想被测要素的位置由基准和理论正确尺寸确定。

定位误差是关联实际被测要素对具有确定位置的理想被测要素的变动量。理想被测要素的位置由基准和理论正确尺寸确定。与定位公差相对应有位置度误差、同轴度误差、对称度误差。

(一)同轴度

同轴度公差是限制被测轴线偏离基准轴线变动量的一项指标。同轴度公差带定义及示例见表 6-4。

(二)对称度

对称度公差是限制被测线、面偏离基准直线、平面变动量的一项指标,它通常用于中心要素上。对称公差带定义及示例见表 6-4。

(三)位置度

位置度公差是限制被测要素实际位置对其理想位置变动量的一项指标。位置度公差带定义及示例见表 6-4。

表 6-4　定位公差带定义、标注和解释

名称		公差带定义	标注和解释
同轴度	轴线的同轴度	公差带是直径为公差值 t 的圆柱面的区域,该圆柱面的轴线与基准轴线同轴 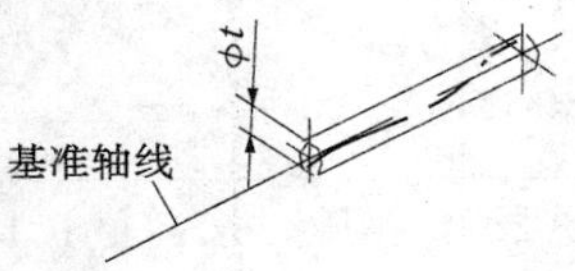 	大圆的轴线必须位于直径为公差值 0.1 mm,且与公共基准线 $A—B$(公共基准轴线)同轴的圆柱面内 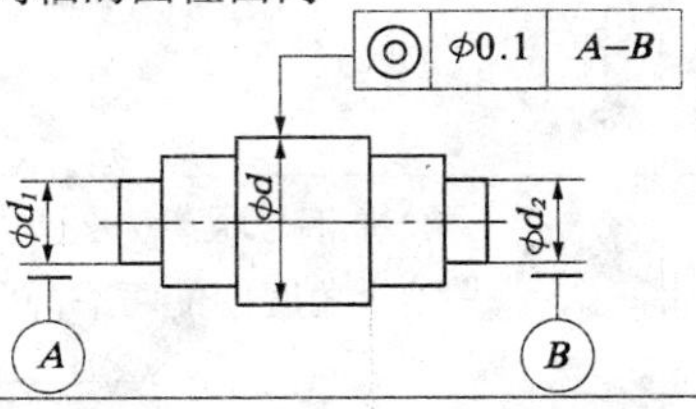
对称度	中心平面对称度	公差带是距离为公差值 t,且相对基准的中心平面对称配置的两平行平面之间的区域 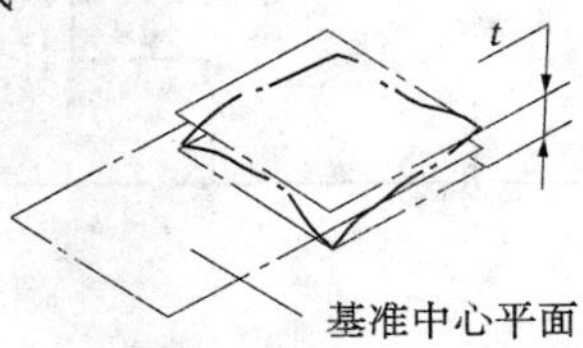 	被测中心平面必须位于距离为公差值 0.08 mm,且相对基准中心平面 A 对称配置的两平行平面之间 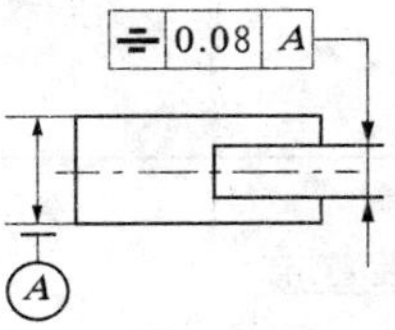

续表 6-4

名称		公差带定义	标注和解释
位置度	点的位置度	如公差值前加注 $S\varnothing$，公差带是直径为公差值 t 的球内的区域，球的公差带的中心点的位置，由相对于基准 A 和 B 的理论正确尺寸确定 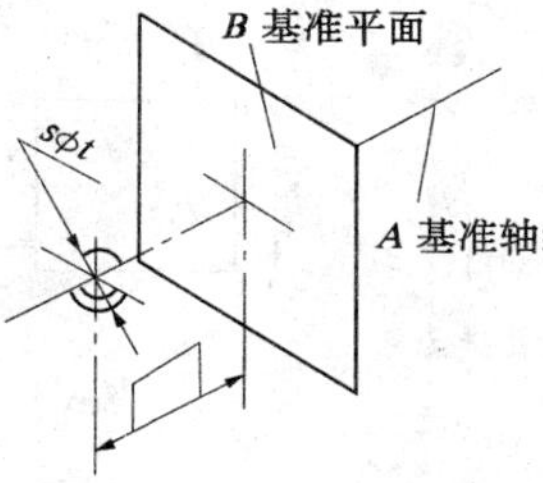	被测球的球心必须位于直径为公差值 0.08 mm的球内，该球的球心位于相对基准 A 和 B 所确定的理论位置上 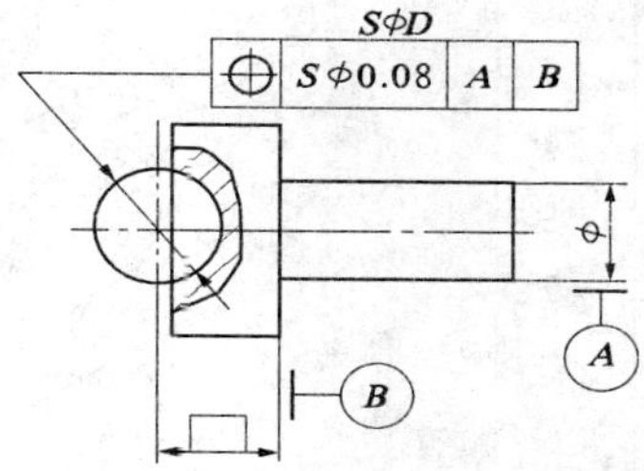
	线的位置度	如在公差值前加注 $\varnothing$，则公差带是直径为 t 的圆柱面内的区域，公差带的轴线的位置由相对于三基面体系的理论正确尺寸确定 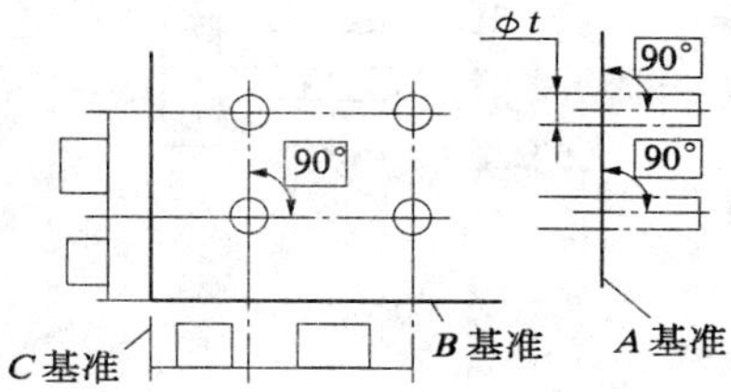	每个被测轴线必须位于直径为公差值 0.1 mm，且以相对于 A、B、C 基准表面（基准平面）所确定的理想位置为轴线的圆柱内，每个被测线必须位于直径为公差值0.1 mm，且以理想位置为轴线的圆柱内 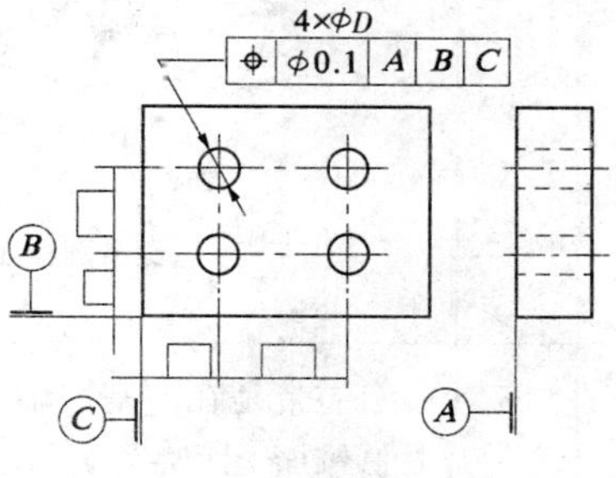

三、跳动公差的公差带和最大跳动量

跳动公差是针对特定的检测方式而定义的公差项目。它是指被测要素绕基准轴线回转过程中所允许的最大跳动量，也就是指示器在给定方向上指示的最大读数与最小读数之差的允许值。跳动公差包括圆跳动和全跳动。跳动公差带定义及示例见表 6-5。

（一）圆跳动

圆跳动公差是被测要素的某一个固定参考点围绕基准轴线旋转一周时（零件和测量仪器间无轴向位移）允许的最大变动量。圆跳动公差分为径向圆跳动、端面圆跳动和斜向圆跳动。圆跳动公差适用于各个不同的测量位置。公差带定义及示例见表 6-5。

表 6-5　跳动公差

名称		公差带定义	标注及解释
圆跳动	径向圆跳动	公差带是在垂直于基准轴线的任一测量平面内半径差为公差值 t，且圆心在基准轴线上的两个同心圆之间的区域 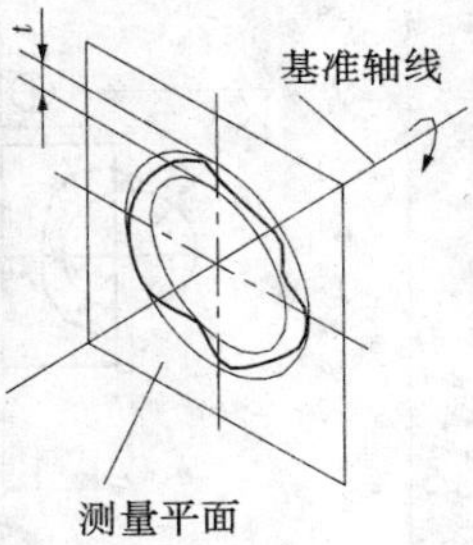	当被测要素围绕基准线 A（基准轴线）作无轴向移动旋转一周时，在任一测量平面内的径向圆跳动量均不得大于0.05 mm 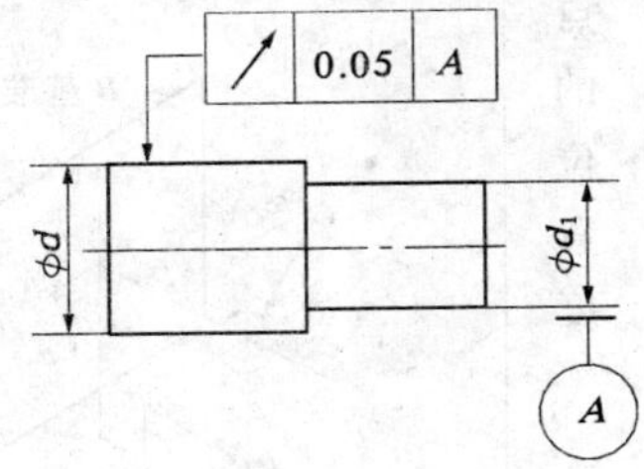
	端面圆跳动	公差带是在与基准同轴的任一半径位置的测量圆柱面上距离为 t 的圆柱面区域 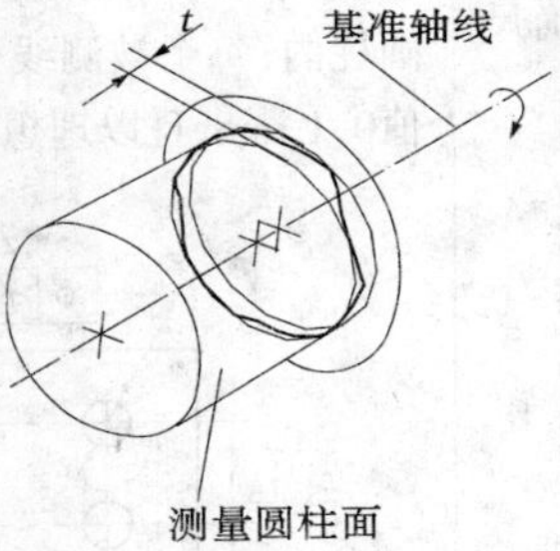	被测面绕基准线 A（基准轴线）作无轴向移动旋转一周时，在任一测量圆柱面内的轴向跳动量均不得大于0.05 mm 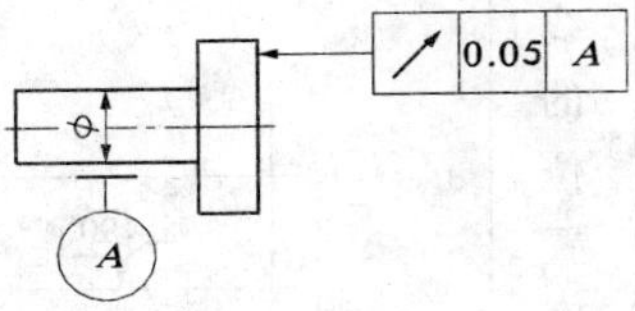
	斜向圆跳动	公差带是在与基准轴线同轴的任一测量圆锥面上距离为 t 的两圆之间的区域。除另有规定，其测量方向应与被测面垂直 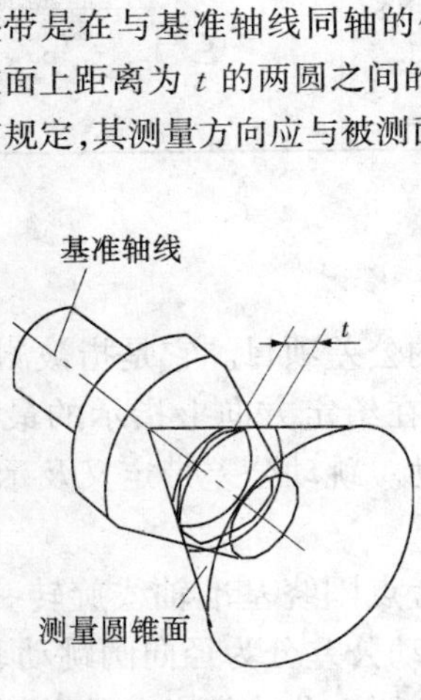	被测面绕基准线 A（基准轴线）作无轴向移动旋转一周时，在任一测量圆锥面上的跳动量均不得大于 0.05 mm 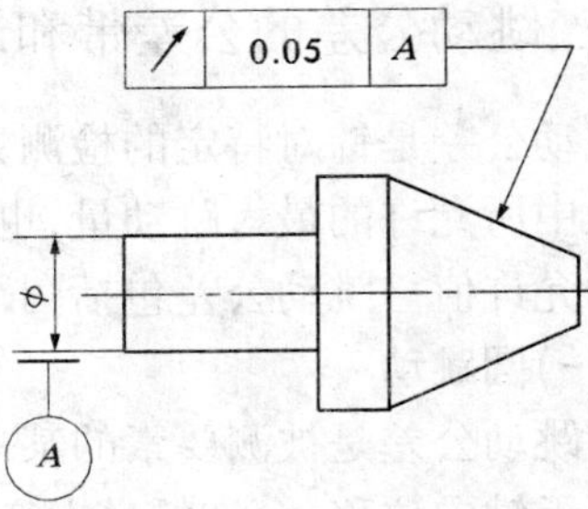

续表 6-5

名称		公差带定义	标注及解释
全跳动	径向全跳动	公差带是半径为公差值 t，且与基准同轴的两圆柱面之间的区域 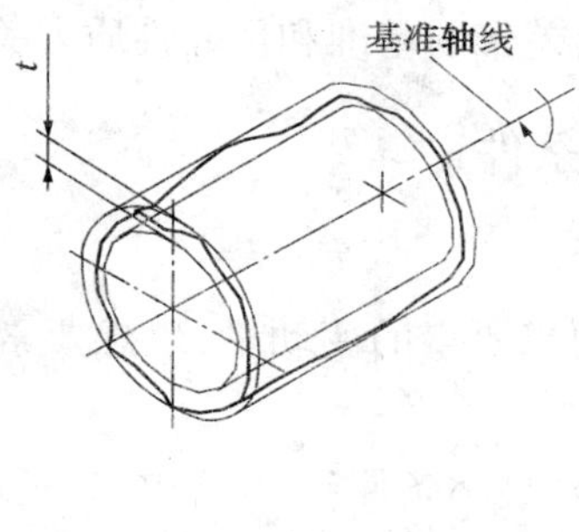	被测要素围绕基准线 $A—B$ 作若干次旋转，并在测量仪器与工件间同时作轴向移动，此时在被测要素上各点间的示值差均不得大于 0.2 mm，测量仪器或工件必须沿着基准轴线方向并相对于公共基准轴线 $A—B$ 移动 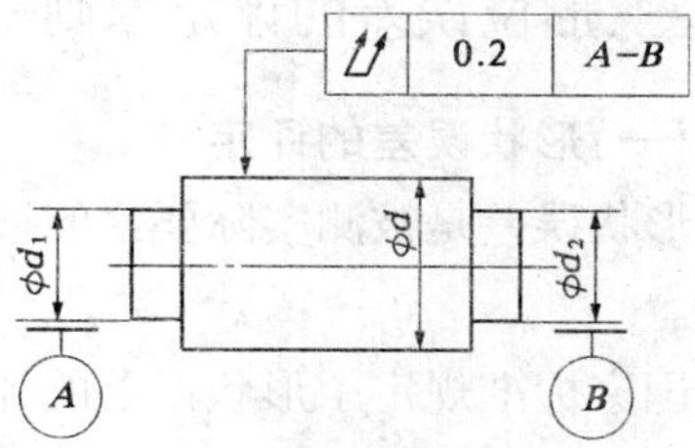
	端面全跳动	公差带是距离为公差值 t，且与基准垂直的两平行平面之间的区域 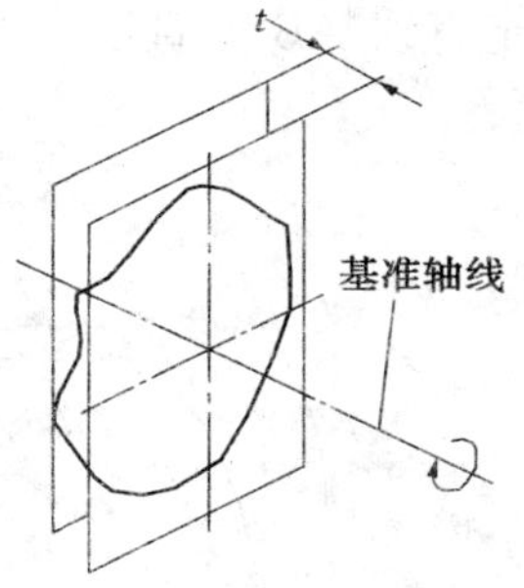	被测要素绕基准轴线 A 作若干次旋转，并在测量仪器与工件间作径向移动，此时，在被测要素上各点间的示值差不得大于 0.05 mm，测量仪器或工件必须沿着轮廓具有正确形状的线和相对于基准轴线 A 的正确方向移动 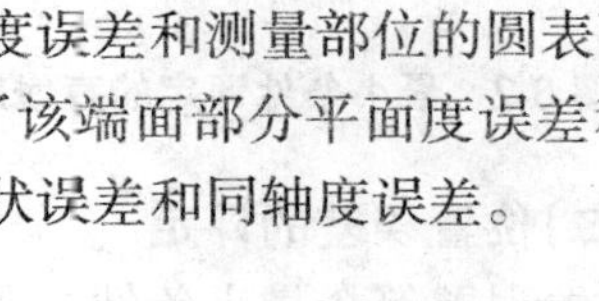

径向圆跳动反映了该圆柱面轴线对基准轴线的同轴度误差和测量部位的圆表面的形状误差，但不能反映轴线直线度误差。端面圆跳动反映了该端面部分平面度误差和垂直度误差。斜向圆跳动反映了该非圆柱回转表面的部分形状误差和同轴度误差。

(二)全跳动

全跳动公差是被测要素上各点围绕基准轴线旋转时允许的最大变动量。全跳动公差分为径向全跳动和端面全跳动。公差带定义及示例见表 6-5。

径向全跳动公差是综合性最强的指标之一，它可同时控制该圆柱面上的形状误差(圆度、圆柱度、素线和轴线直线度)和同轴度误差。端面全跳动公差也是综合性最强的指标之一。它可同时全面地控制该端面上的形状误差(平面度)和垂直度误差。

对于一个被测要素的跳动值，应在多个有代表性的不同位置进行测量，并取其最大值进行评定。

总之，形位公差带和尺寸公差带一样有上下限。影响形位公差带的有四个因素：形状、大小、方向、位置。公差带的形状有：由两平行直线组成的区域，两平行平面组成的区域，两同轴圆柱面之间的区域，两同心圆之间的区域，一个球内的区域，一个圆柱面内的区域，两等距曲线之间的区域，两等距曲面之间的区域等。公差带的大小：是由给定的公差值决定，它确定了公差带形状的区域大小。公差带的方向：对于形状公差其放置方向应符合最小条件；对于位置公差其放置方向由被测要素和基准的几何关系来确定。公差带的位置：形状公差与实际尺寸大小无关；位置公差带与基准和尺寸性质有关。

三、形位误差的评定原则——最小条件

（一）形状误差的评定

形状误差是被测实际要素的形状对其理想要素的变动量，理想要素的位置符合最小条件。

国家标准规定了形状误差的评定应符合“最小条件”。

所谓最小条件是：被测实际要素对其理想要素的最大变动量为最小。最小条件要求既要包含整个被测要素，又要使包容区域的宽度或直径为最小。相对实际要素的位置不同，得到的形状误差值也不同，用最小条件来评定误差结果是唯一的，误差值也是最小的。

图 6-2 所示 $h_3>h_2>h_1$ 为用最小条件评定直线 AB 的直线度误差应为 h_1。图 6-3 所示为用最小条件评定圆的圆度误差应为 Δ_{r2}。

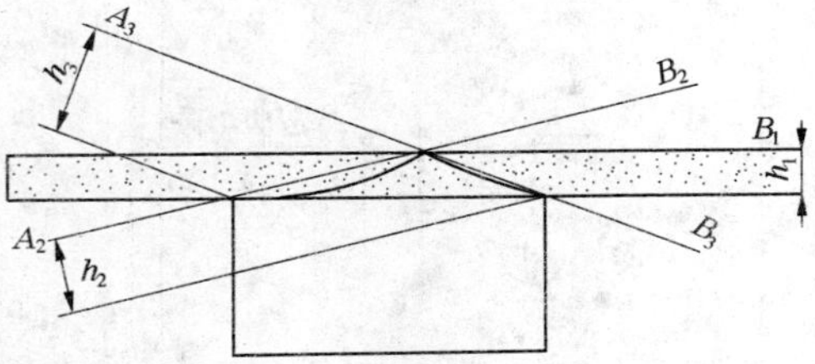

图 6-2　最小条件评定的直线度误差

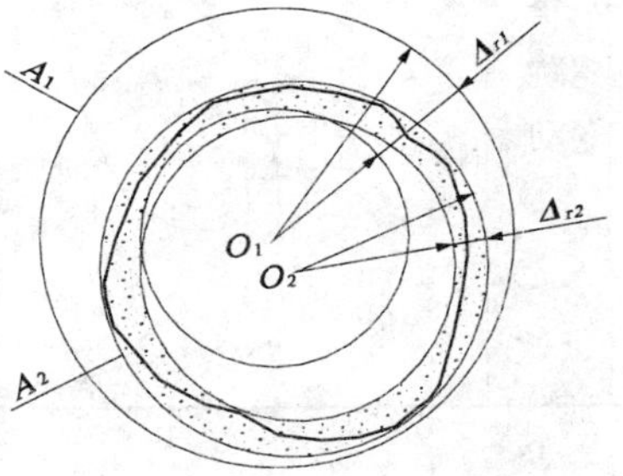

图 6-3　最小条件评定的圆度误差

（二）位置误差的评定

位置误差符合最小条件主要有两个方面：

其一，基准应符合最小条件。因为被测要素的误差值都是相对于基准测量出来的，而实际测量中基准的实际要素也是有形状误差的。所以，基准建立和体现应以该基准实际要素的理想要素为基准，而理想要素应以最小条件来建立。通常用平台来模拟基准平面，见图 6-4，图中的最小摆动即是最小条件；还有用心轴的轴线来模拟孔的基准轴线的。

其二，按设计要求与基准成一定的几何关系（平行、垂直、同轴、对称等）的理想被测要素应符合最小条件，即形成最小包容区域，见图 6-5。

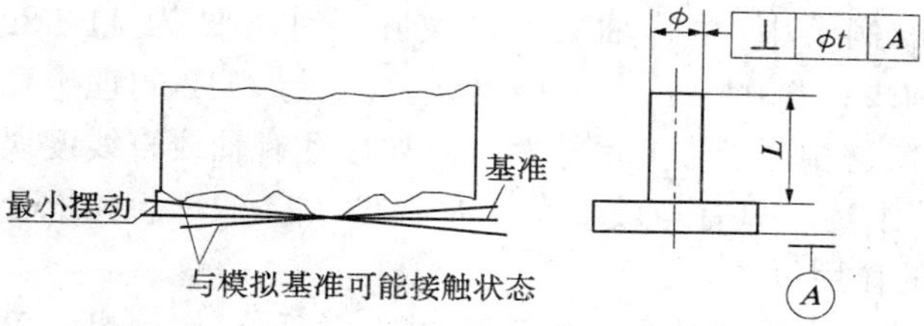

图 6-4　用平台模拟基准平面

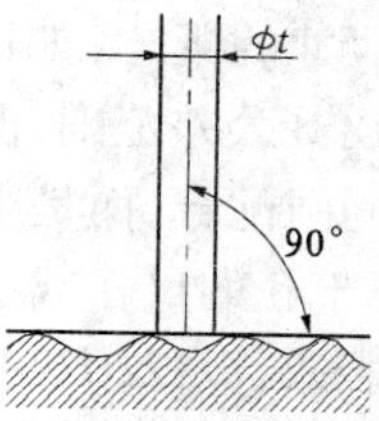

图 6-5　最小包容区域

第三节　形位公差与尺寸公差的关系

零件的尺寸误差和形位误差总是同时存在的，在不同场合，它们以不同的方式对零件的使用性能产生影响。因此，为了准确表达设计要求和正确判断零件合格与否，就必须进一步明确尺寸公差和形位公差的内在联系和相互关系，公差原则就是处理尺寸公差与形位公差关系的一个理论依据，明确规定了尺寸公差和形位公差的职能，对产品设计、保证产品质量、进行正常的生产极为重要。下面按《公差原则》（GB/T16671—96）分析独立原则与相关要求。

一、独立原则

独立原则是指图样上给出的尺寸公差与形位公差各自独立，彼此无关，分别满足要求的公差原则。

在图样标注中，凡是对给出的尺寸公差和形位公差未用特定的关系符号或文字说明它们有联系者，就表示遵守独立原则。未注的尺寸公差和形位公差，也应理解为遵守独立原则。由于大多数要素的尺寸公差和形位公差都遵守独立原则，所以该原则是基本公差原则。

例如印刷机械中，印染机械的滚筒（见图 6-6），主要控制其圆柱度误差，以保证印刷或印染时接触均匀，使图文或花样清晰，而圆柱体直径 d 的大小对印刷或印染品质并无影响。此时应采用独立原则，使圆柱度公差较严而尺寸公差较宽。如果以把尺寸公差规定较小来保证圆柱度要求（即用尺寸公差来控制形状误差），这显然是不经济的。说明零件功能要求只与尺寸或形位公差其中的一项有关，需采用独立原则。

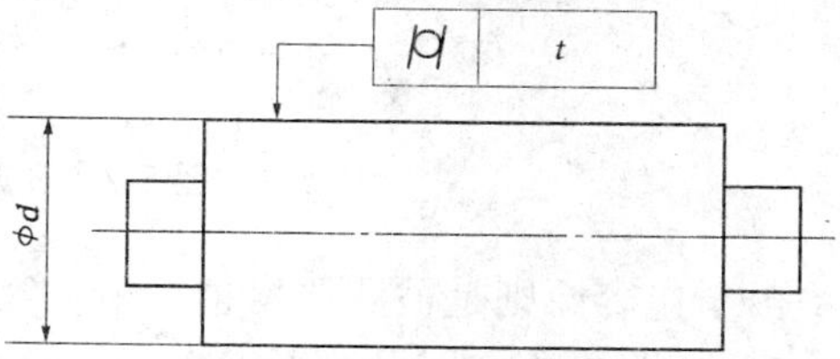

图 6-6　印染机械滚筒

二、相关原则

相关原则是图样上给定的尺寸公差和形位公差联系起来，用理想边界控制实际要素作用尺寸的公差原则。按照所给定的理想边界不同，相关原则又分为包容原则、最大实体原则、最小实体原则和可逆原则。

作用尺寸的概念:如图 6-1 所示的例子中,尽管轴的局部实际尺寸处处为 11.982 mm,未超出其公差范围,但由于它的轴线有 0.04 mm 的直线度误差,它与 Ø12 的理想孔不能组成间隙配合,而是组成过盈配合(这相当于轴的尺寸增加。如果孔有轴线直线度误差,则相当于孔的尺寸减小)。事实上,上述轴只有与最小尺寸为 Ø12.022 的理想孔配合才能自由装入,Ø12.022 就是该小轴的作用尺寸。

作用尺寸是实际尺寸和形位误差综合作用的结果。根据不同功能要求,作用尺寸可分为体外作用尺寸和体内作用尺寸。

(一)包容原则

包容原则是指被测要素的实际轮廓应遵守其最大实体边界的一种原则。其局部实际尺寸应不超出最大极限尺寸和最小极限尺寸。它适用于由圆柱面或两平行平面组成的单一要素。在其线性尺寸的极限偏差或公差代号后加注符号Ⓔ。

最大实体边界是最大实体尺寸组成的边界。所谓最大实体尺寸(MMS)是指实际要素在尺寸公差范围内具有材料量最多状态下的尺寸。对于内表面(孔、槽等),其尺寸越小具有材料量越多,最大实体尺寸等于最小极限尺寸,即 $D_M = D_{min}$;对于外表面(轴、凸台等),尺寸越大具有材料量越多,最大实体尺寸等于最大极限尺寸,即 $d_M = d_{max}$。

与其相反的有最小实体尺寸(LMS),即是指实际要素在尺寸公差范围内具有材料量最少状态下的尺寸。对于内表面,$D_L = D_{max}$;对于外表面,$d_L = d_{min}$。

如图 6-7 所示为包容原则应用于单一要素。图 6-7(a)为 Ø25 孔采用包容原则,为该孔的最大实体边界,其尺寸为 Ø24.979。

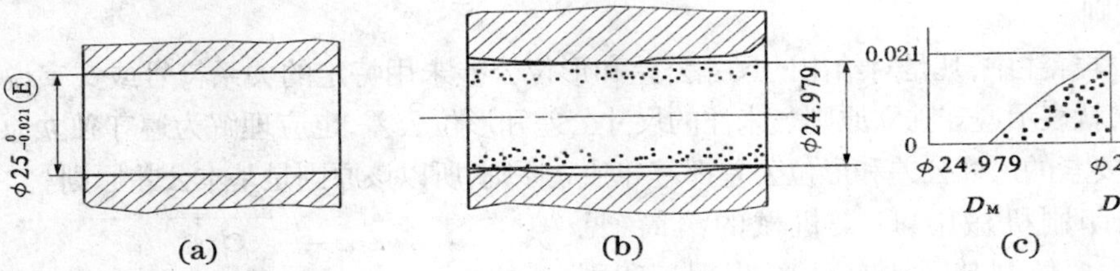

图 6-7　孔遵守包容原则实例

由于包容原则是被测要素遵守最大实体边界,即被测要素的作用尺寸不得超越最大实体尺寸,即孔的作用尺寸不得小于其最小极限尺寸 Ø24.979。被测要素的局部实际尺寸不得超越最小实体尺寸,即孔的局部实际尺寸不得大于最大极限尺寸 Ø25。

图 6-7(c)中为动态公差带,说明孔的形状公差是随其局部实际尺寸的变化而变化的:当孔的局部实际尺寸处处皆为最大实体尺寸 Ø24.979 时,其轴线直线度误差必须为零;当孔的局部实际尺寸大于 Ø24.979 时,允许孔的轴线有一定的弯曲;当孔的局部实际尺寸为其最小实体尺寸 Ø25 时,允许孔的轴线直线度误差达到孔的尺寸公差值 0.021 mm。

按包容原则标注的单一被测要素,用光滑极限量规按泰勒原则检验。所谓泰勒原则,是要求被测要素的作用尺寸不允许超过最大实体尺寸,而局部实际尺寸不允许超过最小实体尺寸。遵守包容要求的关联要素,用通用量具和位置量具分别检验局部实际尺寸是否在极限尺寸范围内和关联作用尺寸是否超过最大实体尺寸。

包容原则主要用于有配合要求的场合。单一要素的包容原则主要用于保证配合性质,特别是要求精密配合的场合,用最大实体边界来控制零件的尺寸和形状误差的综合结果,以保证配合要求的最小间隙 X_{min} 或最大过盈 Y_{max}。

(二)最大实体原则

实效状态(VC)和实效尺寸(VS)。

1. 最大实体实效状态(MMVC)

最大实体实效状态是指在给定长度上,实际要素处于最大实体状态,且其中心要素的形状或位置误差等于给出公差值时的综合极限状态。

2. 最大实体实效尺寸(MMVS)

最大实体实效尺寸是指最大实体实效状态下的体外作用尺寸。是指由被测要素的最大实体尺寸和给定形位公差形成的极限边界。

对内表面:最大实体实效尺寸 D_{MV} = 最小极限尺寸 − 加注Ⓜ的形状公差值。

对外表面:最大实体实效尺寸 d_{MV} = 最大极限尺寸 + 加注Ⓜ的位置公差值。

最大实体原则是指被测要素的实际轮廓应遵守其最大实体实效边界,当局部实际尺寸从最大实体尺寸向最小实体尺寸方向偏离时,允许被测要素的形位误差值超出在最大实体状态下给出的公差值。图样上形位公差值是在被测要素处于最大实体状态时给出的。被测要素采用最大实体原则时,要在形位公差数值后加注符号Ⓜ。

图 6-8 所示为最大实体原则应用于关联要素。Ø15 轴的轴线采用最大实体原则相应的实效边界,该边界要求 Ø15 轴的关联作用尺寸不得大于实效尺寸 d_{MV} = 15.091 mm。

图 6-8(c)为 Ø15 轴的轴线相对于基准 A 的垂直度公差的变化规律。当轴处于最大实体状态即尺寸为 Ø15.011 时,允许轴的垂直度为 0.08;当轴处于最小实体状态(尺寸为 Ø15)时,允许其轴线的垂直度误差达到 0.091,即尺寸公差全部补偿为形位公差。形位公差是随实际尺寸的变化而变化的。

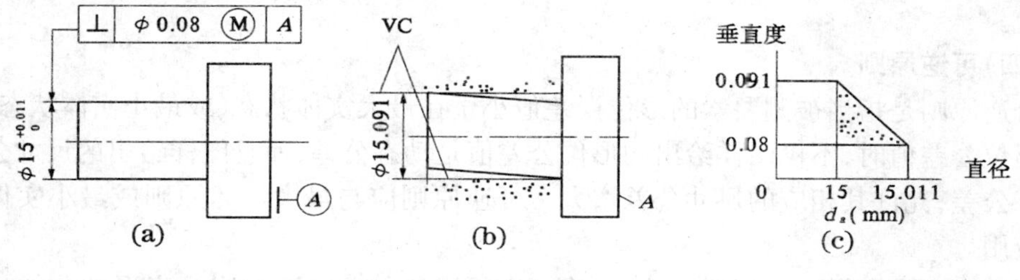

图 6-8 最大实体要求示例

3. 最大实体原则的应用

最大实体原则多应用于位置度公差。对于只要求装配互换或旋转灵活性的要素,一般可采用最大实体原则。必须注意,当被测要素为成组要素时,基准要素偏离最大实体状态,只能允许成组要素的几何图框随基准的浮动而浮动,而不能补偿各被测要素的位置公差。例如图 6-9 所示部件中的轴承盖的四个 Ø11H12 通孔,只要求螺钉能够自由穿过而拧入箱体的螺孔中来保证装配互换,可以采用最大实体要求。又如矩形花键联结中,为便于用综合量规检验，也采用最大实体原则来保证配合性质，如图 6-10 所示。

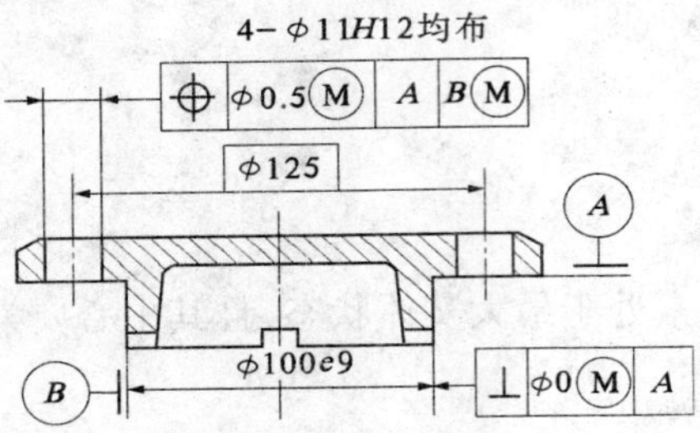

图 6-9　轴承盖

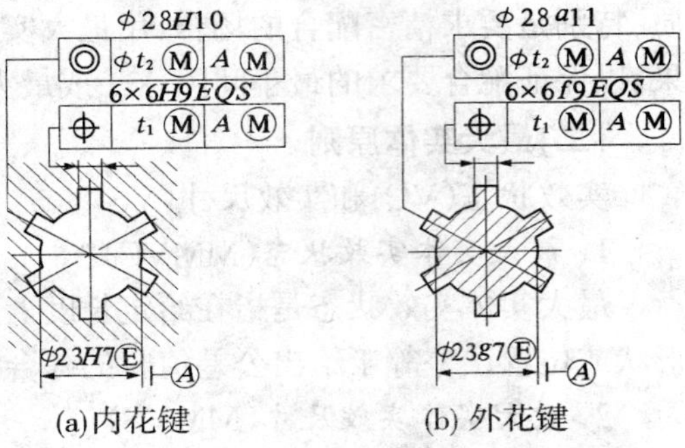

图 6-10　内、外花键遵守最大实体原则示例

(三)最小实体原则

最小实体原则是指被测要素的实际轮廓应遵守其最小实体实效边界，当局部实际尺寸从最小实体尺寸向最大实体尺寸方向偏离时，允许被测要素的形位公差值超出在最小实体状态下给出的公差值。应用最小实体原则标注在公差框格内符号为Ⓛ，如图 6-11 所示。

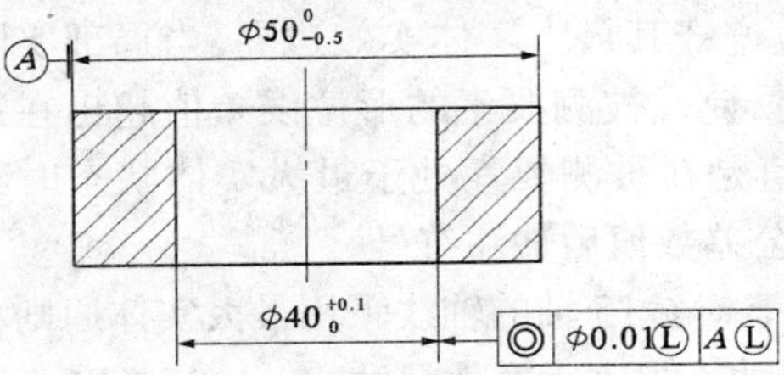

图 6-11　最小实体原则示例

最小实体实效尺寸(LMVS)指最小实体实效状态下的体内作用尺寸。

对内表面：最小实体实效尺寸 D_{LV} = 最大极限尺寸 + 加注Ⓛ的形状公差值。

对外表面：最小实体实效尺寸 d_{LV} = 最小极限尺寸 − 加注Ⓛ的形状公差值。

最小实体原则主要应用于涉及最小壁厚或限制表面对中心平面的最大距离的功能要求场合。

(四)可逆原则

可逆原则是指当被测要素的形位误差值小于在最大实体状态(或最小实体状态)下给出的形位公差值时，不仅图样给出的形位公差值是动态公差，而且图样给出的尺寸公差也是动态公差，允许其相应的尺寸公差增大。可逆原则应与最大实体原则或最小实体原则一起应用。

可逆原则在图样上的标注方法是，将可逆原则符号Ⓡ置于被测要素形位公差框格公差值之后的符号Ⓜ(或Ⓛ)的后面。如公差框格内加注双重符号ⓂⓇ表示可逆原则用于最大实体原则，如图 6-12 所示。

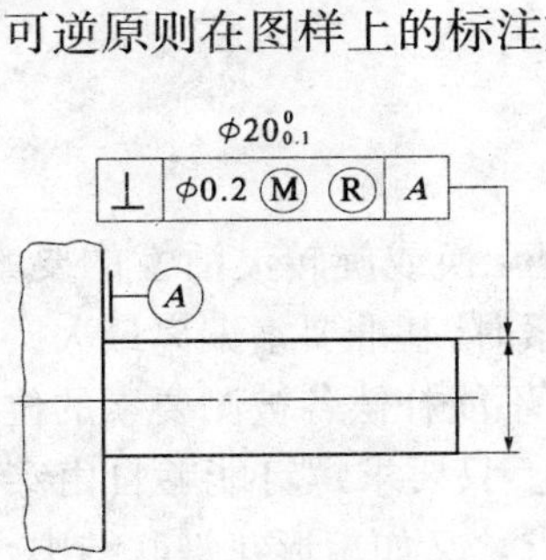

图 6-12　可逆原则示例

三、形位公差值的选择

形位精度的高低用公差等级数字来表示，一般分为 12 级。1～12 级，数愈大，精度愈低，其中对圆度、圆柱度公差增加了 0 级，以适应精密零件的要求。见附表 6-1～

附表 6-4。此外还规定了未注公差 H、K、L 三个等级。国标为 GB/T1184—1996。

选择形位公差的基本原则与选择尺寸公差相似，即在满足零件功能的前提下，兼顾经济性和测试条件，尽量选用较低的公差等级。

(1)根据零件功能要求，并考虑加工的经济性和零件的结构，刚性等按公差表数系要求选择公差值并注意：同一要素的形状公差值应小于位置公差值，而尺寸公差值应小于位置公差值。

(2)对于下列情况，考虑加工的难易程度和主参数外其他参数的影响，在满足零件功能的要求下适当降低 1～2 等级选用：①孔相对于轴；②细长比较大的轴或孔；③距离较大的孔和轴；④宽度较大的零件表面；⑤线对线和线对面相对于面对面的平行度和垂直度。

(3)零件上绝大多数要素都可以通过通用的加工设备满足功能要求，不需另外注出形位公差要求。只有在功能对精度要求高时，才需要选用框格注出，给予重点突出，保证质量。

(4)考虑零件的结构特征和要素的功能要求。①零件的几何形状是选择形状公差的基本依据，如圆柱体就控制圆柱度等；②机器的主要功能往往是依靠一个或几个零件的表面或部位来实现的，如车床关键是主轴精度，主轴关键是支承轴承的部位及主轴孔的圆度、圆柱度和同轴度精度。还有导轨的导向精度即导轨的直线度等。

常用加工方法可达到的直线度、平面度公差等级见表 6-6。

表 6-6　常用加工方法可达到的直线度、平面度公差等级

加工方法		直线度、平面度公差等级											
		1	2	3	4	5	6	7	8	9	10	11	12
车	粗											○	○
	精					○	○	○	○				
铣							○	○	○	○	○	○	
刨								○精	○	○细	○	○粗	○
磨	粗									○	○	○	
	细							○	○				
	精		○	○	○	○	○						
研磨		○精	○	○细	○粗	○							
刮研		○精	○	○	○细	○	○粗	○					

常用加工方法可达到的圆度、圆柱度公差等级见表 6-7。

常用加工方法可达到的同轴度、圆跳动公差等级见表 6-8。

常用加工方法可达到的平行度、垂直度公差等级见表 6-9。

形位公差等级应用示例见表 6-10～表 6-12。

表 6-7 常用加工方法可达到的圆度、圆柱度公差等级

加工方法		圆度、圆柱度公差等级											
		1	2	3	4	5	6	7	8	9	10	11	12
精密车削				○	○	○							
普通车削						○	○	○	○	○	○		
外圆磨	粗					○	○						
	细			○	○	○							
	精	○	○	○									
无心磨	粗						○	○					
	细		○	○	○	○							
研磨			○	○	○	○							
精磨		○	○										
钻								○	○	○	○		
普通镗	粗							○	○	○	○		
	细					○	○	○	○				
	精				○	○							
金钢镗	细			○	○								
	精	○	○	○									
铰孔						○	○	○					
扩孔						○	○	○					
内圆磨	细				○	○							
	精			○	○								
珩磨						○	○	○					

表 6-8 常用加工方法可达到的同轴度、圆跳动公差等级

加工方法		同轴度、圆跳动公差等级											
		1	2	3	4	5	6	7	8	9	10	11	12
车镗	加工孔				○	○	○	○	○	○			
	加工轴			○	○	○	○	○	○				
铰						○	○	○					
磨	孔		○	○	○	○	○	○					
	轴	○	○	○	○	○	○						
珩磨			○	○	○								
研磨		○	○	○									

表 6-9　常用加工方法可达到的平行度、垂直度公差等级

加工方法		平行度、垂直度公差等级											
		1	2	3	4	5	6	7	8	9	10	11	12
面对面													
研磨		○	○	○	○								
刮		○	○	○	○	○	○						
磨	粗					○	○	○	○				
	细				○	○	○						
	精		○	○	○								
铣							○	○	○	○	○	○	
刨								○	○	○	○	○	
拉									○	○	○		
插								○	○				
轴线对轴线(或平面)													
磨	粗							○	○				
	细				○	○	○	○					
镗	粗								○	○	○		
	细							○	○				
	精						○	○					
金刚镗					○	○	○						
车	粗										○	○	
	细							○	○	○	○		
铣							○	○	○	○	○		
钻										○	○	○	○

表 6-10　形位公差等级应用示例(1)

公差等级	应用示例	
	圆度、圆柱度	直线度、平面度
2、3	高精度的量仪、机床的主轴、喷油嘴针阀体、高精密的滚动轴承	精密量具,如量规 0 级及 1 级宽平尺,油泵、柱塞套端面等高精度的零件
4、5	精密机床的主轴轴孔,高压阀活塞、活塞销,高压油泵柱塞,铣床动力头座孔	量具测量仪器和高精度机床的磨床导轨,六角车床床身的导轨
6、7	一般车床主轴及箱孔,汽车发动机的凸轮轴、曲轴、连杆轴颈	普通机床、龙门刨床、滚齿机导轨,机床床头箱镗床工作台
8	低速大功率的发动机凸轮轴、曲轴、连杆轴颈、活塞、印刷机传动系统	用于机床传动箱体、车床溜板箱、汽缸体缸盖结合面、减速器壳体
9、10	印染机面辊、铰车、起重机滑动轴承等	用于 3 级平板、车床挂轮架、缸盖结合面等

表 6-11　形位公差等级应用示例(2)

公差等级	应用示例	
	平面度	垂直度和倾斜度
2、3	精密机床、测量仪器量具的基准面和工作面,精密机床重要的箱体主轴孔	精密机床的导轨、机床主轴轴向定位面、量具的基准面、精密机床主轴肩端面、滚动轴承座圈端面
4、5	普通机床测量仪器量具的基准面和工作面、机床主轴轴孔对基准面的要求、机床床头箱体重要孔间要求、齿轮泵的轴孔端面、一般减速器壳体孔等	普通车床的导轨、精密机床重要零件的支承面、汽缸的支承端面、发动机轴和离合器的凸缘、液压传动轴瓦的端面、量具量仪的重要端面等
6、7、8	一般机床零件的工作面或基准面、变速箱孔、花键对定心直径、汽缸轴线	低精度机床主要基准面和工作面、一般的导轨、主轴箱体孔、活塞销孔对活塞中心线等
9、10	低精度件、重型机械滚动轴承的端盖	花键轴轴肩端面、减速机壳体平面

表 6-12　形位公差等级应用示例(3)

公差等级	应用示例
	同轴度、对称度、圆跳动、全跳动
1、2、3、4	同轴度或旋转精度要求很高,一般按尺寸公差 IT5 或以上制造的零件。3、4 级用于机床主轴轴颈,汽轮机的主轴,高精度滚动轴承内、外圈等
5、6、7	精度要求比较高,按尺寸公差 IT6、7 级制造的零件,如曲轴、凸轮轴、齿轮轴、水泵轴、汽车后桥输出轴、电机转子等
8、9、10	一般精度要求,按尺寸公差 IT8～10 级制造的零件。如 8 级用于拖拉机发动机分配轴轴颈;9 级用于齿轮轴的配合面、水泵叶轮、离心泵;10 级用于摩托车活塞、内燃机活塞环底径对活塞中心等
11、12	无特殊要求,一般按尺寸公差 IT12 级制造的零件

本章小结

本章主要介绍了形位公差的基本概念、形位公差项目、形状公差带及其误差、定向公差的公差带和误差、定位公差的公差带和误差、跳动公差的公差带和最大跳动量、公差原则包括独立原则和相关原则。简单介绍了形位公差的评定原则、形位公差值的选择。

本章重点掌握形位公差带的大小、方向、位置和形状四要素及其形位公差的一般标注方法，掌握独立原则、最大实体原则和包容原则的使用。

本章难点是相关原则包括最大实体原则和包容原则的理解，要把相关例题理解透彻，以便在工作中实际运用。

本章是重点章。

习　题

一、判断正误(正确的打√，错误的×)

1. 形位公差的研究对象就是零件的几何要素。(　　)

2. 直线度公差是限制实际线对理想直线变动量的一项指标。(　　)

3. 平面度公差是限制实际面对理想平面变动量的一项指标。(　　)

4. 定位误差是关联实际被测要素对具有确定位置的理想被测要素的允许变动量。(　　)

5. 跳动公差是针对特定的检测方式而定义的公差项目。它是指被测要素绕基准轴线回转过程中的最大跳动量。(　　)

二、单向选择题

1. 线轮廓度公差带形状是______。

A. 两平行直线　　B. 两平行平面　　C. 两同轴圆柱面　　D. 两等距曲线

2. 圆度公差带形状是______。

A. 两平行直线　　B. 两平行平面　　C. 两同心圆　　D. 两等距曲线

3. 倾斜度公差带形状是______。

A. 两平行直线　　B. 两平行平面　　C. 两同心圆　　D. 两等距曲线

4. 所谓最小条件是：被测实际要素对其理想要素的最大变动量为最小。最小条件要求既要包含整个被测要素，又要使包容区域的______为最小。

A. 宽度　　B. 直径　　C. 宽度或直径　　D. 前面三项都对

5. 相关原则分为包容原则、最大实体原则、最小实体原则和可逆原则。其中最常用的是______。

A. 包容原则和最大实体原则　　B. 包容原则和最小实体原则

C. 包容原则和可逆原则　　D. 最小实体原则和可逆原则

三、问答题

1. 形位公差包括几项内容要求？

2. 若同一要素需同时采用形状公差、定向公差、定位公差，三者的关系如何处理？

3. 公差原则中，独立原则和相关原则的主要区别是什么？包容原则和最大实体原则、最小实体原则、可逆原则有何异同？

4. 圆度公差与径向圆跳动公差有何共同点和不同点？某一圆柱面给定径向跳动公差值 t，能否说若径向圆跳动未超差，则圆度误差也必不超差，为什么？

5. 试述独立原则和相关原则的主要应用场合。

四、分析题

1. 将下列尺寸和形位公差要求标注在图 6-13 上：

(1) 圆锥面对 Ø20 轴线的斜向跳动公差 0.03 mm；

(2) Ø20 轴颈的圆柱度公差 0.01 mm；

(3) Ø30 左端面对 Ø20 轴线端面圆跳动公差 0.02 mm；

(4) Ø30 段轴线相对 Ø20 段轴线同轴度公差 0.015 mm，采用最大实体要求；

(5) Ø30 均采用 $h6$ 公差带并采用包容原则。

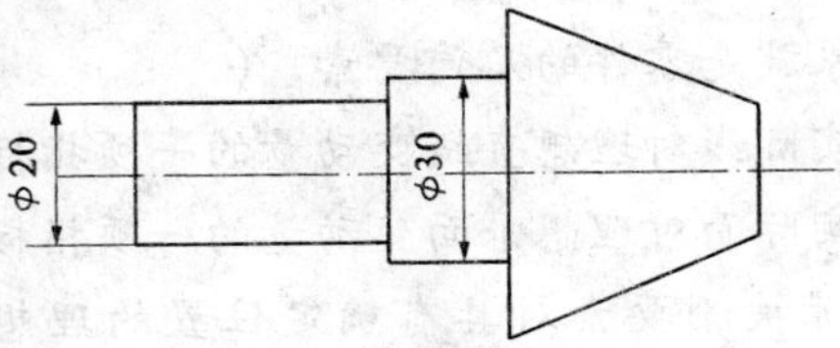

图 6-13

2. 将下列尺寸和形位公差要求标注在图 6-14 上：

(1) Ø32 左右两端面对两 Ø20 公共轴线的端面跳动圆跳动公差 0.02 mm；

(2) 键槽 10 中心平面对 Ø32 轴线的对称度公差 0.015 mm；

(3) 两 Ø20 轴颈的圆度公差 0.01 mm。

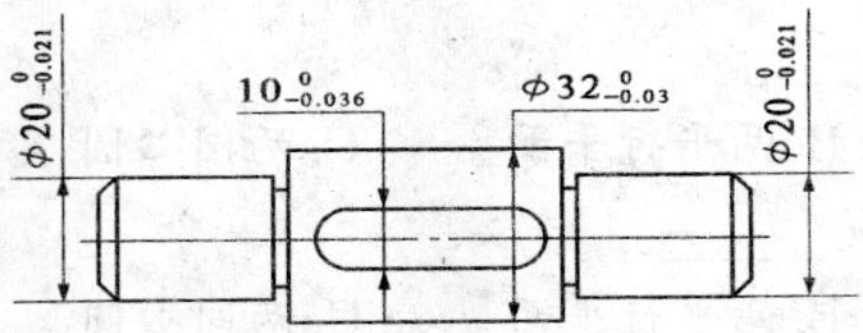

图 6-14

3. 用文字完整说明图 6-15 中各项形位公差标注的含义，描述或画出各项形位公差的公差带。

4. 在不改变形位公差项目的前提下，改正图 6-16 中的错误标注（用×指出其错误所在，并在旁边更正）。

5. 图 6-17 所示 4 种标注，试分析说明它们所表示的要求有何不同（包括采用何种公差原则、允许的边界尺寸、允许的形位公差等）。

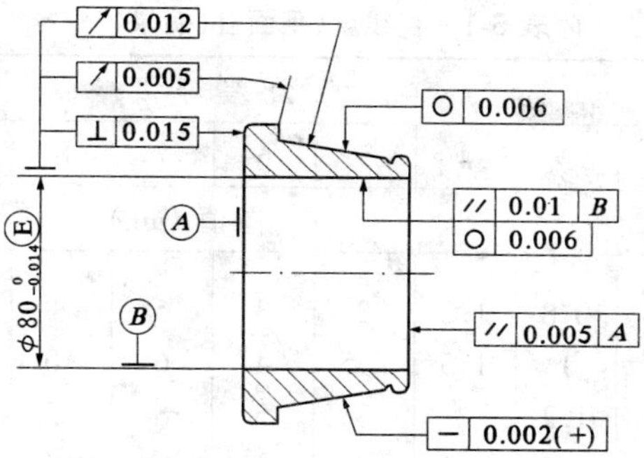

图 6-15

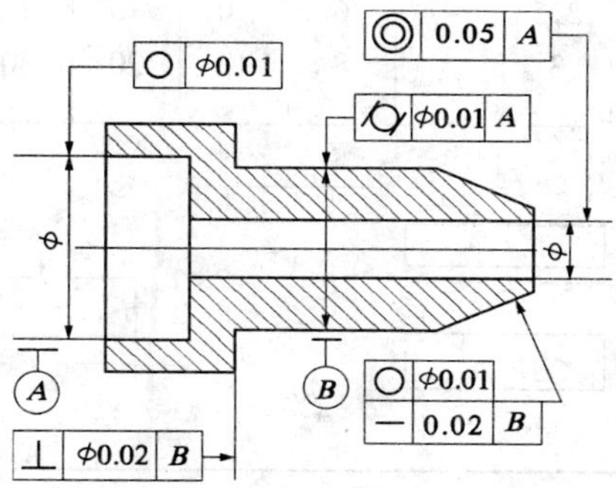

图 6-16

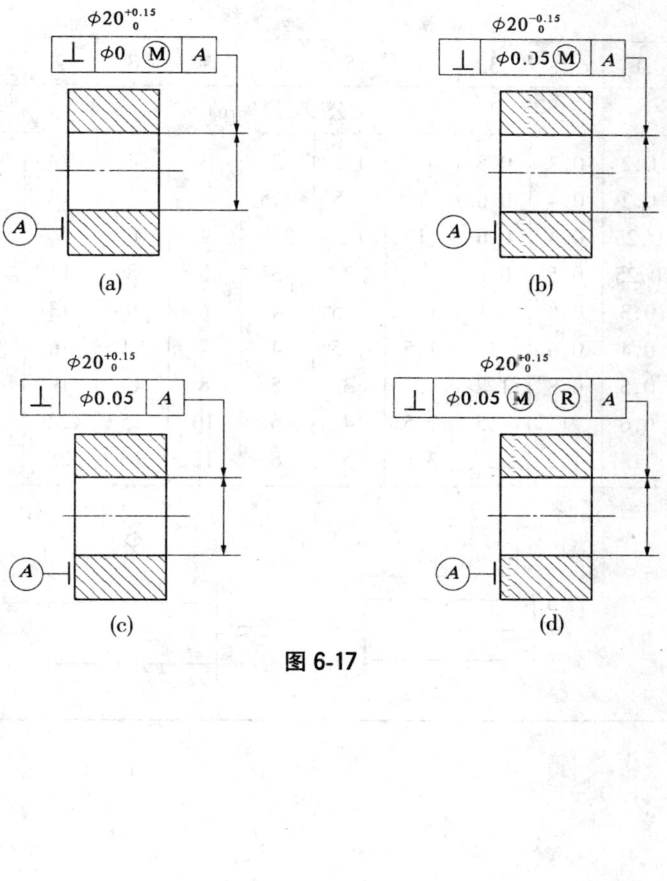

图 6-17

附表 6-1　直线度、平面度(摘录)

主参数 L (mm)	公差等级											
	1	2	3	4	5	6	7	8	9	10	11	12
	公差值(μm)											
≤10	0.2	0.4	0.8	1.2	2	3	5	8	12	20	30	60
10~16	0.25	0.5	1	1.5	2.5	4	6	10	15	25	40	80
16~25	0.3	0.6	1.2	2	3	5	8	12	20	30	50	100
25~40	0.4	0.8	1.5	2.5	4	6	10	15	25	40	60	120
40~63	0.5	1	2	3	5	8	12	20	30	50	80	150
63~100	0.6	1.2	2.5	4	6	10	15	25	40	60	100	200
100~160	0.8	1.5	3	5	8	12	20	30	50	80	120	250
主参数图例	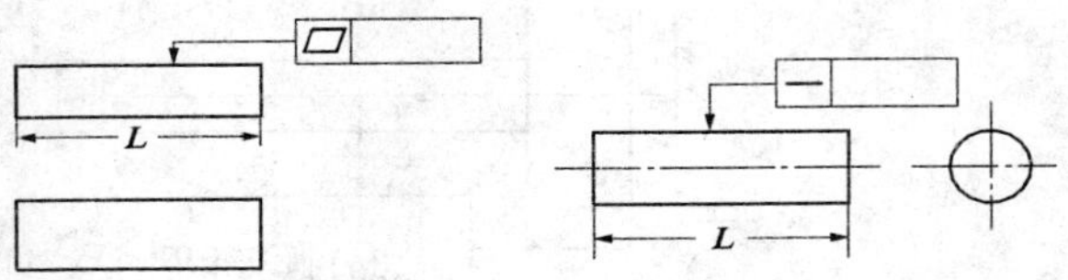											

附表 6-2　圆度、圆柱度(摘录)

主参数 $D(d)$ (mm)	公差等级												
	0	1	2	3	4	5	6	7	8	9	10	11	12
	公差值(μm)												
≤3	0.1	0.2	0.3	0.5	0.8	1.2	2	3	4	6	10	14	25
3~6	0.1	0.2	0.4	0.6	1	1.5	2.5	4	5	8	12	18	30
6~10	0.12	0.25	0.4	0.6	1	1.5	2.5	4	6	9	15	22	36
10~18	0.15	0.25	0.5	0.8	1.2	2	3	5	8	11	18	27	43
18~30	0.2	0.3	0.6	1	1.5	2.5	4	6	9	13	21	33	52
30~50	0.25	0.4	0.6	1	1.5	2.5	4	7	11	16	25	39	62
50~80	0.3	0.5	0.8	1.2	2	3	5	8	13	19	30	46	74
80~120	0.4	0.6	1	1.5	2.5	4	6	10	15	22	35	54	87
120~180	0.6	1	1.2	2	3.5	5	8	12	18	25	40	63	100
主参数图例	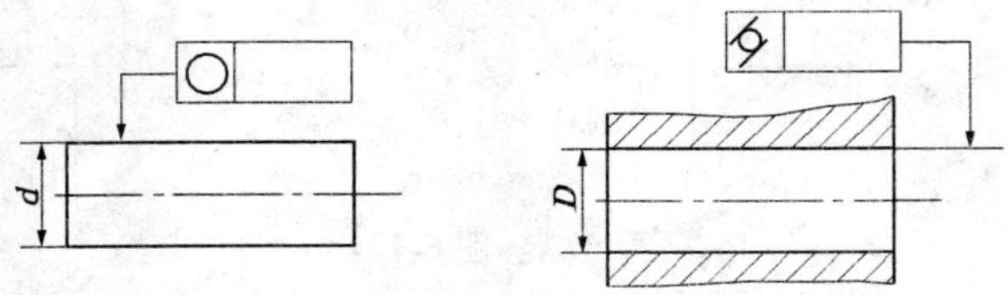												

附表 6-3　平行度、垂直度、倾斜度(摘录)

主参数 $L,D(d)$ (mm)	公差等级											
	1	2	3	4	5	6	7	8	9	10	11	12
	公差值(μm)											
≤10	0.4	0.8	1.5	3	5	8	12	20	30	50	80	120
10～16	0.5	1	2	4	6	10	15	25	40	60	100	150
16～25	0.6	1.2	2.5	5	8	12	20	30	50	80	120	200
25～40	0.8	1.5	3	6	10	15	25	40	60	100	150	250
40～63	1	2	4	8	12	20	30	50	80	120	200	300
63～100	1.2	2.5	5	10	15	25	40	60	100	150	250	400
100～160	1.5	3	6	12	20	30	50	80	120	200	300	500
主参数图例	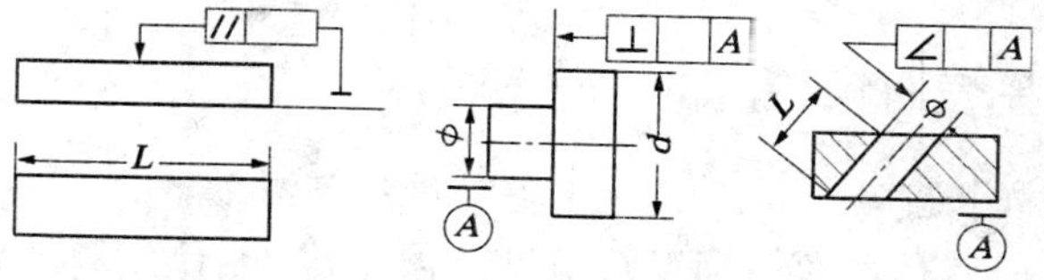											

附表 6-4　同轴度、对称度、圆跳动、全跳动

主参数 $L,d(D)$ (mm)	公差等级											
	1	2	3	4	5	6	7	8	9	10	11	12
	公差值(μm)											
6～10	0.6	1	1.5	2.5	4	6	10	15	30	60	100	200
10～18	0.8	1.2	2	3	5	8	12	20	40	80	120	250
18～30	1	1.5	2.5	4	6	10	15	25	50	100	150	300
30～50	1.2	2	3	5	8	12	20	30	60	120	200	400
50～120	1.5	2.5	4	6	10	15	25	40	80	150	250	500
120～250	2	3	5	8	12	20	30	50	100	200	300	600
250～500	2.5	4	6	10	15	25	40	60	120	250	400	800
主参数图例	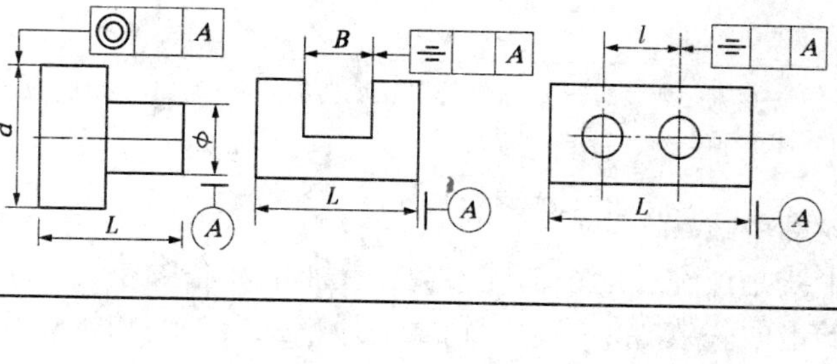											

第七章　表面粗糙度

表面粗糙度是指加工表面上具有的较小间距(一般小于 1 mm)和峰谷所组成的微观几何形状特性,一般由所采用的加工方法和其他因素形成,是反映零件表面微观几何形状误差的一个重要指标。表面粗糙度的大小对工件的使用功能影响很大。主要影响零件的耐磨性、配合性质的稳定性、零件的疲劳强度、表面抗腐蚀性、结合面密封性。在设计零件时,应对零件的各个表面提出相应的表面粗糙度的要求,以达到相应的功能要求。

第一节　表面粗糙度的评定标准

一、有关表面粗糙度的术语和定义

(一)取样长度 l

用于判别具有表面粗糙度特征的一段基准线长度,称为取样长度。规定和选择取样长度是为了限制和减弱表面波纹度对表面粗糙度测量结果的影响,l 过长,表面粗糙度测得值会把表面波纹度包括进去;l 过短,不能反映表面粗糙度的实际状况。一般在 l 内应包含 5 个以上的峰和谷。

(二)评定长度 l_n

评定轮廓所必须的一段长度,它可以包括一个或几个取样长度。一般取 $l_n=5l$。对于均匀性良好的表面,评定长度 $l_n<5l$;均匀性较差的表面,评定长度 $l_n>5l$。如表 7-1 所示。

表 7-1　表面粗糙度参数 R_a、R_y、R_z 的取样长度 l 和评定长度 l_n 的选用值

参数及数值(μm)		l (mm)	l_n $l_n=5l$(mm)
R_a	R_y、R_z		
0.008～0.02	0.025～0.10	0.08	0.4
0.02～0.1	0.10～0.50	0.25	1.25
0.1～2.0	0.50～10.0	0.8	4.0
2.0～10.0	10.0～50.0	2.5	12.5
10.0～80.0	50～320	8.0	40.0

注:对于微观不平度间距较大的端铣、滚铣及其他大进给走刀量的加工表面,应按标准中规定的取样长度系列选取较大的取样长度值。

(三)轮廓中线

轮廓中线是评定表面粗糙度参数值大小的一条参考线。中线的几何形状与工件表面几何轮廓的走向一致。中线包括轮廓的最小二乘中线和轮廓的算术平均中线。

1．轮廓的最小二乘中线

最小二乘中线是根据实际轮廓用最小二乘法确定的划分轮廓的基准线。即在取样长度内，使被测轮廓上各点至一条假想线距离的平方和为最小（见图 7-1），这条假想线就是最小二乘中线 。

最小二乘中线符合最小二乘原则。从理论上讲，是很理想的基准线。但实际上很难确切地找到它，故很少应用。

2．轮廓的算术平均中线

在取样长度内，由一条假想线将实际轮廓分成上下两个部分，且使上部分面积之和等于下部分面积之和（见图 7-2），这条假想线就是算术平均中线。算术平均中线与最小二乘中线相差很小，实用中常用它来代替最小二乘中线。通常用目测估计的办法来确定它。

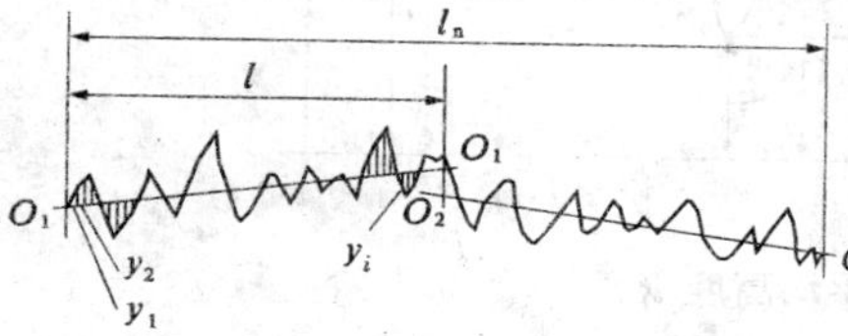

O_1O_1、O_2O_2—最小二乘中线

图 7-1　最小二乘中线

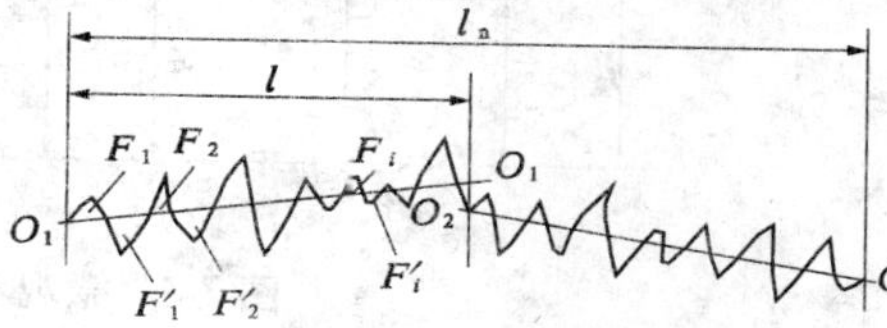

O_1C_1、O_2O_2—算术平均中线

图 7-2　算术平均中线

二、表面粗糙度的评定参数

国家标准规定，表面粗糙度的参数由高度参数、间距参数、综合参数组成。

（一）高度特征参数

高度特征有三个参数，它们是沿评定基准线的垂直方向计量的。

1．轮廓算术平均偏差 R_a

在取样长度 l 内，被测轮廓上各点至基准线的偏距 y_i 的绝对值的算术平均值，称为轮廓算术平均偏差。如图 7-3 所示，计算式为：

$$R_a=\frac{1}{l}\int_0^l y\mathrm{d}x \tag{7-1}$$

或近似为

$$R_a=\frac{1}{n}\sum_{i=1}^{n}y_i \tag{7-2}$$

式中　n——在取样长度内所测点的数目。

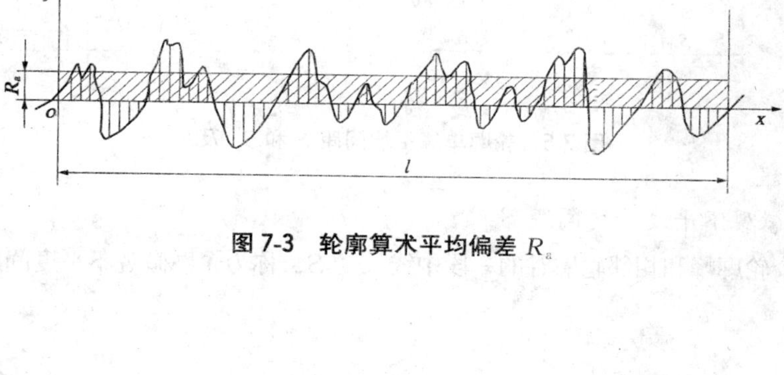

图 7-3　轮廓算术平均偏差 R_a

2. 微观不平度十点平均高度 R_z

在取样长度 l 内,被测轮廓上 5 个最大轮廓峰高的平均值与 5 个最大轮廓谷深的平均值之和,称为微观不平度十点平均高度。如图 7-4 所示,公式表示为:

$$R_z = \frac{(h_2 + h_4 + \cdots + h_{10}) - (h_1 + h_3 + \cdots + h_9)}{5} \tag{7-3}$$

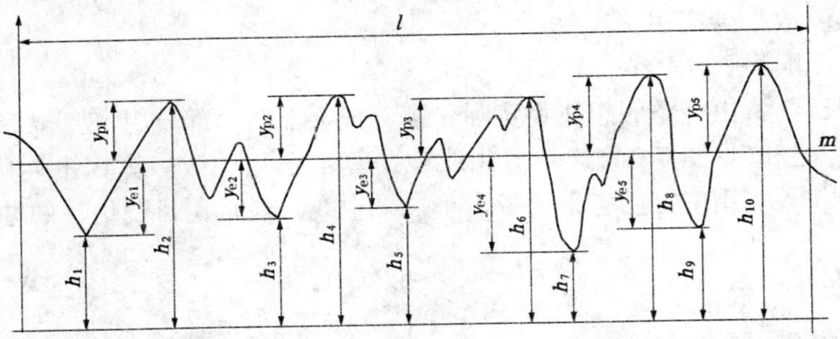

图 7-4 微观不平度十点平均高度 R_z

3. 轮廓最大高度 R_y

在取样长度 l 内,轮廓最高峰顶线和最低谷底线之间的垂直距离称为轮廓最大高度 R_y,如图 7-5 所示。

(二)间距特征参数

间距参数有两个。该类参数是沿评定基准线方向测量的,反映取样长度内峰谷的数量,能直接反映表面加工纹理细密程度。

1. 轮廓单峰平均间距 S

两相邻轮廓单峰的最高点在中线上的投影长度 S_i(见图 7-5),称为单峰间距。在取样长度 l 内,轮廓单峰间距的平均值就是轮廓单峰平均间距。

$$S = \frac{1}{n}\sum_{i=1}^{n} S_i \tag{7-4}$$

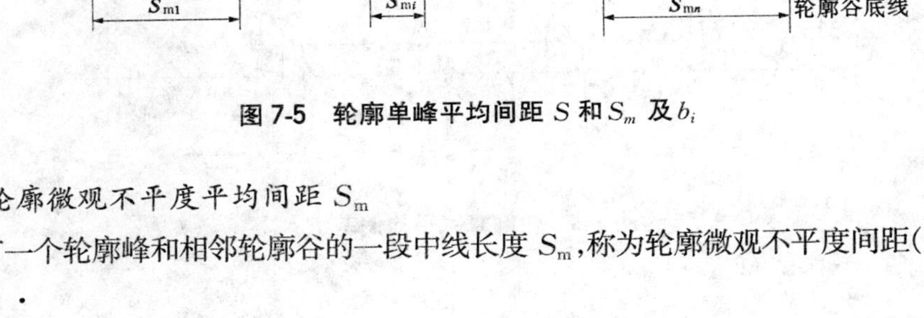

图 7-5 轮廓单峰平均间距 S 和 S_m 及 b_i

2. 轮廓微观不平度平均间距 S_m

含有一个轮廓峰和相邻轮廓谷的一段中线长度 S_m,称为轮廓微观不平度间距(见图 7-5)。

在取样长度 l 内，轮廓微观不平度间距的平均值就是轮廓微观不平度平均间距，即

$$S_m = \frac{1}{n}\sum_{i=1}^{n} S_{mi} \tag{7-5}$$

（三）综合参数

综合参数与表面粗糙度的形状有关，它影响表面的耐磨程度。

轮廓支承长度率 t_p：平行于中线且与轮廓峰顶线相距为 C 的一条直线与轮廓峰相截所得到的各段截线 b_i（见图 7-5）之和，称为轮廓支承长度 n_p。n_p 与取样长度 l 之比就是轮廓的支承长度率。

$$t_p = \frac{n_p}{l} \times 100\% = \frac{1}{l}\sum_{i=1}^{n} b_i \times 100\% \tag{7-6}$$

三、表面粗糙度的国家标准（摘自 GB/T1031—1995）

国家标准规定的 R_a、R_z、R_y 值见表 7-2、表 7-3。

表 7-2　轮廓算术平均偏差 R_a 值　　（单位：μm）

R_a	0.012	0.1	0.8	6.3	50
	0.025	0.2	1.6	12.5	100
	0.05	0.4	3.2	25	

表 7-3　微观不平度十点平均高度 R_z、轮廓最大高度 R_y 的数值　　（单位：μm）

R_z、R_y	0.025	0.2	1.6	12.5	100	800
	0.05	0.4	3.2	25	200	1 600
	0.1	0.8	6.3	50	400	

四、表面粗糙度的标注

国家标准（GB/T1031—1995）规定了零件表面粗糙度符号及其在图样上的注法，在图样上给定的表面特征代（符）号，是表示零件加工完成后对表面的要求。表面粗糙度的符号及其意义说明见表 7-4。示例见图 7-6。标注示例见图 7-7。

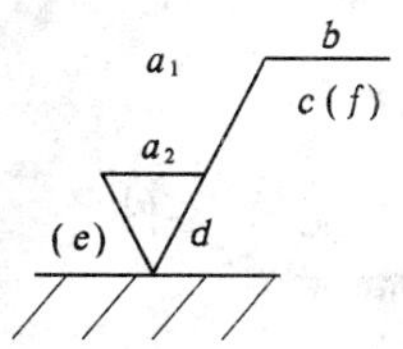

a_1、a_2—粗糙度高度参数代号及其数值，单位为 μm

b—加工方法、镀覆、涂覆、表面处理或其他说明等

c—取样长度（单位为 mm）或纹波度（单位为 μm）

d—加工纹理方向符号

e—加工余量，单位为 mm

f—粗糙度间距参数值（单位为 mm）或轮廓支承长度率

图 7-6　表面粗糙度代号示例

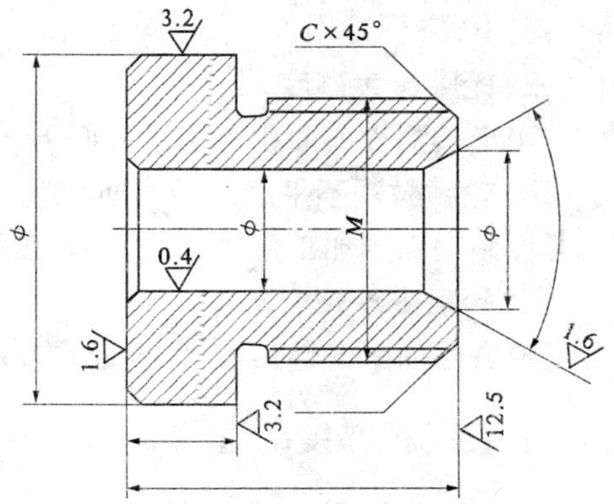

图 7-7　表面粗糙度标注示例

表 7-4　表面粗糙度符号及其意义（摘自 GB/T1031—1995）

代(符)号	意　义
	表示表面可用任何方法获得。当不加注粗糙度参数值或有关说明（例如表面处理、局部热处理状况等）时，仅适用于简化代号标注
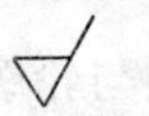	表示表面是用除去材料的方法获得。如车、铣、钻、磨、抛光、电火花加工等
	表示表面是用不除去材料的方法获得。如铸、锻、冲压、轧制、粉末冶金等。或者是用于保持原供应状况的表面（包括保持上道工序的状况）
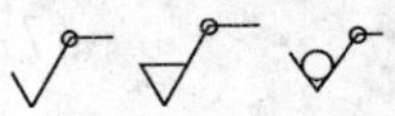	在上述三个符号的长边上均可加一横线，用于标注有关参数和说明
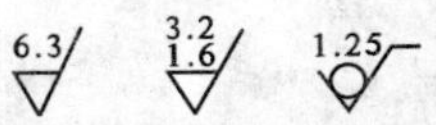	用除去材料方法获得表面粗糙度 R_a 的上限值为 6.3 用除去材料方法获得表面粗糙度 R_a 为 3.2 至 1.6 内 用不除去材料方法获得表面粗糙度 R_a 的上限值为 12.5

第二节　表面粗糙度的选用及测量

选择表面粗糙度可采用计算法、试验法及类比法，目前多数采用类比法。

一、评定参数选用

(一)轮廓算术平均偏差 R_a

R_a 是国家标准推荐优先选用的高度特性参数，R_a 能反映表面微观几何形状特征及轮廓凸峰高度，且测量较方便。一般情况下，在常用参数范围内（R_a 为 0.025 ~ 0.63 μm，R_z 为 0.1 ~ 25 μm）优先选用 R_a。

(二)微观不平度十点高度 R_z

适用于光学仪器测量（R_z > 6.3 μm，R_z < 0.02 μm 范围时，光学测量仪器测 R_z 较方便）。在直接测量 R_a 较困难，或只需评定表面微观轮廓的高度而不需评定其微观几何特征的情况下，方可选用 R_z。

(三)轮廓最大高度 R_y

应用于被测表面面积很小或表面不允许出现较深的加工痕迹的零件。

(四)轮廓微观不平度的平均间距 S_m 和轮廓的单峰平均间距 S

可控制表面的加工痕迹的疏密，影响涂漆性能、抗腐性和抗震性等。

(五)轮廓支承长度率 t_p

反映表面的耐磨性很直观，同时也反映了表面的接触刚度及密封性等。

二、表面粗糙度的选用

选用表面粗糙度参数有如下的一般原则：

(1)在满足零件使用功能和保证寿命的前提下，应尽可能选用较低的表面粗糙度，从而获得良好的经济效果。

(2)对于同一零件,其工作表面的粗糙度应高于非工作表面的粗糙度。

(3)摩擦表面应比非摩擦表面的表面粗糙度参数值要小;滚动摩擦表面应比滑动摩擦表面的表面粗糙度参数值要小;运动速度高、单位压力大的摩擦表面应比运动速度低、单位压力小的摩擦表面的表面粗糙度参数值要小;受循环负荷及易于引起应力集中部位(如圆角、沟槽)的表面,其表面粗糙度参数值要小。

(4)配合性质要求高的结合面、配合间隙小的间隙配合表面以及要求连接可靠、受重载的过盈配合表面等,都应选用较高的表面粗糙度。轴比孔的表面粗糙度参数值要小。

表面粗糙度的选定,在通常情况下,尺寸公差等级和表面形状公差等级要求高时,其表面粗糙度也相应要求高。表面形状公差 t、尺寸公差 T 和表面粗糙度 R_a、R_z 的经验对应关系见表 7-5。

表 7-5 R_a、R_z 与形状公差 t 及尺寸公差 T 的关系

分级	t 和 T 的关系	R_a 和 T 的关系	R_z 和 T 的关系
普通精度	$t \approx 0.6T$	$R_a \leqslant 0.05T$	$R_z \leqslant 0.2T$
较高精度	$t \approx 0.4T$	$R_a \leqslant 0.025T$	$R_z \leqslant 0.1T$
提高精度	$t \approx 0.25T$	$R_a \leqslant 0.012T$	$R_z \leqslant 0.05T$
高精度	$t < 0.25T$	$R_a \leqslant 0.15T$	$R_z \leqslant 0.6T$

三、GB1031—68 表面光洁度与 GB/T1031—1995 表面粗糙度 R_a 对照

GB1031—68 表面光洁度与 GB/T1031—1995 表面粗糙度 R_a 对照见表 7-6。

表 7-6 GB1031—68 表面光洁度与 GB/T1031—1995 表面粗糙度 R_a 对照

光洁度的级别	R_a		R_z、R_y	
	GB1031—68 最大允许值	GB/T1031—1995 最大允许值	GB1031—68 最大允许值	GB/T1031—1995 最大允许值
▽1	80	100	320	400
▽2	40	50	160	200
▽3	20	25	80	100
▽4	10	12.5	40	50
▽5	5	6.3	20	25
▽6	2.5	3.2	10	12.5
▽7	1.25	1.6	6.3	6.3
▽8	0.63	0.8	3.2	3.2
▽9	0.32	0.4	1.6	1.6
▽10	0.16	0.2	0.8	0.8
▽11	0.08	0.1	0.4	0.4
▽12	0.04	0.05	0.2	0.2
▽13	0.02	0.025	0.1	0.1
▽14	0.01	0.012	0.05	0.05

四、表面粗糙度的测量

常用的表面粗糙度的测量方法有四种:比较法、光切法、干涉法和针描法。

(一)比较法

比较法是车间常用的方法。将被测表面对照粗糙度样板,用肉眼判断或借助于放大镜、显微镜比较;或凭用手摸、指甲划动的感觉来判断被加工表面的粗糙度。

(二)光切法

光切法是利用"光切原理",通过光学仪器——双管显微镜来测量表面粗糙度。

(三)干涉法

干涉法是利用"光波干涉原理",通过干涉显微镜进行表面粗糙度的测量。

(四)针描法

针描法是利用触针直接在被测表面上轻轻划过,通过传感器传出信号,然后信号处理分析,得出表面粗糙度。如电动轮廓仪等。

本章小结

本章主要介绍了表面粗糙度的基本术语和定义。简单介绍了表面粗糙度的评定参数标注及选用的一般原则,并说明了表面粗糙度与形位公差和尺寸公差的关系,对表面粗糙度测量方法作了简要说明。

本章重点掌握表面粗糙度代(符)号及其标注方法。

习　题

一、判断正误(正确的打√,错误的×)

1.表面粗糙度是指加工表面上具有的较小间距(一般小于1mm)所组成的微观几何形状特性。(　　)

2.表面粗糙度的大小对工件的使用功能影响很大。主要影响零件的耐磨性、配合性质的稳定性、零件的疲劳强度和表面抗腐蚀性。(　　)

3. R_a 能反映表面微观几何形状特征及轮廓凸峰高度,但测量不方便。(　　)

4.在满足零件使用功能和保证寿命的前提下,应尽可能选用较高的表面粗糙度,从而获得良好的经济效果。(　　)

5. 对于同一零件,其工作表面的粗糙度应低于非工作表面的粗糙度。(　　)

二、单向选择题

1.国家标准(GB/T1031—1995)规定了表面粗糙度的评定参数及其数值,它适用于工业制品。其中三项参数为基本评定参数,即______。

A. R_a、R_z、R_y　　B. S、S_m、t_p　　C. R_a、R_z、S　　D. S、S_m、R_y

2. 一般情况下,在表面粗糙度基本评定参数内优先选用______。

A. R_a　　B. R_z　　C. R_y　　D. R_a、R_z

3. 当直接测量 R_a 较困难,或只需评定表面微观轮廓的高度而不需评定其微观几何特征的情况下,方可选用______。

A. S　　B. R_z　　C. R_y　　D. R_z、R_y

三、问答题

1. 何谓表面粗糙度?

2. 何谓取样长度 l、评定长度 l_n、轮廓的最小二乘中线与轮廓的算术平均中线?

3. 何谓轮廓算术平均偏差 R_a、微观不平度十点平均高度 R_z、轮廓最大高度 R_y?

*第八章　常用机构和常用机械传动装置

第一节　基本概念

一、机器、机构、机械

机器是指根据某种使用要求而设计的一种执行机械运动的装置,可以用来变换或传递能量、物料和信息。

机器具有以下三个基本特征:

(1)机器是由多个单元经人工组合而组成的;

(2)各构件之间有确定的相对运动;

(3)机器能利用机械能来完成有效的功或实现不同形式能量之间的转换。

常见的如内燃机、电动机或发电机用来变换能量,各种加工机械用来变换物料的状态,录音机用来变换信息,汽车、起重运输机械用来传递物料等。

机构是具有机器前两个基本特征的组合体。它能实现一定规律的运动,可以用来传递运动和实现不同形式的运动的转化。

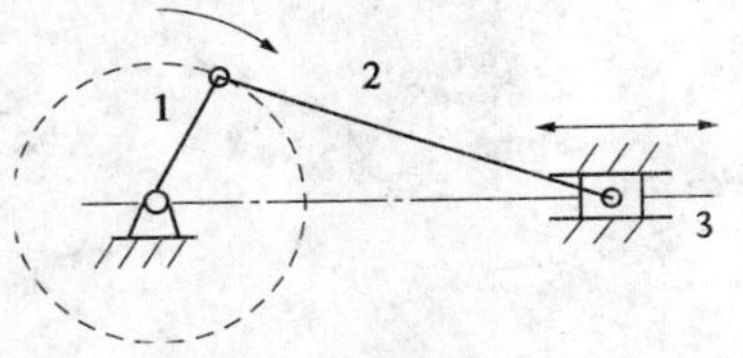

1—曲柄;2—连杆;3—滑块

图 8-1　曲柄滑块机构

如图 8-1 所示的曲柄滑块机构,若曲柄 1 为主动件,它可以把主动件的转动转换为从动件滑块 3 的直线移动。而若滑块 3 为主动件,则此机构可以把主动件的往复直线移动转换成从动件曲柄 1 的转动。

机器的种类极多,但就其组成来说,它们都是由各种机构组合而成的。

机器和机构一般总称机械。

二、零件、部件、构件

从机器制造和装配的角度来看,它是由机械零件(简称零件)和部件组成的。如图8-2所示的内燃机就是由曲轴、飞轮、阀杆、凸轮、齿轮、螺母及螺杆等零件和连杆等部件组成的。

零件是指机器中独立的制造单元,它是组成机器的基本元素。

部件是指一组协同工作的零件所组成的独立制造或独立装配的组合体。部件中的各个零件之间不一定具有刚性联系。把一台机器划分成若干个部件有利于机器的设计、制造、运输、安装和维修。

机械零件可以分为两大类:通用零件和专用零件。通用零件是指各类机器中都可能用到的零件,如螺母、螺栓、齿轮、凸轮等。专用零件是指那些只在特定类型的机器中才能用到的零件,如曲轴、活塞、螺旋桨等。

构件是机构和机器中独立运动的单元。如图 8-2 中的活塞、连杆、曲轴等。构件可以是单独的零件,也可以是由几个零件刚性连接而成的部件。

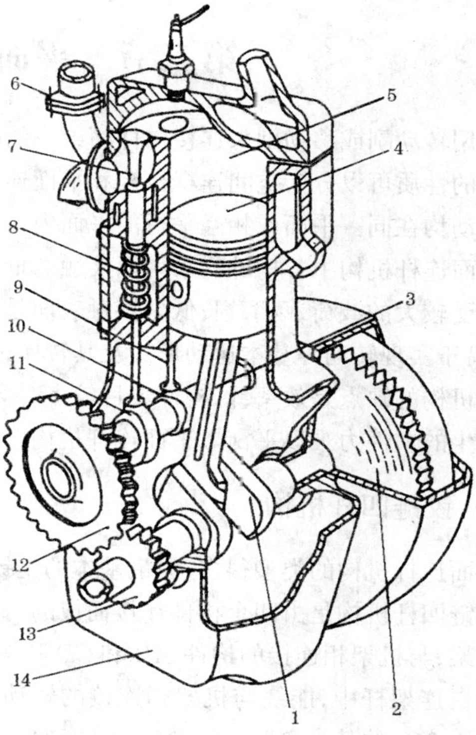

1—曲轴;2—飞轮;3—连杆;4—活塞;5—汽缸体;6—螺栓、螺母;7—气阀;8—弹簧;9—阀杆;10、11—凸轮;12、13—齿轮;14—齿轮箱

图 8-2 单缸内燃机

三、运动副

机构是由多个构件组合而成的,为了传递运动,各构件之间必须以一定的方式连接起来,并仍能有一定的相对运动。这种两个构件间的活动连接称为运动副。

按组成运动副的两个构件间的相对运动是平面运动还是空间运动来分,运动副可以分成平面运动副和空间运动副。

按组成运动副的两个构件间的接触特性,通常运动副还分成高副和低副两大类。

两构件间面接触的运动副称为低副。

低副按两构件间的相对运动特点可分为移动副和转动副。若两构件只能作相对移动,则称为移动副;若两构件只能作相对转动,则称为转动副。图 8-2 中,活塞与汽缸体之间构成的运动副为移动副,连杆与曲轴之间构成的运动副为转动副。

两构件间点接触或线接触的运动副称为高副。常见的高副有齿轮副、凸轮副等。

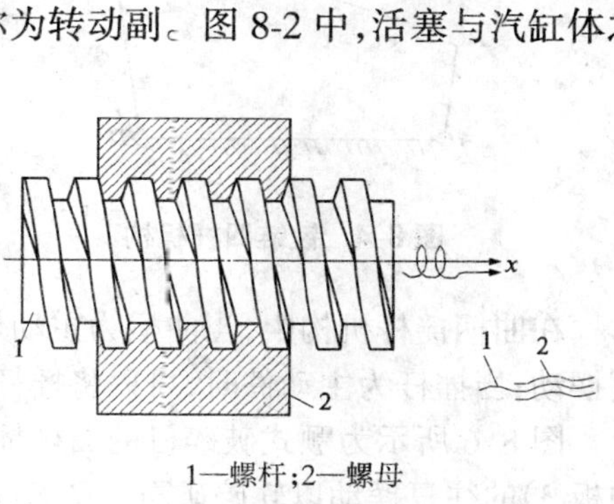

1—螺杆;2—螺母

图 8-3 螺旋副

螺杆与螺母组成的运动副称为螺旋副(见图 8-3),是工程上常用的空间运动副。螺旋副为面接触,螺杆相对螺母可绕 x 轴转动,同时沿 x 轴移动,但转动与移动间存在一定的函数关系,两者之间只有一个独立的相对运动。

第二节　平面连杆机构

使用转动副或移动副来连接构件而组成的机构叫做连杆机构。连杆机构按构件间相对运动的性质可以分为空间连杆机构和平面连杆机构两类。平面连杆机构中各构件间的相对运动均在同一平面或相互平行的平面内。

平面连杆机构中各构件均采用面接触的低连接，单位面积所受的压力小，便于润滑，可以承受较大的载荷，耐磨损；低副接触表面是圆柱面或平面，加工简单，易于获得较高的精度；易于实现转动等基本运动形式及其转换；可以满足各种不同的运动轨迹的要求。平面连杆机构的缺点是效率低，构件数目较多时会产生较大的积累运动误差，作平面运动的构件产生的惯性力难以平衡。平面连杆机构广泛用于各种机械设备、仪器和仪表中。

一、铰链四杆机构

平面连杆机构的类型很多，但最基本的是铰链四杆机构。

铰链四杆机构是由四个构件连接而成的，如图8-4所示。机构中固定不动的构件 AD 称为机架，与机架相连接的构件 AB 和 CD 称为连架杆，与机架不相连接的构件 BC 称为连杆。在连架杆中，能绕与机架相连接的转动副轴线作 360°回转运动的称为曲柄；若只能在小于 360°的某一角度内摆动的称为摇杆。

铰链四杆机构按有无曲柄、摇杆，可以分为以下三种基本形式。

(一) 曲柄摇杆机构

两个连架杆中一个为曲柄、一个为摇杆的铰链四杆机构称为曲柄摇杆机构。如图8-5所示，连架杆 AB 为曲柄，CD 为摇杆，该机构即为曲柄摇杆机构。

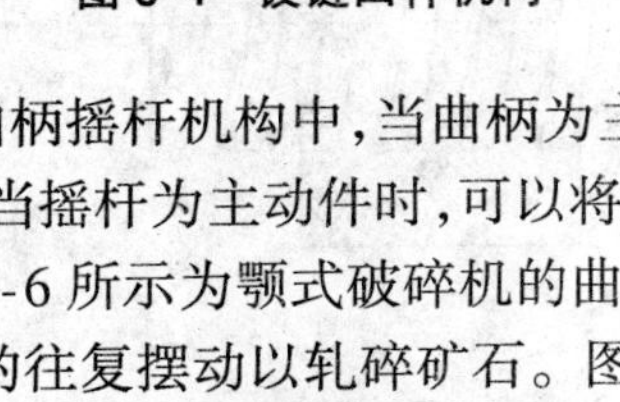

图 8-4　铰链四杆机构

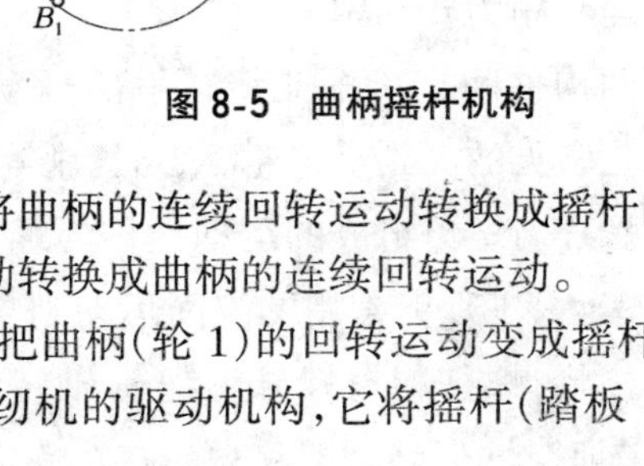

图 8-5　曲柄摇杆机构

在曲柄摇杆机构中，当曲柄为主动件时，可以将曲柄的连续回转运动转换成摇杆的往复摆动；当摇杆为主动件时，可以将摇杆的往复摆动转换成曲柄的连续回转运动。

图 8-6 所示为颚式破碎机的曲柄摇杆机构，它把曲柄（轮 1）的回转运动变成摇杆（动颚板 3）的往复摆动以轧碎矿石。图 8-7 所示为缝纫机的驱动机构，它将摇杆（踏板 CD）的往复摆动变成曲柄 AB 的回转运动。

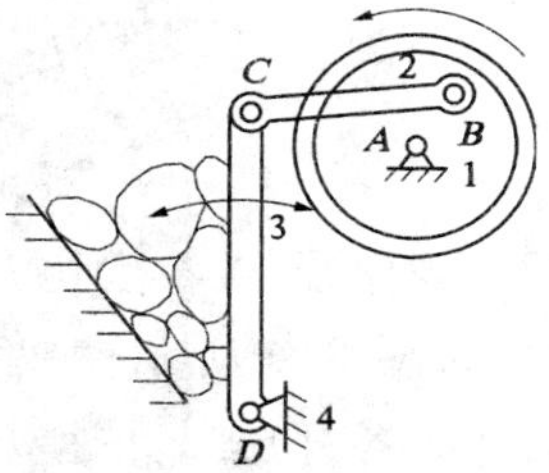

图 8-6　颚式破碎机

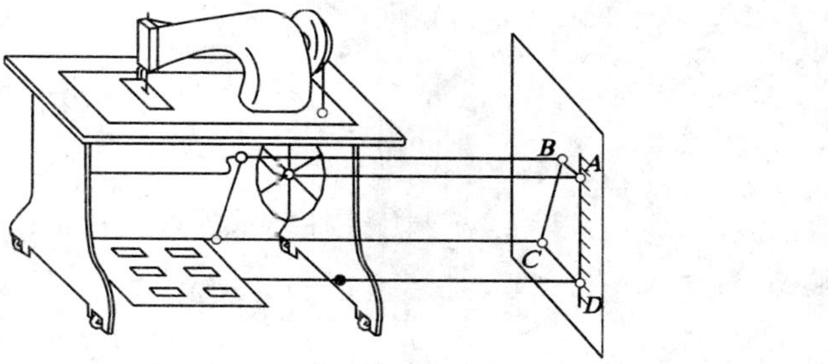

图 8-7　缝纫机的驱动机构

曲柄摇杆机构有如下主要特性。

1. 急回特性

如图 8-8 所示，曲柄摇杆机构中当主动件曲柄 AB 作匀速回转运动时，从动件摇杆 CD 往复摆动。曲柄 AB 在回转一整周的过程中，有两次与连杆 BC 共线，此时摇杆 CD 分别位于 C_1D 和 C_2D 两个极限位置。摇杆在两个极限位置的夹角 Ψ 称为摆角，对应此时的曲柄两位置所夹的锐角 θ 称为极位夹角。

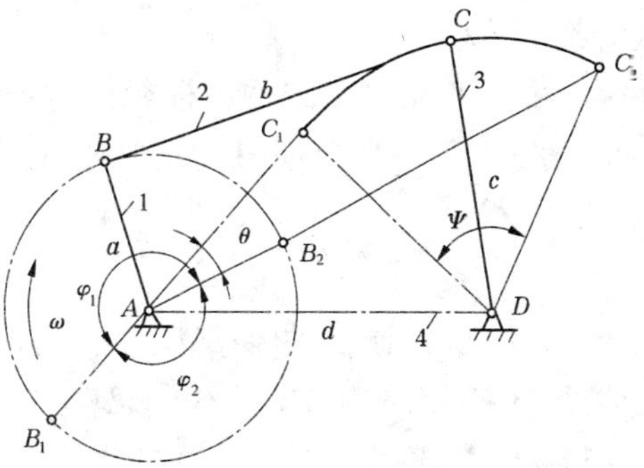

1—曲柄；2—连杆；3—摇杆；4—机架

图 8-8　急回特性

当曲柄由 AB_1 顺时针转至 AB_2 转过角 $\varphi_1 = 180° + \theta$，摇杆由左极限位置 C_1D 转至右极限位置 C_2D，设其经历的时间为 t_1，其平均角速度为 ω_1。曲柄再由 AB_2 顺时针转至 AB_1 转过角 $\varphi_2 = 180° - \theta$，摇杆由右极限位置 C_2D 转至左极限位置 C_1D，设其经历的时间为 t_2，其平均角速度为 ω_2。由于曲柄为匀速回转，则因 $\varphi_1 > \varphi_2$，显然有 $t_1 > t_2$。亦即摇杆由右极限位置 C_2D 转至左极限位置 C_1D 的速度比由左极限位置 C_1D 转至右极限位置 C_2D 的速度快。这种从动件往复运动所需时间不等的性质称为急回特性。在实际生产中，常利用这一性质来缩短非生产时间，提高生产率。

为了反映急回特性，一般用行程速度变化系数（简称行程速比系数）K 表示。

$$K = \frac{\omega_1}{\omega_2} = \frac{\Psi\omega}{\varphi_2} \bigg/ \frac{\Psi\omega}{\varphi_1} = \frac{\varphi_1}{\varphi_2} = \frac{180° + \theta}{180° - \theta} \tag{8-1}$$

由式(8-1)可知,极位夹角 θ 越大,K 值越大,急回特性越显著。

将式(8-1)整理可得:

$$\theta = 180^\circ \frac{k-1}{k+1} \tag{8-2}$$

2. 传力特性

在实际生产中,往往要求连杆机构不仅能实现预定的运动规律,而且希望其传力性能好。如图 8-9 所示曲柄摇杆机构,忽略各杆质量和运动副中的摩擦影响,曲柄 1 通过连杆 2 作用在摇杆 3 上的力 F 是沿 BC 方向的。力 F 与受力点速度 v_c 之间所夹的锐角 α 称为压力角。力 F 在 v_c 方向上的有效分力 $F_t = F\cos\alpha$,压力角 α 越小,有效分力 F_t 越大,对传动越有利。实践中为度量方便,常用压力角 α 的余角 γ 来判断机构的传力性能,该角称为传动角。

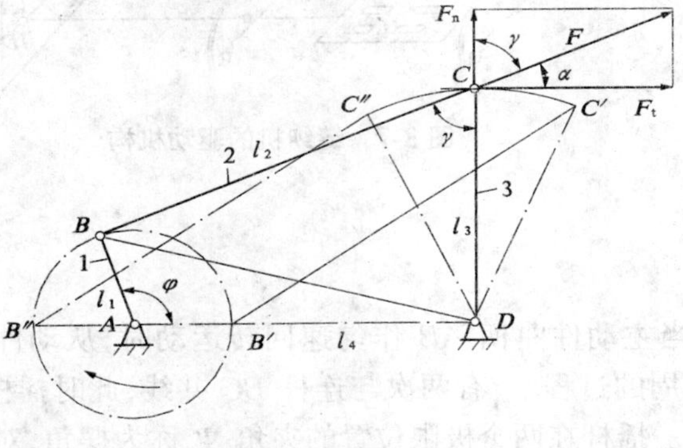

图 8-9　压力角与传动角

机构在运动时,传动角的大小是变化的。曲柄摇杆机构的最小传动角 γ_{min} 必定出现在曲柄 AB 与机架 AD 的两个共线位置。为保证机构正常工作,一般要求传动角 $\gamma_{min} >$ $40^\circ \sim 50^\circ$。

3. 死点位置

在曲柄摇杆机构中,若摇杆 CD 为主动件,曲柄 AB 为从动件,则当摇杆 CD 处于两极限位置时,如图 8-8 所示,连杆 BC 与曲柄 AB 共线。忽略各杆质量和运动副中的摩擦,通过连杆传给曲柄的力通过 A 点,该力对曲柄产生的力矩为零,不能驱动曲柄转动。机构的这种位置称为死点位置。

对于传动机构,由于死点位置使主动件通过机构驱动从动件的力矩为零,为使传动顺利进行,工程上常采取其他措施(如利用构件惯性或多组机构错位排列等)使机构顺利越过死点位置。

(二)双曲柄机构

两连架杆均为曲柄的铰链四杆机构称为双曲柄机构。

如图 8-10 所示惯性筛,其中 $ABCD$ 四杆机构即为双曲柄机构。在该机构中,当主动曲柄 AB 匀速转动时,从动曲柄 CD 变速转动,使筛子具有适当的加速度,利用筛子上被筛物料的惯性来达到筛分的目的。

双曲柄机构中,如果两曲柄的长度相等且平行,称为平行双曲柄机构,也叫平行四边形机构,如图 8-11 所示。这种机构的运动特点是两曲柄回转方向相同,角速度始终相等,且连杆始终作平动。

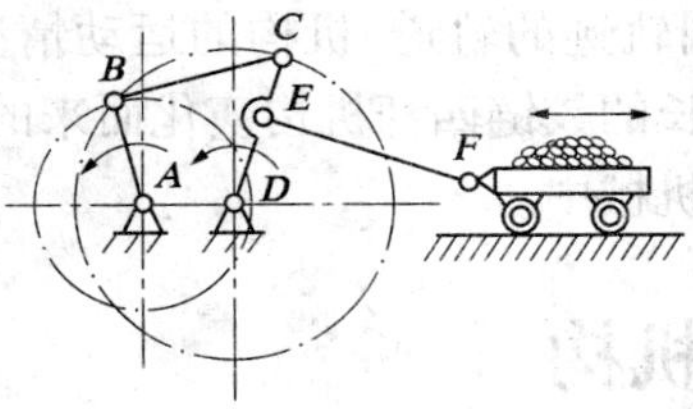

图 8-10　惯性筛的双曲柄机构

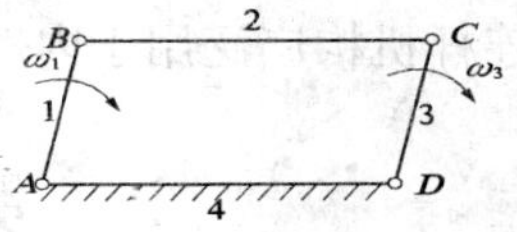

图 8-11　平行四边形机构

（三）双摇杆机构

铰链四杆机构中的两个连架杆都是摇杆时，称为双摇杆机构。图 8-12 为双摇杆机构在汽车、拖拉机转向机构和门座式起重机中的运用实例。

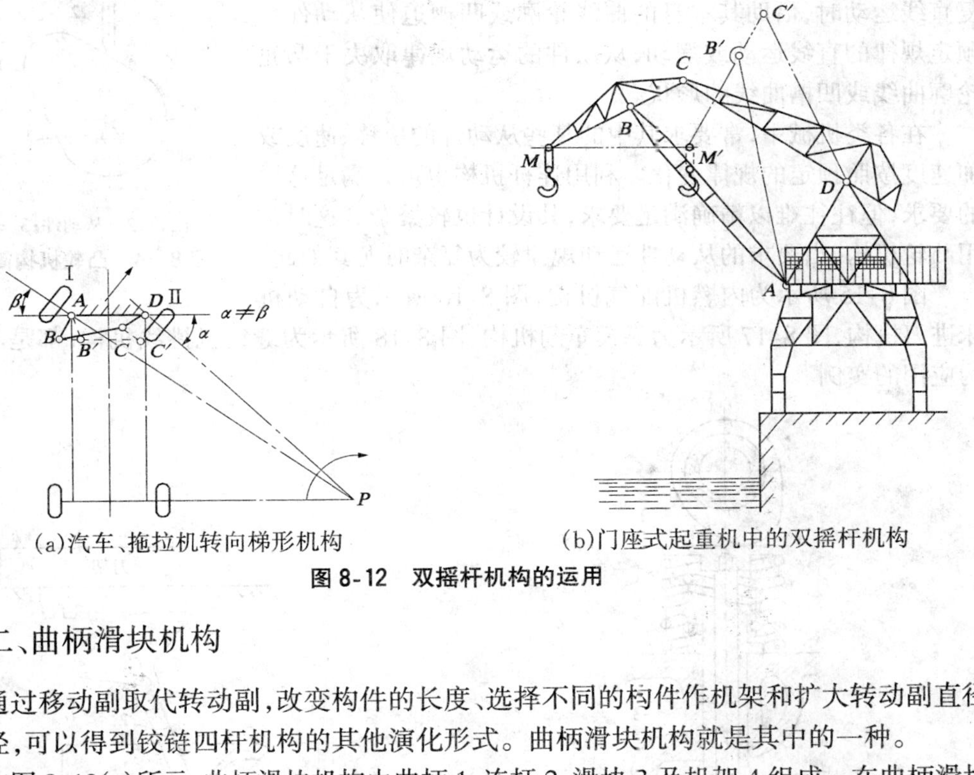

（a）汽车、拖拉机转向梯形机构　　（b）门座式起重机中的双摇杆机构

图 8-12　双摇杆机构的运用

二、曲柄滑块机构

通过移动副取代转动副，改变构件的长度、选择不同的构件作机架和扩大转动副直径等途径，可以得到铰链四杆机构的其他演化形式。曲柄滑块机构就是其中的一种。

如图 8-13(a)所示，曲柄滑块机构由曲柄 1、连杆 2、滑块 3 及机架 4 组成。在曲柄滑块机构中，以曲柄作主动件，当曲柄作连续回转时，通过连杆带动滑块作往复直线运动；若以滑块作主动件，当滑块作往复直线运动时，通过连杆带动曲柄作连续回转运动。

曲柄滑块机构是由铰链四杆机构演化而来的。如图 8-13(b)所示，铰链四杆机构 $ABCD$ 的铰链点 C 的运动轨迹是以 D 为圆心，以杆长 CD 为半径的圆弧 $\beta\beta$。如

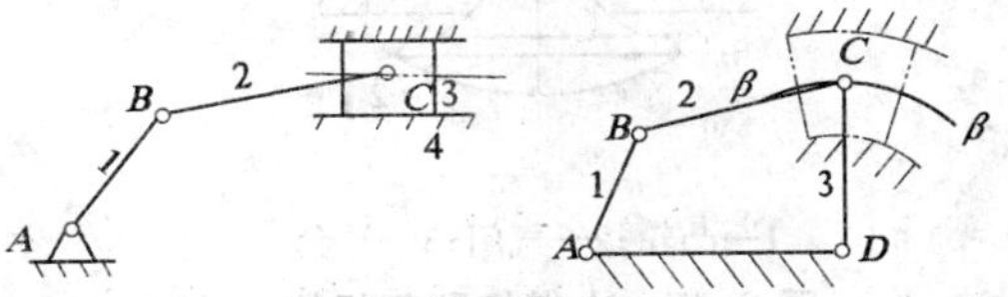

（a）曲柄滑块机构　　（b）演化

1—曲柄；2—连杆；3—滑块（摇杆）；4—机架

图 8-13　曲柄滑块机构

果将摇杆 3 做成滑块的形式，在机架 4 上设与 $\beta\beta$ 同轨迹的轨道，机构的运动情况不变。我们可以把曲柄滑块机构看成是由一个摇杆为无限长的铰链四杆机构演化而来的。

曲柄连杆机构广泛用于内燃机、压缩机、冲床等机械中。

第三节 凸轮机构

一、凸轮机构的应用和特点

如图 8-14 所示，凸轮机构由凸轮 1、从动件 2 和机架 3 组成。凸轮是凸轮机构的主动件，当其作等速回转运动或往复直线运动时，借助其本身的曲线轮廓或凹槽迫使从动件作预定规律的直线运动或摆动，从动件的运动规律取决于凸轮轮廓曲线或凹槽曲线的形状。

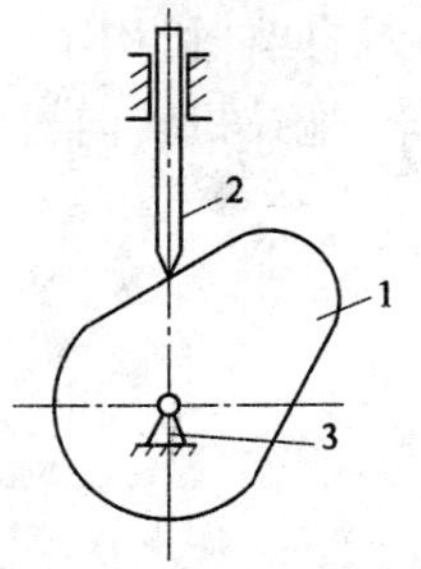

1—凸轮；2—从动件；3—机架

图 8-14 凸轮机构简图

在各类机械中，常要求其中的某些从动件的位移、速度或加速度按照预定的规律变化。利用连杆机构也可以满足这样的要求，但往往难以精确满足要求，其设计也较繁杂。这时常用凸轮机构，当要求的从动件运动规律较为复杂时尤其如此。

图 8-15 所示为内燃机配气机构，图 8-16 所示为自动机床进刀机构，图 8-17 所示为靠模车削机构，图 8-18 所示为缝纫机挑线机构，都是凸轮机构应用的实例。

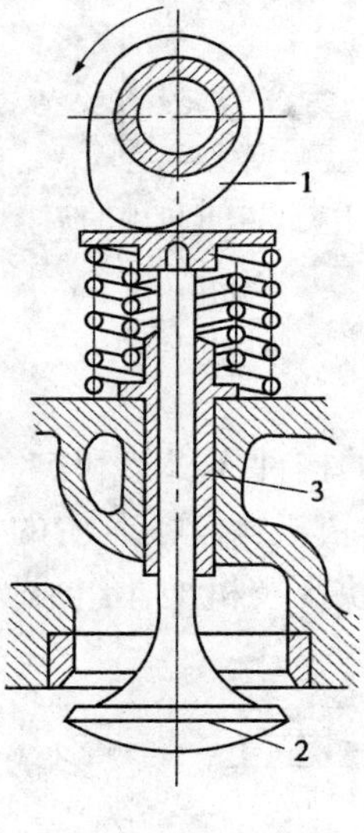

1—凸轮；2—气门；3—导套

图 8-15 内燃机配气机构

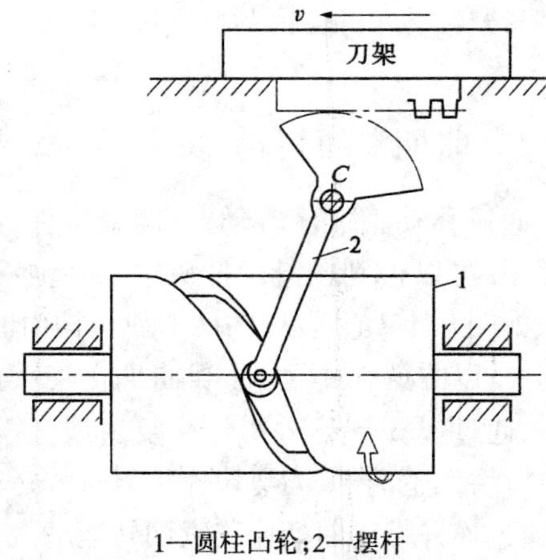

1—圆柱凸轮；2—摆杆

图 8-16 自动机床进刀机构

凸轮机构的特点：只要做出适当的凸轮轮廓，就可以使从动件得到任意预定的运动规律，机构的结构比较简单、紧凑，运动可靠。但是，凸轮轮廓或凹槽加工比较困难，凸轮与从动件间的接触是点接触或线接触，容易磨损。所以，凸轮机构多用于要求精确实现比较复杂的运动规律而传力不大的场合。

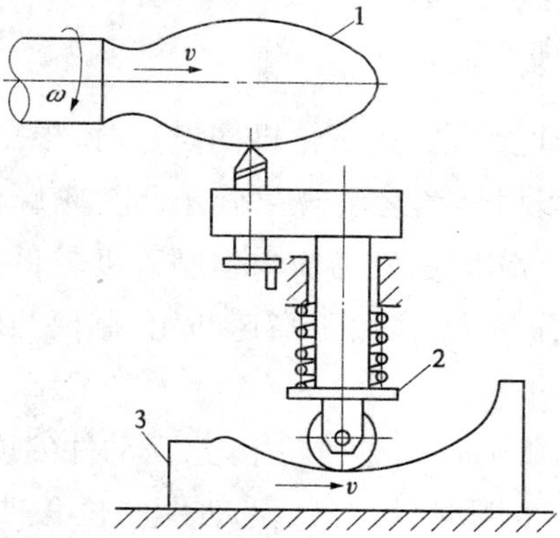

1—工件；2—刀架（推杆）；3—靠模凸轮

图 8-17　靠模车削机构

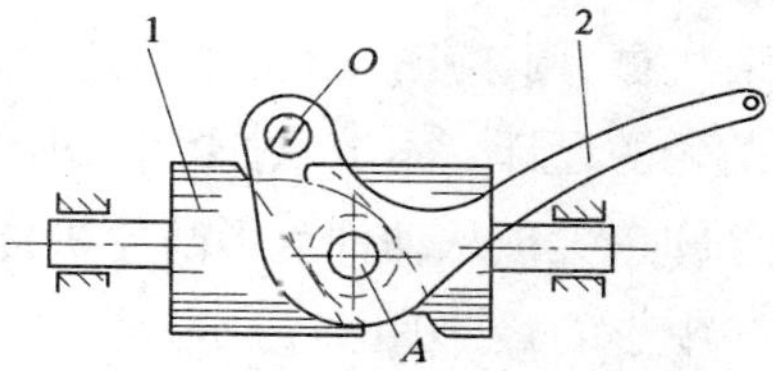

1—圆柱凸轮；2—挑线杆

图 8-18　缝纫机挑线机构

二、凸轮机构的类型

(一)按凸轮形状分

(1)盘形凸轮机构。如图 8-15 所示，凸轮是一个变化半径圆盘，从动件在垂直于凸轮回转轴线的平面内运动。

(2)移动凸轮机构。如图 8-17 所示，移动凸轮相当于一个回转半径趋于无穷大的盘形凸轮的一部分，它作往复直线运动。

(3)圆柱凸轮机构。如图 8-16、图 8-18 所示，凸轮是一个具有凹槽或曲形断面的圆柱体。

(二)按从动件的形式分

(1)尖顶从动件凸轮机构。如图 8-19(a)所示，其从动件结构简单，对较复杂的凸轮轮廓能获得所需的运动规律，但容易磨损。适用于受力不大、低速及要求传动灵敏的场合。

(2)滚子从动件凸轮机构。如图 8-19(b)所示，其从动件与凸轮间的摩擦为滚动摩擦，摩擦阻力小，但结构复杂。适用于速度不高、载荷较大的场合。

(3)平底从动件凸轮机构。如图 8-19(c)所示，其从动件底面与凸轮间容易形成楔形油膜，能减小磨损，适于高速传动，但不能用于有内凹曲线的凸轮。

(三)按从动件的运动方式分

(1)移动从动件凸轮机构。机构中的从动件与机架之间以移动副连接，作往复直线运动。

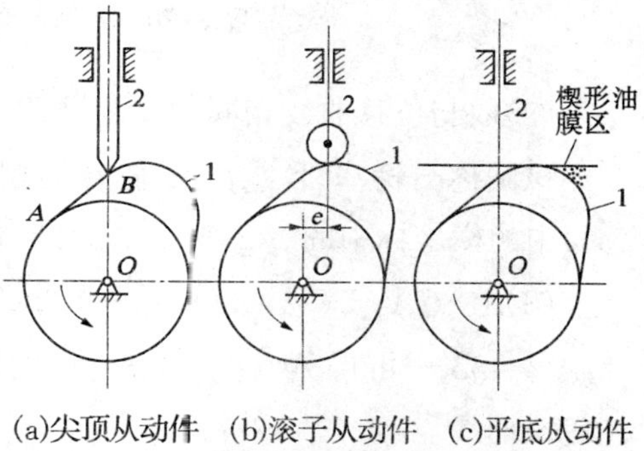

(a)尖顶从动件　(b)滚子从动件　(c)平底从动件

图 8-19　从动件的形式

(2)摆动从动件凸轮机构。机构中的从动件与机架之间以回转副连接，作往复摆动运动。

三、移动从动杆盘形凸轮轮廓曲线的绘制

凸轮轮廓曲线的形状决定了从动件的运动规律，反之，在凸轮机构设计时，根据凸轮机构工作时的要求确定从动件的运动规律，则可以根据该运动规律确定凸轮轮廓曲线。凸轮轮廓曲线设计的方法有作图法和解析法两种。作图法较为简单但精确度较低，适用于一般机械，用途广。解析法精确度高，但计算工作量大，多用于高速凸轮、靠模凸轮、仪表中凸轮的设计。本节只介绍作图法。

已知一尖顶从动件盘形凸轮机构，从动件中心线通过凸轮回转中心，从动件尖顶到凸轮回转中心的最小距离为 r_b，凸轮以等角速度 ω_1 顺时针回转，从动件的位移曲线为 $s \sim \varphi(t)$，绘制其凸轮轮廓曲线的步骤如下：

(1)选取适当的比例尺，按给定的从动件位移曲线为 $s \sim \varphi(t)$ 绘制出位移曲线图。

如图 8-20(a)所示。将位移曲线图等分出若干等份，得到横坐标轴上的各点 1、2、3…过以上各点作垂线，得到从动件在各点对应位置时的位移量 11′、22′、33′…

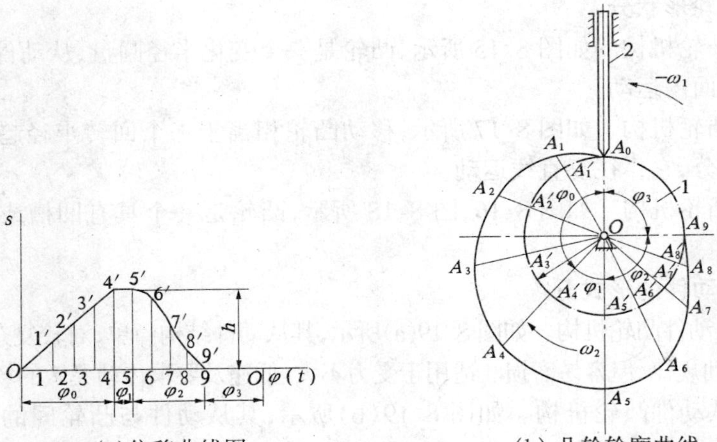

(a)位移曲线图　　(b) 凸轮轮廓曲线

图 8-20　尖顶从动件盘形凸轮轮廓曲线的绘制

(2)取与位移曲线相同的比例尺，以任一点 O 为圆心、r_b 为半径作圆。

该圆称凸轮基圆。沿与凸轮转动相反的方向，将基圆圆心角按位移曲线图(图 8-20(a))中的横坐标中的 1、2、3…点的对应转角分成相同的份数，可得 A_1'、A_2'、A_3'…点。

(3)在 OA_1'、OA_2'、OA_3'…延长线上截取相应线段 $A_1A_1' = 11'$、$A_2A_2' = 22'$、$A_3A_3' = 33'$…可得 A_1、A_2、A_3…点，用光滑的曲线连接 A_1、A_2、A_3…点即得到所求的凸轮轮廓曲线。

第四节　螺旋机构

一、螺旋机构的应用和特点

螺旋机构主要用来将回转运动转变为直线运动，同时传递运动和动力。常用的螺旋机构中除了螺旋副外还有转动副和移动副。

螺旋机构具有结构简单，制造方便，能将较小的回转力矩转变成较大的轴向力，能得到较高的传动精度，转动平稳，无噪声，定位可靠等优点。但其摩擦损失大，传动效率较低，一般不用于大功率传动。

二、螺旋机构的螺纹

如图 8-21 所示，按螺旋线的绕行方向不同，螺纹分成右旋和左旋两种。无特殊要求时，一般用右旋螺纹。按螺纹中螺旋线数目的不同，螺纹可以分成单线螺纹、双线螺纹、三线螺纹和多线螺纹等。

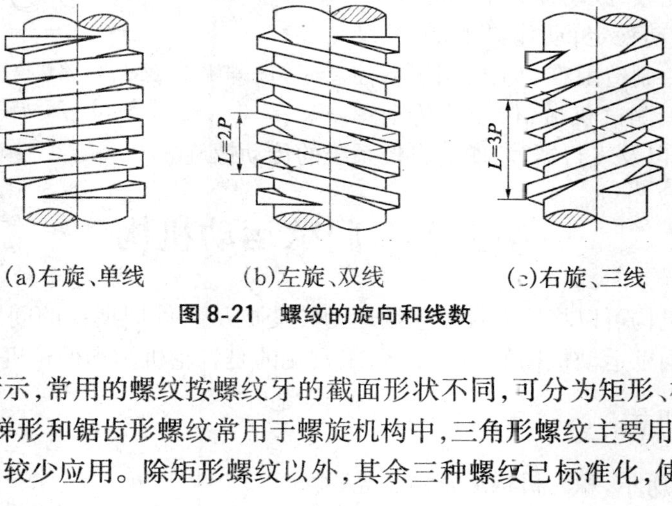

(a)右旋、单线　　(b)左旋、双线　　(c)右旋、三线

图 8-21　螺纹的旋向和线数

如图 8-22 所示，常用的螺纹按螺纹牙的截面形状不同，可分为矩形、梯形、锯齿形和三角形等几种。梯形和锯齿形螺纹常用于螺旋机构中，三角形螺纹主要用于连接，矩形螺纹难以精确制造，较少应用。除矩形螺纹以外，其余三种螺纹已标准化，使用时可参阅机械零件设计手册。

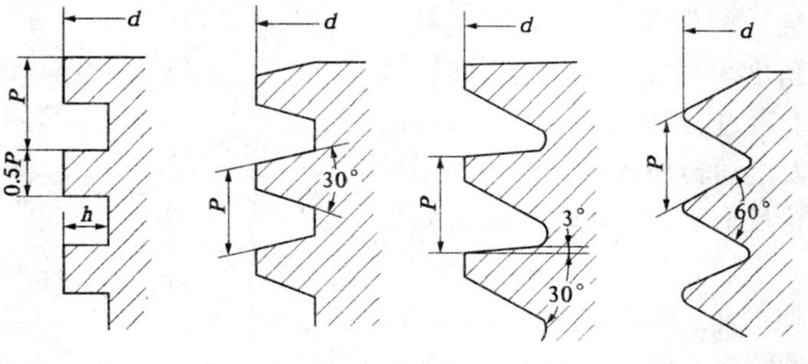

(a)矩形　　(b)梯形　　(c)锯齿形　　(d)三角形

图 8-22　螺纹牙形

三、螺旋机构的类型

螺旋机构按其用途不同可以分成传力螺旋、传导螺旋、调整螺旋三种。

(1)传力螺旋。以传递动力为主,要求以较小的力矩产生较大的轴向力,通常为间歇工作,工作速度不高,一般要求具有自锁性。

(2)传导螺旋。以传递运动为主,通常工作时间长,工作速度较高,一般要求具有较高的传动精度。

(3)调整螺旋。用以调整、固定零件间的相对位置,不经常转动,一般在空载下调整。

此外,按螺旋副摩擦性质不同,螺旋机构还可以分成滑动螺旋机构和滚动螺旋机构。

四、滚动螺旋机构

如图 8-23 所示,滚动螺旋机构主要由螺母 1、丝杠 2、滚珠 3 和滚珠循环装置 4 等组成。螺母与丝杠相对转动时,滚珠沿螺纹滚道滚动,并可沿滚珠循环装置返回。与滑动螺旋相比较,滚动螺旋摩擦阻力小,传动效率高,运动稳定,动作灵敏,但其结构复杂,尺寸大,制造困难。主要用于数控机床、精密机床、测试机械、仪器的传动螺旋和调整螺旋,以及飞行器、船舶的自控系统的传动螺旋。

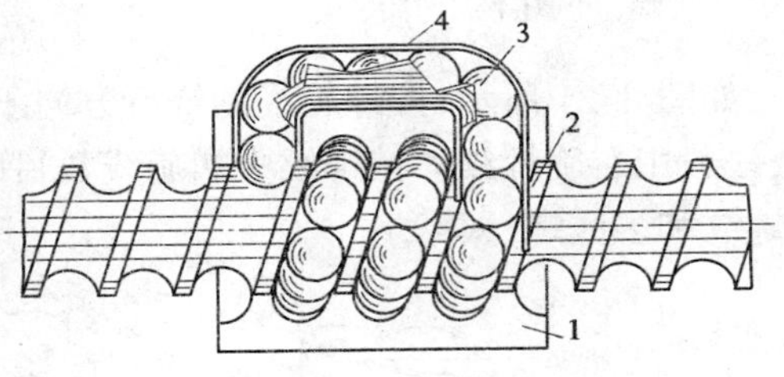

1—螺母;2—丝杠;3—滚珠;4—滚珠循环装置

图 8-23 滚动螺旋

第五节 间歇运动机构

间歇运动机构可以将原动件的连续运动转变成从动件周期性的间歇运动,广泛用于各类机械中。间歇运动机构的类型很多,最常见的是棘轮机构和槽轮机构。

一、棘轮机构

如图 8-24 所示,棘轮机构通常由棘轮、棘爪、摇杆和机架等组成。当摇杆 2 向左摆动时,摇杆上的棘爪 3 插入棘轮 4 的齿间,推动棘轮逆时针转动一定角度。当摇杆向右摆动时,棘爪在棘轮的齿背上滑过,棘轮静止不动。这样,将摇杆的连续往复摆动转换成棘轮的单向间歇转动。为防止棘轮反向转动,可设一止回棘爪 5。

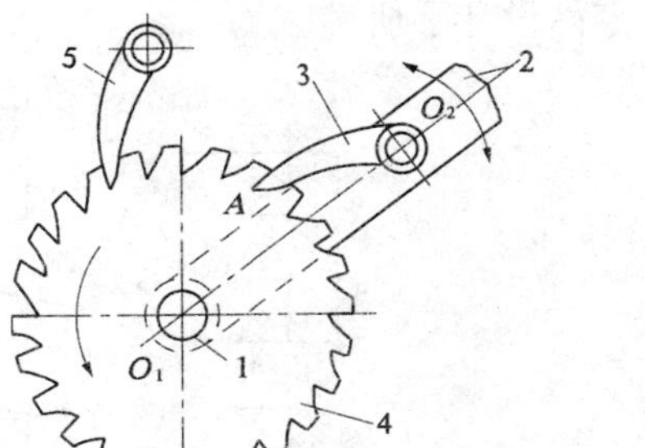

1—轴;2—摇杆;3—棘爪;4—棘轮;5—止回棘爪

图 8-24 棘轮机构

棘轮机构结构简单,制造方便,运动可靠,棘轮转角大小调整较为方便。但棘爪推动棘轮时与棘轮齿接触的瞬间有刚性冲击,传动平稳性差;棘爪返回时滑过棘轮齿顶,产生齿顶磨损和噪声。此外,棘轮的转角和传递动力不宜过大,运动准确性较差。因此,棘轮机构常用于低速,要求转角不大或需要经常改变转角的场合,如各种机床、自动机械进给机构,也常用在单向离合器和超越离合器上。

二、槽轮机构

如图 8-25 所示,槽轮机构由槽轮 2、拨盘 1 和机架组成,槽轮上带有径向槽和凹弧 *abc*,拨盘上带有圆柱销 A 的和凸弧 *def*。拨盘逆时针转动,当圆柱销 A 进入槽轮 2 上的径向槽时,推动槽轮转动。拨盘转过 φ 角时,槽轮转过 α 角,此时圆柱销 A 离开径向槽,槽轮上的凹弧*abc*与拨盘上的凸弧*def*接触,槽轮不能转动。直到圆柱销再一次进入槽轮上的另一径向槽,此时凹弧 *abc* 与凸弧 *def* 正好脱离接触,槽轮再一次转动。这样,将拨盘的连续回转运动转变成槽轮的单向间歇转动。改变拨盘上圆柱销的个数和槽轮上径向槽的个数,可以改变拨盘转动一周内槽轮转动和静止的次数及每次转动角度的大小。

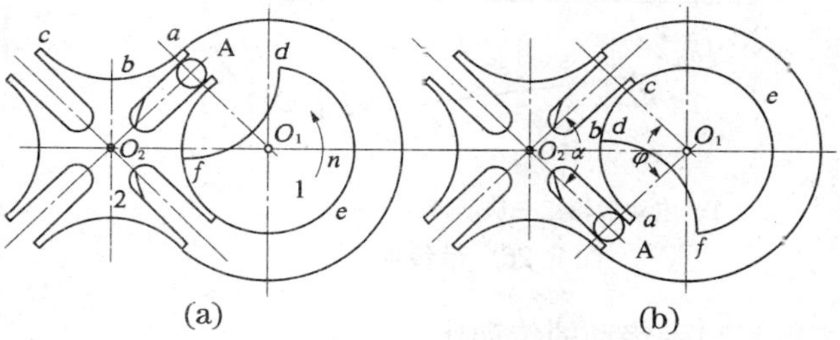

1—拨盘;2—槽轮

图 8-25　槽轮机构

槽轮机构结构简单,工作可靠,能准确控制槽轮转动的角度,传动较棘轮机构平稳。但槽轮每次转动角度的大小与槽轮上径向槽数有关,不易调整。槽轮机构常用于不需要经常调整转动角度的分度装置及电影放映机的输片机构。

第六节　带传动

一、带传动的工作原理和传动比

(一)带传动的工作原理

如图 8-26 所示,带传动是由主动带轮 1、从动带轮 2 和紧套在两个带轮上的传动带 3 组成。它是利用张紧在带轮上的挠性带,借助带与带轮之间的摩擦或啮合,在两轴或多轴之间传递运动或动力的一种机械传动。根据带传动工作原理不同,带传动有摩擦带传动和啮合带传动两类。

在摩擦带传动(见图 8-26)中,由于张紧的作用,静止时带 3 已经受到初拉力 F_0,并使带与带轮接触面间产生正压力 N。工作时,主动带轮 1 回转,靠带与带轮接触面间的摩擦力 F_f 带动带 3 运动,带 3 又靠其与从动带轮 2 接触面间的摩擦力 F_f 带动从动带轮回转。这样,主动带轮的运动和动力就通过带传给从动带轮。由于主动带轮对带的摩擦力与带的运动方向一致,从动带轮对带的摩擦力与带的运动方向相反,带绕入主动带轮的一边被拉紧,称为紧边,其上的拉力由 F_0 增加到 F_1;而另一边称为松边,其上拉力由 F_0 减小到 F_2。紧边与松边的拉力差称为带传动的有效拉力 F,它也是带所传递的圆周力,其值为带和带轮接触面上各点摩擦力的总和 F_f，即有 $F = F_1 - F_2 = F_f$。

在一定的初拉力 F_0 下，带与带轮间的摩擦力的总和有一个极限，当传递的圆周力超过该极限时，带与带轮间将全面滑动，称为打滑现象。打滑将使带磨损加剧，从动轮转速降低，甚至停转，失去正常的工作能力。

啮合带传动目前只有同步齿形带一种。如图 8-27 所示，带和带轮工作表面制成相应的齿形，靠带内侧凸齿与带轮齿间的啮合传递运动和动力。

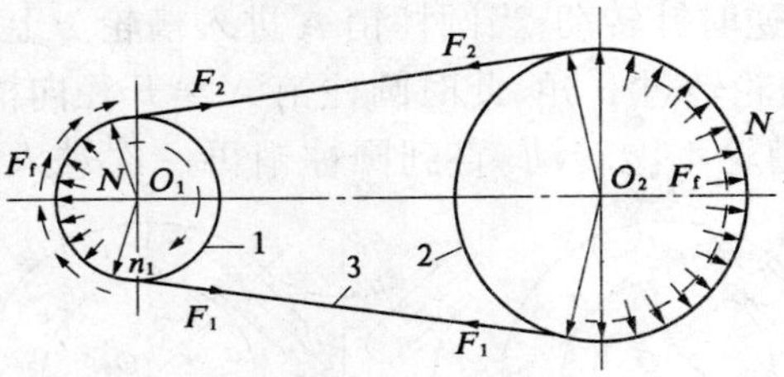

1—主动带轮；2—从动带轮；3—传动带

图 8-26　带传动

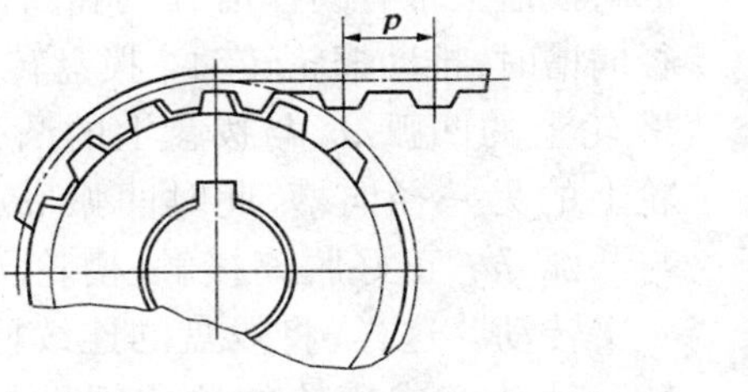

图 8-27　同步齿形带传动

(二)带传动的传动比

在机械传动中，主动带轮与从动带轮的转速或角速度之比称为传动比，用 i 表示：

$$i = \frac{n_1}{n_2} = \frac{\omega_1}{\omega_2} \tag{8-3}$$

式中　n_1、n_2——主、从动带轮的转速；

ω_1、ω_2——主、从动带轮的角速度。

带传动正常工作(无打滑现象)时，由于带的弹性变形，带与带轮间存在着微小的滑动，称为弹性滑动。忽略带的弹性变形影响，近似地可以认为带的速度 v 与主动带轮的圆周速度 v_1、从动带轮的圆周速度 v_2 相等，即

$$v_1 = v_2 = v$$

又因

$$v_1 = \pi d_1 n_1 \qquad v_2 = \pi d_2 n_2$$

所以

$$\frac{n_1}{n_2} = \frac{d_2}{d_1}$$

代入式(8-3)得：

$$i = \frac{n_1}{n_2} = \frac{\omega_1}{\omega_2} = \frac{d_2}{d_1} \tag{8-4}$$

式(8-4)表明，带传动中两带轮的转速与两带轮的直径成反比。

二、带传动的类型和特点

(一)带传动的类型

如图 8-28 所示，摩擦带传动按带的截面分有平带传动、V 带传动、圆带传动、多楔带传动等。

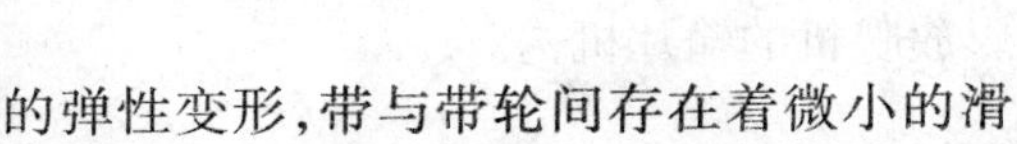

图 8-28　带的类型

平带的截面形状为扁平矩形，工作时内表面与带轮轮缘接触，为工作表面。它一般是有

接头的橡胶布带，运转不平稳，不适于高速传动。高速机械则常用无接头的环形胶带、丝织带和锦纶编制带等。

V 带的截面形状为梯形，两侧面为工作表面，在相同的张紧力下可以得到比平带更大的摩擦力，从而传递更大的功率，而且允许的传动比较大，中心距较小，结构紧凑，因此在一般的机械传动中获得比平带更为广泛的应用。

多楔带传动兼有平带和 V 带的特点，适于传递功率较大、速度较高的场合。圆带的传动能力较小，常用于仪器、家电等，如缝纫机、吸尘器中。

同步齿形带传动是具有中间挠性体的啮合传动，带和带轮间无相对滑动，主、从动带轮线速度相等，因而能保证传动比恒定。但其制造和安装精度要求高，中心距要求严格，价格高。主要用于中小功率且要求传动比恒定的传动中，如打印机、数控机床、汽车发动机的配气机构等。

(二)带传动的特点

摩擦带传动的优点是可以有较大的中心距，适用于中心距较大的两轴之间的传动；当过载时，带与带轮之间会出现打滑，从而防止机器中其他零件损坏，起过载保护作用；带为挠性体，能缓冲和吸振，因而带传动平稳、噪声小；带传动结构简单，制造和安装精度低，维护方便。但是，由于存在弹性滑动，带传动不能保证准确的传动比；为获得较大的摩擦力，需要有较大的初拉力，对轴的压力较大；带的寿命较短；传动的外廓尺寸大；摩擦损失大，传动效率较低，一般平带传动效率为 0.94～0.98，V 带传动效率为 0.92～0.96。

由于摩擦带传动的以上特点，它成为除齿轮传动外应用最为广泛的一种机械传动，适合于要求传动平稳、传动比不要求准确、中小功率的远距离传动。一般带传动所传递的功率 $P \leqslant 100$ kW，带速 $v = 5 \sim 25$ m/s，高速带的带速可达 60 m/s，传动比通常在 3 左右，一般不超过 7。

三、V 带及带轮

(一)V 带

V 带是无接头的环形带，其截面结构如图 8-29 所示，由顶胶 1、抗拉体 2、底胶 3 和包布 4 四部分构成。V 带的工作拉力主要由抗拉体承受，抗拉体有绳芯结构和帘布结构两种。前者挠性好，抗弯、抗疲劳强度高，多用于转速较高、带轮直径较小的场合；后者制造方便，抗拉强度高，用途广。

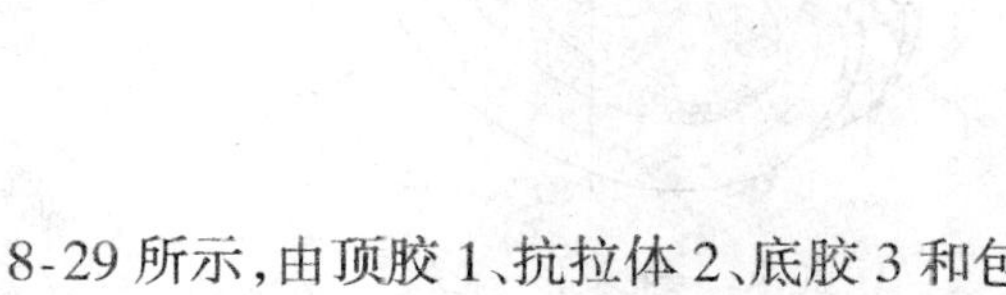

(a)绳芯结构　　(b)帘布结构

1—顶胶；2—抗拉体；3—底胶；4—包布

图 8-29　普通 V 带的结构

V 带弯曲时带中长度和宽度均不变的中性层称为节面，其宽度 b_p 称为节宽。V 带中截面高度 h 与节宽 b_p 的比值约为 0.7、楔角为 40°的为普通 V 带；截面高度 h 与节宽 b_p 的比值约为 0.9、楔角为 40°的为窄 V 带。与 V 带节宽 b_p 相对应的 V 带轮直径 d_d 称为基准直径，V 带在规定张紧力下，位于测量带轮基准直径上的周线长度称为基准长度 L_d。我国的普通 V 带与窄 V 带现均已标准化，国家标准《普通 V 带和窄 V 带尺寸》(GB/T11544—1997)将普通 V 带按截面面积由小到大分为 Y、Z、A、B、C、D、E 七种，窄 V

带按截面面积由小到大分为 SPZ、SPA、SPB、SPC 四种，各型带规定了一系列标准的基准长度，以供选用。

(二)V 带轮

如图 8-30 所示，V 带轮一般由轮缘 1、轮辐 2、轮毂 3 组成。V 带轮的轮缘有与带的根数和型号相对应的轮槽。轮辐有实心、腹板(或孔板)和椭圆轮辐式三种，分别适用于较小直径、中等直径和大直径带轮。V 带轮的具体结构尺寸可以查机械零件手册。

带轮常用的材料有灰铸铁、钢、铝合金及工程塑料等。使用最广泛的是灰铸铁；带速高或重要的场合可用铸钢；铝合金和工程塑料带轮多用在小功率的带传动上。

四、带传动的张紧装置

V 带是不完全弹性体，使用一段时间后会变松弛，带的传动能力随之下降。为保证带传动正常工作，必须检查带传动初拉力的大小，并采用张紧装置调整带的张紧力。

如图 8-31 所示，V 带传动常用的张紧装置有调节轴距张紧和张紧轮张紧两类。

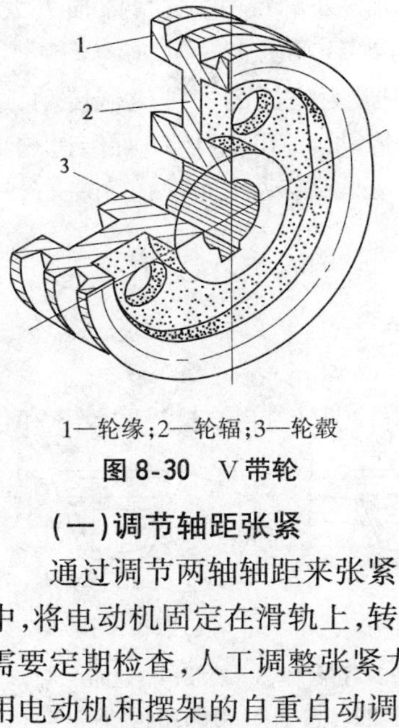

1—轮缘；2—轮辐；3—轮毂

图 8-30 V 带轮

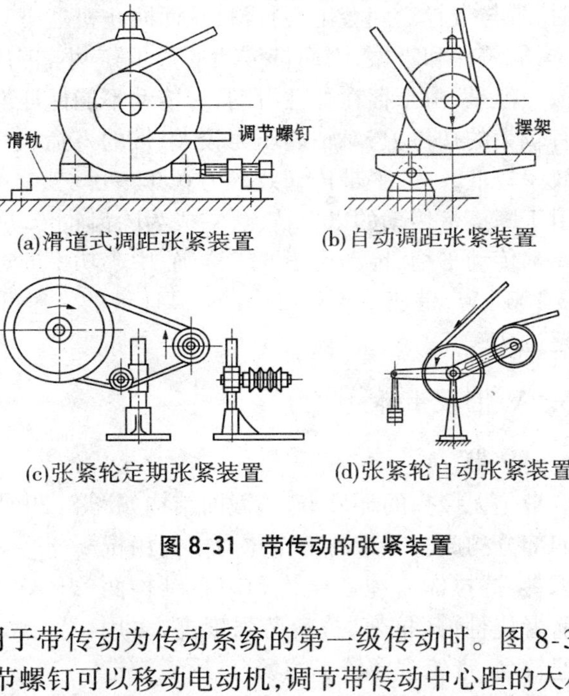

(a)滑道式调距张紧装置 (b)自动调距张紧装置 (c)张紧轮定期张紧装置 (d)张紧轮自动张紧装置

图 8-31 带传动的张紧装置

(一)调节轴距张紧

通过调节两轴轴距来张紧，常用于带传动为传动系统的第一级传动时。图 8-31(a)中，将电动机固定在滑轨上，转动调节螺钉可以移动电动机，调节带传动中心距的大小，它需要定期检查，人工调整张紧力大小。图 8-31(b)中，将电动机固定在浮动的摆架上，利用电动机和摆架的自重自动调整轴距张紧，多用于中、小功率的带传动。

(二)张紧轮张紧

当由于机器结构的限制不能改变带传动的中心距时，常采用张紧轮张紧装置。图 8-31(c)装置需要定期检查，人工调整张紧力大小；图 8-31(d)装置则利用重力自动调整。

五、带传动的失效形式

机械零件丧失预定功能的现象称为失效。导致机械零件失效的原因是多种多样的，不同的零件常见的失效形式也不一样。

带传动的主要失效形式是:①带与带轮间打滑,不能传递动力;②带由于疲劳产生脱层、撕裂和拉断;③带因其工作面磨损不能正常工作而失效。

第七节　链传动

一、链传动及其传动比

(一)链传动工作原理及类型

如图 8-32 所示,链传动是由安装在彼此平行的两轴上的主动链轮 1、从动链轮 2 和绕在两链轮上的封闭链条 3 组成的。它依靠链条和链轮齿啮合来传递运动和动力。

按工作性质不同,链有传动链、起重链和曳引链三种。传动链主要用来传递运动和动力,主要有滚子链和齿形链两种。

齿形链(如图 8-33 所示)运转平稳,噪声小,承受冲击性能好,工作可靠,但结构复杂,重量大,成本高,故多用于高速或运动精度要求较高的场合。

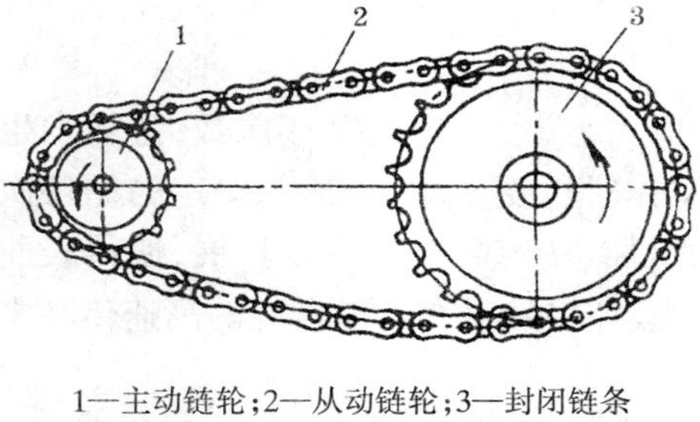

1—主动链轮;2—从动链轮;3—封闭链条

图 8-32　链传动

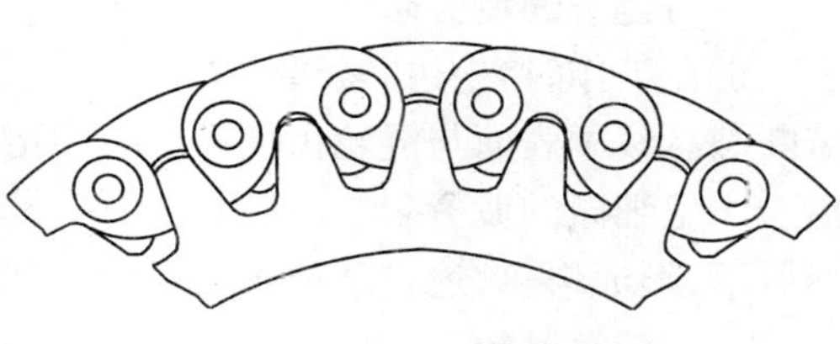

图 8-33　齿形链

滚子链(如图 8-34 所示)由内链板 1、外链板 2、销轴 3、套筒 4 和滚子 5 组成。内链板与套筒、外链板与销轴之间为过盈配合,套筒与销轴之间为间隙配合。当链条绕入绕出链轮时,套筒可绕销轴自由转动。滚子与套筒之间也为间隙配合,使得链条与链轮啮合时滚子沿链轮齿廓作滚动,以减小链和链轮的磨损。

链条上相邻两销轴的中心距称为链节距 p,它是链传动的基本参数。链节距 p 越大,链条各部分的尺寸也越大,承载能力越高,但是,链节距大链传动的冲击和振动随之增大。滚子链的长度用节数表示,当链条为偶数节时,形成封闭环状链条的接头常用开口销或弹簧卡片来固定;当链条为奇数节时,则必须使用过渡链节来连接。由于过渡链节的链板除受拉力外还受到附

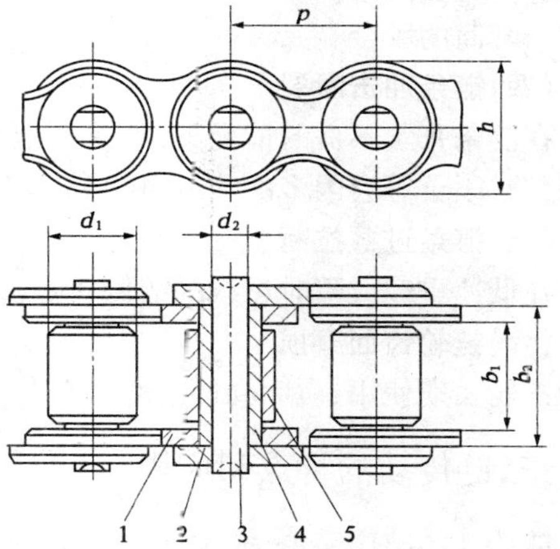

1—内链板;2—外链板;3—销轴;4—套筒;5—滚子

图 8-34　滚子链的结构

加弯矩，其强度较其他链节低，因此若无特殊要求，一般链传动多用偶数节链条。链条的各零件由碳钢或合金钢制成，并经过热处理，以提高其强度和耐磨性。我国的滚子链也已标准化，可查机械零件设计手册或相关的国家标准。

(二)链传动的传动比

滚子链是刚性链节通过销轴铰接而成的，链条绕在两个链轮上时分别呈两个正多边形形状，链节距 p 和两个链轮齿数 z_1、z_2 分别为两个正多边形的边长和边数。链轮每转一周，链条转过的长度分别为 z_1p、z_2p。若两链轮的转速分别为 n_1、n_2，则链条的平均速度 v 为：

$$v=\frac{z_1n_1p}{600\times100}=\frac{z_2n_2p}{600\times100}$$

由上式可得链传动的平均传动比：

$$i=\frac{n_1}{n_2}=\frac{z_2}{z_1} \tag{8-5}$$

式(8-5)表明链传动的平均传动比 i 与主、从动链轮的齿数比成反比，在两链轮齿数确定后，它是一个常数。

二、链传动的失效形式

(一)链条的疲劳破坏

链在工作时，松边、紧边拉力不同，链板受变应力，经过一定的循环次数，链板发生疲劳断裂。滚子表面与链轮齿面接触处在链传动工作时也受变应力，达到一定的循环次数后会产生细微的疲劳裂纹，随着应力循环次数的增加，疲劳裂纹进一步扩展，使得表面金属脱落，形成斑点，这种现象称为疲劳点蚀。疲劳破坏多发生在润滑良好的高速传动中。

(二)铰链磨损

工作时链条销轴和套筒之间既有较大的正压力，又有相对转动，会产生磨损。磨损后，链节距增大，当链节距过大时，会导致跳齿或脱链，使链传动失效。

(三)铰链胶合

当链速过高或润滑不良时，销轴和套筒工作表面有很大的摩擦力，其产生的热量导致销轴与套筒的胶合。

(四)链条冲击断裂

在链条张紧不良的情况下，如果频繁启动、制动或反转，将产生较大的惯性载荷，销轴、套筒、滚子等会因多次冲击而断裂，导致链传动失效。

(五)链条过载拉断

在低速重载或瞬时过载的链传动中，载荷超过了静强度，链条会被拉断而失效。

(六)链轮齿面磨损

链轮长期使用，齿廓会过度磨损变尖，降低传动质量，导致传动失效。

三、链传动的特点和应用

链传动的结构简单，成本低，安装精度要求低，可以有较大的中心距。与带传动相比较，链传动是啮合传动，无弹性滑动和打滑现象，因而可以保证有准确的平均传动比；传动效率高;结构紧凑;链条需要的张紧力小,对轴的径向压力小;可以在恶劣的环境中工作。但是,链传动只能传递平行轴之间的同向回转运动;工作时有噪音;不能保持恒定的瞬时传动比,传动平稳性差,不宜用于高速、载荷变化大和需要急速反向转动的场合。

链传动主要用于两轴相距较远,要求平均传动比准确,工作条件恶劣,不宜采用带传动和齿轮传动的场合。一般链传动功率 $P\leqslant 100$ kW,链速 $v\leqslant 15$ m/s,传动比 $i\leqslant 8$,中心距 $a\leqslant 5\sim 6$ m,传动效率为 0.95~0.98。

第八节　齿轮传动

一、概述

如图 8-35 所示,齿轮传动是一种啮合传动。主动齿轮转动时,其轮齿 1、2、3…逐个推动从动齿轮的轮齿 1′、2′、3′…从而推动从动齿轮转动,将主动齿轮的运动和动力传递给从动齿轮。

(一)齿轮传动的类型

齿轮传动的种类很多,图 8-36 所示为常见的齿轮传动。按照主、从动齿轮轴线在空间相对位置的不同,齿轮传动可以分成两轴平行、两轴相交和两轴相交错三种。

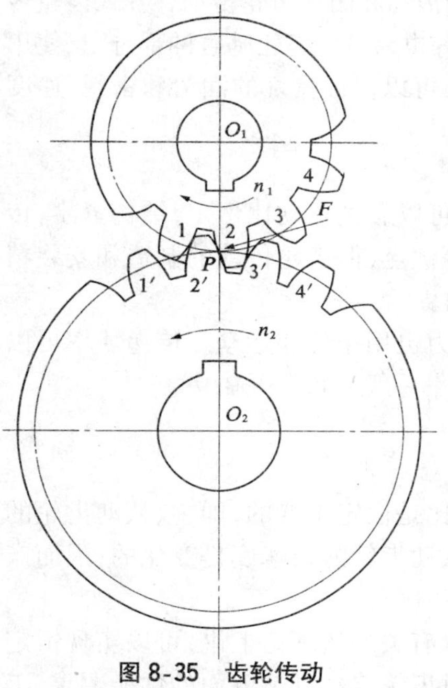

图 8-35　齿轮传动

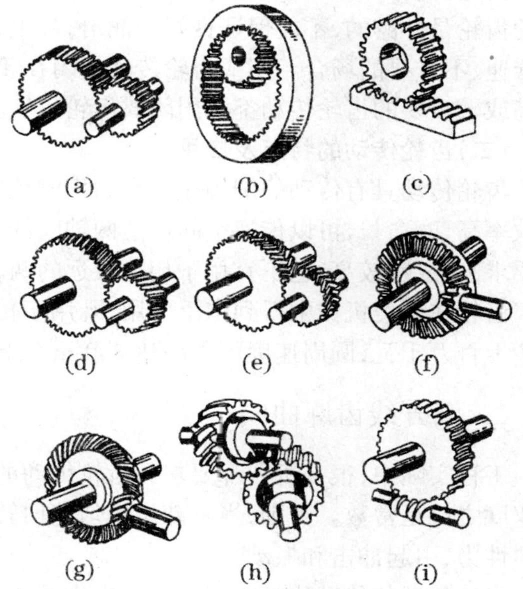

图 8-36　齿轮传动的类型

两轴平行的齿轮传动,其齿轮为圆柱形,也称为圆柱齿轮。圆柱齿轮传动按轮齿排列方向的不同可以分成以下几种。

1. 直齿圆柱齿轮传动

直齿圆柱齿轮简称直齿轮,其轮齿排列与齿轮轴线平行。根据啮合情况不同,直齿圆柱齿轮传动又分为:

(1)外啮合直齿轮传动(见图8-36(a))。两齿轮的转动方向相反,制造较简单。

(2)内啮合直齿轮传动(见图8-36(b))。两齿轮转动方向相同。

(3)齿轮齿条传动(见图8-36(c))。传动时齿轮作旋转运动,齿条作直线运动,齿条相当于直径为无穷大的大齿轮的一部分。

2. 斜齿圆柱齿轮传动

斜齿圆柱齿轮简称斜齿轮,其轮齿排列与齿轮轴线成一定夹角。也有外啮合(见图8-36(d))、内啮合、齿轮齿条啮合之分。

3. 人字齿轮传动

人字齿轮的轮齿左右两侧的轮齿倾斜方向相反(见图8-36(e)),相当于两个螺旋线方向相反的斜齿轮拼接而成,可以消除因轮齿倾斜产生的轴向力,但制造较困难,成本高。

两轴相交的齿轮传动,其齿轮为圆锥形,也称为锥齿轮。锥齿轮按轮齿的不同又有直齿圆锥齿轮(见图8-36(f))、曲齿圆锥齿轮(见图8-36(g))等不同的类型。常见的锥齿轮传动两齿轮轴线间的夹角多为90°,也有不等于90°的。

两轴相交错的齿轮传动,也叫螺旋齿轮传动(见图8-36(h)、(i)),其齿轮单个而言都是斜齿轮。相应改变两个齿轮轮齿倾斜的角度,可以组成轴间夹角为0°~90°的螺旋齿轮传动。

齿轮传动还可以按工作条件的不同分成开式齿轮传动和闭式齿轮传动。开式齿轮传动的齿轮是外露的,不能保证良好的润滑,灰尘、杂质等也易进入齿轮啮合的部分,只使用在低速、不重要的场合。闭式齿轮传动封闭在箱体内,可以保证良好的润滑和密封,速度较高或较重要的齿轮传动都采用闭式齿轮传动。

(二)齿轮传动的特点及应用

齿轮传动具有传动的圆周速度和功率的范围大,可以做到传动比恒定,结构紧凑,传动效率高,寿命长,可以传递空间任意两轴间的运动等优点,但齿轮传动的制造和安装精度要求高,成本较高,也不宜用于相距较远的两轴之间。

齿轮在各类机械中得到广泛应用,既用于传递动力也用于传递运动。传递功率可以高达上百万千瓦,圆周速度可以高达300 m/s,传动效率一般为0.95~0.98。

二、渐开线齿廓曲线

工程实际中,很多机器都要求其齿轮传动的传动比是恒定不变的,即主、从动齿轮的角速度之比是常数。否则,当主动齿轮匀速回转时,从动齿轮的角速度是变化的,因而产生惯性力,引起冲击和振动。

齿轮传动的传动比是否恒定与两个齿轮齿廓形状有关。从理论上讲,可以实现恒定传动比的齿廓曲线很多,但考虑到制造、安装方便及对齿轮传动其他方面的性能要求,工程实际中使用的齿廓有渐开线齿廓、摆线齿廓和圆弧齿廓等,其中渐开线齿廓应用最广。

(一)渐开线及其性质

如图8-37所示,当一条直线 NK 在半径为 r_b 的圆上作纯滚动时,直线上任意一点 K 的轨迹 AK 称为该圆的渐开线,该圆称为基圆,直线 NK 称为渐开线的发生线,角 θ_k 称为渐开线 AK 段的展角。若发生线沿反方向在基圆上滚动,可以得到另一条渐开线 AK'。

渐开线有以下性质：

(1)发生线在基圆上滚过的线段长度 NK 等于基圆上滚过的弧长 NA。

(2)发生线 NK 是渐开线在 K 点的法线，它与基圆相切。因此，渐开线上任意一点 K 的法线必切于基圆。

(3)发生线 NK 与基圆的切点是渐开线在 K 点的曲率中心，NK 则是渐开线在 K 点的曲率半径。因此，渐开线上离基圆越近处，渐开线越弯曲，曲率半径越小；基圆周上渐开线的曲率半径为零。

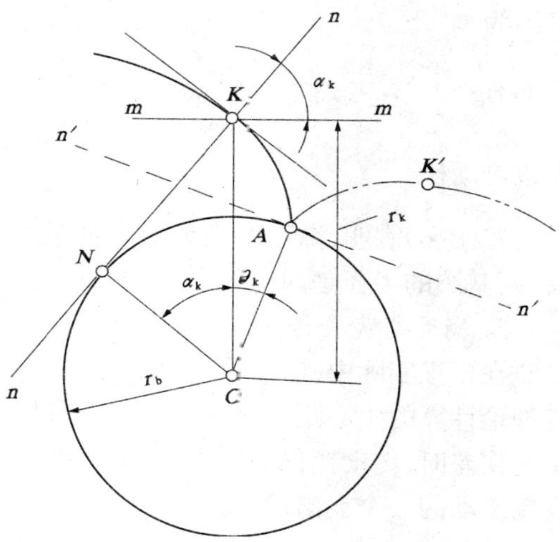

图 8-37　渐开线的形成及其性质

(4)渐开线上任意一点 K 的正压力方向与渐开线绕基圆圆心 O 转动时该点的速度方向所夹的锐角 α_k 称为渐开线在 K 点的压力角，$\cos\alpha_k = r_b/r_k$。渐开线上各点的压力角不同，离基圆越远，压力角越大。

(5)渐开线的形状还和基圆的大小有关，基圆越大，渐开线越平直；当基圆半径趋于无穷大时，渐开线为直线。

(6)基圆内无渐开线。

(二)渐开线齿廓的啮合及其特性

渐开线齿廓是以同一基圆上产生的两条相反的渐开线为轮齿的齿廓。如图 8-38 所示，渐开线齿廓啮合有以下特性。

1. 渐开线齿廓可以保证传动比恒定

两渐开线齿廓 g_1、g_2 的基圆半径分别为 r_{b1}、r_{b2}，角速度分别为 ω_1、ω_2。当两齿廓在任意一点 K 啮合时，过 K 点作两齿廓的公法线。由渐开线的性质知，渐开线上任意一点的法线必与基圆相切。所以，公法线 N_1N_2 也是两个基圆的内公切线。在两个基圆的半径和中心位置不变的情况下，两圆间同一侧的内公切线只有一条。因此，经过时间 dt 后，两轮分别转过 $d\theta_1$、$d\theta_2$ 角，在 K' 点啮合时，该点必在直线 N_1N_2 上。也就是说，渐开线齿轮啮合时，两齿廓的啮合点都在直线 N_1N_2 上，称为啮合线。

设两轮分别转过 $d\theta_1$、$d\theta_2$ 角时，两个基圆转过的弧长分别为 dl_1、dl_2，由渐开线的性质可以证明有：

$$dl_1 = dl_2 = KK'$$

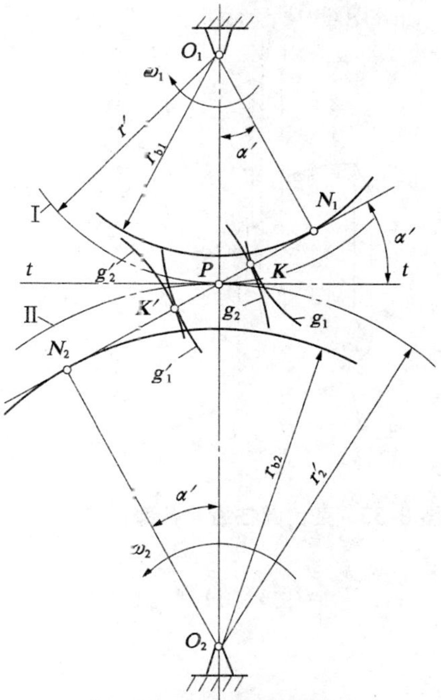

图 8-38　渐开线齿廓啮合

又因为 $$dl_1 = r_{b1}\,d\theta_1 \qquad dl_2 = r_{b2}\,d\theta_2$$

因而有 $$\frac{d\theta_1}{d\theta_2} = \frac{r_{b2}}{r_{b1}}$$

所以传动比 $$i = \frac{\omega_1}{\omega_2} = \frac{d\theta_1/dt}{d\theta_2/dt} = \frac{d\theta_1}{d\theta_2} = \frac{r_{b2}}{r_{b1}} \tag{8-6}$$

式(8-6)表明,渐开线齿轮传动的瞬时传动比等于两基圆半径的反比。在齿轮制成后,两基圆的半径是固定的,因而传动比是一个恒定不变的常数。

2. 渐开线齿轮传动中心距具有可分性

在工程实际中,由于制造、安装的误差以及轴承磨损等原因,一对齿轮的实际中心距与理论计算的中心距不会完全相等。渐开线齿轮的传动比等于基圆半径的反比,当中心距有误差时,传动比仍为原来的常数,称为渐开线齿轮传动的中心距可分性。这是渐开线齿轮传动的一个突出优点。

3. 渐开线齿廓间的正压力方向恒定不变

两轮齿啮合时,齿廓间的正压力是沿齿廓啮合点公法线方向作用的。由于任意一啮合点的公法线均为直线 N_1N_2,所以齿廓间的正压力始终沿啮合线 N_1N_2 方向作用。若传递的功率一定、两轮的转速一定,则传递的力矩一定;两齿轮齿廓在任意位置接触,正压力的大小和方向都不变,对齿轮传动的平稳性十分有利。这也是渐开线齿轮传动的一大优点。

三、直齿圆柱齿轮传动

(一)渐开线圆柱直齿轮的名称和几何关系

如图8-39所示为一个渐开线圆柱直齿轮的一部分。齿轮圆周上轮齿的总数称为齿轮的齿数,用 z 表示。每个轮齿都具有对称分布的渐开线齿廓,相邻两齿之间的空间称为齿槽。过所有轮齿齿顶的圆称为齿顶圆,过所有轮齿齿根的圆称为齿根圆,它们的半径分别表示为 r_a 和 r_f。

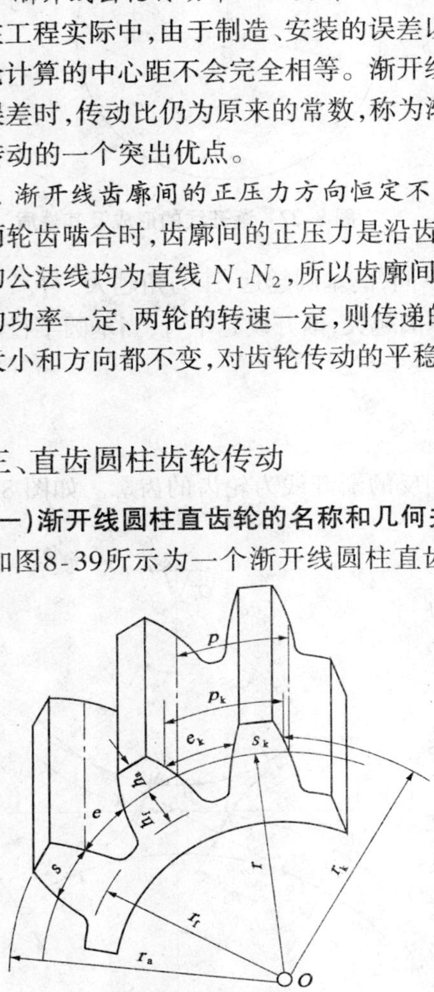

图 8-39　直齿圆柱齿轮各部分的名称和几何尺寸

在任意半径 r_k 的圆周上,相邻两齿同侧齿廓间的弧长称为该圆周的齿距,用 p_k 表示。同一轮齿两侧齿廓间的弧长称为该圆周的齿厚,用 s_k 表示。相邻两齿间齿槽的弧长称为该圆周的齿槽宽,用 e_k 表示。因此,有

$$p_k = s_k + e_k \tag{8-7}$$

对任意半径 r_k 的圆,其周长既等于 zp_k,又等于 πd_k,所以有

$$d_k = \frac{p_k}{\pi} z \tag{8-8}$$

令
$$m_k=\frac{p_k}{\pi} \tag{8-9}$$
定义 m_k 为任意半径 r_k 圆周上的模数,单位为 mm。

由于不同半径 r_k 圆周上的齿距 p_k 不等,模数 m_k 也不等。为设计计算、制造的方便,规定一个特定的圆作为齿轮计算和加工的基准,称为分度圆,其半径表示为 r。该圆上的齿厚、齿槽宽、齿距及模数分别以 s、e、p 及 m 表示。实际上,不作特殊说明,不带脚标的参数一般表示的是分度圆上的参数。

我国渐开线齿轮的模数和压力角已经标准化,在设计齿轮传动时应按标准模数系列选择模数。常用的标准压力角是 20°。

齿顶圆与齿根圆之间的径向距离称为全齿高,以 h 表示;齿顶圆与分度圆之间的径向距离称为齿顶高,以 h_a 表示;齿根圆与分度圆之间的径向距离称为齿根高,以 h_f 表示。齿顶高与齿根高可以分别表示为:
$$h_a=h_a^* m \tag{8-10}$$
$$h_f=h_a+c=(h_a^*+c^*)m \tag{8-11}$$
h_a^* 称为齿顶高系数,c^* 称为顶隙系数。它们也都已经标准化,对于正常齿 $h_a^*=1$,$c^*=0.25$;对于短齿 $h_a^*=0.8$,$c^*=0.3$。$c=c^* m$,是齿顶高与齿根高的差值,称为顶隙。

m、z、α、h_a^*、c^* 是齿轮的基本参数,其中模数既决定了齿轮的大小,也决定了轮齿的大小。齿数相同时,模数越大,齿轮就越大,轮齿也越大。

如果一个直齿轮的 m、z、α、h_a^*、c^* 均为标准值,而且分度圆上的齿厚和齿槽宽相等,即 $s=e$,则称该齿轮为标准直齿轮。标准直齿渐开线圆柱齿轮几何尺寸的计算公式见表 8-1。

表 8-1　标准直齿渐开线圆柱齿轮几何尺寸的计算公式

参数名称	符号	计算公式
分度圆直径	d	$d_1=mz_1$;　$d_2=mz_2$
基圆直径	d_b	$d_{b1}=d_1\cos\alpha$;　$d_{b2}=d_2\cos\alpha$
齿顶高	h_a	$h_a=h_a^* m$
齿根高	h_f	$h_f=(h_a^*+c^*)m$
全齿高	h	$h=h_a+h_f$
顶隙	c	$c=c^* m$
齿顶圆直径	d_a	$d_{a1}=d_1+2h_a$;　$d_{a2}=d_2+2h_a$
齿根圆直径	d_f	$d_{f1}=d_1-2h_f$;　$d_{f2}=d_2-2h_f$
齿距	p	$p=\pi m$
齿厚	s	$s=\frac{\pi m}{2}$
齿槽宽	e	$e=\frac{\pi m}{2}$
中心距	a	$a=\frac{1}{2}(d_1+d_2)=\frac{m}{2}(z_1+z_2)$

注: 齿轮基本参数:齿数 z_1、z_2,模数 m,压力角 α,齿顶高系数 h_a^*,顶隙系数 c^*。

(二)标准直齿圆柱齿轮的啮合传动

1. 正确啮合的条件

一对渐开线直齿轮啮合时，如图 8-40 所示，齿轮 1 主动，齿轮 2 从动。当两轮的某一对轮齿开始啮合时，应该是主动轮齿靠近齿根的某一点推动从动轮齿的齿顶，也就是说啮合是从从动齿轮齿顶圆与啮合线 N_1N_2 的交点 B_2 开始的，啮合点将沿着啮合线向 N_2 的方向移动，当啮合点移动到主动齿轮齿顶圆与啮合线 N_1N_2 的交点 B_1 时将脱离啮合。线段 B_1B_2 称为实际啮合线。

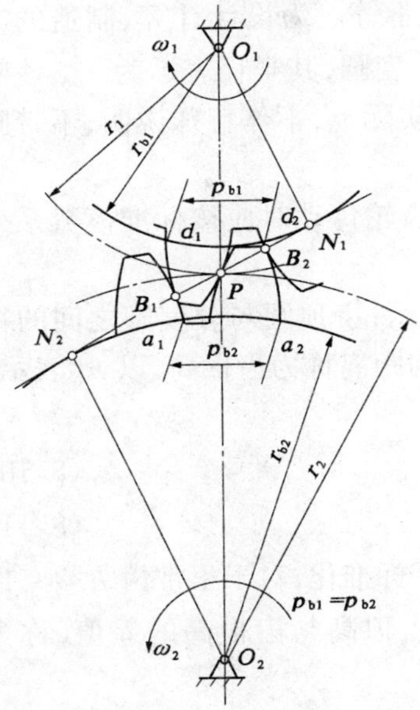

图 8-40 渐开线直齿轮的啮合

同一齿轮上相邻两齿同侧齿廓间的法向距离称为法向齿距，以 p_n 表示。如果一对渐开线直齿圆柱齿轮的相邻两对轮齿能够同时啮合，欲使两对轮齿的啮合正确，则在前一对轮齿啮合点沿啮合线移动到某点时，后一对轮齿应该在 B_2 点同时进入啮合，两个齿轮的法向齿距应该相等，即 $p_{n1}=p_{n2}$。另由前述渐开线的性质(1)可以推出 $p_n=p_b$。所以，有

$$p_{b1}=p_{b2}$$

由于
$$p_b=\frac{\pi d_b}{z}=\frac{\pi d\cos\alpha}{z}=\pi m\cos\alpha$$

故
$$m_1\cos\alpha_1=m_2\cos\alpha_2$$

对于标准直齿圆柱齿轮，其模数和压力角都应是标准值，欲满足上式，则要满足：

$$m_1=m_2=m$$

$$\alpha_1=\alpha_2=\alpha$$

即一对标准直齿圆柱齿轮正确啮合的条件是：两齿轮的模数、压力角应分别相等，且均为标准值。

2. 连续传动的条件

在一对齿轮的啮合传动中，一对轮齿即将脱离啮合时，后一对轮齿必须进入啮合，否则传动就会中断，从而引起轮齿间的冲击，影响传动的平稳性。也就是说，一对齿轮传动必须保证在任意瞬时至少有一对或一对以上的轮齿处于啮合状态，这就要求实际啮合线 B_1B_2 的长度大于等于齿轮的法向齿距，亦即 $B_1B_2\geqslant p_n=p_b$。

定义
$$\varepsilon_a=\frac{B_1B_2}{p_b}$$

ε_a 称为重合度，则渐开线直齿圆柱齿轮连续传动的条件为：

$$\varepsilon_a=\frac{B_1B_2}{p_b}\geqslant 1$$

理论上 $\varepsilon_a=1$ 传动仍是连续的，但考虑到齿轮的制造误差、安装误差等，实际工程中取 $\varepsilon_a>1$。

3. 渐开线齿廓的切削加工与根切现象

齿轮加工的方法有铸造、冲压、热轧、冷轧和切削加工等，最常用的是切削加工方法。切削加工方法按加工原理的不同又分为仿形法和展成法。

(1)仿形法。所采用的刀具在其轴剖面内刀刃的形状和被切齿轮齿槽相同，常用的刀具有盘状铣刀和指状铣刀。如图 8-41 所示，加工时铣刀转动，同时轮坯沿着它的轴线方向移动，切出一个齿槽(也就是切出相邻两齿各一侧的齿廓)后，轮坯退回原来的位置，再转过一个分齿角度，加工第二个齿槽。如此重复进行，直到加工出全部齿槽。这种加工方法可以在通用机床上进行。

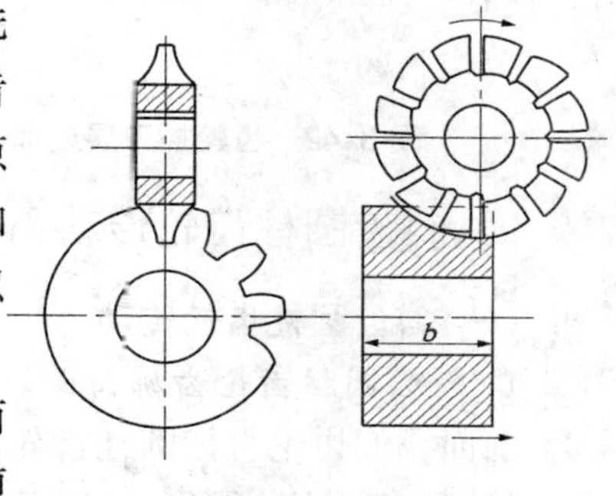

图 8-41　盘状铣刀仿形加工

由于随基圆的大小不同渐开线的形状也不相同，而基圆直径 $d_b = mz\cos\alpha$，当模数 m 和压力角 α 一定时，随着齿轮齿数 z 的不同，齿廓的形状是不同的。要切制出完全正确的齿廓，即使模数 m 和压力角 α 相同，齿数不同的齿轮配备的刀具也不一样，这样刀具的数量就需要很多，实际生产中很难做到。为了减少刀具的数量，在实际生产中同一种模数 m 和压力角 α 配备一组铣刀(8 把或 15 把)，每把铣刀可以加工一定齿数范围的齿轮。这样，用这把铣刀加工的齿轮只有某一个齿数的齿廓形状是准确的，其余齿数的齿廓形状都是近似的，齿轮的精度较低。

(2)展成法。展成法是利用齿轮传动时其两轮齿齿廓曲线互为包络线的原理来加工齿轮的。常用的插齿、滚齿、剃齿等加工方法都属于展成法。如图 8-42 所示为齿轮插刀展成加工齿轮示意图。齿轮插刀相当于一个下端面具有刀刃的齿轮。加工时，一方面刀具与轮坯以一定的传动比作等速旋转的展成运动；另一方面刀具沿轮坯轴线方向作上下的切削运动。展成法加工出的齿轮轮廓曲线是齿轮插刀刀刃展成运动的包络线，轮坯和齿轮插刀绕各自轴线所作的展成运动 $n_{坯}$、$n_{刀}$ 是由机床来实现的。由 $i = \dfrac{n_{刀}}{n_{坯}} = \dfrac{z_{坯}}{z_{刀}}$ 可知，在模数 m 和压力角 α 相同时，用同一把齿轮插刀($z_{刀}$ 不变)，通过机床调整传动比 i，可以加工出不同齿数($z_{坯}$)的齿轮。这样，只要模数 m 和压力角 α 相同的齿轮，不管齿数多少，都可以用该齿轮插刀来加工，大大减少了刀具的数量。展成法加工齿轮的生产率也比较高，但需要专用的机床，在大批生产中多采用这种方法。

(3)根切现象和最少齿数。用展成法加工齿轮，当被加工齿轮的齿数较少时，刀具的齿顶部分会将轮齿已切出的渐开线齿廓的齿根部分切去一部分(如图 8-43 所示)，这种现象称为根切。轮齿若发生根切，齿根的强度被削弱，而且根切部分的渐开线齿廓被切去，传动的平稳性差，所以应尽量避免发生根切现象。

对于标准齿轮，为避免根切现象，主要是控制齿数不能过少。加工标准齿轮，为了不产生根切，则齿数不得少于某一个最少的限度 z_{min}，称为最少齿数。$\alpha = 20°$、$h_a^* = 1$ 的标准直齿圆柱齿轮的最少齿数 $z_{min} = 17$。

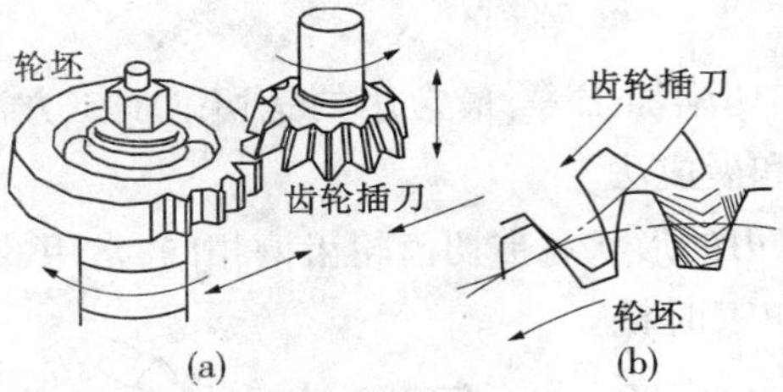

图 8-42　齿轮插刀展成加工

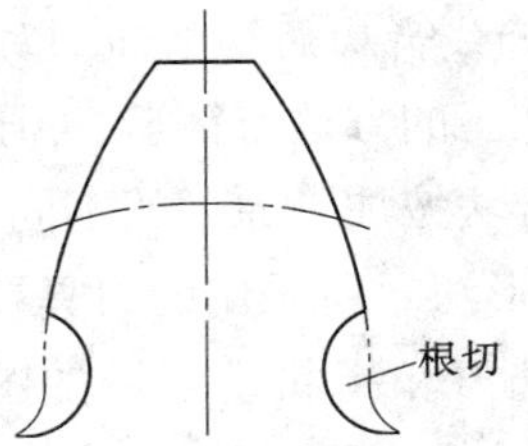

图 8-43　齿廓的根切现象

四、斜齿圆柱齿轮传动和圆锥齿轮传动的特点及应用

(一)斜齿圆柱齿轮传动

1. 斜齿圆柱齿轮齿廓曲面的形成及其啮合特点

前面我们讨论直齿圆柱齿轮时,只是在齿轮的端面内,没有考虑齿轮的宽度。实际上,齿轮都有一定的宽度,如图 8-44(a)所示,前面说的基圆实际上是基圆柱面,渐开线的发生线应是一个发生面。当发生面沿基圆柱作纯滚动时,发生面内平行于基圆柱轴线的直线 KK 运动的轨迹即为直齿轮的齿面,它是一渐开线曲面。

如图 8-44(b)所示,若直线 KK 与基圆柱轴线方向不平行,而成一夹角 β_b,当发生面沿基圆柱作纯滚动时,直线的运动轨迹为一渐开线螺旋面,斜齿轮的齿廓曲面即为渐开线螺旋面。在垂直于基圆柱轴线的任意剖面上,齿廓曲线均为渐开线,这些渐开线起始点的轨迹为基圆柱面上的螺旋线,螺旋线的切线与齿轮轴线之间所夹的锐角称为基圆柱上的螺旋角 β_b。实际上,任意与基圆柱同轴、半径为 r_k($r_k \geqslant r_b$)的圆柱面与渐开线螺旋面的交线均为螺旋线,只是螺旋角不同,r_k 越大,β_k 越大。另外,任意与基圆柱相切的平面与渐开线螺旋面的交线必是一条直线。直齿轮可以看成是斜齿轮的一个特例($\beta_b = 0$)。

直齿轮啮合时,两齿廓曲面的接触线为一条平行于轴线的直线,如图 8-45(a)所示,在整个齿宽方向上,啮合是同时进入、同时退出,轮齿上的载荷变化较大,对齿轮的误差比较敏感,所以直齿轮传动有较大的冲击、振动和噪声。

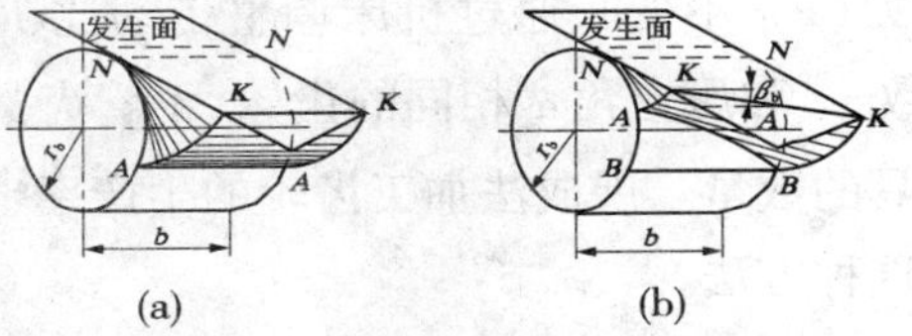

图 8-44　渐开线曲面的形成

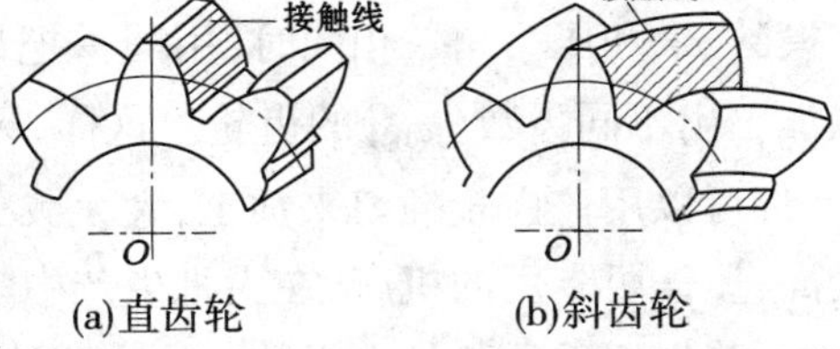

图 8-45　齿轮啮合齿廓曲面上的接触线

一对轴线平行的斜齿轮啮合,啮合面仍是两基圆柱的内公切面,两齿廓曲面间的瞬间接触线是一条倾斜的直线,如图 8-45(b)所示,一对轮齿从进入啮合到退出啮合,接触线由短变长,再由长变短。因此,与直齿轮啮合不同,斜齿轮啮合时,沿齿宽方向是逐渐进入和逐渐退出啮合,而且每一瞬间的接触线沿齿宽方向不在同一圆柱面上,故与直齿轮相比,斜齿轮传动的平稳性好,冲击、振动及噪声较小,承载能力大。

2. 斜齿轮的基本参数及正确啮合的条件

由于齿向的倾斜,斜齿轮的参数分为端面参数(在垂直于轴线的平面内)和法向参数(垂直于分度圆柱面上的螺旋线的切线平面内)。斜齿轮加工时通常使用滚刀或盘状铣刀,切削沿齿轮的螺旋线方向,所以法向参数与刀具的参数相同,其法向模数为标准值。在此,我们不加证明地给出斜齿轮的端面参数(下标以 t 表示)和法向参数(下标以 n 表示)之间的关系。

(1)法向模数 m_n 和端面模数 m_t:

$$m_n = m_t \cos\beta$$

其中,β 为分度圆柱的螺旋角,$\cos\beta = \pi d / s$,s 为螺旋线的导程。由于 $\cos\beta < 1$,故 $m_n < m_t$。

(2)法向压力角 α_n 和端面压力角 α_t:

$$\tan\alpha_n = \tan\alpha_t \cos\beta$$

由于 $\cos\beta < 1$,故 $\alpha_n < \alpha_t$。

(3)齿顶高系数 h_{an}^*、h_{at}^* 和顶隙系数 c_n^*、c_t^*:

$$h_{at}^* = h_{an}^* \cos\beta$$

$$c_t^* = c_n^* \cos\beta$$

外啮合平行轴斜齿轮传动在每一与轴线垂直的平面内的啮合都相当于与直齿轮的啮合。同时,为了能在全部齿宽方向上均能正确啮合,还要求两个齿轮的螺旋角相等,旋向相反。所以,外啮合平行轴斜齿轮传动正确啮合的条件是:

$$m_{n1} = m_{n2} = m$$

$$\alpha_{n1} = \alpha_{n2} = \alpha$$

$$\beta_1 = -\beta_2$$

(二)圆锥齿轮传动简介

圆锥齿轮用于两相交轴之间的传动,如图 8-46 所示。其轮齿均匀分布在一个截圆锥上。对应于圆柱齿轮中的各个相关的圆柱,圆锥齿轮中有齿顶圆锥、齿根圆锥、分度圆锥、基圆锥等。圆锥齿轮的轮齿有直齿、螺旋齿等多种形式,其中直齿圆锥齿轮设计、制造较为方便,应用较广。

圆锥齿轮的轮齿由大端向锥顶方向逐渐缩小,几何尺寸计算以大端为标准。其正确啮合的条件是两圆锥齿轮大端的模数和压力角必须相等且为标准值,两轮的锥距 R 也必须相等。

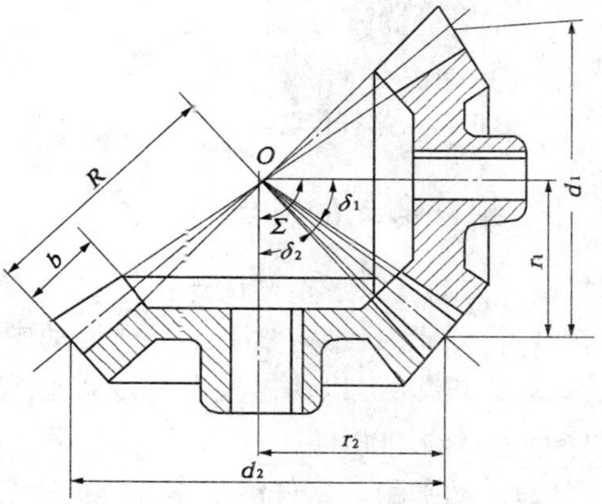

图 8-46 标准直齿圆锥齿轮

圆锥齿轮传动的特点是可以在两相交轴之间传动,两轴之间的交角可以是任意的,但最常用的是 90°。但圆锥齿轮的加工和安装较困难,工作时两齿轮除了受径向载荷外,还受到较大的轴向载荷。

第九节　蜗杆传动

一、蜗杆传动原理及其速比计算

蜗杆传动由蜗杆、蜗轮和机架组成，用来传动空间交错轴之间的运动和动力，通常两轴间的交错角为 $\Sigma=90^\circ$。一般情况下蜗杆传动中蜗杆为主动件，蜗轮为从动件。蜗杆传动可以看成是由交错轴斜齿轮机构演化而来的，如图 8-47 所示。减小齿轮的齿数 z_1 和分度圆直径 d_1，增大其螺旋角 β_1 和齿宽 b_1，轮齿在分度圆上形成完整的螺旋线，即为蜗杆；与蜗杆相啮合的齿轮则采用较大的齿数 z_2 和分度圆直径 d_2，其螺旋角 β_2 的旋向与 β_1 相同，且 $\beta_1+\beta_2=90^\circ$，即为蜗轮。

为了加工方便并获得较好的传动性能，工程实际中使用的蜗杆和蜗轮并不是真正的斜齿轮。通常，蜗杆是采用车刀加工的螺杆，而蜗轮则是采用与蜗杆相似，但增加了一个顶隙的蜗轮滚刀，按展成法切制出来，故两者之间仍能保持正确的啮合传动。

蜗杆传动按蜗杆的头数(齿数)可分为单头、双头和多头；而蜗杆的螺旋方向又可以分为左旋和右旋。

蜗杆传动按蜗杆形状的不同可以分为圆柱蜗杆传动和环面蜗杆传动(如图 8-48 所示)，圆柱蜗杆传动按蜗杆齿廓的形状又可以分为普通圆柱蜗杆传动和圆弧圆柱蜗杆传动，其中普通圆柱蜗杆传动应用最广。

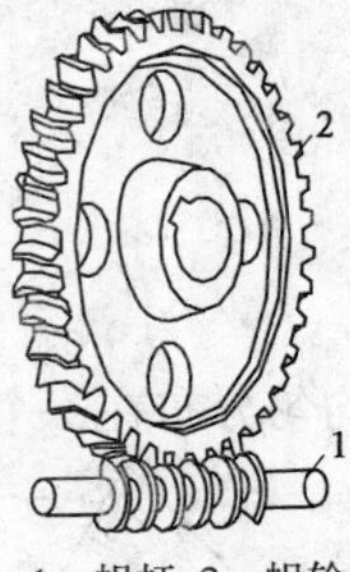

1—蜗杆；2—蜗轮

图 8-47　蜗杆传动

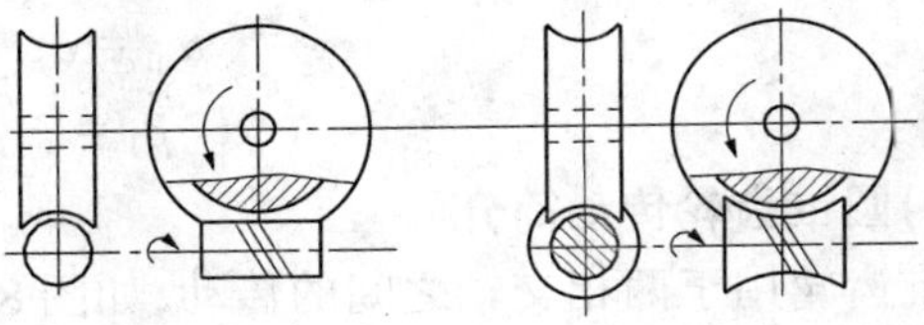

(a)圆柱蜗杆传动　　(b)环面蜗杆传动

图 8-48　蜗杆传动的类型

二、蜗杆传动的特点

蜗杆传动有以下主要优点：

(1)传动比大，结构紧凑。蜗杆传动中蜗杆的齿数较少，一般 $z_1=1\sim4$，而蜗轮的齿数 z_2 可以较多，可以获得较大的传动比，结构紧凑。传递动力时一般 $i=8\sim100$；传递运动时可达 $i=1\,000$。

(2)传动平稳。蜗杆的齿是连续的螺旋齿，与蜗轮逐渐进入和退出啮合，而且同时与多个蜗轮齿啮合，因而传动平稳，振动、噪音小。

(3)可以自锁。当蜗杆的螺旋角较小时可以实现自锁。自锁蜗杆传动中，蜗杆作主动件可以驱动蜗轮转动；反之用蜗轮作主动件时，机构不能转动。

蜗杆传动多用于低传动速度、大传动比及有自锁要求的场合，广泛用于机床、冶金、矿山及起重设备中。

但是由于传动时啮合齿面间的相对滑动速度大，蜗杆传动的摩擦损失大、传动效率低，一般效率为 0.7～0.9，自锁蜗杆传动的效率小于 0.5。为了减轻齿面的磨损及防止齿面胶合，蜗轮常用贵重的减磨材料来制造，成本较高。另外，蜗杆传动对制造和安装误差敏感，安装时对中心距的尺寸精度要求较高。

本章小结

本章主要介绍了机器、机构、机械、零件、部件、构件、运动副等基本概念，平面连杆机构的分类、特性、原理和应用范围，齿轮传动的类型、特点及应用，直齿圆柱齿轮传动的特点及应用，蜗杆传动原理、速比计算和特点。简单介绍了凸轮机构、螺旋机构、间歇运动机构的应用、特点和类型，带传动的原理、传动比、类型和特点，链传动的原理、传动比、类型、失效形式、特点和应用，斜齿圆柱齿轮传动和锥齿轮传动的特点及应用。

本章重点掌握机器、机构、机械、零件、部件、构件、运动副等基本概念，平面连杆机构的分类、特性、原理和应用范围，齿轮传动的类型、特点及应用，直齿圆柱齿轮传动的特点及应用。

习　题

一、判断正误（正确的打√，错误的×）

1. 机器是指根据某种使用要求而设计的一种执行机械运动的装置，可以用来变换或传递能量、物料和信息。(　　)

2. 机器的种类极多，但就其组成来说，它们都是由各种部件组合而成的。(　　)

3. 从机器制造和装配的角度来看，它是由机构组成的。(　　)

4. 机构是由多个构件组合而成的，为了传递运动，各构件之间必须以一定的方式连接起来，且不能有相对运动。(　　)

5. 齿轮传动具有传动的圆周速度和功率的范围大、可以做到传动比恒定、结构紧凑、传动效率高、寿命长等优点，但不能传递空间任意两轴间的运动。(　　)

二、单向选择题

1. 按照主、从动齿轮轴线在空间相对位置的不同，齿轮传动可以分成______三种。

A. 两轴平行、两轴相交和两轴重叠　　B. 两轴平行、两轴相交和两轴相离

C. 两轴平行、两轴相离和两轴重叠　　D. 两轴平行、两轴相交和两轴相交错

2. 渐开线齿廓啮合有以下特性______。

A. 渐开线齿廓可以保证传动比恒定，渐开线齿轮传动中心距具有可分性，渐开线齿廓间的正压力方向恒定不变

B. 渐开线齿廓可以保证传动比恒定，渐开线齿轮传动中心距具有不变性，渐开线齿廓间的正压力方向恒定不变

C. 渐开线齿廓可以保证传动比恒定，渐开线齿轮传动中心距具有不变性，渐开线齿廓间的正压力方向是可以随时变化的

D. 渐开线齿廓可以保证传动比恒定，渐开线齿轮传动中心距具有可分性，渐开线齿廓间的正压力方向是可以随时变化的

3. 按工作性质不同，链有______三种。

A. 传动链、起重链和曳引链　　B. 传动链、起重链和滚子链

C. 传动链、起重链和齿形链　　D. 起重链、滚子链和齿形链

4. 摩擦带传动按带的截面分有______。

A. 平带传动、V 带传动、圆带传动和多楔带传动

B. 平带传动、V 带传动和圆带传动

C. 平带传动和 V 带传动

D. 平带传动

5. 曲柄摇杆机构具有______的主要特性。

A. 急回特性、传力特性和死点位置

B. 急回特性、传力特性和传动比恒定

C. 传力特性、死点位置和承载大

D. 急回特性、死点位置和承载大

三、问答题

1. 什么叫机器、机构、零件、构件、部件？

2. 什么叫运动副？常见的运动副有哪些类型？

3. 平面连杆机构有什么特点？铰链四杆机构有哪几种基本形式？

4. 什么叫急回特性、压力角、死点位置？

5. 凸轮机构有什么特点？试述其类型及应用。

6. 螺旋机构有何特点？

7. 棘轮机构和槽轮机构有何特点？

8. 试述带传动的类型、常用张紧调整装置的类型及带传动的主要失效形式。

9. 试述滚子链的结构。为什么滚子链传动一般采用偶数节链条？滚子链传动的主要失效形式有哪些？

10. 试比较 V 带传动与滚子链传动的特点。

11. 齿轮传动的类型有哪些？试述齿轮传动的特点。

12. 什么叫标准直齿渐开线圆柱齿轮？其正确啮合及连续传动的条件是什么？

13. 什么叫根切现象？如何避免？

14. 斜齿轮传动的主要特点是什么？

15. 外啮合平行轴斜齿轮传动正确啮合的条件是什么？

16. 蜗杆传动的主要特点是什么？

四、计算题

一正常齿标准直齿渐开线圆柱齿轮，其 $m=3$ mm、$\alpha=20^\circ$、$z=35$，试求齿顶圆半径、齿根圆半径、基圆半径、齿距及全齿高。

*第九章　轮　系

第一节　概　述

由若干对齿轮或蜗杆传动组成的传动系统称为轮系,它广泛用于各类机械。利用轮系可以使一根主动轴带动若干根从动轴转动实现分路传动或得到多种转速,能够实现在较远的轴之间传递动力和运动,能够以较为紧凑的结构实现较大的传动比,能够实现运动的合成与分解,等等。

按其运动时各轮几何轴线位置是否固定可分为定轴轮系和周转轮系两种基本类型。

(1)定轴轮系。传动时各轮几何轴线在空间相对位置固定,这种轮系称为定轴轮系。

(2)周转轮系。传动时至少有一个齿轮的几何轴线绕其他定轴齿轮的几何轴线旋转,这种轮系称为周转轮系。

第二节　定轴轮系速比的计算

轮系中主动轮和从动轮之间的转速或角速度之比称为轮系的传动比。轮系传动比的计算包括计算传动比数值的大小和确定两轮之间的相对转动方向。

在平面定轴轮系(所有齿轮的轴线都相互平行)中,两个齿轮之间的相对转动方向可以用正、负号来表示:转动方向相同的取正号,反之取负号。这样,一对平行轴齿轮传动的传动比则表示为:

$$i=\frac{n_1}{n_2}=\pm\frac{z_2}{z_1} \tag{9-1}$$

式(9-1)中,外啮合传动两轮转动方向相反取负号,内啮合传动两轮转动方向相同取正号。

如图 9-1 的定轴轮系,若轴Ⅰ为输入轴,轴Ⅴ为输出轴,各轮的齿数分别为 z_1、z_2、$z_{2'}$、z_3、$z_{3'}$、z_4、z_5,则图中各对齿轮的传动比分别为:

$$i_{12}=\frac{n_1}{n_2}=-\frac{z_2}{z_1}$$

$$i_{2'3}=\frac{n_{2'}}{n_3}=\frac{n_2}{n_3}=+\frac{z_3}{z_{2'}}$$

$$i_{3'4}=\frac{n_{3'}}{n_4}=\frac{n_3}{n_4}=-\frac{z_4}{z_{3'}}$$

$$i_{45}=\frac{n_4}{n_5}=-\frac{z_5}{z_4}$$

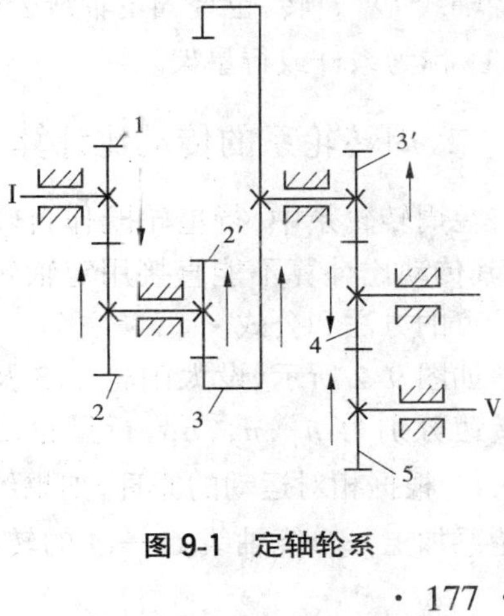

图 9-1　定轴轮系

以上各式两边相乘得

$$i_{12}i_{2'3}i_{3'4}i_{45}=\frac{n_1}{n_2}\frac{n_2}{n_3}\frac{n_3}{n_4}\frac{n_4}{n_5}=\frac{n_1}{n_5}=(-1)^3\ \frac{z_2}{z_1}\frac{z_3}{z_{2'}}\frac{z_4}{z_{3'}}\frac{z_5}{z_4}$$

即

$$i_{15}=\frac{n_1}{n_5}=i_{12}i_{2'3}i_{3'4}i_{45}=(-1)^3\ \frac{z_2}{z_1}\frac{z_3}{z_{2'}}\frac{z_5}{z_{3'}}$$

上式表明定轴轮系的传动比等于轮系中各对啮合齿轮传动比的连乘积，其值等于所有从动齿轮齿数的连乘积与所有主动齿轮齿数的连乘积之比，其符号可由$(-1)^m$算出来，m为轮系中外啮合齿轮的对数。推广到一般情形，若定轴轮系的首轮转速为n_1，末轮转速为n_n，则轮系的传动比为：

$$i_{1n}=(-1)^m\ \frac{\text{所有从动齿轮齿数的连乘积}}{\text{所有主动齿轮齿数的连乘积}} \tag{9-2}$$

主、从动轮的转动方向也可以用画箭头的方法来确定。如图9-1中，一对外啮合圆柱齿轮的转动方向总是相反的，表示它们转动方向的箭头方向也相反；一对内啮合圆柱齿轮转动方向总是相同的，表示它们转动方向的箭头方向也相同；如果轮系中有锥齿轮传动，箭头方向同时指向啮合处或同时背向啮合处。确定主、从动轮相对转动方向时，先依据主动轮方向画出其箭头，再根据上述原则画出其后各轮的箭头，直至最末尾的从动轮，最后根据主、从动轮的箭头方向可以判断两轮的相对转动方向。

对于包含锥齿轮传动、蜗杆传动等的空间轮系，无法用正、负号的方法表示主、从动轮的相对转动方向，只能用画箭头的方法表示。

第三节　周转轮系及其传动比的计算

一、周转轮系的组成

如图9-2所示周转轮系，齿轮1、3绕固定轴线$O—O$转动，称为太阳轮；构件H也绕固定轴线$O—O$转动，齿轮2空套在固定构件H上的轴O_1上，当构件H转动时，齿轮2即绕轴线O_1自转，也绕固定轴线公转，称为行星轮；支持行星轮既作自转又作公转的构件H，称为系杆或行星架。

二、周转轮系的传动比计算

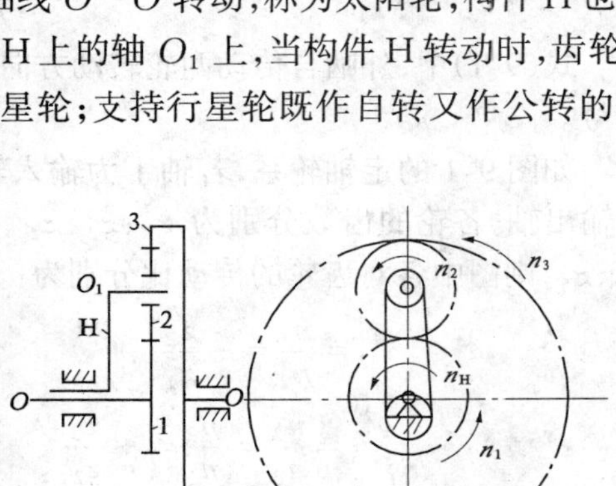

图9-2　周转轮系

在周转轮系中，行星轮既作自转又作公转，其传动比计算不能直接用定轴轮系传动比计算的方法和公式。

如图9-2所示，设太阳轮1、3及系杆H的转速分别为n_1、n_3、n_H，行星轮2的转速为n_2。根据相对运动的原理，如果给整个周转轮系加上一个绕轴线$O—O$的转动，其大

小等于 n_H,方向与之相反,则系杆 H 固定不动,该轮系成为一个假想的定轴轮系,称作原周转轮系的转化机构。转化机构中各构件的转速为:

$$n_1^H = n_1 - n_H$$

$$n_2^H = n_2 - n_H$$

$$n_3^H = n_3 - n_H$$

$$n_H^H = n_H - n_H = 0$$

其传动比按定轴轮系传动比计算公式得:

$$i_{13}^H = \frac{n_1^H}{n_3^H} = \frac{n_1 - n_H}{n_3 - n_H} = (-1)^1 \frac{z_2 z_3}{z_1 z_2} = -\frac{z_3}{z_1}$$

上式中若已知各齿轮齿数,再给出 n_1、n_3、n_H 的任意两个,可求出另一个,原周转轮系的传动比 i_{13} 即可求出。周转轮系中的传动比 i_{1H}、i_{3H} 可以用类似的方法求出来。

由上述分析,可以求出周转轮系的一般公式。设周转轮系中 1、k 为太阳轮,系杆为 H,各轮齿数为 z_1、z_2、…、z_k,则其转化机构的传动比 i_{1k}^H 为:

$$i_{1k}^H = \frac{n_1 - n_H}{n_k - n_H} = (-1)^m \frac{z_2 z_4 \cdots z_k}{z_1 z_3 \cdots z_{k-1}} \tag{9-3}$$

本章小结

本章主要介绍了轮系的分类,定轴轮系的传动比等于轮系中各对啮合齿轮传动比的连乘积:$i_{1n} = (-1)^m \dfrac{\text{所有从动齿轮齿数的连乘积}}{\text{所有主动齿轮齿数的连乘积}}$,周转轮系的组成,周转轮系的传动比为:$i_{1k}^H = \dfrac{n_1 - n_H}{n_k - n_H} = (-1)^m \dfrac{z_2 z_4 \cdots z_k}{z_1 z_3 \cdots z_{k-1}}$。

本章重点掌握定轴轮系和周转轮系的传动比计算。

本章难点是周转轮系的传动比计算的正确理解。

习 题

一、判断正误(正确的打√,错误的×)

1. 由若干对齿轮或蜗杆传动组成的传动系统称为轮系。(　　)

2. 传动时各轮几何轴线在空间相对位置固定,这种轮系称为周转轮系。(　　)

3. 在周转轮系中,行星轮只作自转而不作公转。(　　)

4. 利用轮系可以使一根主动轴带动若干根从动轴转动实现分路传动或得到多种转速。(　　)

5. 轮系传动比的计算只计算传动比数值的大小。(　　)

二、单向选择题

1. 按其运动时各轮几何轴线位置是否固定可分为______两种基本类型。

　A. 定轴轮系和周转轮系　　　B. 定轴轮系和旋转轮系

C. 定轴轮系和空转轮系　　D. 旋转轮系和周转轮系

2. 周转轮系由______组成。

A. 太阳轮、系杆和行星轮　　B. 系杆和行星轮

C. 太阳轮和行星轮　　D. 太阳轮和系杆

三、问答题

1. 什么叫轮系？试述轮系的功用。

2. 轮系有哪两种基本类型？如何区分它们？

四、计算题

1. 如图9-1所示轮系中，已知齿轮1的转速 $n_1 = 3\ 200$ r/min，$z_1 = 21$、$z_2 = 32$、$z_{2'} = 21$、$z_3 = 63$、$z_{3'} = 19$，$z_5 = 38$，试求齿轮5的转速。

2. 如图9-2所示轮系中，已知齿轮1的转速 $n_1 = 400$ r/min，齿轮3固定不动（$n_3 = 0$），$z_1 = 21$、$z_3 = 63$，试求系杆H的转速。

*第十章　轴、轴承、联轴器、离合器

第一节　轴

一、轴的功用与分类

轴是机械中的重要零件之一，它的主要功用是支撑回转零件，使其具有确定的工作位置，并传递运动和动力。

按照轴线形状，轴可以分成直轴、曲轴和挠性轴。曲轴属于专用零件，常用于往复式机械中（如内燃机、空压机等）；挠性轴轴性可以弯曲，能够将运动和动力传至空间任意位置；直轴在各类机械中广泛运用，属于通用零件。

直轴按其受载情况可分成转轴、心轴和传动轴。工作时同时承受弯矩和扭矩的轴称转轴；只承受弯矩，不承受扭矩的轴称为心轴；只承受扭矩，不承受弯矩的轴称传动轴。

直轴一般为实心轴，当有结构要求或为减轻重量时，可以制成空心轴。按轴的各段直径是否相同，直轴还可以分成光轴和阶梯轴，在一般机械中阶梯轴应用最广。

轴的材料应满足强度、刚度、韧性及耐磨性方面的要求，常采用碳素钢和合金钢，形状复杂的轴也有采用高强度铸铁和球墨铸铁的。

二、轴的结构

由于影响轴结构的因素很多，轴的结构没有标准的形式，是根据具体情况确定的。结构合理的轴应有适当的形状和尺寸，以具备必要的强度和刚度。此外，轴的结构还应该满足下列要求：①轴上零件和轴有确定的和可靠的定位和紧固；②轴具有良好的工艺性，便于制造和轴上零件的装配及调整；③轴的应力集中小，受力合理，省材料，重量轻。

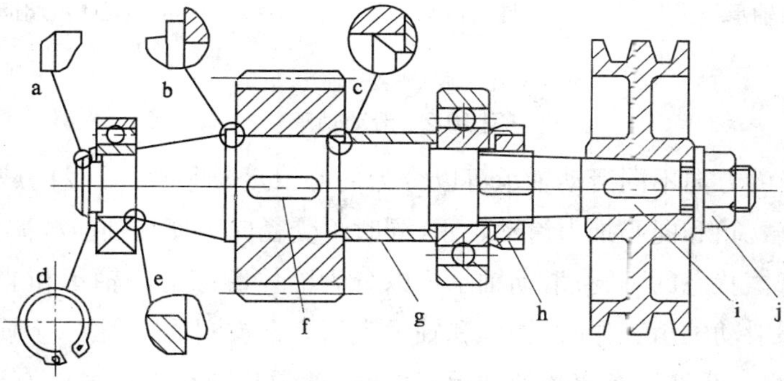

图 10-1　轴的典型结构

如图 10-1 中，采用了轴肩（b、e 处）、弹性挡圈（d 处）、定位套筒（g 处）、螺母（h、j 处）和圆锥表面（i 处）等常用的方式实现了轴上的齿轮、滚动轴承、皮带轮等零件与轴在轴向上的定位与紧固。常用的轴上零件与轴之间圆周方向相对位置的定位方法有键连接、花键连接、销连接、紧定螺钉连接和过盈配合连接等，图 10-1 中齿轮与轴（f 处）、皮带轮与轴之间采用键连接。为便于轴上零件的拆装和定位，该轴采用了阶梯轴，轴肩与轴端均倒角（如 a 处）。为减小应力集中，阶梯轴各段间过渡要缓和，轴肩采用圆角过渡时，其圆角要小于轴上零件的圆角，以保证轴上零件紧靠轴肩可靠定位(如图 10-1中 e 处)。

第二节　轴　承

轴承是用来支承轴及轴上回转零件的部件。根据轴承工作面摩擦的性质,轴承分为滚动轴承和滑动轴承两大类。滚动轴承工作面为滚动摩擦,是标准件,它摩擦阻力小、效率高、启动灵敏、润滑简便、易于互换,因而广泛使用。滑动轴承工作面为滑动摩擦,具有承载能力大、工作平稳、噪音小、耐冲击、吸振、可以剖分等优点。

一、滑动轴承

(一)滑动轴承的组成和类型

如图 10-2 所示,滑动轴承主要由轴承座 1 和轴瓦(或轴套)2 组成。为了减小摩擦,降低表面磨损,一般轴颈和轴承表面有较高的加工精度,轴承(轴瓦)表面常选用减摩材料(如青铜等)。

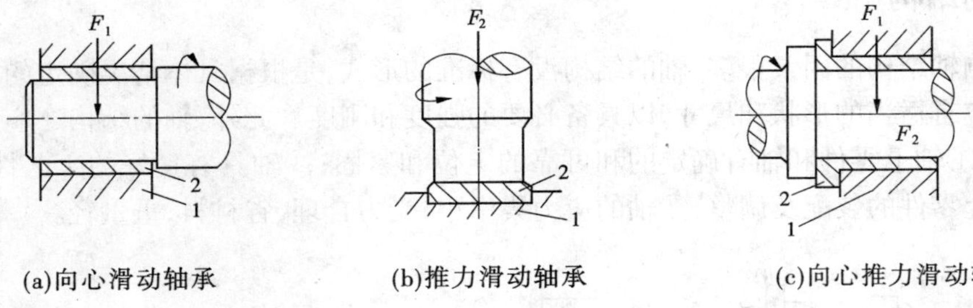

1—轴承座;2—轴瓦

图 10-2　滑动轴承

按承受载荷的方向不同滑动轴承可以分为向心滑动轴承(承受径向载荷)、推力滑动轴承(承受轴向载荷)和向心推力滑动轴承(同时承受径向载荷和轴向载荷)。

按润滑和摩擦状态的不同,滑动轴承可以分为液体摩擦滑动轴承和非液体摩擦滑动轴承。液体摩擦滑动轴承工作时,轴颈和轴承表面完全被润油膜隔开,金属表面不直接接触,摩擦和磨损小。非液体摩擦滑动轴承工作时,轴颈和轴承表面虽然有润滑油膜存在,但油膜厚度不足以完全避免表面凸起部分的直接接触,摩擦和磨损较大。

(二)向心滑动轴承

如图 10-3 所示为几种常用的向心滑动轴承典型结构。

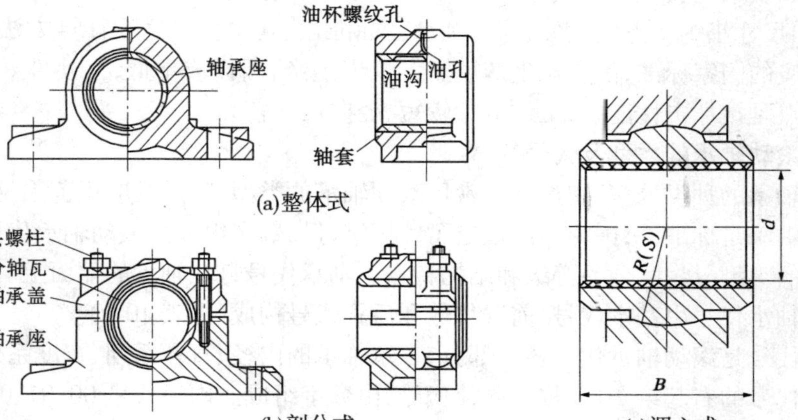

(a)整体式　(b)剖分式　(c)调心式

图 10-3　滑动轴承的结构

1. 整体式向心滑动轴承

如图 10-3(a)所示,采用整体式的轴套镶入轴承座孔中,可以采用独立的轴承座,轴承座孔也可以直接做在机架或箱体上。整体式结构简单,但是只能轴向拆装,轴套磨损后难以调整,多用在间歇工作或轻载低速的场合。

2. 剖分式向心滑动轴承

如图 10-3(b)所示,将整体的轴承座剖分成轴承盖和轴承座两部分,轴套也剖分成两块轴瓦,拆装方便,间隙可以在一定范围内调整,应用广泛。

3. 自动调心滑动轴承

如图 10-3(c)所示,轴瓦与轴承座孔间采用球面配合,当轴颈与轴承座孔轴线不重合时可以自动调心。

二、滚动轴承

(一)滚动轴承的构造

如图 10-4 所示,滚动轴承一般由内圈 1、外圈 2、滚动体 3 和保持架 4 等基本元件组成。一般内、外圈上均有滚道,起限制滚动体轴向移动的作用。滚动体是滚动轴承的重要零件,其形状、数量和大小对轴承的承载能力有很大的影响,常用的滚动体形状有球形、圆柱形、圆锥形、凸球面形和针形等。保持架使得滚动体不直接接触,且均匀分布,以减小摩擦和磨损。

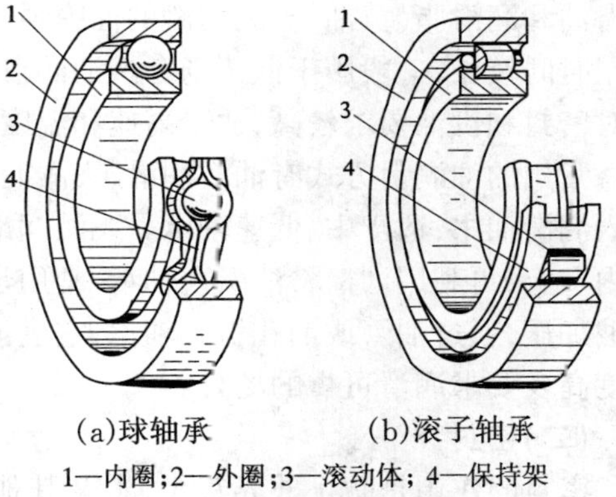

(a)球轴承　(b)滚子轴承

1—内圈;2—外圈;3—滚动体; 4—保持架

图 10-4　滚动轴承的构造

滚动轴承的内圈装在轴颈上，外圈装在轴承座孔中，工作时滚动体可沿内、外圈滚道滚动，轴承内的摩擦为滚动摩擦。

与滑动轴承比较，滚动轴承具有摩擦阻力小、启动灵敏、效率高、润滑简便、维护保养方便、轴向尺寸小等优点。此外，滚动轴承已标准化，其类型、尺寸、计算方法和公差等级等都有相应的国家标准，由专业生产厂家大规模生产，因而成本低，互换性好。滚动轴承的主要缺点是抗冲击性能差、工作寿命较短、径向尺寸较大。

(二)滚动轴承的类型及代号

滚动轴承的种类繁多，用途广。常用滚动轴承的类型、特点及应用范围见表 10-1。

滚动轴承是标准件，国家标准规定了使用字母加数字组成的滚动轴承代号，用以描述滚动轴承的类型、尺寸、公差等级和结构特点。轴承代号打在轴承的端面上。

滚动轴承代号由基本代号、前置代号和后置代号构成(见表 10-2)。

基本代号是滚动轴承代号核心部分，表示轴承的内径、直径系列、宽度系列和类型。

基本代号的右起第一、二位为内径代号，由数字组成。内径代号 00、01、02、03 表示轴承内径为 10 mm、12 mm、15 mm、17 mm；内径在 20～480 mm 范围内的轴承(除 22 mm、28 mm、32 mm 外)其内径代号为内径尺寸毫米数被 5 除得的商；内径为 22 mm、28 mm、32 mm 以及内径大于等于 500 mm 的轴承，内径代号以“/”加内径的毫米数表示。内径小于 10 mm 的轴承的内径代号另有规定。

基本代号的右起第三、四位为尺寸系列代号。其中第三位为直径系列代号，表示相同内径的同类轴承在外径和宽度方面的不同系列。第四位为宽度系列代号，表示相同内径和外径的同类轴承在宽度(向心轴承)或高度(推力轴承)方面的不同系列。

基本代号的右起第五位开始为类型代号，以一至两位的数字或字母(见表 10-1)表示轴承的类型。

前置代号和后置代号是对基本代号的补充说明，具体含义可参阅 GB272/T—93。

三、轴承的润滑与密封

(一)润滑

轴承润滑的作用是减小摩擦与磨损、冷却、吸振、防锈及减小噪声。常用的润滑剂有润滑油和润滑脂(黄油)。脂润滑的油膜强度高、不易流失、结构简单、易于密封、一次填充使用时间较长，一般用于低速场合。油润滑摩擦系数小、润滑可靠、具有冷却和清洗作用，但对密封和供油要求较高，适于高速和温度较高的场合。

常用的油润滑方式有油浴润滑、飞溅润滑、压力循环润滑等。油浴润滑是将轴承局部浸入润滑油中，适于中、低速轴承。飞溅润滑是利用转动零件把润滑转动零件的油溅到箱体内壁上，再利用沟槽将油引入轴承，常用于闭式齿轮传动中。压力循环润滑则是用油泵将油加压，通过油管或油孔引入轴承，它供油充足，润滑可靠，但成本较高，适用于载荷大、速度高及要求润滑可靠的场合。

(二)密封

密封的作用是防止外界灰尘、水及其他杂物进入，阻止润滑剂流失。常见的密封装置有接触密封和非接触密封两大类。接触密封是在轴承盖或轴承座上的沟槽中放置密封

表 10-1　常用滚动轴承的类型、特点及应用范围

类型及类型代号	结构简图	性能特点	适用条件
调心球轴承 1	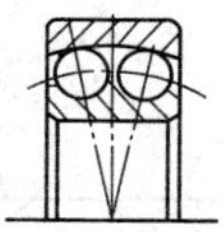	主要承受径向载荷,也能承受较小的双向轴向载荷,不能承受纯轴向载荷,能自动调心	适用于多支点传动轴、刚性较小的轴以及难以对中的轴
调心滚子轴承 2	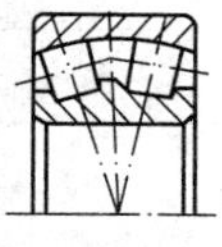	与调心球轴承类似,但负荷能力大,允许的极限转速低一些	常用于重负荷情况,如轧钢机、大功率减速器、破碎机等
圆锥滚子轴承 3	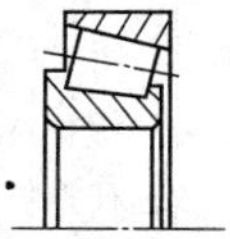	可同时承受径向和轴向载荷,内、外圈可分离,安装时便于调整轴承间隙。一般成对使用	适用于刚性较大的轴,应用广泛
双列深沟球轴承 4	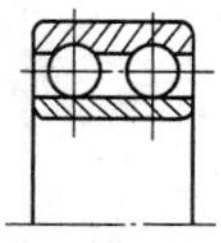	主要承受径向载荷,可以承受一定的双向轴向载荷。高转速时可用于承受不大的纯轴向载荷	适用于刚性较大的轴
推力球轴承 51 双向推力球轴承 52	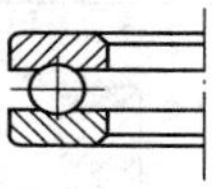 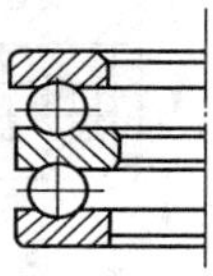	单列的可以承受单向轴向载荷,双列的可以承受双向轴向载荷。套圈可分离,极限转速低	常用于蜗杆轴、锥齿轮轴、起重机吊钩等
深沟球轴承 6	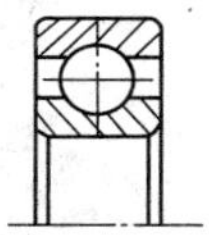	主要承受径向载荷,可以承受一定的双向轴向载荷。高转速时可用于承受不大的纯轴向载荷	适用于刚性较大的轴,应用广泛
角接触球轴承 7	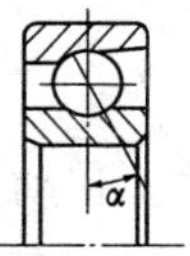	可同时承受径向载荷和单向轴向载荷,也可承受单向纯轴向载荷。接触角 α 越大,轴向承载能力越大。一般成对使用	适用于刚性较大、跨距不大的轴
圆柱滚子轴承 单列:N 双列:NN	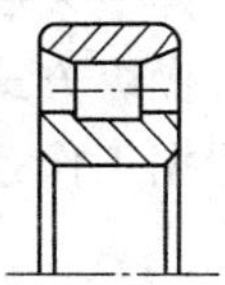	内、外圈可分离,工作时内、外圈允许少量的轴向移动,不能承受轴向载荷,能承受较大的径向载荷	适用于刚性很大、对中良好的轴
滚针轴承 NA	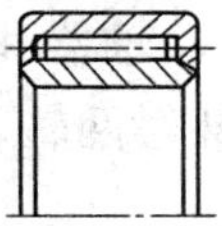	径向尺寸小,径向负荷能力大,不能承受轴向载荷	适用于径向载荷很大,径向尺寸受限制的场合

件，靠其与转动轴颈的直接接触达到密封的目的，它结构简单，多用于速度不高的场合，如图 10-5(a)毡圈密封和图 10-5(b)橡胶圈密封均为接触密封。非接触密封中回转的轴与不回转的密封部分不直接接触，适于速度较高的场合，如图 10-5(c)沟槽密封和图 10-5(d)迷宫式密封均为非接触密封。

表 10-2 滚动轴承代号

前置代号	基本代号					后置代号							
	五	四	三	二	一	1	2	3	4	5	6	7	8
轴承分部件代号	类型代号	尺寸系列代号		内径代号		内部结构代号	密封预防尘结构代号	保持架及其材料代号	特殊轴承材料代号	公差等级代号	游隙代号	多轴承配置代号	其他代号
		宽度系列代号	直径系列代号										

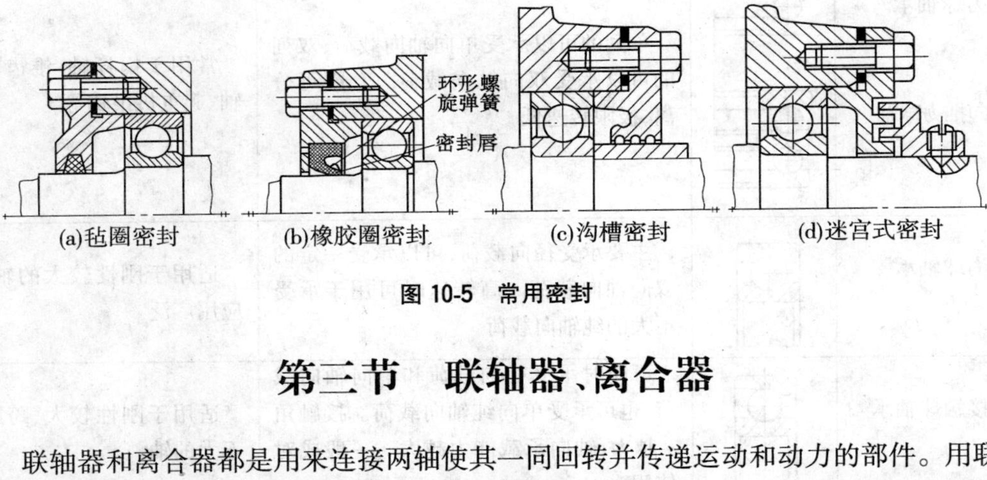

(a)毡圈密封　(b)橡胶圈密封　(c)沟槽密封　(d)迷宫式密封

图 10-5 常用密封

第三节 联轴器、离合器

联轴器和离合器都是用来连接两轴使其一同回转并传递运动和动力的部件。用联轴器连接两轴时，通常在回转的过程中两轴不能分离，必须在机器停下来后拆开联轴器两轴才能分离。而离合器在传递运动和动力的过程中可以通过各种操纵方式随时结合和分离两轴。在我国，常用的离合器和联轴器已标准化，需用时可以根据工作条件和要求选取。

一、联轴器

联轴器有多种结构形式，按照有无弹性元件可以分成刚性联轴器和弹性联轴器。刚性联轴器又根据其安装和运转时是否能够有一定量的位移以补偿两轴轴线的偏移，分成固定式和可移动式两种。

图 10-6 所示为常用的凸缘联轴器，是固定刚性式联轴器。它的两个半联轴器分别通过键与两轴连接，两个半联轴器之间再用螺栓连接。凸缘联轴器结构简单，能传递较大的扭矩，但不能吸振缓冲，对两轴线的对中要求严格，适用于载荷平稳、轴线对中良好的场合。

图 10-7 所示为两种常用的刚性可移动式联轴器。

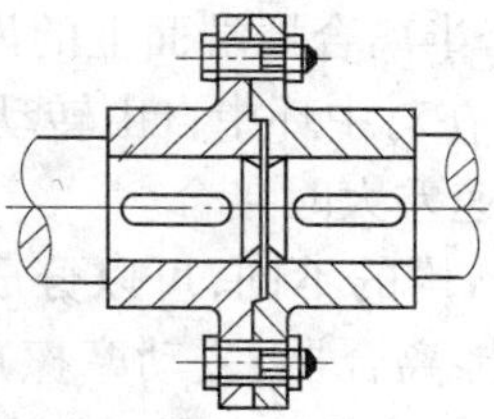

图 10-6　凸缘联轴器

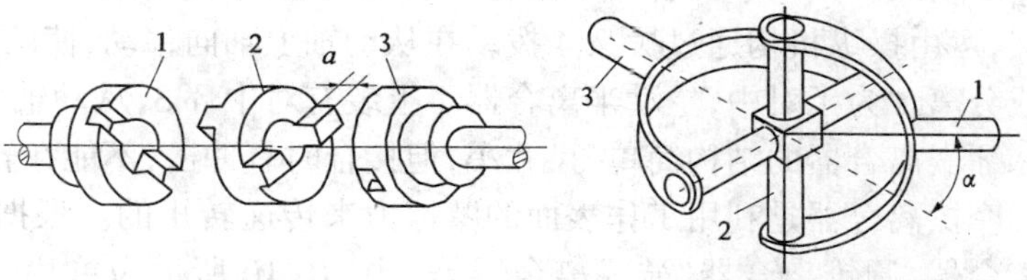

(a)十字滑块联轴器　(b)十字轴万向联轴器

1、3—半联轴器；2—十字滑块(十字轴)

图 10-7　刚性可移动式联轴器

十字滑块联轴器(见图 10-7(a))的两个半联轴器端面上开有凹槽，中间滑块的两个端面上具有相互垂直的凸齿。运转时，凸齿可以在凹槽中滑动，可以补偿安装及运转中两轴间的偏移，适用于低速、无冲击、轴刚度较大等场合。十字轴万向联轴器(见图 10-7(b))以一个十字轴通过回转副连接两个半联轴器，半联轴器与十字轴之间可绕回转副轴线转动，可以补偿两轴间较大的角偏移，而且允许工作中两轴间夹角变化，适用于有较大偏斜角的场合。

图 10-8 所示为两种常用的弹性联轴器。弹性套柱销联轴器(见图 10-8(a))采用带有弹性套的柱销连接两个半联轴器，具有补偿两轴偏移、吸振、缓冲等特性，但弹性套易磨损，多用于起动频繁、需正反转的中小功率场合。弹性柱销联轴器(见图 10-8(b))与弹性套柱销联轴器相似，但以尼龙制成的柱销连接两个半联轴器。为防止柱销滑出，柱销孔的两端设有固定挡板。弹性柱销联轴器结构简单，有一定的吸振能力，但补偿偏移量不大，适用于轻载、起动频繁、轴向窜动量较大、经常双向运动的场合。

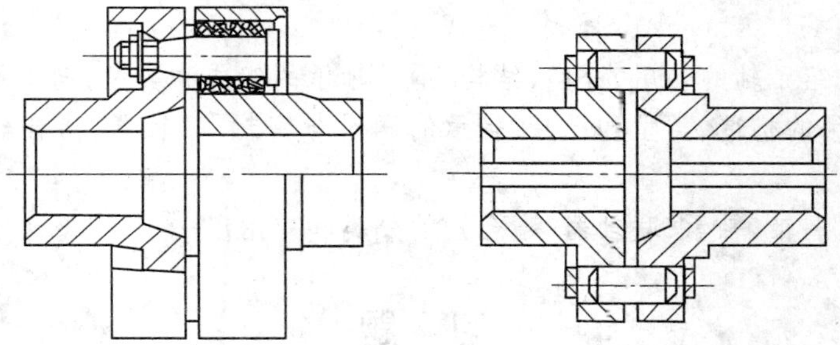

(a)弹性套柱销联轴器　(b)弹性柱销联轴器

图 10-8　弹性联轴器

二、离合器

根据工作原理的不同,离合器分成嵌合式和摩擦式两大类。

嵌合式离合器靠机械嵌合来传递转矩。根据其接合元件的结构不同又分成牙嵌离合器、齿形离合器、棘轮离合器等。图 10-9 所示为牙嵌离合器,它由两个端面有齿的半离合器 1、2 组成。其中半离合器 1 固定在主动轴上,半离合器 2 则用导键或花键与从动轴相连接,可由操纵机构通过拨叉 4 拨动在从动轴上轴向移动,使两个半离合器端面上的齿结合或分离。为了对中,主动半离合器 1 上装有对中环 3,从动轴可在对中环中自由转动。

牙嵌离合器的结构简单、尺寸小,但接合时有冲击,不能在转速差大时接合。

摩擦离合器是利用工作表面的摩擦力来传递转矩的。根据结构的不同,可以分成片式离合器、圆锥离合器、鼓式离合器等。图 10-10 所示为单片摩擦离合器,主动摩擦片 1 固定在主动轴上,从动摩擦片 2 则用导键或花键与从动轴相连接,可由操纵机构通过拨叉 3 拨动在从动轴上轴向移动。当向左拨动从动摩擦片,使之与主动摩擦片接触并压紧时,接触面上产生摩擦力,使主动摩擦片带动从动摩擦片。

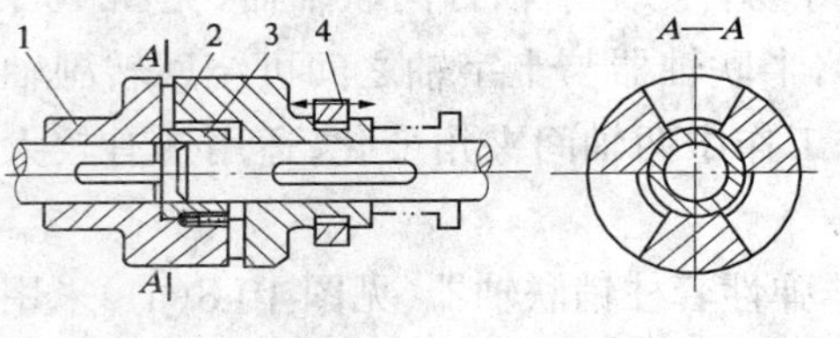

1—主动半离合器;2—从动半离合器;3—对中环;4—拨叉

图 10-9 牙嵌离合器

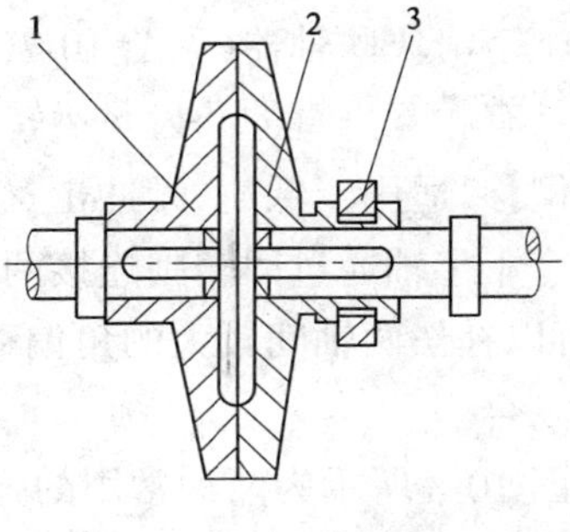

1—主动摩擦片;2—从动摩擦片;3—拨叉

图 10-10 单片摩擦离合器

摩擦离合器接合和分离不受转速差限制,接合平稳,过载时可利用打滑保护其他零件;但其磨损和发热较大,尺寸也比较大。

本章小结

本章主要介绍了轴的功用、分类、结构,滑动轴承的组成和类型,向心滑动轴承的构成和类型,滚动轴承的构造、类型和代号,轴承的润滑与密封,联轴器、离合器的结构、分类、特点和应用。

本章重点掌握轴、轴承、联轴器、离合器的分类和应用。

习 题

一、判断正误(正确的打√,错误的×)

1. 轴的主要功用是支撑回转零件,使其具有确定的工作位置。(　　)

2. 轴承是用来支承轴及轴上回转零件的部件。(　　)

3. 轴承润滑的作用是减小摩擦与磨损及减小噪声。(　　)

4. 密封的作用是防止外界灰尘及其他杂物进入,阻止润滑剂流失。(　　)

5. 摩擦离合器接合和分离不受转速差限制,接合平稳。(　　)

二、单向选择题

1. 联轴器有多种结构形式,按照有无弹性元件可以分成______两种。

A. 刚性联轴器和弹性联轴器

B. 刚性联轴器和固定式联轴器

C. 弹性联轴器和固定式联轴器

D. 固定式联轴器和可移动式联轴器

2. 根据工作原理的不同,离合器分成______两大类。

A. 嵌合式离合器和摩擦式离合器

B. 嵌合式离合器和牙嵌离合器

C. 牙嵌离合器和齿形离合器

D. 齿形离合器和棘轮离合器

3. 按照轴线形状,轴可以分成______三种。

A. 直轴、曲轴和挠性轴　　B. 转轴、曲轴和挠性轴

C. 直轴、转轴和挠性轴　　D. 转轴、心轴和传动轴

4. 几种常用的向心滑动轴承是(　　)。

A. 整体式、剖分式和自动调心滑动轴承

B. 整体式、剖分式和分开式向心滑动轴承

C. 剖分式、自动调心和分开式向心滑动轴承

D. 整体式、剖分式和拆分式向心滑动轴承

5. 滚动轴承由______等基本元件组成。

A. 内圈、外圈、滚动体和保持架

B. 内圈、外圈、滚动体和机架

C. 内圈、外圈、机架和保持架

D. 内圈、机架、滚动体和保持架

三、问答题

1. 按受载的情况分轴由哪几种类型?自行车的后轴属于哪一类?

2. 轴的结构应满足哪些要求?

3. 滑动轴承的类型有哪些?各有何特点?

4. 滚动轴承由哪些基本元件组成?各有何作用?

5. 试比较滑动轴承和滚动轴承各有何特点。

6. 轴承润滑、密封的作用是什么?常用的润滑方式和密封装置有哪些?

7. 联轴器和离合器的功用是什么?有什么不同?

8. 试述常用离合器、联轴器的类形和特点。

第十一章　铸　造

第一节　铸造基础

铸造是指熔炼金属，制造铸型，并将熔融金属浇入铸型，凝固后获得一定形状和性能铸件的成型方法。铸件是指用铸造的方法得到的金属件。铸型是指形成铸件形状的工艺装置。铸造实质上是利用熔融金属的流动性来实现成型。

一、金属的充型

熔融金属填充铸型的过程，简称充型。熔融金属充满铸型型腔，获得形状完整、轮廓清晰的健全铸件的能力，叫金属的充型能力。

熔融金属通常是在纯液态情况下充满型腔的，有时也会边充型，边结晶，即在结晶状态下流动。在充型过程中，于熔融金属中形成的晶粒堵塞充型通道时，金属的流动停止，如果停止流动出现在型腔被充满之前，则造成铸件的浇不到或冷隔等缺陷。在熔融金属充满型腔之后，金属液的流动并没有完全停止，还要进行熔融金属的收缩和补偿，这个过程对防止缩孔、缩松，获得健全的铸件有重大影响。

影响金属充型能力的主要因素有金属的流动性、浇注条件和铸型填充条件等。

(一)金属的流动性

熔融金属的流动能力称为金属的流动性。一般流动性好的金属，其充型能力强。

金属的流动性好，充型能力强，容易获得形状完整、轮廓清晰的铸件，也有利于铸造成薄壁或形状复杂的铸件。金属的流动性好，金属液中的气体、非金属夹杂物也容易上浮和排除，也容易对金属冷凝过程中的收缩进行补缩，有利于获得优质铸件；反之，金属的流动性不好，充型能力差，铸件易产生浇不到、冷隔、气孔、夹杂物和缩孔等缺陷。金属的流动性是金属重要铸造性能之一。

决定金属流动性的因素有以下方面：

(1)金属的种类。金属的流动性与合金的熔点、导热系数，金属液的黏度等物理性能有关。铸钢的熔点高，在铸型中散热快，凝固快，流动性差；铝合金导热性能好，流动性也较差。

(2)金属的成分。同种金属中，成分不同时，流动性不同。纯金属与共晶合金的结晶是在恒温下进行的，以逐层凝固的方式从表面开始向中心凝固，凝固层的内表面比较平滑，未凝固的熔融金属流动阻力较小，合金的流动较好。此外，在相同浇注温度下，共晶合金的温度最低，熔融金属的过热度大，推迟了合金的凝固时间，因此共晶合金的流动性最好。

其他成分的合金，其结晶在一定温度范围内(液相与固相并存的两相区)进行，结晶为中间凝固方式，初生的枝晶使凝固层内表面参差不齐，增加了液体流动阻力，使合金的流动性变差；当合金的结晶温度范围很宽时，结晶按糊状凝固方式进行，合金的流动性很差。

(3)杂质与含气量。熔融金属中出现固态夹杂物，将使液体的黏度增加，合金的流动性下降，所以合金成分中凡能形成高熔点夹杂物的元素均降低合金的流动性。

(二)浇注条件

实际生产中，金属的充型能力还受到浇注温度与压力、铸型结构与温度等许多工艺因素的影响。

熔融合金在流动方向上所受的压力愈大，充型能力愈强。砂型铸造时，充型压力是由直浇道的静压力产生的，适当提高直浇道的高度，可提高金属的充型能力。但过高的砂型浇注压力，铸件易产生砂眼、气孔等缺陷。

在低压铸造、压力铸造和离心铸造时，因人工加大了充型压力，充型能力较强。

(三)铸型填充条件

熔融金属充型时，铸型的阻力、铸型对金属的冷却作用，都将影响金属的充型能力。

1. 铸型的蓄热能力

铸型的蓄热能力表示铸型从熔融金属中吸收并传出热量的能力，铸型材料的导热系数愈大，对熔融金属的冷却作用愈强，金属型腔中保持流动时间减少，金属的充型能力愈差。

2. 铸型温度

浇注前将铸型预热到一定温度，减小了铸型与熔融金属间的温差，减缓了合金的冷却速度，延长了合金在铸型中流动的时间，合金充型能力提高。

3. 铸型中的气体

铸型排气能力差，浇注时由于熔融金属在型腔中的热作用而产生的大量气体来不及排出，气体压力增大，阻碍熔融金属的充型。铸造时，应尽量减少气体产生；另一方面，要增加铸型的透气性或开设气冒口、明冒口等，使型腔及型砂中的气体顺利排出。

4. 铸型结构

当铸件壁厚过小，结构复杂，或有大的水平面时，均会使金属充型困难。因此，在铸件结构设计时，铸件形状应尽量简单，壁厚应大于规定的最小允许壁厚。对于形状复杂、薄壁、散热面大的铸件，应尽量选择流动性好的合金或采取其他相应措施。

二、铸造金属的收缩

金属从液态冷却到常温的过程中，所发生的体积缩小现象称为收缩。收缩使铸件产生许多缺陷，如缩孔、缩松、热裂、应力、变形和冷裂等。

金属的收缩量是用体收缩率和线收缩率来表示的。当温度自 T_0 下降到 T_1 时，合金的体收缩率以单位体积的变化量来表示；线收缩率以单位长度的相对变化量来表示。即

体收缩率

$$\varepsilon_V = (V_0 - V_1)/V_0 \times 100\% = a_V(T_0 - T_1) \times 100\% \tag{11-1}$$

线收缩率

$$\varepsilon_L = (L_0 - L_1)/L_0 \times 100\% = a_L(T_0 - T_1) \times 100\% \tag{11-2}$$

式中 V_0、V_1——合金在 T_0、T_1 时的体积，cm^3；

L_0、L_1——合金在 T_0、T_1 时的长度，cm；

a_V、a_L——合金在 T_0、T_1 温度范围内的体收缩系数和线收缩系数，1/℃。

金属的收缩分为三个阶段：液态、凝固、固态收缩阶段。

(一)液态收缩

液态收缩是指金属从浇注温度 $T_{浇}$ 冷却到液相温度 $T_{液}$ 的收缩。提高浇注温度，过热度（$T_{浇} - T_{液}$）越大，收缩系数越大，都使液态收缩率增加。

(二)凝固收缩

凝固收缩是指金属在液相（$T_{液}$）和固相（$T_{固}$）之间的收缩。对于纯金属和共晶合金，凝固期间的体积只是由于状态的改变，而与温度无关；具有结晶温度范围的合金，凝固收缩由状态改变和温度下降两部分产生，结晶温度范围（$T_{液} - T_{固}$）越大，则凝固收缩越大。

液态收缩和凝固收缩使体积缩小，一般表现为型内液面下降，是铸件产生缩孔和缩松的基本原因。

(三)固态收缩

固态收缩是指合金从固相冷却到室温时的收缩。固态收缩通常直接表现为铸件外形尺寸的减小，故一般用线收缩率来表示。线收缩率对铸件形状和尺寸精度影响很大，是铸造应力、变形和裂纹等缺陷产生的主要原因。

影响收缩率的因素有化学成分、浇注温度、铸件结构和铸型条件等。不同成分的铁碳合金收缩率也不同。碳素钢收缩大而灰铸铁收缩小。灰铸铁收缩小是由于其中大部分碳是以石墨状态存在的，石墨的比容大，在结晶过程中，析出石墨所产生的体积膨胀抵消了部分收缩，故含碳量越高，灰铸铁收缩越小。碳素铸钢的总体积收缩随含碳量的提高而增大。

第二节 造型方法

砂型铸造根据完成造型工序方法不同，分为手工造型和机器造型两大类。

一、手工造型

全部用手工或手动工具完成的造型工序称手工造型，目前在铸造生产中应用很广，它操作灵活，适应性强，工艺设备简单，生产准备时间短，成本低。但手工造型铸件质量较差，生产率低，劳动强度大，要求工人技术水平高。手工造型主要用于单件、小批量生产，特别是形状复杂或重型铸件的生产。

二、机器造型

用机器全部完成或至少完成紧砂操作的造型工序称机器造型。机器造型可大大提高劳动生产率,改善劳动条件,对环境污染小。机器造型铸件的尺寸精度和表面质量高,加工余量小,生产批量大时成本较低。因此,机器造型是现代化铸造生产的基本形式。

机器造型一般都需要专用设备、工艺装备及厂房等,投资大,生产准备时间长,并且还需要其他工序(如配砂、运输、浇注、落砂等)都全面实现机械化的配套才能发挥其作用。机器造型只适用于成批和大批量生产,只能采用两箱造型或类似于两箱造型的其他方法,如射砂无箱造型等。机器造型应尽量避免活块、挖砂造型等。在设计大批量生产铸件和制定铸造工艺方案时,必须注意机器造型的这些工艺要求。

三、造型生产线

造型生产线是根据铸造工艺流程,将造型机、翻转机、下芯机、合型机、压铁机、落砂机等,用铸型输送机或辊道等运输设备联系起来,并采用一定控制方法所组成的机械化、自动化造型生产体系。

图 11-1 为自动造型生产线的示意图。浇注冷却后的上箱在工位 1 被专用机械卸下并被送到工位 13 落砂,带有型砂和铸件的下箱靠输送带 16 从工位 1 移至工位 2,并由此进入落砂机 3 中落砂,落砂后的铸件跌落到专用输送带至清理工段,型砂由另一输送带送往砂处理工段。落砂后的下箱被送往自动造型机 4 处,上箱则被送往造型机 12,模板更换靠小车 11 完成。

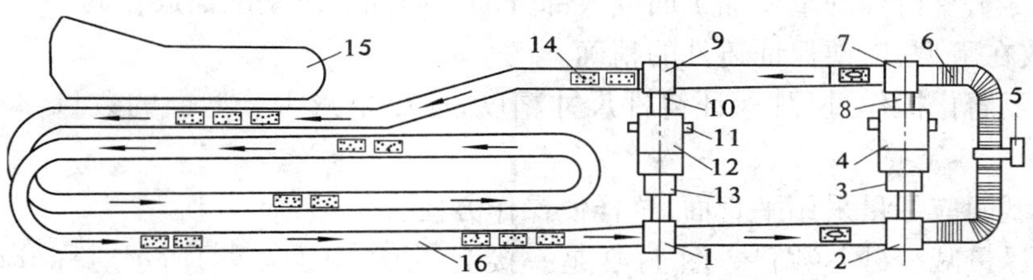

图 11-1 自动造型生产线示意图

在自动造型机制作好的下型用翻转机 8 翻转 180°,并于工位 7 处被放置到输送带 16 的平车 6 上,被运至合型机 9,平车 6 预先用特制刷 5 清理干净。在自动造型机 12 上制作好的上型顺辊道 10 运至合型机 9,与下型装配在一起。合型后的铸型 14 沿输送带移至浇注工段 15 进行浇注,浇注后的铸型沿交叉的双水平环形线冷却后重新送回工位 1、2;下芯的操作是在铸型从工位 7 移至工位 9 的过程中完成的。

造型生产线由于劳动组织合理,极大地提高了生产率。但是造型生产线一般不能进行干砂型铸造,也不能生产厚壁和大型铸件,在各种造型机上,都只能用模板进行两箱造型,因此铸件外形受到一定限制。

第三节　铸造工艺分析

一、浇注位置的选择原则

浇注位置是指浇注时铸件在铸型中所处的空间位置。浇注位置选择得正确与否,对铸件质量影响很大。选择时应考虑以下原则:

(1)一般情况下,铸件浇注位置的上面比下面铸造缺陷多,所以应将铸件的重要加工面或主要受力面等要求较高的部位放到下面;若有困难则可放到侧面或斜面。例如机床床身,其导轨面放到最下面。

(2)浇注位置的选择应有利于铸件的充填和型腔中气体的排出。所以,薄壁铸件应将薄而大的平面放到下面或侧立、倾斜,以防止出现浇注不足或冷隔等缺陷。

(3)当铸件壁厚不匀,需要补缩时,应从顺序凝固的原则出发,将厚大部分放在上面或侧面,以便安放冒口和冷铁。

(4)尽可能避免使用吊砂、吊砂砂芯或悬壁式砂芯。吊砂在合型、浇注时,容易造成塌箱;吊芯操作很不方便;悬壁式砂芯不稳定,在金属液浮力作用下易发生偏斜。

二、分型面的确定原则

分型面是指两个半铸型相互接触的表面。分型面的选择与浇注位置的选择密切相关,一般是先确定浇注位置,再选择分型面。

(1)应尽量起模方便,分型面一般选在铸件的最大截面上,但注意不要使模样在一个砂型内过高。

(2)应尽量将铸件的重要加工面或大部分加工面和加工基准面放在同一个砂型中,而且尽可能放在下型,以便保证铸件的精确。

(3)为了简化操作过程,保证铸件尺寸精度,应尽量减少分型面的数目,减少活块数目。

(4)分型面应尽量采用平直面,这样使操作方便。

(5)应尽量减少砂芯数目。图 11-2 是一接头,若按图 11-2(a)所示对称分型,则必须制作砂芯;若按图 11-2(b)所示分型,内孔可以用堆吊砂(简称自带砂芯)。

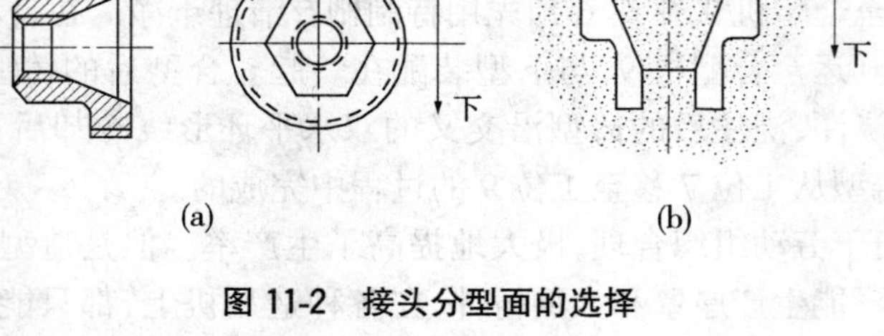

图 11-2　接头分型面的选择

三、型芯

型芯主要用于形成铸件的内腔和尺寸较大的孔。最常用的造芯方法是用芯盒造芯，如图 11-3 所示。

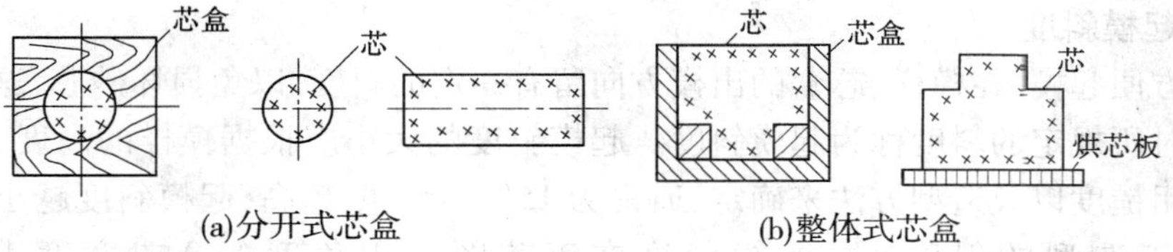

图 11-3　芯盒造芯

短而粗的圆柱形型芯宜采用分开式芯盒(见图 11-3(a))制作。形状简单且有一个较大平面的型芯宜采用整体式芯盒(见图 11-3(b))制作。无论哪种制芯方法，都要在型芯中放置芯骨，并将芯烘干，以增加型芯的强度。通常还在芯中扎出通气孔或埋入蜡线形成通气孔。在大批量生产中，采用机器制芯。

四、主要工艺参数的确定

铸造工艺参数通常是指铸型工艺设计时需要确定的某些工艺数据，这些工艺参数一般都与模样及芯盒尺寸有关，即与铸件的精度有关，同时也与造型、造芯、下芯及合型的工艺过程有联系。工艺参数选择的正确合适，不仅使铸件的尺寸、形状精确，而且造型、造芯、下芯、合型都大为方便，提高生产率，降低成本。

(一)铸造收缩率

由于合金的线收缩，铸件冷却后的尺寸将比型腔尺寸略为减小，为保证铸件的应有尺寸，模样尺寸必须比铸件放大一个该合金的收缩量。

在铸件冷却过程中，其线收缩率除受到铸型和型芯的机械阻碍外，还受到铸件各部分之间的相互制约。因此，铸造收缩率除与合金的种类和成分有关外，还与铸件结构、大小、壁厚薄、砂型和砂芯的退让性、浇冒口系统的类型和开设位置、砂箱的结构等有关。

(二)机械加工余量

机械加工余量是为了保证铸件加工面尺寸和零件精度，在铸件工艺设计时，预先增加的而在机械加工时切去的金属层厚度。加工余量的代号用字母 MA 表示。加工余量等级由精到粗共分为 A、B、C、D、E、F、G、H 和 J 九个等级，详见 GB/T11350—89。

铸件尺寸公差是指对铸件尺寸规定的允许变动量，其代号用字母 CT 表示，分为 1、2、3、…、16，共 16 个等级。铸件尺寸公差等级和加工余量等级，通常依据实际生产条件和有关资料确定。当铸件尺寸公差等级和加工余量等级确定后，就可以按 GB/T11350—89 所提供数据表查出铸件的机械加工余量。

单件小批量生产时，铸件的尺寸公差等级与造型材料及铸件材料有关。采用干、湿型砂型铸造方法铸出的灰铸铁件的尺寸公差等级为 CT13～CT11。大批量生产时，铸件的尺寸公差等级与铸造工艺方法及铸件材料有关。采用砂型手工造型方法铸出的灰铸铁件的尺寸公差等级为CT13～CT11。

铸件的加工余量等级与铸件的尺寸公差等级应配套使用。单件小批量生产时，采用干、湿型砂型铸造铸出的灰铸铁件CT与MA的配套关系是CT13～CT15/H；大批量生产时，采用砂型手工造型方法铸出的灰铸铁件CT与MA的配套关系是CT11～CT13/H。

（三）起模斜度

为了方便起模，在模样、芯盒的出模方向留有一定的斜度，以免损坏砂芯，这个在铸造工艺设计时所规定的斜度称为起模斜度。起模斜度的大小应根据模样的高度、模样的尺寸和表面粗糙度以及造型方法来确定，通常为15′～3°。壁越高，起模斜度越小。机械造型应比手工造型的斜度小。起模斜度在工艺图上用角度（α）或宽度表示，详见JB/T5105—91。

（四）最小铸出孔

机械零件上的孔，在铸造时应尽可能铸出。但当铸件上的孔尺寸太小，而铸件壁又较厚和金属液压力较高时，反而会使铸件产生黏砂，为了铸出，必须采取复杂而且难度较大的工艺措施，而实现这些措施还不如机械加工的方法制出更为方便和经济。有时由于孔距要求很精确，铸孔也很难保证质量。因此，在确定零件上的孔是否铸出时，必须考虑铸出这些孔的可能性、必要性和经济性。

最小铸出孔和铸件的生产批量、合金种类、铸件大小、孔的长度及孔的直径等有关。

（五）型芯头

芯头是指伸出铸件以外，不与金属液接触的砂芯部，其功用是定位、支撑和排气。为了承受砂芯本身重力及浇注时液体金属对砂芯的浮力，芯头的尺寸应足够大才不致破坏；浇注后，砂芯所产生的气体应能通过芯头排至铸型以外。在设计芯头时，除了要满足上面的要求外，还应做到下芯、合型方便，应留有适当斜度，芯头与芯座之间要留有间隙。

五、铸造工艺图的确定

铸造工艺图是指表示铸型分型面、浇注位置、型芯结构、浇冒口系统、控制凝固措施等的图纸，是指导铸造生产的主要技术文件。

六、绘制铸件图

铸件图是指反映铸件实际形状、尺寸和技术要求的图样，是铸造生产、铸件检验与验收的主要依据。铸件图可根据铸造工艺图绘出。

第四节　特种铸造

特种铸造是指与砂型铸造方法不同的其他铸造方法。这里只介绍金属型铸造、压力铸造、熔模铸造、离心铸造和低压铸造。

一、金属型铸造

金属型铸造是指用重力将熔融金属浇注入金属型获得铸件的方法。金属型是指金属材料制成的铸型。

(一)金属型铸造过程

根据分型面的不同,可把金属型分为垂直分型式、水平分型式、复合分型式等。其中,垂直分型式的金属型易于设内浇道和取出铸件,且易于实现机械化,故应用较多,如图 11-4 所示。由固定半型和活动半型两个半型组成。分型面位于垂直位置。浇注时两个半型合紧,凝固后利用简单的机构使两半型分开,取出铸件。

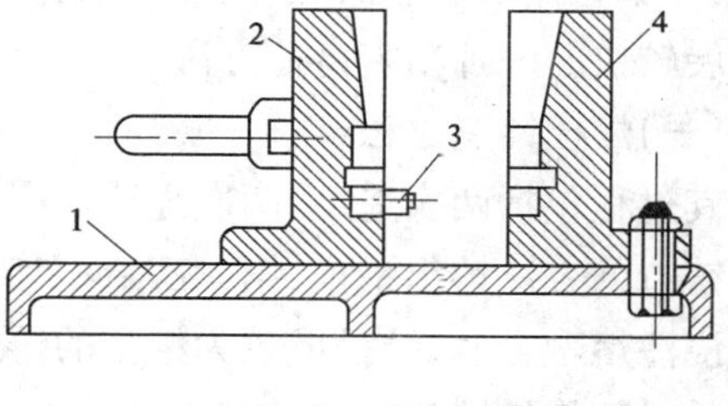

1—底座; 2—活动半型; 3—定位销; 4—固定半型

图 11-4　垂直分型式金属型

(二)金属型铸造的特点及应用

金属型铸造实现了“一型多铸”,克服了砂型铸造“一型一铸”造型工作量大、占地面积大、生产率低等缺点。金属型灰铸铁件的精度可以达到 CT9～CT7 级,而砂型手工造型只能达到 CT13～CT11 级。金属型导热快,过冷度大,结晶后铸件组织细密,力学性能比砂型铸造提高 10%～20%。但是,熔融金属在金属型中的流动性差,容易产生浇不到、冷隔等缺陷。灰铸铁件还容易产生白口铁组织。

金属型铸造主要用于大批量生产中铸造有色金属件,如铝合金活塞、铝合金汽缸体、铜合金轴瓦等。一般不用于铸造形状复杂的铸件。

二、压力铸造

压力铸造是指将熔融金属在高压下高速充型,并在压力下凝固的铸造方法。

(一)压力铸造过程

压力铸造是在压铸机上进行的,它所用的铸型称为压型。压铸机一般分为热压室压铸机和冷压室压铸机两大类。冷压室压铸机按其压室结构和布置方式分为卧式压铸机和立式压铸机两种,目前应用最多的是冷压室卧式压铸机。压力铸造使用的压铸型由定型、动型及金属芯组成。压力铸造过程是在压铸机上完成的,包括合型浇注、压射、开型顶出铸件等。

(二)压力铸造的特点及应用

压力铸造在金属型铸造的基础上,又增加了在压力下快速充型的特点。从根本上解决了金属的流动性问题,可以直接铸出各种孔、螺纹、齿形等。压铸铜合金铸件的尺寸公差等级达到 CT8～CT6 级,而砂型手工造型只能达到 CT13～CT11 级。但由于金属液的充型速度高,压铸型内的气体很难排除,常常在铸件的表皮之下形成许多皮下小孔。这些小气孔,加热时会因气体膨胀使铸件表面凸起或变形。因此,压铸件不能进行热处理。

压力铸造主要应用于铝、镁、锌、铜等有色金属材料。目前,压铸已在汽车、拖拉机、仪表、兵器行业得到了广泛应用。

三、熔模铸造

熔模铸造是指用易熔材料(如蜡料)制成模样,在模样上包覆若干层耐火材料,制成型壳,模样熔化流出后经高温焙烧即可浇注的造型方法。因此,这种方法也称失蜡铸造。它是发展较快的一种精密铸造方法。

(一)熔模铸造过程

其过程包括两次造型、两次浇注。第一次造型是根据母模造压铸型,第一次浇注是用压力铸造的方法铸出蜡模,第二次造型利用蜡模黏结耐火涂料造壳型,第二次浇注是向壳型中浇注熔融金属,结晶成较为精密的铸件。

(二)熔模铸造的特点及应用

熔模铸造使用的压型要经过精细加工。压铸的蜡模要经过逐个修整。使用壳型铸造无起模、分型、合型等操作。因此,熔模铸造的铸钢件,尺寸公差等级可达 CT7～CT5 级,而砂型手工造型只能达到 CT13～CT11 级。

熔模铸造的壳型由耐高温的石英粉等耐火材料制成。因此,各种合金材料都可以使用这种方法生产铸件。缺点是材料昂贵、工序多、生产周期长、不宜生产大件等。

熔模铸造广泛应用于电器仪表、刀具、航空等制造部门。例如,汽车、拖拉机上的小型零件等,已成为少或无切削加工中最重要的加工方法。

四、离心铸造

离心铸造是指将熔融的金属浇入绕着水平倾斜或立轴旋转的铸型,在离心力的作用下凝固成型的铸造方法。其铸件轴线与旋转铸型轴线重合。这类铸件多是简单的圆筒形,铸造时不用芯就可形成圆筒内孔。

(一)离心铸造过程

离心铸造必须在离心铸机上进行。根据铸型旋转轴空间位置不同,可分为立式和卧式两大类。铸型绕垂直轴线旋转时,浇注入铸型中的熔融金属自由表面呈抛物线形状,定向凝固成中空铸件;铸型绕水平轴线旋转时,浇注入铸型。铸型中的熔融金属自由表面呈圆柱形,无论在长度或圆周方向均可获得均匀的壁厚,定向凝固成中空铸件。

(二)离心造型机的特点及应用

离心铸造在离心力的作用下充型并结晶。铸件内部组织致密,不易产生缩孔、气孔、夹杂物等缺陷。但铸件内表面尺寸不准确,质量也较差。

离心铸造主要用于铸造钢、铸铁、有色金属等材料的各种管状铸件。

五、低压铸造

低压铸造是用较低压力(一般为 0.02～0.06μPa)将金属液由铸型底部注入型腔,并在压力下凝固,以获得铸件的方法。与压力铸造相比,所用压力较低,故称为低压铸造。

(一)低压铸造过程

如图 11-5 所示,在密封的坩埚 3 中通入干燥的压缩空气,金属液 2 在气体压力的作用下沿升液管 4 上升,通过浇口 5 平稳地进入型腔 8 中,并保持坩埚内液面上的气体压力,一直到铸件完全凝固为止。然后解除液面上的气体压力,使升液管中未凝固的金属液流回坩埚中,再由汽缸 12 开型,将铸件推出。

可见,金属液在压力推动下进入型腔,并在外力作用下结晶,进行补缩,其充型过程既与重力铸造有区别,也与高压高速充型的压力铸造有区别。

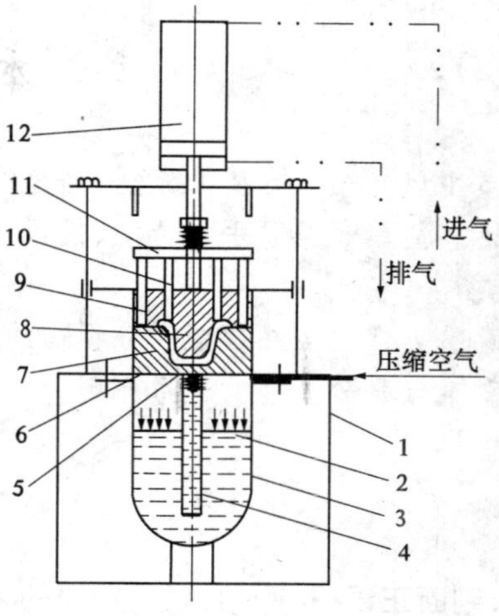

1—保温炉; 2—液体金属; 3—坩埚; 4—升液管;
5—浇口; 6—密封盖; 7—下型; 8—型腔;
9—上型; 10—顶杆; 11—顶杆板; 12—气缸

图 11-5 低压铸造

(二)低压铸造的特点和应用

底注充型,平稳且易于控制,减少了金属液注入型腔时的冲击、飞溅现象,铸件的气孔、夹渣等缺陷较少;金属液的上升速度和结晶压力可调整,适用于各种铸型(如砂型、金属型等)、各种合金铸件。由于省了补缩冒口,金属利用率提高到 90%～98%;与重力铸造相比,铸件的组织致密、轮廓清晰,力学性能高。此外,劳动条件有所改善,易于实现机械化和自动化。低压铸造目前主要用来生产要求高的铝、镁、合金铸件,如汽缸、缸盖、纺织机零件等。

第五节　铸造技术发展趋势简介

近年来,电子计算机在铸造生产中也得到广泛的应用。利用计算机可对各种铸造过程进行数值模拟,如凝固过程的温度场数值模拟,铸型充填过程的速度均数值模拟,金属液固相转变过程中的热应力场数值模拟以及固相转变后组织形态力学性能数值模拟等,通过这些单一和复合过程的数值模拟,可在铸件生产之前对其铸造工艺方案及其凝固过程进行计算机试浇和质量预计,利用各种数据判断各种铸造缺陷(如缩孔、缩松、气孔、夹渣、裂纹等)能否产生及其产生的部位,从而调整工艺方案。这对新产品试制可减少大量的人力、物力和时间,特别是对大型铸件的单件生产确保一次成功,带来可观的经济效益。

目前我国生产的最大碳钢件达 300 t,最大的铝铸件达 2 t 以上,这说明我国的铸造水平在部分方面已跨入世界先进行列。

本章小结

本章主要介绍了金属的充型、合金的收缩、浇注系统的确定、型芯的形成、主要工艺参数的确定。简单介绍了手工造型、机器造型、造型生产线、常用铸造方法、特种铸造和铸造新工艺。

本章重点掌握浇注位置和分型面的选择。

本章难点是分型面的选择原则。

习　题

一、判断正误(正确的打√,错误的×)

1.一般流动性好的金属,其充型能力差。(　　)

2.实际生产中,金属的充型能力还受到浇注温度与压力、铸型结构与温度等许多工艺因素的影响。(　　)

3.收缩使铸件产生许多缺陷,如缩孔、缩松、热裂、应力、变形和冷裂等。(　　)

4.砂型铸造是指用型砂紧实成型的铸造方法,是目前最基本的、应用最广泛的铸造方法。(　　)

5.全部用手工完成的造型工序称手工造型,目前在铸造生产中应用很广,它操作灵活,适应性强,工艺设备简单,生产准备时间短,成本低。(　　)

二、单向选择题

1.砂型铸造根据完成造型工序方法不同,分为______两大类。

A.手工造型和机器造型　　B.手工造型和两箱造型

C.机器造型和两箱造型　　D.两箱造型和三箱造型

2.分型面是指相互接触的______表面。

A.两个半铸型　B.两个半铸件　C.铸件与铸型　D.前面三个都对

3.拔模斜度的大小应根据模样的高度,模样的尺寸和表面粗糙度以及造型方法来确定,通常为______。

A.$15'\sim3^\circ$　B.$1^\circ\sim3^\circ$　C.$2^\circ\sim3^\circ$　D.$45'\sim3^\circ$

4.压力铸造主要应用于______等有色金属材料。

A.铝、镁、锌和铜　B.铝、镁、锡和铜　C.铁、镁、锌和铜　D.铁、锡、锌和铜

5.离心铸造主要用于______等材料的各种管状铸件。

A.铸钢、铸铁和有色金属

B.铸钢、特殊性能钢和有色金属

C.特殊性能钢、铸铁和有色金属

D.铸钢、铸铁和特殊性能钢

三、问答题

1.何谓金属的流动性?影响金属流动性的因素主要有哪些?

2. 金属收缩分为哪三个阶段？简述影响收缩的主要因素。

3. 为什么说灰铸铁收缩比碳钢小？

4. 说明铸件产生缩孔、缩松的影响因素及防止方法。

5. 简述浇注位置的确定原则。

6. 简述分型面的确定原则。

7. 铸造工艺参数主要包括哪些内容？

8. 芯头的作用是什么？

9. 为什么手工造型仍是目前主要的造型方法？机器造型有哪些优越性？适用条件是什么？

10. 何谓造型生产线？大量生产时用造型生产线有哪些优越性？适用条件是什么？

11. 何谓熔模铸造？简述其工艺过程及应用范围。

12. 何谓金属型铸造？简述其工艺特点和应用范围。

13. 简述压力铸造、低压铸造和离心铸造的工艺特点及其应用范围。

第十二章　锻　压

锻压是指对坯料施加外力，使其产生塑性变形，改变尺寸、形状及改善性能，用以制造机械零件或毛坯的成型加工方法。锻压是锻造和冲压的总称。

第一节　金属的塑性变形及其可锻性

一、金属的塑性变形

变形是指在外力作用下引起固体的形状和尺寸的改变。金属在外力作用下，其变形有弹性变形和塑性变形两个阶段。

塑性变形阶段是由于外力增大到使金属内部产生的应力超过该金属的屈服点，使其内部原子排列的相对位置发生不可逆变化，而导致金属变形的阶段。当外力停止去除后，塑性变形不会消失。

(一)单晶体的塑性变形

单晶体塑性变形的基本方式是滑移与孪生，滑移是金属中最主要的塑性变形方式。

(1)滑移。晶体的滑移是晶体一部分相对于另一部分沿一定晶面和一定晶向(原子密度最大的晶面和晶向)发生相对移动。由于晶体内部存在缺陷(点、线和面缺陷)，晶体内部各原子处于不稳定状态，高位能的原子很容易地从一个相对平衡的位置移动到另一个位置上，位错是晶体中的线缺陷，实际晶体结构的滑移就是通过位错运动来实观的。晶体内位错运动到晶体表面即使整个晶体产生塑性变形。图 12-1 为位错运动引起塑性变形示意图。

(2)孪生。孪生是晶体在外力作用下，晶格的一部分相对另一部分以孪晶面为界面发生相对转动的结果，转动后以孪晶面为界面，形成镜像对称，如图 12-2 所示。孪生一般发生在晶格中滑移面少的某些金属中，或突然加载的情况下，孪生变形量很小。

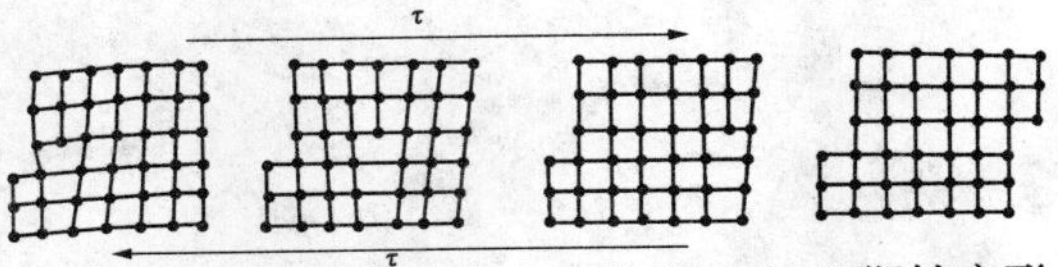

(a)未变形　(b)位错运动　(c)位错运动　(d)塑性变形

图 12-1　位错运动引起塑性变形示意图

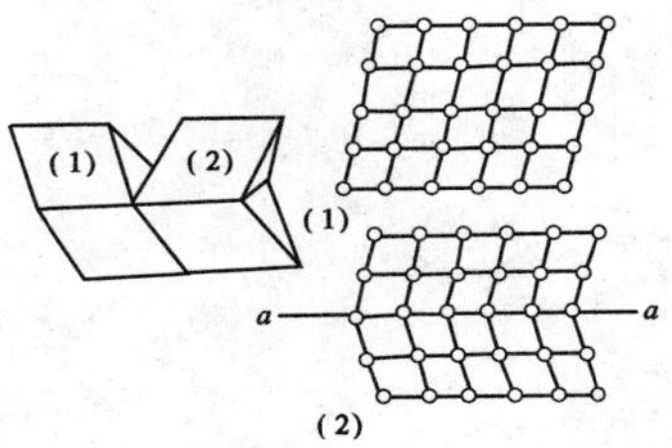

(1)孪生变形前；(2)孪生变形后；$a—a$ 表示孪晶面

图 12-2　孪生变形示意图

(二)多晶体的塑性变形

实际使用的金属材料是由许多晶格位向不同的晶粒构成的,称为多晶体材料。多晶体塑性变形由于晶界的存在和各晶粒晶格位向的不同,其塑性变形过程比单晶体的塑性变形复杂得多。图 12-3 所示为多晶体塑性变形示意图。在外力作用下,多晶粒的塑性变形首先在方向有利于滑移的晶粒内开始(如图 12-3 所示的 B、C 晶粒)。

由于多晶体中各晶粒的晶格位向不同,滑移方向不一致,各晶粒间势必相互牵制阻挠。为了协调相邻晶粒之间的变形,使滑移得以进行,便会出现晶粒间彼此相对移动和转动。因此,多晶体的塑性变形,除晶粒内部的滑移和转动外,晶粒与晶粒之间也存在滑移和转动。

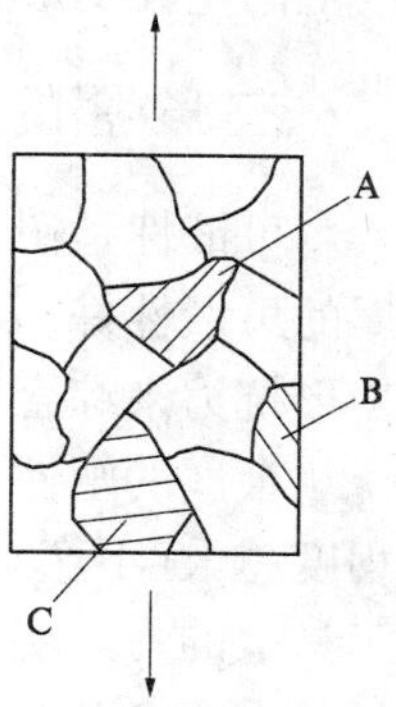

图 12-3　多晶体塑性变形示意图

二、加工硬化与再结晶

(一)加工硬化与再结晶

1. 加工硬化

金属发生塑性变形后,强度和硬度升高的现象称为加工硬化或者冷作硬化。加工硬化是由于晶格内部晶格畸变的原因而引起的。金属在塑性变形过程中,滑移面附近晶格处于强烈的歪曲状态,产生了较大的应力,滑移面上产生了很多晶格位向混乱的微小碎晶块,增加了继续产生滑移的阻力。

加工硬化对于那些不能用热处理强化的金属和合金具有重要的意义。如纯金属、奥氏体不锈钢、形变铝合金等都可用冷轧、冷冲压等加工方法来提高其强度和硬度。但是,加工硬化会给金属和合金进一步变形加工带来一定的困难,所以常在变形工序之间安排中间退火,以消除加工硬化,恢复金属和合金的塑性。

2. 回复

金属加工硬化后,畸变的晶格中处于高位能的原子具有恢复到稳定平衡位置的倾向。由于在较低温度下原子的扩散能力小,这种不稳定状态能保持较长时间而不发生明显变化。当将其加热到一定温度时,原子运动加剧,有利于原子恢复到平衡位置。

将金属加热到一定温度,原子获得一定的扩散能力,晶格畸变程度减轻,内应力下降,部分地消除加工硬化现象,即强度、硬度略有下降,而塑性略有升高,这一过程称为回复。

使金属得到回复的温度称为回复温度。纯金属的回复温度 $T_{回}=(0.25\sim0.3)T_{熔}$,$T_{回}$ 和 $T_{熔}$ 分别表示回复温度和熔点,单位为开(K)。实际生产中的低温去应力退火就是利用回复现象,消除工件内应力,稳定组织,并保留冷变形强化性能的。

3. 再结晶

对塑性变形后的金属加热,金属原子就会获得足够高的能力,从而消除加工硬化现象,这一过程称为再结晶。纯金属的再结晶温度 $T_{再}\approx0.4T_{熔}$。纯铁的再结晶温度约为 450 ℃;铜的再结晶温度约为 200 ℃;铝的再结晶温度约为 100 ℃;铅和锡的再结晶温度低于室温。

由于金属再结晶后的晶格畸变和加工硬化现象完全消除，所以强度、硬度显著下降，塑性、韧性明显上升，金属又恢复到变形前的性能。钢和其他一些金属在常温下进行压力加工时，常安排再结晶退火工序，以消除加工硬化现象。再结晶退火温度通常比再结晶温度高 100～200 ℃，即 $T_{再退}=T_{再}+(100\sim200)$℃。

金属材料的塑性变形，通常以再结晶温度为界来分为冷变形与热变形。再结晶温度以上的塑性变形为热变形；再结晶温度以下的塑性变形为冷变形。

三、金属的可锻性

可锻性是衡量金属材料经受压力加工时获得优质零件难易程度的一个工艺性能。金属的可锻性好，表明锻压容易进行；可锻性差，表明不宜锻压。金属的可锻性常用塑性和变形抗力来综合衡量。塑性越大，变形抗力越小，则可锻性越好；反之，可锻性越差。

金属的塑性用断后伸长率 δ、断面收缩率 Ψ 来表示，凡是 δ、Ψ 值越大或镦粗时变形程度越大(不产生裂纹)的金属，其塑性也越大。变形抗力是指塑性变形时金属反作用于工具上的力。变形抗力越小，则变形消耗的能量也就越少。塑性和变形抗力是两个不同的独立概念。比如奥氏体不锈钢在冷态时塑性虽然很好，但变形抗力却很大。金属的塑性和变形抗力与下列因素有关。

(一)化学成分

不同化学成分的金属塑性不同，可锻性也不同。纯铁的塑性就比碳钢好，变形抗力也小；低碳钢的可锻性比高碳钢好，当钢中有较多的碳化物形成元素 Cr、Mo、W、V 时，可锻性显著下降。

(二)金属组织

金属内部的组织结构不同，可锻性有很大差别。固溶体(如奥氏体)的可锻性好，碳化物(如渗碳体)的可锻性差。晶粒细小而又均匀的组织可锻性好，当铸造组织中存在柱状晶粒、枝晶偏析以及其他缺陷时，可锻性较差。

(三)变形温度

变形温度对塑性及变形抗力影响很大。提高金属变形时的温度，会使原子的动能增加，削弱原子之间的吸引力，减少滑移时所需要的力，因此塑性增大，变形抗力减小，改善金属的可锻性。当温度过高时，金属会产生过热、过烧等缺陷，使塑性显著下降，此时金属受力易脆裂。

(四)变形速度

变形速度即单位时间内的变形程度。它对塑性及变形抗力影响是矛盾的。由于变形速度的增大，回复和再结晶不能及时克服加工硬化现象，金属表现出塑性下降，变形抗力增加(见图 12-4)，可锻性变坏；另一方面，金属在变形过程中，消耗于塑性变形上的能量一部分转化为热能，使金属温度升高，产生所谓的热效应现象。变形速度越大，热效应现象越明显，使金属塑性上升，变形抗力下降，可锻性变好(如图 12-4 中 a 点以后)。但除高速锤锻外，在一般锻压加工中变形速度并不很快，因而热效应现象对可锻性影响并不明显。

(五)应力状态

不同的压力加工方法在材料内部产生的应力大小和性质(拉或压)是不同的,因而表现出不同的可锻性。例如,金属在挤压时呈三向压应力状态,表现出较高的塑性和较大的变形抗力;而金属在拉拔时呈两向应力和一向拉应力状态,表现出较低的塑性和较小的变形抗力。

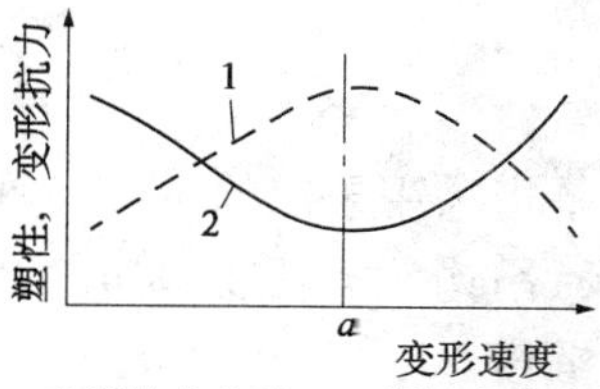

1—变形抗力曲线;2—塑性变化曲线

图 12-4 变形速度及变形抗力的关系示意图

第二节 锻 造

锻造是指在加压设备及工(模)具的作用下,使坯料或铸锭产生局部或全部的塑性变形,以便获得一定几何尺寸、形状和质量锻件的加工方法。锻件是指金属材料经锻造变形而得到的工件或毛坯。锻造属于金属塑性加工,实质上是利用固态金属的流动性来实现成型的。常用的锻造方法有自由锻造、胎模锻造和模型锻造等。

一、自由锻造

自由锻造是指用简单的通用工具,或在锻造设备的上、下砧间,直接使坯料变形而获得所需的几何形状及内部质量锻件的方法。锻造时,被锻金属能够向没有受到锻造工具工作表面限制的各个方向流动。自由锻造使用的工具主要是平砧铁、成型砧(V形砧)及其他形式的垫铁。自由锻造生产的锻件,称为自由锻件。自由锻件的形状、尺寸主要由工人的操作技术控制,通过局部锻打逐步成型,需要的变形力较小。

自由锻造主要由镦粗、拔长、切割、冲孔、弯曲、锻接及错移等基本工序组成。

(一)镦粗

镦粗是指使毛坯高度减小、横断面面积增大的锻造工序。镦粗常用来锻造圆盘类零件。镦粗时,由于坯料两个端面与上、下砧铁间产生的摩擦力具有阻止合金流动的作用,因此圆柱形坯料经镦粗之后呈鼓形。当坯料高度 H_0 与直径 D_0 之比 $H_0/D_0>2.5$ 时,不仅难锻透,而且容易镦弯或出现双鼓形。在坯料的一部分进行镦粗,称为局部镦粗。

(二)拔长

拔长是指使毛坯横断面面积减小、长度增加的锻造工序。拔长常用于锻造轴坯料。

(三)切割

切割是指将坯料分成两部分的锻造工序。切割常用于拔长的辅助工序,以提高拔长效率,但局部切割会损伤锻造流线,影响锻件的力学性能。

(四)冲孔

冲孔是指在坯料上冲出透孔或不透孔的锻造工序。冲孔常用来锻造套类零件。冲透孔可以看成是沿封闭轮廓切割;冲不透孔可以看成是局部切割并镦粗。在薄坯料上使用冲头单面冲透孔;在厚坯料上则使用冲头双面冲透孔。孔径超过 400 mm 时可用空心冲头冲孔。

（五）弯曲

弯曲是指采用一定的工（模）具将毛坯弯成所规定外形的锻造工序。弯曲常用于锻造直尺、弯板、吊钩一类轴线弯曲的零件。

（六）锻接

锻接是指将坯料在炉内加热至高温后用锤快击，使两者在固相状态结合的方法。锻接的方法有搭接、咬接等。夹铜也属于锻接的范畴。锻接后的接缝强度可达被连接材料强度的70%～80%。

（七）错移

错移是指将坯料的一部分相对另一部分平移错开，但仍保持轴线平行的锻造工序。错移常用于锻造曲轴类零件。错移时，先对毛坯进行局部切割，然后在切口两侧分别加以大小相等、方向相反，且垂直于轴线的冲击力或挤压力，使坯料实现错移。

自由锻造方法灵活，能够锻出不同形状的锻件；自由锻造所需的变形力较小，是锻造大件的唯一方法。但是，自由锻造生产率较低，锻件精度也较低，多用于单件小批生产中锻造形状较简单、精度要求不高的锻件。

二、胎模锻造

胎模锻造是指在自由锻造设备上使用可移动模具生产模锻件的一种锻造成型方法。胎模不固定在锤头或砧座上，只是在用时放上去。锻造时，通常先采用自由锻造方法使坯料初步成型后，放入胎模中，然后把胎模放在砧铁上被打击，使锻件在胎模中终锻成型。

图12-5(a)所示扣模类胎模由上、下扣组成，主要用于锻造非回转体锻件；也可以只有下扣，上扣以砧代替，如图12-5(b)所示。使用扣模锻造时，锻件不翻转，只在成型后将锻件翻转90°，用锤砧平整侧面。因此，锻件侧面应平直。

套模类胎模一般由套筒及上、下模组成，如图12-5(c)所示，主要用于锻造端面有凸台或凹坑的回转体锻件。套模的上模垫有时可以用上砧代替，如图12-5(d)所示，成型后锻件上端面为平面，并且形成横向小毛边。

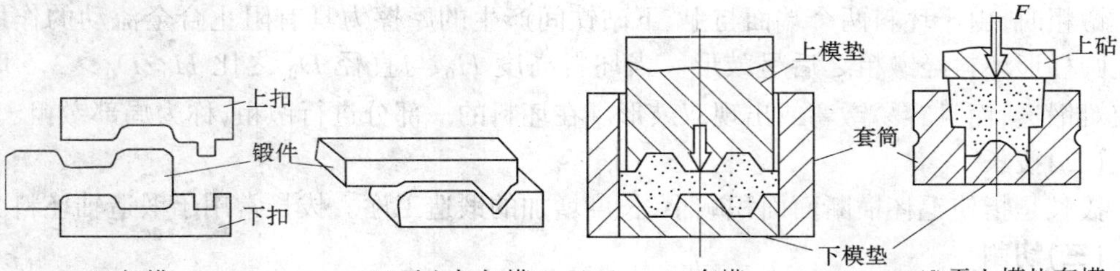

图12-5　胎模

胎模锻造和自由锻造相比，生产率高，锻件精度高，节约金属；与模锻相比，不需吨位较大的设备，工艺灵活，但胎模锻造的劳动强度大，模具寿命短，只适用于在没有模锻设备的中、小型工厂中生产批量不大的模锻件。

三、模型锻造(简称模锻)

模锻是指利用模具使坯料变形而获得锻件的成型方法。用模锻生产的锻件称为模锻件。模锻件的形状尺寸主要由锻模控制,通过整体锻打成型,所需要的变形力较大。模锻通常按模间间隙方向、模具运动方向分为开式模锻和闭式模锻。

(一)开式模型锻造(简称开式模锻)

开式模锻是指两模间间隙的方向与模具运动方向相垂直,在模锻过程中,间隙不断减小的模锻。开式模锻的特点是固定模型与活动模型间隙可以变化。模锻开始时,部分金属流入间隙成为飞边。飞边堵住了模膛的出口把金属堵在模膛内。在变形的最后阶段,模膛内的多余金属仍然会被挤出模膛成为飞边。因此,开式模型锻造时坯料的质量应大于锻件的质量。锻件成型后,使用专用模具将锻件上的飞边切去。

(二)闭式模型锻造(简称闭式模锻)

闭式模锻是指两模间间隙的方向与模具运动的方向相平行,在模锻过程中,间隙的大小不变化的模型锻造。闭式模锻的特点是在坯料的变形过程中,模膛始终保持封闭状态。模锻时固定模与活动模间隙是固定的,而且很小,不会形成飞边。因此,闭式模锻必须严格遵守锻件与坯料体积相等原则。否则若坯料不足,则模膛的边角处得不到填充;若坯料有余,则锻件的高度大于要求的尺寸。

闭式模锻最主要的优点是没有飞边,减少了金属的消耗,并且模锻流线分布与锻件轮廓相符合,具有较好的宏观组织。闭式模锻时,金属坯料处于三向不均匀压应力状态,产生各向不均匀压缩变形,提高了金属的变形能力,用于模锻低塑性合金。

模锻的生产率和锻件精度比自由锻造高得多。但每套锻模只能锻造一种规格的锻件,受模锻设备吨位的限制不能锻造较大的锻件。因此,模锻主要用于大批量生产锻造形状比较复杂、精度要求较高的中小型锻件。

(三)其他锻造方法简介

1. 精密锻造

精密锻造是指在一般模锻设备上锻造高精度锻件的方法。其主要特点是使用两套不同精度的锻模。锻造时,先使用粗锻模锻造,留有0.1~0.2 mm的锻造余量;然后切下飞边并酸洗,重新加热到700~900 ℃,再使用精锻模锻造。

提高锻件精度的另一条途径是采用中温或室温精密锻造,但只限于锻造小锻件及有色金属锻件。

2. 辊锻

辊锻是指用一对相向旋转的扇形模具使坯料产生塑性变形,从而获得所需锻件或锻坯工艺。辊锻实质上是把轧制工艺应用于制造锻件的方法。辊锻时,坯料被扇形模具挤压成型。常作为模锻前的制坯工序,也可直接制造锻件。

3. 挤压

挤压是指坯料在三向不均匀压应力作用下,从模具的孔口或缝隙挤出,使之横截面面积减小、长度增加,成为所需制品的加工方法。挤压的生产率很高,锻造流线分布合理,但变形抗力大,多用于锻造有色金属件。

第三节　板料冲压

板料冲压是利用冲压设备和冲模，使板料发生塑性变形或分离的加工方法。厚度小于4 mm的薄铜板通常是在常温下进行的，所以又叫冷冲压。厚板则需要加热后再进行冲压。

由于冲压主要是对薄板进行冷变形，所以冲压制品重量较轻，强度、刚度较大，精度较高，具有较好的互换性。冲压工作也易于实现机械化、自动化，提高生产率。

冲压主要应用于加工金属材料如低碳钢，塑性好的合金钢、铜、铝、硬铝、镁合金等，也可用于加工非金属材料，如皮革、石棉、胶木、云母、纸板等。应用非常广泛，在航空、汽车、拖拉机、电机、电器、精密仪器仪表工业中，占有极其重要的地位。

一、冲压设备

(一)剪床

剪床的用途是把板料切成一定宽度的条料，可以为冲压准备毛坯或作切断之用。

剪床的传动机构如图12-6所示，电动机带动带轮使轴转动，再通过齿轮传动及牙嵌式离合器使曲轴转动，带刀片的滑块便上下运动，进行剪切工作。

(二)冲床

除剪切外，板料冲压的基本工序都是在冲床上进行的。

冲床分单柱式和双柱式两种。图12-7为双柱式冲床及其传动简图。电动机通过带传动带动飞轮转动，当踩下踏板时，离合器使飞轮与曲轴连接，因而曲轴随飞轮一起转动，通过连杆带动滑块作上下运动，进行冲压工作。当松开踏板时，离合器脱开，曲轴不随飞轮转动，同时制动器使曲轴停止转动，并使滑块留在上顶点位置。

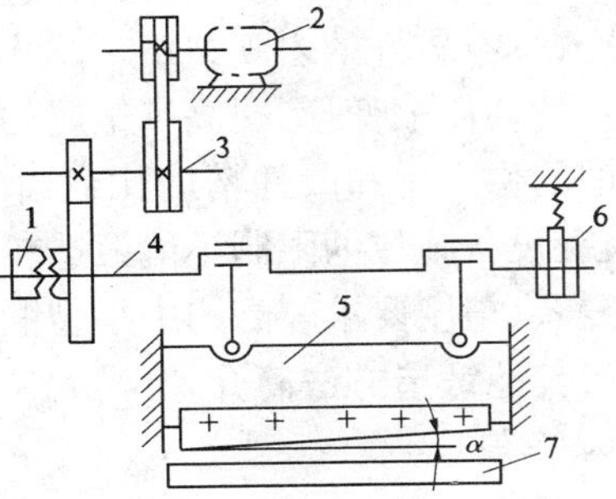

1—离合器；2—电动机；3—传动轴；4—曲轴；
5—上刀片；6—支架；7—下刀片

图12-6　剪床传动机构示意图

二、冲压基本工序

各种形式的冲压件都经过一个或几个冲压工序。冲压可分为分离和变形两大基本工序。

分离工序是使板料发生剪切破裂的冲压工序，如剪切、落料、冲孔等，在冲压工艺上通常称为“冲裁”。

变形工序是使板料产生塑性变形的冲压工序，如弯曲、拉伸、成型等。

(一)剪切

把板料切成一定宽度的条料称剪切，通常用作备料工序。剪切所用剪床有如下三种。

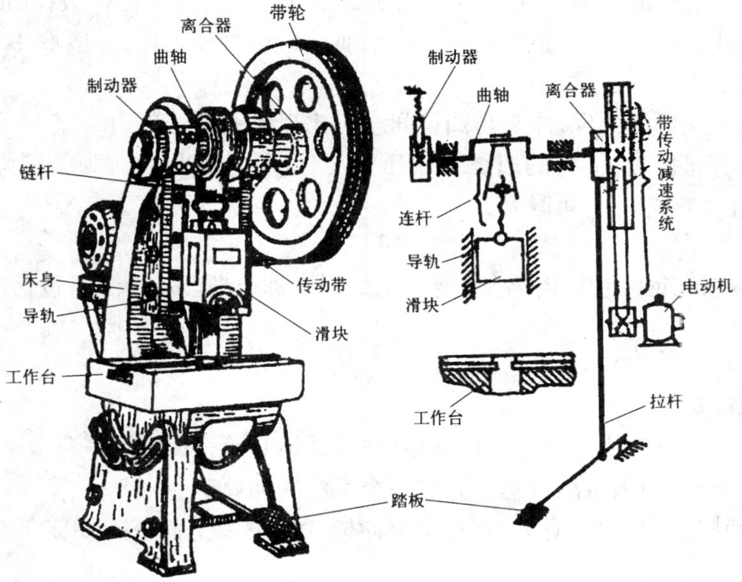

(a)外形　　　　(b)传动示意图

图 12-7　冲床

1. 平口剪床

它的刀口是相互平行的。平口剪床所需剪力较大,剪切后板料较平,多用于剪切较窄的板料。

2. 斜口剪床

它的刀口是倾斜的,一般为 6°～8°。斜口剪床因金属接触面小,所需剪力较小,剪后板料易弯曲,多用于剪切较宽的板料。

3. 圆盘剪床

它是利用两片反向转动的刀片而将板料剪开的剪床。圆盘剪床的特点是能剪切很长的带料,剪切后毛坯易弯曲。

(二)落料与冲孔

把板料沿封闭轮廓分离的工序称为落料或冲孔。落料与冲孔是同样变形过程的工序,所不同的是落料是为了在板料上冲裁出所需形状的工件,即冲下的部分是工件,带孔的周边为废料;而冲孔则是带孔的周边是工件,冲下的部分为废料。

(三)弯曲

用模具把金属板料弯成所需形状的工序称为弯曲。在弯曲时,钢料下层受拉,内层受压,因此外层易拉裂,内层易引起折皱,规定最小弯曲圆周半径 R_{min} 为(0.25～1)δ。其中 δ 为材料厚度。材料的塑性愈好,允许的圆角半径 R_{min} 也愈小。另外,弯曲时必须使弯曲部分的压缩及拉伸顺纤维方向进行,否则易造成拉裂现象。

弯曲后常带有弹性回跳现象,回跳角度为 0°～10°,在设计模具时应考虑进去。

(四)拉延

把平板料拉成中空开头工件的工序称为拉延。拉延所用毛坯通常用落料工序获得。

从平板料变形到最后成品的形状，一般需经几次拉延工序，为避免拉裂，除冲头与凹模部分应做成圆角外，每一道工序拉延系数即拉延前后板坯直径之比，一般取 1.5～2，对塑性较差的金属取小值。

对于壁厚不减薄的拉延，冲头与凹模间应有比板厚稍大的单边间隙，为预防拉延时板料边缘缩小而引起折皱，板料的边缘常用压板压住，再进行拉延。为了消除加工硬化现象，在拉延工序中常进行中间退火。

(五)成型

利用局部变形使毛坯或半成品改变形状的工序称成型。成型工序包括翻边、收口等。

三、冲模

(一)冲模种类

冲模按工序组合方式可分为简单冲模、连续冲模和组合冲模等三种。

(1)简单冲模。冲床每次行程只完成一个工序的冲模。

(2)连续冲模。把两个(或更多个)简单冲模联在模板上而成。冲床每次行程可完成两个以上工序。

(3)组合冲模。冲床每次行程中，毛坯在冲模内只经过一次定位，可完成两个以上工序。

(二)冲模结构

典型的简单冲模的结构如图 12-8 所示。

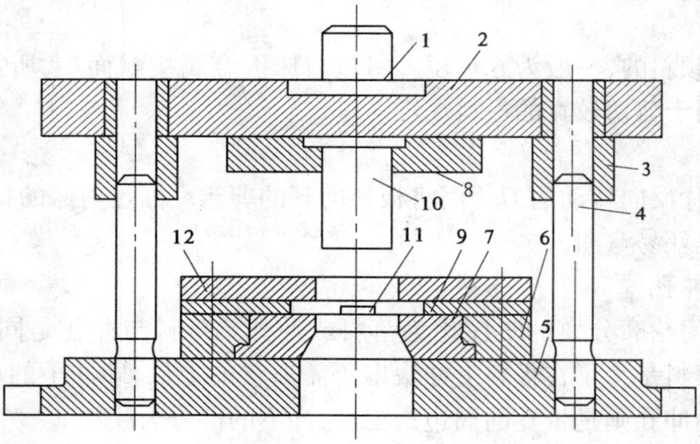

1—模柄；2—上模板；3—套筒；4—导柱；5—下模板；6—压板；
7—凹模；8—压板；9—导板；10—凸模；11—定位销；12—卸料板

图 12-8　简单冲模

冲模一般分上模和下模两部分。上模用模柄固定在冲床滑块上，下模用螺栓紧固在工作台上。冲模各部分作用如下：

(1)凸模与凹模。凸模又称冲头，它是与凹模共同作用，使板料分离或变形完成冲压过程的零件，是冲模的主要工作部分。

(2)导板与定位销。用以保证凸模与凹模之间具有准确位置的装置,导板控制毛坯的进给方向,定位销控制进给量。

(3)卸料板。冲压后用来卸除套在凸模上的工件或废料。

(4)模架。由上下模板、导柱和套筒组成。上模板用以固定凸模、模柄等;下模板则用以固定凹模、送料和卸料构件等。导筒和导柱分别固定在上下模板上,用以保证上下模对准。

第四节　塑料成型与加工

塑料成型加工是指经过成型加工,得到具有一定形状、尺寸和使用性能的制品的工艺过程。塑料成型的主要方法有注射成型、挤压成型、吹塑成型、压制成型和浇铸成型等。

一、塑料的成型方法

(一)注射成型

塑料注射成型加工如图12-9所示。注射成型又称为注塑成型,它是热塑性塑料主要的加工成型方法之一。将颗粒状或粉状塑料依靠重力从漏斗送入柱塞前面的压力室,当柱塞推进时,塑料被推入加热室并在其中被预热。塑料由预热室压过鱼雷形截面,在那里熔化并调节流量,通过顶着模具座的喷嘴使熔化了的塑料离开鱼雷区,并由浇口和浇道进入模腔,冷却脱模后就获得所需形状的塑料制品。

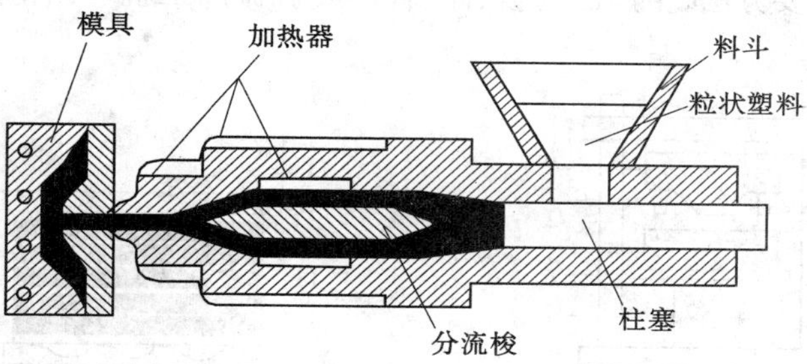

图12-9　注射成型加工示意图

注射成型自动化程度高、生产速度快、制品尺寸精确,可压制形状复杂、壁厚和带金属嵌件的塑料制品,如电视机外壳、塑料泵等。

(二)挤压成型

挤压成型又称挤出成型或挤塑法,也是热塑性塑料中最主要的成型方法之一,是所有加工方法中产量最大的一种。将塑料的原料从漏斗送入螺旋推进室,再由旋转的螺旋把它输送到预热区并受到压缩,然后迫使它通过已加热的模具,当塑料制品落到输送机的皮带上时,用喷射空气或水使它冷却变硬,以保持成型后的形状。

(三)吹塑成型

吹塑成型是利用压缩空气,使被预热的热塑性的片状或管状坯料,在模内吹制成颈口短小的中空制品成型方法。图 12-10 是塑料零件成型的示意图。将经加热的塑料管放在打开的模具中，并将两端塞紧，通入压缩空气，使坯料沿模腔变形，经冷却定形后，即可取出中空的塑料制品。

吹塑法常用于瓶、罐、管类零件的加工及挤压、吹塑薄膜的成型加工。

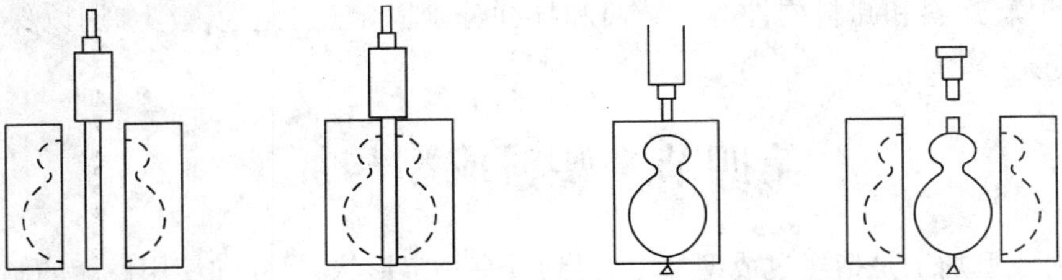

(a)加热的塑料管放在打开的模具中　(b)模子封闭整个挤压的管理　(c)空气强制使塑料管子贴在模壁上　(d)打开模子卸下产品

图 12-10　塑料吹塑成型

(四)压制成型

热固性塑料大多采用压制成型。图 12-11 是压制成型的两种方法——模压法和层压法的示意图。模压法把粉状、粒状塑料放在金属模内加热软化，然后加压，使塑料在一定的温度、压力和时间内发生化学反应，并固化成型后脱模，即可取出制品。层压法是用片状骨架填料在树脂溶液中浸渍，然后在层压机上加热，加压固化成型。它是生产各种增强塑料板、棒、管的主要方法，生产出的板、棒、管再经机械加工就可以得到各种较为复杂的零件。

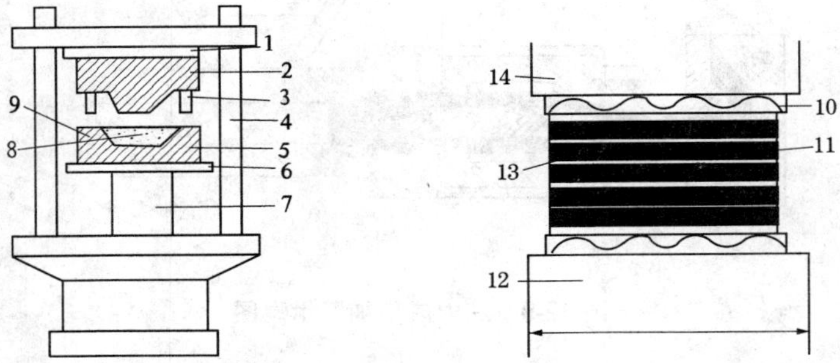

(a)模压机及模具示意图　(b)层压制品示意图

1—上模式板;2—上模;3—导合钉;4—支柱;5—下模;6—下模式板;7—柱塞;8—物料;9—模腔;10—帆布石棉垫布;11—高聚韧层; 12—下模板; 13—不锈钢或其他垫板;14—上模板

图 12-11　模压、层压示意图

(五)压延成型

利用热的滚筒将热塑性塑料连续压延成薄片或薄膜的成型方法称为压延成型。这种方法生产能力大，产品质量好，易于实现自动化流水作业，是生产人造革、各种长宽尺寸大的塑料薄膜的主要方法。但该方法设备投资较大。

(六)浇铸成型

浇铸成型又称浇塑法或铸塑法,它是不用外加压力,而是将液态树脂、添加剂和固化剂浇铸到模内固化成型,脱模后即可得到有一定形状的制品。它适用于流动性大而收缩性小的树脂品种,如酚醛、环氧树脂等热固性树脂,或丙烯酸脂类等热塑性树脂。也可以把能够进行本体聚合反应的液态单体直接注入模型中聚合,铸成所需要的形状。有机玻璃即是如此成型的。该方法多用于制造板材、电绝缘器材和装饰品等。

二、塑料的二次加工

塑料的二次加工是指制品成型后再加工。它包括塑料制品机械加工、连接和表面处理等工艺。

(一)机械加工

经成型的塑料制品大多数可直接装配使用,但某些需要满足装配要求的零件,如齿轮、轴承、小而深的孔、螺纹等还应进行机械加工。有些零件是板材、棒材、管材作毛坯,也必须进行机械加工。

塑料制品机械加工工艺与金属切削工艺大致相同,可以进行车、铣、刨、钻、镗、锯、铰、锉和攻丝等。但应考虑塑料的导热性差、弹性大,容易引起加工时发热变形与加工面粗糙。为保证质量,在刀具角度、切削用量及操作方法上必须作下列几点改进:

(1)塑料的强度和硬度比金属材料低,故切削功率一般可小些。

(2)塑料的导热性差,必须用较小的切削用量,以防止塑料制品温度升高。有时为提高表面质量,可选用较大的切削速度、较小的切削深度和走刀量。

(3)塑料的弹性模量较小,硬度又不高,这些都会影响切削加工后零件的表面粗糙度。因此,通常采用大前角和大后角的刀具,并保证刀刃锋利。此外,精加工时制品不宜夹得过紧,用高切削速度和小的走刀量,可以得到低的表面粗糙度值。

(4)塑料的耐热性差,温度升高超过一定数值时,热塑性塑料会发生软化,热固性塑料会烧焦,因此必须控制温度升高,通常采用风冷或水冷等。

(5)有些塑料性质较脆或容易产生内应力,如热固性塑料和聚碳酸酯,在进行车、铣、钻、镗时其切入和切出操作都必须缓慢,最好采用手动走刀,以防崩裂。

(二)塑料的连接

塑料与塑料、塑料与金属或其他非金属材料的连接,除用一般机械连接方法外,还有热熔黏结、溶剂黏结、胶粘剂黏结等。

(1)热熔黏结。大多数热塑性塑料在加热到 230～280 ℃就可熔融并自行黏在一起,或能粘贴金属、陶瓷和玻璃等材料。有一种塑料黏结方法很像钢材的电焊,它是采用塑料焊条以热风吹熔,使两塑料件黏结在一起。如用硬聚氯乙烯制造化工容器多采用此法焊接而成。

(2)溶剂黏结。利用有机溶剂如丙酮、三氯甲烷、二甲苯等滴入待连接塑料的接头表面,使其溶解黏结,待溶剂挥发后,即可形成牢固的接头。此法适用于某些相同品种的热塑性塑料。应注意控制好溶剂挥发速度,太快黏结不牢或有内应力,太慢使黏结时间延长。

(3)胶接。利用胶粘性强的胶粘剂，能够使不同塑料或者塑料与其他材料黏结。

(三)表面处理

为了改善塑料的表面性能，达到防护、装饰的目的，在塑料制品表面涂一层金属。最常用的工艺主要是电镀：在任何塑料品种表面，先进行去油、打毛后，用化学还原液沉积一层银膜，再用化学方法浸镀一层铜膜，最后按要求用普通电镀法镀上金、铬、镍等金属薄膜。

有时为了对塑料制品进行着色装饰，还用到其他一些处理方法。新的工艺有静电的纸型把油墨粉散播到接地的塑料片或薄膜上，作用和绢印相似，然后加热使粉粒熔合到塑料中，印刷聚烯烃之前，则要求把底材用放电、氧化火焰等方法处理，使表面带极性基因，提高油墨的附着能力。

还有衬塑料涂层，它是对化工设备金属材料表面被覆一层塑料，来提高耐腐蚀性能。

第五节　粉末冶金及锻压新工艺简介

一、粉末冶金的概念及工艺过程

用金属粉末(或金属粉末与非金属粉末的混合物)作原料，经过压制成型并烧结所制成的合金称粉末合金，这种生产过程称为粉末冶金法，由于生产粉末冶金与生产陶瓷有相似之处，因此也称金属陶瓷法。粉末冶金工艺过程包括制粉、筛分与混合、压制成型、烧结及后处理等几个工序。

(一)制粉

制粉通常用以下几种方法将原料破碎成粉末：机械破碎法，如用球磨机粉碎金属原料；熔融金属的气流粉碎法，如用压缩空气流、蒸气流或其他气流将熔融金属粉碎；氧化物还原法，如用固体或气体还原剂把金属氧化物还原成粉末；电解法，即在金属盐的水溶剂中电解沉积金属粉末。

(二)筛分与混合

其目的是使粉料中的各组元均匀化。在各组元密度相差较大且均匀程度要求较高的情况下常用湿混，即在粉料中加入液体，常用于硬质合金的生产。为改善粉末的成型性和可塑性，在粉料中加汽油橡胶液或石蜡等增塑剂。

(三)压制成型

成型的目的是将松散的粉料通过压制或其他方法制成具有一定形状、尺寸的压坯。常用的方法为模压成型。它是将混合均匀的粉末装入压模中，然后在压力机上压制成型。

(四)烧结

压坯只有通过烧结，使间隙减少或消除，增大密度，才能成为“晶体结合体”，从而具有一定的物理性能和机械性能。烧结是在保护性气氛(煤气，氢气)的高温炉或真空炉中进行的。

(五)后处理

烧结后的大部分制品即可直接使用。当要求密度、精度高时，可进行最后附加加工，称为精整。有的需经浸渍，如含油轴承；有的需要热处理和切削加工等。

二、粉末冶金的特点与应用

(一)粉末冶金法能生产多种具有特殊性能的金属材料

粉末冶金法能生产具有一定孔材料——过滤器、多孔含油轴承;生产熔炼法不能生产的电接触材料、各种金属陶瓷性材料;生产钨、钼、钽、铌等,近年来运用粉末冶金法生产高速钢,可以避免碳化物偏析,比熔炼高速钢性能好。

(二)粉末冶金法制造机器零件,是一种少切削、无切削的新工艺

过去粉末冶金法主要用来制造各种衬套和轴套。现在逐渐发展到制造其他机械零件,如齿轮凸轮、电视机零件、仪表零件以及某些齿轮零件等。用粉末冶金法制造的机械零件,能大量减小切削加工量,节省机床,节约金属材料,并提高劳动生产率。

但是,应用粉末冶金法也有缺点,如制造原始粉末的成本高;压制时,所需单位压力很大,因而制品尺寸受到限制;压模的成本高,仅大量生产时才有利;粉末的流动性差,不易制造形状复杂的零件;烧结后零件的韧性较差等。不过,这些问题随着粉末冶金技术的发展是不难解决的。当前,随着粉末冶金技术的发展,粉末冶金材料的韧性可大大提高。

三、超塑性成型

超塑性是指金属或合金在特定条件下进行拉伸试验,其伸长率超过100%的特性,如纯钛可超过300%,锌铝合金可超过1 000%。特定的条件是指一定的变形温度(约为$0.5T_{熔}$)、一定的晶粒度(晶粒平均直径为0.2~0.5 μm)和低的变形速率($\varepsilon=10^{-2}\sim10^{-4}$/s)。

超塑性成型是指利用金属在特定条件下进行塑性加工的方法。它包括细晶超塑性成型和相变超塑性成型。

超塑性成型的零件晶粒细小均匀,尺寸稳定,性能好。目前主要成型方法有超塑性模锻、板料气压成型及模具热挤压成型等。

目前常用的超塑性成型材料主要为锌铝合金、铝基合金、钛合金及高温合金。超塑性状态下的金属在变形过程中不产生"颈缩"现象,变形应力可比常态下大大降低。因此,此种金属极易成型,可采用多种工艺方法制造出复杂零件。

四、粉末锻造

金属粉末经压实后烧结,再用烧结体作为锻造毛坯的方法称为粉末锻造。粉末锻造是粉末冶金与精密锻造相结合的技术。由于粉末冶金件中含有一定数量的孔隙,因此其力学性能比锻铸件低。但是将冷却后的粉末冶金烧结件在闭合模中进行一次热锻,使预制坯产生塑性变形而压实,变成接近或完全致密的程度(可使相对密度达到98%以上),所以可用作受力构件。粉末锻造与普通模锻相比,具有锻造工序少、锻造压力小、材料利用率高、精度可达精密模锻水平等优点。粉末锻造可用于齿轮、花键等复杂零件的成型。

五、液态模锻

将定量的熔化金属倒入凹模型腔内,在金属即将凝固状态下(即液、固两相共存)用冲头加压,使其凝固以得到所需形状锻件的加工方法称为液态模锻。液态模锻是一种介于铸锻之间的工艺方法，可实现少、无切削锻造，用于生产各种有色金属、碳钢、不锈钢以及灰口铸铁和球墨铸铁件；可生产出用普通模锻法无法成型而性能要求高的复杂工件，如铝合金活塞，镍、黄铜高压阀体，铜合金蜗轮，球墨铸铁齿轮，钢法兰等锻件。但液态模锻不适于制造壁厚小于 5 mm 的空心工件。

六、高速高能成型

高速高能成型有多种加工形式。其共同特点是在极短的时间内，将化学能、电能、电磁能和机械能传递给被加工的金属材料，使之迅速成型。高速高能成型分为利用炸药的爆炸成型、利用电磁力的电磁成型和利用压缩气体的高速锤成型等。高速高能成型速度快，可以加工难加工材料，加工精度高，加工时间短，设备费用较低。

（一）高速锤成型

这是利用 14MPa 的高压气体短时间突然膨胀，推动锤头和框架系统作高速相对运动而产生悬空打击，使金属坯料在高速冲击下成型的方法。

在高速锤上可以锻打强度高、塑性低的材料。可以锻打的材料有铝、镁、铜、钛合金等。在高速锤上可以锻出叶片、蜗轮、壳体、接头、齿轮等数百种锻件。

（二）爆炸成型

这是利用炸药爆炸的化学能使金属材料变形的方法。在模膛内置入炸药，其爆炸时产生大量高温高压气体，使周围介质（水、砂子等）的压力急剧上升，并呈辐射状传递，使坯料成型。这种成型的方法变形速度快，投资少，工艺装备简单，适用于多品种小批量生产，尤其适合于一些难加工材料，如钛合金、不锈钢的成型及大件的成型。

（三）放电成型

坯料变形的机理与爆炸成型基本相同。它是通过放电回路中产生强大的冲击电流，使电极附近的水汽化膨胀，从而产生很强的冲击压力使坯料成型。与爆炸成型相比，放电成型时能量的控制与调整简单，成型过程稳定，使用安全，噪声小，可在车间内使用，生产率高。但放电成型受到设备容量的限制，不适于大件成型，特别适于管子的膨胀成型加工。

（四）电磁成型

电磁成型是利用电磁力加压成型的。成型线圈中的脉冲电流可在极短的时间内迅速增长和衰减，并在周围空间形成一个强大的变化磁场。坯料置于成型线圈内部，在此变化磁场作用下，坯料内产生感应电流形成的磁场和成型线圈磁场相互作用的结果，使坯料在电磁力的作用下产生塑性变形。这种成型方法所用的材料应当是具有良好导电性能的铜、铝和钢。如需加工导电性能差的材料，则应在毛坯表面放置薄铝板和驱动片，用以促使坯料成型。电磁成型不需要水和油类等介质，工具也几乎不消耗，装置清洁，生产率高，产品质量稳定。但由于受到设备容量的限制，只适于加工厚度不大的小零件、板材或管材。

七、精密模锻

精密模锻是在普通的模锻设备上锻制形状复杂的高精度锻件的一种工艺。如锥齿轮、汽轮叶片、航空零件、电器零件等。锻件公差可在 ±0.02 mm 以下。

八、径向锻造(旋转锻造)

对轴向旋压转送进的棒料或管料施加径向脉冲打击力,锻成沿轴向具有不同横截面制件的工艺方法称为径向锻造。径向锻造主要适用于各种外形的实心或空心长轴类锻件,以及内孔形状复杂或孔直径很小的长直空心轴类锻件(如内螺纹孔、内花键孔)。

九、旋压

旋压是一种成型金属空心回转体的工艺方法。在毛坯随芯模旋转或施压工具绕毛坯在芯模旋转中,旋压工具与芯模相对进给,从而使毛坯受压并产生连续、逐点的变形。它包括普通旋压和变薄旋压(强力旋压)。

(一)普通旋压

普通旋压是一种主要的改变毛坯的直径尺寸而成型器件的旋压方法,壁厚随着形状的改变一般有少量减薄,而且沿母线分布是不均匀的。在普通旋压中,使毛坏产生径向胀长的旋压称为缩径旋压(简称缩旋),它包括成型、收口、缩径、压筋等。

(二)变薄旋压(强力旋压)

变薄旋压是成型中在高的接触压力下毛坯壁厚逐点地、有规律地减薄而直径无显著变化的旋压方法。成型中变形金属的流动方向与旋压纵向进给方向相反。借滚珠盘与管坯相对旋转并轴向进给而由滚珠完成的管形件变薄旋压称为滚珠旋压或钢球旋压。

旋压所需的变形力小,材料利用率高,生产成本低,工件尺寸精度高,能显著提高工件性能。旋压主要用于加工圆筒形、锥形、抛物面形或其他各种曲线构成的旋转体(即各种轴对称形零件)。

本章小结

本章主要介绍了金属的塑性变形,金属的加工硬化与再结晶,金属的可锻性,锻造包括自由锻造、胎模锻和模锻的原理、基本工序和应用,板材冲压的设备、基本工序和冲模。简单介绍了塑料的注射成型、挤压成型、吹塑成型、压制成型、压延成型和浇铸成型,塑料的二次加工包括塑料制品机械加工、连接和表面处理等工艺,粉末冶金的概念、工艺过程、特点及其应用,超塑性成形,粉末成形,液态模锻,高能率成形,精密模锻,径向锻造(旋转锻造),旋压等。

本章重点掌握金属的塑性变形、金属的加工硬化与再结晶、金属的可锻性。

习　题

一、判断正误(正确的打√,错误的×)

1.锻压是指对坯料施加外力,使其产生塑性变形,改变形状及改善性能,用以制造机械零件或毛坯的成型加工方法。(　　)

2.金属发生塑性变形后,强度和硬度升高的现象称为加工硬化或者冷作硬化。(　　)

3.对塑性变形后的金属加热,金属原子就会获得足够高的能力,但是消除不了加工硬

化现象，这一过程称为再结晶。（　　）

4. 锻造是指在加压设备及工（模）具的作用下，使坯料或铸锭产生局部或全部的塑性变形，以便获得一定几何尺寸、形状和质量的锻件的加工方法。（　　）

5. 胎模锻是指在自由锻设备上使用固定模具生产模锻件的一种锻造成型方法。（　　）

二、单向选择题

1. 常用的锻造方法有______等。

A. 自由锻造、胎模锻造和模型锻造

B. 自由锻造、胎模锻造和开式模锻造

C. 开式模锻造、胎模锻造和模型锻造

D. 自由锻造、闭式模锻造和模型锻造

2. 冲床分______两种。

A. 单柱式和双柱式　　B. 三柱式和双柱式

C. 单柱式和三柱式　　D. 三柱式和四柱式

3. 冲压基本工序可分为______两大基本工序。

A. 分离和变形　　B. 剪切和变形　　C. 分离和落料　　D. 弯曲和拉延

4. 冲模按工序组合方式可分为______等三种。

A. 简单冲模、连续冲模和组合冲模

B. 复杂冲模、连续冲模和组合冲模

C. 简单冲模、复杂冲模和组合冲模

D. 简单冲模、连续冲模和复杂冲模

5. 塑料成型的主要方法有______等。

A. 注射、挤压、吹塑、压制、压延和浇注成型

B. 注射、挤压、压延和浇注成型

C. 注射、挤压、吹塑、压制和浇注成型

D. 挤压、吹塑、压制、压延和浇注成型

三、问答题

1. 何谓金属的可锻性？影响金属可锻性的因素有哪些？

2. 指出自由锻造的特点和应用范围。

3. 何谓胎膜锻造？它与自由锻造相比有何特点？

4. 何谓模型锻造？它与自由锻造相比有何特点？

5. 塑料有哪些成型方法？

6. 什么叫塑料的二次加工？

7. 什么叫粉末冶金法？有何特点及应用？

8. 什么叫超塑性变形？有何特点及应用？

9. 什么叫液态模锻？

10. 什么叫高速高能成型？它的特点是什么？

11. 冲压成型的主要特点是什么？冲裁、拉伸、弯曲等过程中板料受力及变形的主要特点是什么？

第十三章　焊　接

第一节　概　论

焊接是通过加热或加压，或两者并用，并且用或不用填充材料，借助于金属原子扩散和结合，使分离的材料牢固地连接在一起的加工方法。

一、焊接方法分类

焊接方法的种类很多，按焊接过程特点可分为以下三大类。

（一）熔焊

熔焊的共同特点是把焊接局部连接处加热至熔化状态形成熔池，待其冷却结晶后形成焊缝，将两部分材料焊接成一个整体。因两部分材料均被熔化，故称熔焊。

（二）压焊

在焊接过程中需要对焊件施加压力（加热或不加热）的一类焊接方法，叫压焊。

（三）钎焊

利用熔点比金属低的填充金属（称为钎料）熔化后，填入接头间隙并与固态的母材通过扩散实现连接的一类焊接方法。

主要焊接方法分类如图 13-1 所示。

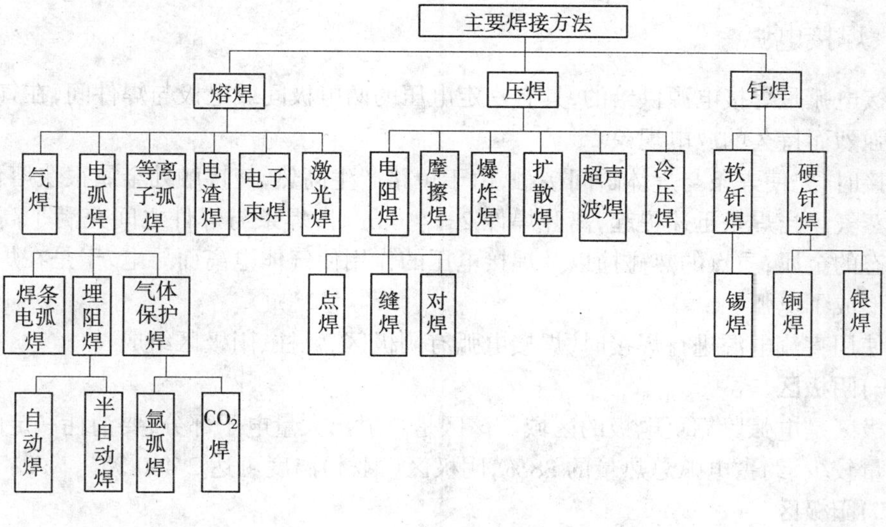

图 13-1　主要焊接方法分类

二、焊接的应用

焊接主要用于制造金属构件，如锅炉、压力容器、船舶、桥梁、管道、车辆、起重机、海洋结构、冶金设备；生产机器零件(或毛坯)，如重型机械和制造设备的机架、底座、箱体、轴、齿轮等；传统的毛坯是铸件或锻件，但在特定条件下，也可用钢材焊接而成。与铸造相比，不需要制造木模和砂型，不需要专门冶炼和浇注，生产周期短，节省材料，降低成本。如我国自行设计制造的120 MN水压机的下横梁，若用铸钢件重量可达470 t，采用焊接结构净重仅260 t，重量减轻约45%；对于一些单件生产的特大型零件(或毛坯)，可通过焊件以小拼大，简化工艺；修补铸、锻件的缺陷和局部损坏的零件，这在生产中具有较大的经济意义。世界上主要工业国家年生产焊接结构占总产量的45%。

焊接正是有了连接性能好、省工省料、成本低、重量轻、可简化工艺等优点，才得以广泛应用。但同时也存在一些不足，如结构不可拆，更换修理不方便；焊接接头组织性能变坏；存在焊接应力，容易产生焊接变形；容易出现焊接缺陷等。有时焊接质量成为突出问题，焊接接头往往是锅炉压力容器等重要容器的薄弱环节，实际生产中应特别注意。

随着我国经济的发展，先进的焊接工艺不断出现，已成功地焊制了万吨水压机横梁、立柱，12.5万kW汽轮机转子，30万kW电站锅炉，120 t大型水轮机工作轮，直径15.7 m的球形容器，核反应堆，火箭，飞船等。

第二节　焊条电弧焊

利用电弧作为热源的熔焊方法，称为电弧焊。焊条电弧焊是指用手工操纵焊条进行焊接的电弧焊方法(也称手工电弧焊)。

一、焊接电弧

焊接电弧是焊接电源供给的，具有一定电压的两电极间或电极与焊件间，在气体介质中产生强烈而持久的放电现象。

焊接时，先使焊条与焊体瞬间接触，由于短路产生高热，使接触处金属很快熔化，并产生金属蒸气。当焊条迅速提起，离开焊件2～4 mm时，焊条与焊件之间充满了高热的气体与气态的金属，质点的热碰撞以及焊接电压的作用使气体电离而导电，于是在焊条与焊件之间形成了电弧。

当使用直流电源进行焊接时，焊接电弧有阴极区、弧柱、阳极区组成。

(一)阴极区

阴极区是电弧紧靠负电极的区域。该区是放射出大量电子部分，要消耗一定的能量，产生热量较少，约占电弧总热量的38%，阴极区(钢材)温度可达2 400 K。

(二)阳极区

阴极区是电弧紧靠正电极的区域。该区是受电子撞击和吸入电子的部分，获得很大的能量，放出热量较高，约占电弧总热量的42%，阳极区(钢材)温度可达2 600 K。

(三)弧柱

弧柱是电弧阴极区和阳极区之间的部分。温度最高可达 5 000～8 000 K,热量约占 20%。

由于电弧发出的热量在两极有差异,因此在极性上有正接和反接两种。正接是指焊件接电源正极、电极接电源负极的接线法,也称正极性。这种接法,热量大部分集中在焊件上,可加速焊件熔化,有较大熔深,其应用最多。反接是指焊件接电源负极、电极接电源正极的接线法,也称反极性。反接常用于薄板钢材、铸铁、不锈钢、非铁合金焊件,或用于低氢型焊条焊接的场合。

当使用交流电源进行焊接时,由于电流方向交替变化,两极温度大致相等,不存在极性问题。

二、焊缝形成过程

如图 13-2 所示,焊接时,焊条 9(用焊钳 10 夹持)和工作台 13 为两极与焊接电源相连接。电弧 5 在焊芯 7 与焊件 2 之间燃烧。焊芯熔化后形成的熔滴 11 滴入熔池 12 中,焊条 9 上的药皮 8 熔化后形成保护气体 6 及熔渣。保护气体充满在熔池周围,液态熔渣从熔池中浮起,覆盖在熔池表面上,共同起到隔绝空气、防止液态金属氧化的保护作用。焊条向右移动形成新的熔池,脱离电弧作用的熔池金属凝固成焊缝 3,液态熔渣冷却后在焊缝上面形成坚硬的熔渣壳 4。

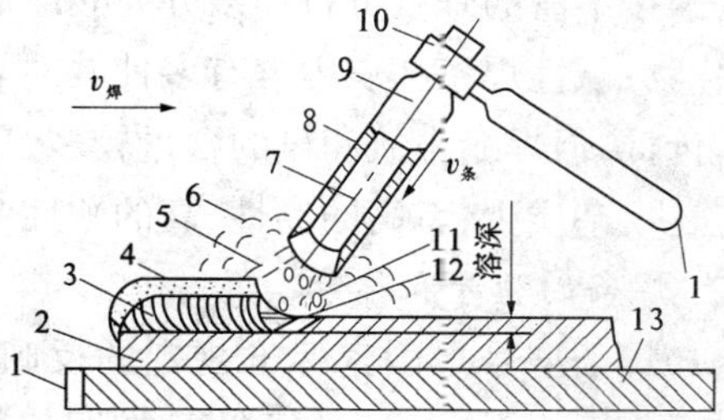

1—电极;2—焊件;3—焊缝;4—熔渣壳;5—电弧;6—保护气体;7—焊芯;8—药皮;9—焊条;10—焊钳;11—熔滴;12—熔池;13—工作台

图 13-2 焊条电弧焊接过程示意图

三、焊条

焊条是涂有药皮的供手弧焊用的熔化电极。它由焊芯和药皮两部分组成。

(一)焊芯

焊芯是指焊条中被药皮包覆的金属芯。其作用:一是作为电极传导电流,产生电弧;二是作为填充金属,与被焊母材熔合在一起。焊芯的化学成分、杂质含量均直接影响焊缝质量。国标规定,焊芯必须由专门冶炼的金属丝制成,并规定了它们的牌号和化学成分。焊芯用钢分为碳素钢、合金钢和不锈钢三类,其牌号冠以“焊”字,代号为“H”,随后的数字和符号意义与结构钢牌号相似。例如,H08MnA 中,H 表示焊丝,08 表示含碳量 0.08%,Mn<1.05%,A 表示高级优质。我国生产的电焊条,基本上以 H08A 钢作焊芯。

(二)药皮

药皮是压涂在焊芯表面上的涂料层。它由矿石、岩石、铁合金、化工物料等的粉末混合后黏结在焊芯上制成。药皮在焊接过程中的主要作用如下:

(1)提高燃弧的稳定性(加入稳弧剂)。

(2)防止空气对金属熔池的有害作用(加入造气剂、造渣剂)。

(3)保证焊缝金属的脱氧,并加入或保护合金元素,使焊缝金属有合乎要求的化学成分和力学性能(加入脱氧剂、合金等)。

(三)焊条的分类、型号及牌号

1. 焊条的分类

焊条的品种很多,通常可以从焊条的药皮成分、熔渣的碱度及用途来分类。

(1)焊条药皮的主要成分。焊条可分为氧化钛型、氧化钛钙型、钛铁矿型、氧化铁型、纤维素型、低氢型、石墨型、盐基型等。

(2)按熔渣的碱度可将焊条分为酸性焊条和碱性焊条。酸性焊条药皮内含有多种酸性氧化物;碱性焊条药皮内含有多种碱性氧化物。酸性焊条电弧稳定性较好,可交、直流两用,价低,但焊缝中氧和氢的含量较多,影响焊缝金属的力学性能。碱性焊条焊缝中含氧和氢少,杂质少,有高的韧性、高的塑性,单电弧稳定性差,一般宜用直流电源施焊。

2. 焊条的型号和牌号

(1)焊条型号是国家标准规定的反映焊条主要性能的编号方法。国标《碳钢焊条》(GB117—85)规定,用一位字母 E 加四位数字($EX_1X_2X_3X_4$)表示,各位数字含义如下:①前两位数字 X_1X_2——焊条系列,共有 43 系列和 50 系列两种,分别代表熔敷金属抗拉强度最小值为 43 kgf/mm^2(420 MPa)和 50 kgf/mm^2(490 MPa);② 第三位数字 X_3——焊条适用位置,“0”和“1”表示适宜全位置焊,“2”表示仅宜平焊及平角焊,“4”表示焊条适用于向下立焊;③ 第三位和第四位数字组合 X_3X_4——焊条药皮类型及电流种类,例如,E4303 中“03”表示钛钙型,交、直流两用。

(2)焊条牌号是对焊条产品的具体命名,是根据焊条主要用途及性能编制的,焊条牌号是符合型号的,一般一种焊条型号可以有多种焊条牌号,这有利于焊条的改进发展(实为同一型号焊条有多种药皮配方)。

目前我国焊条牌号很多,且焊条牌号另有一套编制方法。碳钢焊条和低合金钢焊条合并在“结构钢”焊条一类中,其牌号一般用一个大写拼音字母和三位数字表示,字母“J”表示结构钢焊条;“R”表示钼和铬耐热钢焊条;“B”表示不锈钢焊条;“D”表示堆焊条;“W”表示低温钢焊条;“Z”表示铸铁焊条;“N”表示镍及镍合金焊条;“T”表示铜及铜合金焊条;“L”表示铝及铝合金焊条等。如 J422 后面的三位数字中前二位“42”表示熔敷金属抗拉强度值为 420 MPa,第三位数字代表两个含义:电流种类、药皮类型,该例中“2”表示允许交流或直流电源用,药皮为钛钙型(酸性)。又如 J507 表示结构钢焊条,焊缝金属 $\sigma_b \geqslant 500$ MPa,是低氢型(碱性)药皮,只适用于直流电源。

(四)焊条的选用

低碳钢、低合金钢焊件,一般要求母材与焊缝金属等强度,因此可根据钢材等级选用相应焊条。但应注意,两者的定级强度不同;对要求焊后焊缝金属性好、抗裂能力强、低温性能好的，应选用碱性焊条；受力不复杂，母材质量好，选用酸性焊条，因酸性焊条价廉。

对特种性能要求的钢种如耐热钢和不锈钢以及铸铁、非铁合金，应选用相应的专用焊条，以保证焊缝金属的主要成分与母材相同或相近。

第三节　其他焊接方法

一、气焊与气割

在生产中，还可利用气体火陷所释放出来的热量作为热源进行焊接或切割金属，这就是气焊与气割。气焊是利用氧气和可燃气体（一般是乙炔）混合燃烧时产生的大量热量，将焊件和焊丝局部熔化，再经冷却结晶后使焊件连接在一起的方法。当将上述气体燃烧时所释放出的热量用于切割金属时，则称为气割。

（一）气焊设备

气焊设备包括氧气瓶、减压器、乙炔气瓶、回火防止器等，它们之间相互连接，形成整套系统。

1. 氧气瓶

氧气常温和常压下是无色无味的气体，比空气稍重，它不能自燃，但能助燃。氧气瓶是贮存和运输高压氧气的容器。氧气瓶容量一般为 40 L，额定工作压力为 15 MPa，贮气量约 6 m^3。装盛着纯氧气（纯度不低于 98.5%）的氧气瓶有爆炸危险，使用时必须注意安全。搬运时禁止和乙炔及液化气瓶放在一起，禁止撞击氧气瓶和避免剧烈振动，氧气瓶离工作点或其他火源 10 m 以上；夏天要防暴晒，冬天阀门冻结时严禁用火烤，应当用热水解冻。瓶中的氧气不允许全部用完，应至少留 0.1～0.2 MPa 的剩气，以防止瓶内混入其他气体而引起爆炸。

2. 减压器

减压器是将高压气体降为低压气体的调节装置。减压器同时显示氧气瓶气体压力，并保持输出气体的压力和流量稳定不变。

3. 乙炔发生器、乙炔气瓶

乙炔发生器是使水与电石进行化学反应产生一定压力乙炔气体的装置。因现场使用危险较大，目前工厂中广泛使用乙炔瓶。乙炔瓶是贮存和运输乙炔的容器，其外形同氧气瓶相似，但构造复杂。瓶内装有能吸收丙酮的多孔性填料——活性炭、木屑、浮石以及硅藻土等合制而成。乙炔特易溶解于丙酮。使用时，溶解在丙酮中的乙炔分解出来，而丙酮仍留在瓶内。瓶装乙炔的优点是：气体纯度高，不含杂质，压力高，能保持火焰稳定，设备轻便，比较安全，易于保持环境清洁。因此，瓶装乙炔的应用日广。乙炔瓶容积为 30 L，工作压力为 1.47 MPa，可贮存 4 500 L 乙炔。乙炔瓶注意安全使用，严禁振动、撞击、泄漏，必须直立，瓶体温度不得超过 40 ℃，瓶内气体不得超用完，剩余气体压力不低于 0.098 MPa。

4. 回火保险器

在实施气焊或气割时，由于某种原因致使混合气体的喷射速度小于其燃烧速度，从而产生火焰向喷嘴内逆向燃烧——回火现象之一种。这种回火可能烧坏焊（割）炬、管路以及引起可燃气体贮罐的爆炸。这种现象也称倒袭回火。回火保险器就是装在燃烧气体系统上的防止向燃气管路或气源回烧的保险装置。它一般有水封式和干式两种。使用水封式回火保险器时一定要先检查水位。

5. 焊炬(焊枪、焊把子)

焊炬是气焊时用于控制混合气体混合比、流量及火焰并进行焊接的工具。焊炬有射吸式和等压式两种,射吸式适用于中、低压乙炔,为我国广泛应用。焊炬配有不同孔径焊嘴5个,由待焊工件大小不同选择使用,号大孔大。

6. 橡皮管

国标GB9449—88中规定:氧气橡皮管应为黑色,内径8 mm,工作压力为1.5 MPa,试验压力3.0 MPa;乙炔橡皮管为红色,内径为10 mm,工作压力为0.5 MPa或1 MPa。连接焊炬或割炬的橡皮管不能短于5 m,一般以10~15 m为宜,太长会增加气体流动阻力。

(二)焊接材料

1. 焊丝

气焊用的焊丝起填充金属作用,与熔化的母材一起组成焊缝金属。因此,应根据工件的化学成分选用成分类型相同的焊丝。

2. 焊剂

气焊焊剂是气焊时的助熔剂。其作用是除去氧化物,改善母材润湿性等。

(三)气焊工艺

1. 接头型式与坡口型式

气焊常用接头型式有对接、角接和卷边接头,如图13-3所示。搭接和T形接用得少。适宜用气焊的工件厚度不大,因此气焊的坡口一般为I形和V形坡口。

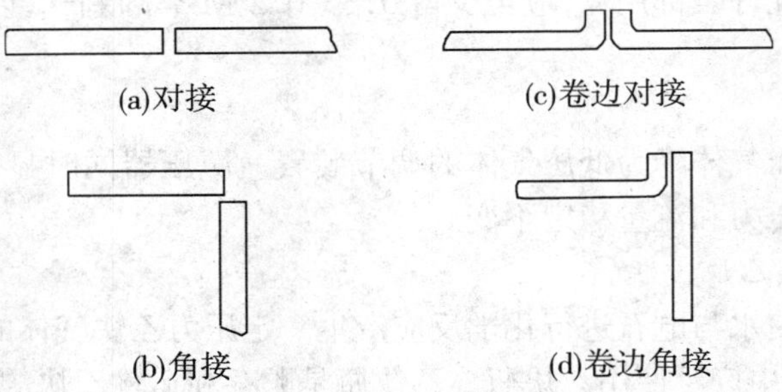

图13-3 气焊常用接头型式

2. 气焊火焰

氧乙炔由于混合比不同,有三种火焰:中性焰、氧化焰、碳化焰。

中性焰是氧乙炔混合比为1.1~1.2时燃烧所形成的火焰,在一次燃烧区内既无过量氧也无游离碳。其特征为亮白色的焰心端部有淡白色火焰闪动,时隐时现。因有一定还原性,非中性,故有人称正常焰。中性焰应用最广,气焊低、中碳钢,低合金钢,不锈钢,紫铜,锡青铜,铝及铝合金,铅,锡,镁合金和灰铸铁一般都用中性焰。

氧化焰是氧乙炔混合比大于1.2时的火焰。其特征是焰心端部无淡白火焰闪动,内、外焰分不清，焰中有过量氧，因此有氧化性。适合气焊黄铜、镀锌铁皮等。

碳化焰是氧乙炔混合比小于1.1时的火焰。其特征是内焰呈淡白色。这是因为内焰有多余的游离碳，碳化焰具有较强的还原作用，也具有一定渗碳作用。适合焊高碳钢、铸铁、高速钢、硬质合金等。

中性焰焰心外2～4 mm处温度最高，达3 150 ℃左右。因此，气焊时焰心离开工件表面2～4 mm，此时热效率最高，保护效果最好。

3. 气焊方向

气焊方向有两种，即左向焊与右向焊。左向焊适用于焊薄板，右向焊适宜焊厚大件。

4. 气焊工艺参数

(1)火焰能率。火焰能率是由焊炬型号及焊嘴号的大小决定的，在实际生产中，可根据工件厚度选择焊炬型号，原则是被焊件厚大，则焊炬号大，焊嘴号亦然。

(2)焊丝直径。原则是根据工件厚度来选择焊丝直径。一般说，焊丝直径不超过焊件厚度。焊件厚大些，则选取的焊丝直径也应大些。

(3)焊嘴倾斜角度。焊嘴倾斜角度是指焊嘴与工件平面间＜90°的夹角。倾角大，火焰热量散失小，工件加热快，温度高。焊嘴倾角大小可根据材质等因素确定。

(四)气割

1. 气割原理与应用

气割是利用火焰的热能将工件切割处预热到一定温度后，喷出高速切割氧流，使其燃烧并放出热量实现切割的方法。可以切割的金属应符合下述条件：

(1)金属氧化物的熔点应低于金属熔点。

(2)金属与氧气燃烧能放出大量的热，而且金属本身的导热性要低。

纯铁，低、中碳钢和低合金钢以及钛等符合上述条件，其他常用的金属如铸铁、不锈钢、铝和铜等，必须采用特殊的氧燃气切割方法(例如熔剂切割)或熔化方法，如电弧切割、等离子切割、激光切割等。

2. 气割设备

气割用的氧气瓶、氧气减压器、乙炔发生器(或乙炔气瓶)和回火保险器与气焊用的相同。此外，气割还用液化气瓶，液化石油气瓶通常用Q345、Q215或20号优质碳素钢板经冲压和焊接制成。液化石油气经压缩成液态装入瓶内。液化石油气瓶的最大工作压力为1.6 MPa，出厂前水压试验为3 MPa。液化石油气瓶充罐时，必须按规定留出汽化空间，不能充罐过满。否则，液化石油气充满瓶体，瓶体受热膨胀，对瓶壁产生巨大压力，将会引起气瓶破裂，造成火灾。用于气割的设备还有手工割炬、半自动气割机和自动气割机以及数控线切割机等。

二、CO_2 气体保护焊

这是利用外加的 CO_2 气体作为电弧介质并保护电弧和焊接区的电弧焊方法。CO_2 气体保护焊的焊接过程如图13-4所示。CO_2 气体经供气系统从焊枪喷出，当焊丝与焊件接触引起燃电弧后，连续送给的焊丝末端和熔液被 CO_2 气流所保护，防止空气对熔化金属的有害作用，从而保证获得高质量的焊缝。

CO_2 气体保护焊由于采用廉价的 CO_2 气体和焊丝代替焊接剂和焊条，加上电能消耗又小，所以成本很低，一般仅为自动埋弧焊接的 40%，为焊条电弧焊的 37%～42%。同时，由于 CO_2 气体保护焊采用高硅高锰焊丝，它具有较强的脱氧还原和抗蚀能力，因此焊缝不易产生气孔，力学性能较好。

由于 CO_2 气体保护焊具有成本低、生产效率高、焊接质量好、抗蚀力强及操作方便等优点，已广泛用于汽车、机车、造船及航空等工业部门，用来焊接低碳钢、低合金结构钢和高合金钢。

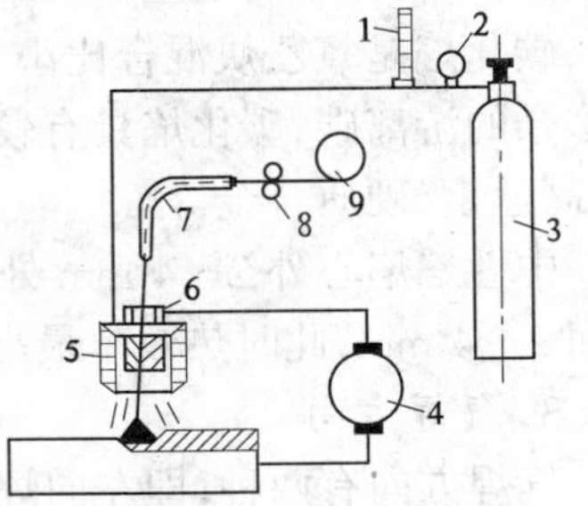

1—流量计；2—减压计；3—CO_2 气瓶；4—电焊机；5—焊炬喷嘴；6—导电嘴；7—送丝软管；8—送丝机构；9—焊丝盘

图 13-4　CO_2 气体保护焊

三、氩弧焊

氩弧焊是氩气保护焊的简称。氩气是惰性气体，在高温下不和金属起化学反应，也不溶于金属，可以保护电弧区的熔池、焊缝和电极不受空气的有害作用，是一种较理想的保护气体。氩气电离势高，引弧较困难，但一旦引燃就很稳定。氩气纯度要求达 99.9%。

氩弧焊分钨极（不熔化极）氩弧焊和熔化极（金属极）氩弧焊两种。

钨极氩弧焊电极常用钍钨极和铈钨极两种。焊接时，电极不熔化，只起导电和产生电弧作用。钨极为阴极时，发热量小，钨极烧损小；钨极为阳极时，发热量大，钨极烧损严重，电弧不稳定，焊缝易产生夹钨。因此，一般钨极氩弧焊不采用直流反接。主要优点是：对易氧化金属的保护作用强、焊接质量高、工件变形小、操作简便以及容易实现机械化和自动化。因此，氩弧焊广泛用于造船、航空、化工、机械以及电子等工业部门，进行高强度合金钢、高合金钢、铝、镁、铜及其合金和稀有金属等材料的焊接。

四、埋弧自动焊

焊缝形成过程由于电弧在焊剂层下燃烧，能防止空气对焊接熔池的不良影响；焊丝连续送进，焊缝连续性好；由于焊接的覆盖，减少了金属烧损和飞溅，可节省焊接材料。埋弧焊与手工电弧焊相比，具有生产率高、节约金属、提高焊缝质量和性能、改善劳动条件等优点，在造船、锅炉、车辆等工业部门广泛应用。

五、电渣焊

电渣焊是利用电流通过液体熔渣所产生的电阻热进行焊接的方法。

电渣焊的主要特点是大厚度工件可以不开坡口一次焊成，成本低，生产率高，技术比较简单，工艺方法易掌握，焊缝质量良好。电渣焊主要用于厚壁压力容器纵缝的焊接。在大型机械制造中（如水轮机组、水压机、汽轮机、轧钢机、高压锅炉等）得到广泛应用。

六、电阻焊

电阻焊是工件组合后通过电极施加压力，利用电流通过接头的接触面及邻近区域产生的电阻热进行焊接的方法。这种焊接不要外加填充金属和焊剂。根据焊接接头型式可分为对焊、点焊、缝焊三种。

电阻焊生产率很高，易实现机械化和自动化，适宜于成批、大量生产。但是它所允许采用的接头型式有限制，主要是棒、管的对接接头和薄板的搭接接头。一般应用于汽车、飞机制造，刀具制造，仪表，建筑等工业部门。

七、钎焊

采用比母材熔点低的金属材料作钎料，将焊件和钎料加热到钎料熔点，低于母材熔化温度，利用液态钎料润湿母材，填充接头间隙并与母材互相扩散实现连接焊件的方法。

钎焊特点(同熔化焊比)：焊件加热温度低，组织和力学性能变化小；变形较小，焊件尺寸精度高；可以焊接薄壁小件和其他难焊接的高级材料；可一次焊多工件多接头；生产率高；可以焊接异种材料。

根据钎料熔点的不同，钎焊可分为硬钎焊和软钎焊两类。

(一)硬钎焊

钎料熔点在 450 ℃以上，接头强度高，可达 500 MPa，适用于焊接受力较大或工作温度较高的焊件，属于这类钎料的有铜基、银基、铝基等。

(二)软钎焊

钎料熔点低于 450 ℃，接头强度低，主要用于钎焊受力不大或工作强度较低的焊件，常用的为锡、铅钎料。

钎料的种类很多，有 100 多种。只要选择合适的钎料就可以焊接几乎所有的金属和大量的陶瓷。如果焊接方法得当，还可以得到高强度的焊缝。

钎焊时一般需要使用钎剂。钎剂的作用是：清除液体钎料和工件待焊表面的氧化物，并保护钎料和钎件不被氧化。常用的钎剂有松香、硼砂等。

钎焊加热方法很多，有烙铁加热、火焰加热、感应加热、电阻加热等。

钎焊是一种既古老又新颖的焊接枝术，从日常生活物品(如眼镜、项链、假牙等)到现代尖端技术，都广泛采用。在喷气式发动机、火箭发动机、飞机发动机、原子反应堆构件制造及电器仪表的装配中是必不可少的一种焊接技术。

八、摩擦焊

摩擦焊焊接过程是把两工件同心地安装在焊机夹紧装置中，回转夹具件高速旋转，非回转类工件轴向移动，使两工件端面相互接触，并施加一定轴向压力，依靠接触面强烈摩擦产生的热量把该表面金属迅速加热到塑性状态。当达到要求的变形量后，利用刹车装置使焊件停止旋转，同时对接头施加较大的轴向压力进行顶锻，使两焊件产生塑性变形而焊接起来。

摩擦焊接头一般是等截面的，也可以是不等截面的，但需要有一个焊件为圆形或筒形。摩擦焊广泛用于圆形工件、棒料及管子的对接，可焊实心焊件的直径从 2 mm 到 100 mm 以上，管子外径可达数百毫米。

第四节　焊接接头

一、焊接接头的组织与性能

熔化焊和部分压力焊焊件接头都经过加热、然后迅速冷却的过程，因而焊缝及其临近的区域金属材料都受到一次不同温度的加热和冷却的影响，其组织性能都发生相应的变化，故临近焊缝区域又叫热影响区。

焊缝（熔化区）部分的金属温度最高，冷却时结晶从熔池壁开始并垂直于池壁方向发展，最后形成柱状铁素体和珠光体组织，其机械性能依含碳量及焊接规范而定。

热影响区大体上分半熔化区、过热区、正火区、部分相变区等几个区段。其中以半熔化区及过热区焊接接头质量影响最大。半熔化区是焊缝与固态焊件交界区，晶粒粗大、塑性差，是容易产生应力集中及裂缝的区段，希望越窄越好。低碳钢半熔化区较窄，影响不大。过热区在 A_{c3} 以上 100～200 ℃至半熔化区之间，仍处于高温，晶粒长大十分严重，常常形成过热组织，塑性、韧性很低，也是容易产生裂缝的区段。正火区略低于过热区温度，冷却后晶粒得到细化，机械性能得到改善。其他各区段对焊接性能影响不大。

总之，应尽量减小焊接接头热影响区。热影响区的大小与焊接方法、焊接规范、焊接材质、焊后冷却速度等因素有关。为消除、减少热影响区有害影响，可改变焊接方法及焊后热处理的方法。正常规范下，各种焊接相比，以气焊时热影响区为最大，手工电弧焊小得多，埋弧自动焊更小，电阻焊及等离子弧焊则几乎无过热区。

在焊接中碳钢、高碳钢时，过热区、正火区，甚至部分相变区都是淬火区，会出现淬火组织（如马氏体、屈氏体），硬度高、脆性大，易出现裂缝。焊接铸铁时，除产生淬火组织外，半熔化区易出现白口组织，难以机加工，更易出现裂缝。因此，必须采取预热等措施，以消除白口组织及淬火组织，保证焊接质量。

图 13-5 所示为低碳钢分别用熔化焊和压力焊后焊缝和热影响区组织变化示意图。

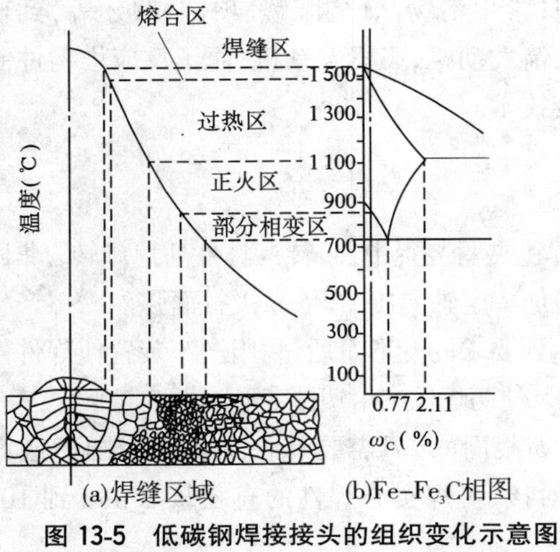

图 13-5　低碳钢焊接接头的组织变化示意图

（一）焊缝

焊缝组织如图 13-5 所示，属于铸造组织。焊接时，熔池中的熔融金属从熔池的边缘即熔合区开始结晶，向熔池中心方向生长。完全凝固之后，形成焊缝，使焊件之间实现了原子的结合。显然，焊缝金属的成分主要决定于焊芯金属的化学成分，但也受到焊件上被熔化金属和药皮成分的影响。通过选择焊条可以保证焊缝金属的力学性能。

（二）热影响区

对应 Fe－Fe_3C 相图，低碳钢焊接接头因受热温度不同，热影响区可分为过热区、正火区和部分相变区（见图 13-5）。

(1)过热区。指在热影响区中，温度接近于 AE 线，具有过热组织或晶粒显著粗大的区域。过热区的塑性、韧性差，容易产生焊接裂纹。

(2)正火区。指在热影响区中，温度接近于 A_{c3}，具有正火组织的区域。其组织性能好。

(3)部分相变区。指在热影响区中，温度处于 $A_{c1} \sim A_{c3}$，部分组织发生相变的区域。其晶粒大小不均匀，力学性能稍差。

(三)熔合区

在焊接接头中焊缝向热影响区过渡的区域。熔合区在焊接时处于半熔化状态，组织成分极不均匀，力学性能不好。

熔合区和过热区是焊接接头中的薄弱环节。

二、焊接接头的缺陷

(一)焊缝尺寸不符合要求

焊缝大、太高或太低，宽窄不均，不符合图纸要求。为了防止这种情况，应正确选择坡口及间隙，合理选择焊接工艺，并注意操作方法。

(二)咬边

咬边是指焊缝与基本金属交界处形成的凹陷。咬边会降低工件截面及引起应力集中，降低接头强度。其产生原因主要是电流(或焊条号码)过大，焊条夹角和弧长不当。防止办法是正确选择焊接工艺，注意操作方法。

(三)气孔

气孔是焊缝表面或内部形成空洞。气孔的存在降低接头的致密性。其原因是：焊件不清洁，焊条受潮或质量不高，电弧过长，冷却过快等。因此，防止气孔应针对上述原因采取措施。

(四)夹渣

夹渣是指在焊缝金属内部存有非金属夹杂物。夹渣也降低焊缝金属强度。为防止夹渣，应注意焊件清理，正确选择焊条、焊接工艺并注意操作方法。

(五)未焊透

未焊透是指基本金属与焊缝之间或焊缝金属之间的局部未熔合现象。未焊透可产生在单面或双面焊的根部、坡口表面、多层焊道之间或重新引弧处。未焊透在焊接接头中相当于一个裂缝，很可能在使用过程中扩展成更大的裂缝，导致结构破坏，但不易发现，所以是焊接接头中最危险的缺陷。造成未焊透的主要原因是：焊件表面不清洁，坡口角度及间隙太小，钝边太厚，焊接电流太小，焊接速度太快，焊条角度不对；还有使用焊接电流过大，使焊条发红而造成熔化太快，当焊件边缘尚未熔化时，焊条金属已覆盖上去。其防止办法是：认真清理焊件，正确使用坡口、间隙、焊接电流、焊接速度，认真操作，防止焊偏和夹渣等。

(六)裂缝

裂缝有宏观和微观两种。微观裂缝不易发现，所以危害较大。裂缝是最严重的缺陷，焊件在使用过程中会导致突然断裂。所以，焊接接头中如有裂缝，须铲除后补焊。产生裂缝的主要原因是焊接过程中产生较大的内应力，同时焊缝金属有低熔点杂质(如 FeS)，使焊缝具有热脆性；焊缝区有脆性组织及含有较多的氢，在拉力作用下，导致冷裂缝。因此，应根据具体情况，采取相应的措施。

第五节　常用金属材料的焊接

一、金属材料的焊接性

（一）金属焊接性的概念

金属焊接性是金属材料对焊接加工的适应性，是指金属在一定的焊接方法、焊接材料、工艺参数及结构型式条件下，获得优质焊接接头的难易程度。它包括两个方面内容：一是工艺性能，即在一定条件下，焊接接头工艺缺陷的倾向，尤其是出现裂纹的可能性；二是使用性能，即焊接接头在使用中的可靠性，包括力学性能及耐热、耐蚀等特殊性能。

金属焊接是金属的一种加工性能。它决定于金属材料的本身性质和加工条件。就目前的焊接技术水平，工业上应用的绝大多数金属材料都是可以焊接的，只是焊接的难易程度不同而已。

（二）金属焊接性的评定

金属焊接性的主要影响因素是化学成分。钢的化学成分不同，其焊接性也不同。钢中的碳和合金元素对钢焊接性的影响程度是不同的。碳的影响最大，其他合金元素可以换算成碳的相当含量来估算它们对焊接性的影响。换算后的总和称为碳当量，作为评定钢材焊接性的参数指标。这种方法称为碳当量法。

碳当量有不同的计算公式。国际焊接学会推荐的碳素结构钢和低合金结构钢碳当量 CE 的计算公式为：

$$CE = C + Mn/6 + (Ni + Cu)/15 + (Cr + Mo + V)/5 \quad (\%) \tag{13-1}$$

式(13-1)中化学元素符号都表示该元素在钢材中的质量分数，各元素含量取其成分范围的上限。

碳当量越大，焊接性越差。当 $CE < 0.4\%$ 时，钢材焊接性良好，焊接冷裂纹倾向小，焊接时一般不需要预热；当 $CE = 0.4\% \sim 0.6\%$ 时，焊接性较差，冷裂倾向明显，焊接时需要预热并采取其他工艺措施防止裂纹；当 $CE > 0.6\%$ 时，焊接性差，冷裂倾向严重，焊接时需要较高的预热温度和严格的工艺措施。

用碳当量法评定金属焊接性，只考虑化学成分因素，而没考虑板厚（刚性拘束）、焊缝含氢量等其他因素的影响。国外经过大量试验提出了用冷裂纹敏感系数 P_c 来评定钢材焊接性。其计算公式如下：

$$P_c = C + Si/30 + Mn/20 + Cu/20 + Ni/60 + Cr/20 + Mo/15 + V/10 + 5B + h/600 + H/60 \quad (\%) \tag{13-2}$$

式中　h——板厚，mm；

H——焊缝金属中扩散氢含量，$cm^3/100g$。

P_c 值中各项含量均有一定范围。通过斜 V 形坡口对接裂纹试验还得出了防止裂纹的最低预热温度 T_p 公式：

$$T_p = 1\,440P_c - 392 \quad (℃)$$

用 P_c 值判断冷裂纹敏感性比用碳当量 CE 值更好。根据 T_p 得出的防止裂纹的预热温度，在多数情况下是比较安全的。

二、常用金属材料的焊接

(一)低碳非合金钢的焊接

低碳钢中 $\omega_C < 0.25\%$，碳当量 $CE < 0.4\%$，没有淬硬倾向，冷裂倾向小，焊接性良好。除电渣焊外，焊前一般不需要预热，焊接时不需要采取特殊工艺措施，适合各种方法焊接。只有板厚大于 50 mm，在 0 ℃以下焊接时，应预热 100～150 ℃。

含氧量较高的沸腾钢，硫、磷杂质含量较高且分布不均匀，焊接时裂纹倾向较大；厚板焊接时还有层状撕裂倾向。因此，重要结构应选用镇静钢焊接。

在焊条电弧焊中，一般选用 E4303(结 422)和 E4315(结 427)焊条；埋弧自动焊，常选用 H08A 或 H08MnA 焊丝和 HJ431 焊剂。

(二)中碳非合金钢的焊接

中碳钢中 $\omega_C = 0.25\% \sim 0.6\%$，碳当量大于 0.4%，其焊接特点是淬硬倾向和冷裂纹倾向较大，焊缝金属热裂倾向较大。因此，焊前必须预热至 150～250 ℃。焊接中碳钢常用焊条电弧焊，选用 E5015(结 507)焊条。采用细焊条、小电流、开坡口、多层焊，尽量防止含碳量高的母材过多地熔入焊缝。焊后应缓慢冷却，防止冷裂纹的产生。厚件可考虑用电渣焊，提高生产效率，焊后进行相应的热处理。

$\omega_C > 0.6\%$ 的高碳钢焊接性更差。高碳钢的焊接只限于修补工作。

(三)低合金高强度结构钢的焊接

低合金高强度结构钢一般采用焊条电弧焊和埋弧自动焊。此外，强度级别较低的可采用 CO_2 气体保护焊；较厚件可采用电渣焊；$\sigma_S > 500$ MPa 的高强度钢，宜采用富氩混合气体(如 Ar80% + $CO_2$20%)保护焊。

Q345 钢 $CE < 0.4\%$，焊接性良好，一般不需要预热，它是制造锅炉压力容器等重要结构的首选材料。当板厚大于 30 mm，或环境温度较低时，焊前应预热，焊后应进行消除应力处理。

焊接含有其他合金元素和强度等级较高的材料时，应选择适宜的焊接方法，制定合理的焊接参数和严格的焊接工艺。

第六节　胶　接

一、胶接的概念

胶接是指利用胶粘剂把两个胶接件连接在一起的过程。胶粘剂是指一种靠界面作用产生的黏合力将各种材料牢固地连接在一起的物质。

胶接在室温下就能固化，实现连接；胶接接头为面际连接，应力分布均匀，大大提高了胶接件的疲劳寿命，且密封作用好；胶接接头比铆接、焊接接头更为光滑、平整，质量较小。如果以胶接代替铆接，可以使某种飞机结构件减轻25%～30%。但是，胶接接头强度低，通常达不到胶接结构材料的强度，并且在使用过程中会因胶粘剂老化而强度下降。另外，胶粘剂的耐热性差，胶接结构不适于在较高的温度下工作。

胶粘剂通常能够连接不同种类的材料，如同种或异种金属、塑料、橡胶、陶瓷、木材等。随着高分子材料的发展，胶接成型愈来愈引起人们的重视。目前生产的胶粘剂有数十种之多。胶接技术在宇航、机械、电子、轻工及日常生活中已被广泛应用。例如，人造卫星上数以千计的太阳能电池，全部是使用胶粘剂固定在卫星的表面上的。

二、胶接原理

目前，对胶接的本质还没有统一的理论分析，几种主要观点简述如下。

（一）机械作用观点

该观点认为，任何材料都不可能是绝对平滑的，凹凸不平的材料表面接合后总会形成无数微小的孔隙。胶粘剂则相当于无数微小的"销钉"镶嵌在这些孔隙中，从而形成牢固的连接。

（二）扩散作用观点

该观点认为，在温度和压力的作用下，由于胶粘剂与被胶接件之间分子的相互扩散，形成"交织"层，因而牢固地连接在一起。

（三）吸附作用观点

该观点认为，任何物质的分子紧密靠近（间距小于5 Å）时，分子间力便能使相接触的物体吸附在一起。胶粘剂在压力下，与胶接件之间紧密接触，产生了分子间的吸附作用，从而形成牢固的结合。

（四）化学作用观点

该观点认为，某些胶接的实现是由于胶粘剂分子与胶接件分子之间形成了化学键，从而把胶接件牢固地连接在一起。

三、常用粘黏剂

（一）胶粘剂的分类

胶粘剂是以某些黏性物质为基料，加入各种添加剂制成的。按基料的化学成分可以分为有机胶粘剂和无机胶粘剂两大类。天然的有机胶粘剂有骨胶、松香、浆糊等；合成的有机胶粘剂有树脂胶、橡胶胶等。各种磷酸盐、硅酸盐类胶粘剂属于无机胶粘剂。

胶粘剂还常按用途分为结构胶粘剂和非结构胶粘剂两大类。结构胶粘剂连接的接头强度高，具有一定的承载能力；非结构胶粘剂主要用于修补、密封和连接软质材料。

（二）常用胶粘剂的选择

选择胶黏剂主要考虑被胶接材料的种类、受力条件、工作温度和工艺可行性等。

1．被胶接材料的种类

不同的胶接件应当选用不同的胶粘剂。如钢铁及铝合金材料宜选用环氧、环氧－丁腈、酚醛－缩醛、酚醛丁腈等类胶粘剂；热固性塑料宜选用环氧、酚醛－缩醛类胶粘剂；橡胶宜选用酚醛氯丁、氯丁－橡胶类胶粘剂。

2. 受力条件

工作时承受载荷的受力构件胶接时,宜选用胶接强度高、接头韧性好的结构胶粘剂;工作时受力不大的构件胶接时,宜选用非结构胶粘剂。非结构胶粘剂也用于工艺定位。

3. 工作温度

不同温度下工作的胶接结构,应选用不同胶粘剂,例如在 -120 ℃以下工作的胶接结构,宜选用聚氨酯、苯二甲酸、环氧丙酯类胶粘剂;在 -150 ℃以下工作的胶接结构宜选用环氧-丁腈、酚醛-丁腈、酚醛-环氧类胶粘剂;在 150 ℃以下工作的技接结构,宜选用无机胶粘剂;在 500 ℃以下工作的胶接结构,宜选用无机胶粘剂。

4. 工艺可行性

每一种胶粘剂都有特定的胶接工艺。有的胶粘剂在室温下固化;有的胶粘剂则需加热、加压才能固化。因此,选用胶粘剂还要考虑工艺上是否可行。

四、胶接工艺

(一)表面处理

胶接前要对胶接面进行表面处理。金属件的表面处理包括清洗、除油、机械处理和化学处理等。非金属件一般只进行机械处理和溶剂清洗。

(二)预装

表面处理后应对胶接件预装检查。主要检查胶接件之间的接触情况。

(三)胶粘剂准备

胶粘剂应按其配方配制。在室温下固化的胶粘剂,还应考虑其固化时间。

(四)涂胶方法

液体胶粘剂通常采用刷胶、喷胶等方法涂胶;糊状胶粘剂通常采用刮刀刮胶;固体胶粘剂通常先制成膜状或棒状后涂在胶接面上。对于粉状胶粘剂,则应先熔化再浸胶。

(五)固化

应注意参阅产品说明书,控制温度、时间、压力三个参数,使胶粘剂固化,实现连接。

第七节　焊接新技术简介

一、等离子弧焊接和切割

利用某种装置使自由电弧的弧柱受到压缩,弧柱中的气体就完全电离(统称为压缩效应),便产生温度比自由电弧高得多的等离子弧。等离子弧发生装置是在钨极与工件之间加一高压,经高频振荡器使气体电离形成电弧。它能迅速熔化金属材料,用来焊接和切割。等离子弧焊接分为大电流等离子弧焊和微束等离子弧焊两类。

等离子弧焊除具有氩弧焊优点外,还有以下两方面特点:一是有小孔效应且等离子弧穿透能力强,所以 10~12 mm 厚度焊件可不开坡口,能实现单面焊双面自由成型;二是微束等离子弧焊可用以焊很薄的箔材。因此,它日益广泛地应用于航空航天等尖端技术所用的铜合金、钛合金、合金钢、钼、钴等金属的焊接,如钛合金导弹壳体、波纹管及膜盒、微型继电器、飞机上的薄壁容器等。现在民用工业也开始采用等离子弧焊，如锅炉管子的焊接等。

等离子弧切割原理与氧气切割不同，它是利用能量密度高的高温高速等离子流，将切割金属局部熔化并随即吹去，形成整齐切口。它不仅比氧气切割效率高1～3倍，还能切割不锈钢、有色金属及其合金及难熔金属，也可用以切割花岗石、碳化硅、耐火砖、混凝土等非金属材料。

目前我国工业中已经采用水压压缩等离子切割。即在等离子弧喷嘴周围设置环状压缩喷水通路，对称射向等离子流。这种水压缩等离子弧较一般等离子弧提高切口质量和切割速度，降低成本，并有效地防止切割时产生的金属蒸气和粉尘等有毒烟尘，改善劳动条件。

二、激光焊接与切割

激光焊接是利用原子受激辐射的原理，使工作物质（激光材料）受激而产生的一种单色性好、方向性强、强度很高的激光束。聚焦后的激光束最高能量密度可达1 013 W/cm^2，在千分之几秒甚至更短时间内将光能转换成热能，温度可达10 000 ℃以上，可以用来焊接和切割。

激光焊接分为脉冲激光焊接和连续激光焊接两大类。脉冲激光焊接对电子工业和仪表工业微形件焊接特别适用。

连续激光焊接主要使用大功率CO_2气体激光器，连续输出功率可达100 kW，可以进行从薄板精密焊到50 mm厚板深穿入焊的各种焊接。

激光焊接的特点：能量密度大且放出极其迅速，适合于高速加工，能避免热损伤和焊接变形，故可进行精密零件、热敏感性材料的加工；被焊材不易氧化，可以在大气中焊接，不需要气体保护或真空环境；激光焊接装置不需要与被焊接工件接触；激光可对绝缘材料直接焊接，对异种金属材料焊接比较容易，甚至能把金属与非金属焊接在一起。

激光束能切割各种金属材料和非金属材料，如氧气切割难以切割的不锈钢、钛、铝、锆及其合金等金属材料，木材、纸、布、橡胶、塑料、岩石、混凝土等非金属材料。

激光切割有激光蒸发切割、激光熔化吹气切割和激光反应气体切割三种。

激光切割具有切割质量好、效率高、速度快、成本低等优点。

三、电子束焊接与切割

电子束焊是利用加速和聚焦的电子束，轰击置于真空或非真空中的焊件所产生的热能进行焊接的方法。电子束轰击焊件时99%以上的电子动能会转变为热能。因此，焊件或割件被电子束轰击的部位可被加热至很高温度，实现焊接或切割。

电子束焊根据所处环境的真空度不同，可分为高真空电子束焊、低真空电子束焊和非真空电子束焊。

由于焊件在真空中焊接，金属不会被氧化、氮化，故焊接质量高，焊接变形小，可进行装配焊接；焊接适应性强；生产率高、成本低，易实现自动化。真空电子束焊的主要不足是设备复杂，造价高，焊前对焊件的清理和装配质量要求很高，焊件尺寸受真空室限制，操作人员需要防护 X 射线的影响。

真空电子束焊适于焊接各种难熔金属（如钛、钼等）、活性金属（锡、锌等低沸点元素多的合金除外），以及各种合金钢、不锈钢等，既可用于焊接薄壁、微型结构，又可焊接厚板结构。例如微型电子线路组件、大型导弹外壳、原子能设备中厚壁结构，以及轴承齿轮组合件等。

四、扩散焊

扩散焊是焊件紧密贴合，在真空或保护气氛中，在一定温度和压力下保持一段时间，使接触面之间的原子相互扩散而完成焊接的压焊方法。

扩散焊的特点是接头强度高，焊接应力和变形小；可焊接材料种类多；可焊接复杂截面的焊件。扩散焊的主要不足是单件生产率较低，焊前对焊件表面的加工清理和装配质量要求十分严格，需用真空辅助装置。

扩散焊主要用于焊接熔焊、钎焊难以满足质量要求的小型、精密、复杂的焊件。近年来，扩散焊在原子能、航天导弹等尖端技术领域中解决了各种特殊材料焊接问题。

五、爆炸焊

爆炸焊是利用炸药爆炸时产生的冲击力造成焊件迅速碰撞，实现焊件的一种压焊方法。爆炸焊适于焊接双金属轧制焊件和表面包覆有特殊物理－化学性能的合金或合金钢及异种材料制成的焊件，也适宜制造冲－焊、锻－焊结构件。

六、堆焊与喷涂

（一）堆焊

堆焊是为增大或恢复焊件尺寸，或使焊件表面获得具有特殊性能的熔敷金属而进行的焊接。其目的不是连接焊件，而是在于使焊件表面获得具有耐磨、耐热、耐蚀等特殊性能的熔敷金属，或是恢复或增加焊件尺寸。

堆焊的焊接方法很多，几乎所有的熔焊方法都能用来堆焊。

堆焊工艺与熔焊工艺区别不大，包括零件表面的清理、焊条焊剂烘干、焊接缺陷的去除等。与熔焊不同的地方主要是焊接工艺参数有差异。堆焊时，应在保证适当生产率的同时，尽量采用小电流、低电压、快焊速，以使熔深较小、稀释率较低以及金属元素烧损量较小。

（二）热喷涂

热喷涂是将喷涂材料加热到熔融状态，通过高速气流使其物化，喷射到工件表面形成喷涂层，使工件具有耐磨、耐热、耐腐蚀、抗氧化等性能。

喷涂层与工件表面主要为物理结合和机械结合。结合强度一般为 5～50 MPa，依工艺材料不同而异。涂层有一定孔隙度，其密度为本身材料密度的 85%～99%。

喷涂的主要特点是喷涂材料来源广泛，工艺简便、灵活，工件变形小，生产效率高，便于获得很薄的涂层。

喷涂方法有电弧喷涂、火焰喷涂、等离子喷涂及爆炸喷涂等，其中电弧喷涂、火焰喷涂和等离子喷涂应用比较广泛。

七、焊接机器人

焊接机器人是20世纪60年代后期国际上迅速发展的工业机器人技术的主要分支，已应用于电阻点焊、电弧、切割和热喷涂等。

(一)机器人的种类

(1)点焊机器人。点焊机器人只需控制焊钳的每点焊接位置和点焊程序，中间轨迹无关紧要，因而是一种很简单的完全采用点位控制的机器人，主要在批量生产的汽车工业中焊接薄板结构。

(2)弧焊机器人。目前通用的弧焊机器人，可与熔化极气体保护机、钨极氩弧焊机及空气等离子弧切割机相匹配，完成各种形状结构的CO_2、MIG、TIG焊及金属切割。

(3)切割机器人。随着等离子切割、激光切割的应用，国外开始定型生产切割机器人，常用的有悬壁式切割机器人(如RC901型和RC150型)和门座式切割机器人(如RL201、RL261、RL301和RL401等型号)。

(二)焊接机器人的组成和构造

机器人是指可以反复编程的多功能操作机，由操作机、控制系统和焊机组成。

1. 焊接机器人操作机

通用焊接机器人操作机有4～6个自由度，能装上点焊钳、弧焊焊炬、激光焊炬、割枪或喷涂枪完成各种位置点焊，任意轨迹焊缝焊或切割、喷涂。

焊炬、焊钳、割枪或喷枪的运动是由几个自由度不同组合运动的结果。单个运动自由度的运动形式只有直线运动、轴的指向不变的回转及轴的指向变化的旋转三种。

机器人的运动机构按其运动能分为手、臂、机身和行走机构四部分。手部由指、腕组成，可用来夹持焊炬等，并可在较小范围内调整位置。臂支承手，可在较大范围内调整其空间位置。机身是支承手、臂和行走机构的部件。行走机构则用以调整整个机器人空间位置。

运动机构驱动方式有电动和电液压两种，以电动为主，多用交流伺服电机。

2. 控制系统

(1)硬件构造。目前机器人大都采用二次计算机控制。第一级担负系统监控、作业管理、及时修正等任务，大都采用16位制微计算机。第一级运算结果为伺服信号控制第二级，即控制各个自由度的运动机构焊机的相关参数。第二级可以采用另一台微计算机通过高速脉冲发生器控制各个机构，也可以采用若干个单片机分别控制。

(2)示教－再现控制。目前推广使用机器人大都是具有示教－再现控制功能，因此又称为示教－再现型机器人。示教再现控制功能包括示教、存储、再现三项内容。示教是机器人记忆规定的动作；在必要期限内保存示教信息称为存储；读出所存储的信息并向执行机构发出具体指示称为再现。

示教方式有人工引导示教和示教盒示教。人工引导示教是由有经验的工人直接移动安装在机器人操作机上的焊炬等，计算机将根据此记忆各自由度的运动过程，即自动采集示教参数。示教盒示教则是利用机器人示教盒上的按键进行路径规划和设定各种焊接参数。示教盒是一个带有微处理器、可随意移动的小键盘,内部 ROM 中固化有键盘扫描和分析程序,用有线方式将示教信息传给主控制计算机。

3. 智能控制

所谓智能控制,就是具有完备的视觉、听觉、触觉等传感功能,能直接识别语言、图像及键盘指令,并考虑各种传感系统给出的有关对象和环境的信息以及信息库的规则、数据、经验等资料,作出规划并指挥机器人操作。

本章小结

本章主要介绍了手工电弧焊的主要特点,焊条的型号、牌号及其选择,常用材料的焊接性。简单介绍了 CO_2 气体保护焊、氩弧焊、胶接的主要特点、等离子弧切割、激光切割及激光焊、焊接机器人等。

本章重点掌握手工电弧焊的主要特点,焊条的型号、牌号及其选择,常用材料的焊接性。

习　题

一、判断正误(正确的打√,错误的×)

1. 焊接是通过加热,并且用或不用填充材料,借助于金属原子的扩散和结合,使分离的材料牢固的连接在一起的加工方法。(　　)

2. 低碳钢、低合金钢焊件,一般要求母材与焊缝金属等塑性,因此可根据钢材等级选用相应焊条。(　　)

3. CO_2 气体保护焊是利用外加的 CO_2 气体作为电弧介质并保护电弧和焊接区的电弧焊方法。(　　)

4. 电渣焊是利用电流通过液体熔渣所产生的电阻热进行焊接的方法。

5. 钎焊是采用比母材熔点低的金属材料作钎料,将焊件和钎料加热到钎料熔点,低于母材熔化温度,利用液态钎料润湿母材,填充接头间隙并与母材互相扩散实现连接焊件的方法。

二、单向选择题

1. 焊接方法的种类很多,按焊接过程特点可分为______三大类。

A. 熔焊、压焊和钎焊　　B. 熔焊、电弧焊和钎焊

C. 熔焊、压焊和电阻焊　　D. 熔焊、电渣焊和钎焊

2. 焊接电弧由______组成。

A. 阴极区、弧柱和阳极区　　B. 阴极区、弧柱和电弧区

C. 电弧区、弧柱和阳极区　　D. 阴极区、电弧和阳极区

3. 按熔渣的碱度可将焊条分为______两类。

A. 酸性焊条和碱性焊条　　B. 中性焊条和碱性焊条

C. 酸性焊条和中性焊条　　D. 中性焊条和阳性焊条

4. 适宜用气焊的工件厚度不大,因此气焊的坡口一般为______坡口。

A. W形和V形　　B. I形和W形　　C. I形和V形　　D. W形和O形

5. 氧乙炔焰由于混合比不同有______三种火焰。

A. 中性焰、氧化焰和碳化焰　　B. 阳性焰、氧化焰和碳化焰

C. 阴性焰、氧化焰和碳化焰　　D. 中性焰、氧化焰和硅化焰

三、问答题

1. 名词解释:酸性焊条、碱性焊条、金属焊接性、碳当量、晶间腐蚀、能量线。

2. 焊接时为什么要保护?说明各电弧焊方法中的保护方式及保护效果。

3. 焊芯的作用是什么?化学成分有何特点?焊条药皮有哪些作用?

4. 下列焊条型号的含义是什么?

E4303　E5015　E307－15　EZCQ　EZNi　ECuSn－A

5. 结构钢焊条如何选用?试给下列钢材选用两种不同牌号的焊条,并说明理由。

Q235　20　45　Q345(16Mn)

6. 什么叫焊接热影响区?低碳钢焊接热影响区组织与性能怎样?

7. 焊接接头中力学性能差的薄弱区域在哪里?

8. 影响焊接接头性能的因素有哪些?如何影响?

9. 低碳钢焊接有何特点?

10. 普通低合金钢焊接的主要问题是什么?焊接时应该采取哪些措施?

11. 奥氏体不锈钢焊需用哪些方法?哪种方法最好?

12. 熔焊接头由哪几部分组成?各部分的组织特征有何不同?

13. 胶接工艺比焊接工艺和铆接工艺有哪些优点?

14. 埋弧焊、气体保护焊为什么便于实现自动化焊接?电阻焊、电渣焊、钎焊为什么生产率也很高?气焊为什么适于焊薄板?什么情况下必须使用气焊方法焊接?哪几种焊接方法过热区比较大?

*第十四章　金属切削加工基本知识

第一节　金属切削加工概述

用金属切削刀具从金属毛坯上切去多余的材料，从而获得形状、尺寸及表面质量都符合零件图纸要求的零件加工方法，称为金属切削加工。由于切削加工是在常温下进行的，所以又称为冷加工。

与铸造和压力加工相比，切削加工有两个突出的优点：一是可以获得很高的加工精度和较小的表面粗糙度；二是不受零件、材料、尺寸和重量限制。机器中绝大多数零件需要进行切削加工。

一、切削加工方法

金属切削加工按机械化程度和使用刀具的形式分为手工加工和机械加工两部分。一般，在钳台上以手工工具为主，对工件进行各种加工的方法称为钳加工，简称钳工。钳工工作灵活方便，在机器装配、维修等工作中得到广泛应用；机械加工是利用机械力对各种工件进行加工的方法，它是利用安装有刀具的机床进行的，主要有车、钻、刨、磨削和齿轮加工等。

(一)车削加工

车削加工是在车床上主要利用车刀对工件进行加工的工艺过程。它是最基本、最常见的一种切削加工方法。其特点是适用范围广，生产率高，容易保证工件加工精度和表面质量。是加工各种回转面必不可少的工序。其加工的范围主要有车外圆、车端面、切槽和切断、钻中心孔、钻孔、镗孔、铰孔、车削各种螺纹、车削内外圆锥面、车成型面及滚花等。

(二)铣削加工

铣削加工是在铣床上用旋转的铣刀在工件上进行各种表面或沟槽的切削加工。

铣削加工范围很广，几乎没有一种刀具有铣刀那么多的类型和形状。用不同类型的铣刀，可进行平面、台阶面、沟槽、切断和成型表面等加工。铣削加工使用的铣刀是一种多刃刀具，铣削时同时有几个刀齿进行切削，因此铣削加工的生产率较高。

(三)钻削加工

机器零件上的孔，可分为回转体零件上的孔、箱体零件上的孔、紧固孔等多种类型。根据孔的类型不同，生产上采用不同的加工方法，以满足各种孔的加工要求。

回转体零件上的孔常在车床上加工。对于工件上非中心位置的孔、外形不规则零件上的孔以及大型零件，在车床上加工比较困难，甚至无法加工。为了提高生产率和加工精度，一般选择钻削或镗削加工。

钻削加工是用钻头作刀具，在钻床上对实心工件钻孔的一种加工方法。

在钻床上除完成钻孔外，还可进行扩孔、铰孔、攻丝、锪孔和锪凸台等。

（四）镗削加工

镗削加工是一种常见的孔加工方法。与钻削相比镗削可以加工直径较大的孔，且孔与孔之间的同轴度、垂直度、平行度以及孔间距的精度都比较高。因此，镗削特别适合于加工变速箱体、机架等结构复杂、尺寸较大工件上的孔。因为在这些工件上，往往需要加工出一系列分布在不同平面、不同轴线上的孔。

（五）刨削加工

刨削加工是在刨床上进行的。刨削主要用于加工平面和各种沟槽，也可用于加工曲面。

（六）磨削加工

在磨床上用砂轮作为切削刀具对工件进行加工的过程，称为磨削。磨削加工应用范围广泛，可加工内、外圆柱面，圆锥面，台肩端面，平面，螺纹，齿形，花键等。

二、机械加工质量

产品质量与零件质量、装配质量有很大关系，而零件质量则与材料性质、零件表面层组织状态等物理因素有关，也与加工精度、表面粗糙度等几何因素有关。机械加工的首要任务，就是要保证零件在几何方面的质量要求。

（一）机械加工精度

零件的加工精度是指加工后的零件在形状、尺寸和表面相互位置三个方面与理想零件的符合程度。零件加工精度的三个方面是既有区别又有联系的。没有一定的形状精度，也就谈不上尺寸和位置精度。一般说来，形状精度应高于尺寸精度，而位置精度在大多数情况下也应高于相应的尺寸精度。

影响加工精度的主要因素有两个方面：一是机床—夹具—刀具—工件所组成的工艺系统本身的误差；另一方面是加工过程中出现的载荷和各种干扰，包括受力变形、热变形、振动、磨损等。这两方面的因素均使工艺系统偏离理想状态，而造成加工误差。

（二）表面粗糙度

表面粗糙度是衡量加工表面质量的主要指标之一。表面粗糙度表示已加工表面的微观不平度。它直接影响零件的耐磨性、耐蚀性和疲劳强度及使用性能。

影响表面粗糙度的主要因素有工件和刀具的材料、切削时的进给量、刀具的几何形状以及切削时的振动等。

第二节　金属切削加工基本知识

一、切削运动和切削用量

（一）切削运动

用金属切削机床把毛坯加工成零件的过程中，零件表面的形成是依靠刀具和工件间的相对运动来实现的。而这种相对运动就称为切削运动。

机床的切削运动按其功用可分为主运动和进给运动。

1. 主运动

切削运动中速度最高、消耗功率最大的运动称为主运动。主运动是切下金属所需的最基本运动,如车削中工件的旋转和铣削中刀具的旋转等。

2. 进给运动

进给运动是指把工件的切削层不断送入切削的运动。其功用是为了切削出整个工件表面。它的特点是速度和消耗的功率比较低。图 14-1 所示为切削运动简图。

切削过程的主运动只有一个,而进给运动则可能是一个或几个,也可能没有。主运动和进给运动可由刀具和工件分别完成,也可由刀具单独完成。主运动和进给运动可以是旋转运动,也可以是直线运动;有连续的,也有间歇的。

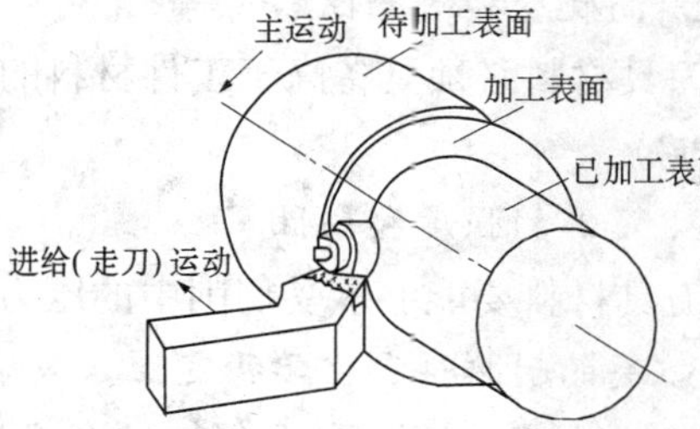

图 14-1　切削运动简图

(二)切削用量

切削用量是表示切削过程中各参量的物理量,它包括切削速度、进给量和切削深度,统称切削用量三要素。

在切削过程中,被切削工件上形成了三个表面。以外圆车削为例,如图 14-1 所示,即工件将被切削的切削层表面称为待加工表面;工件上正在被切削的表面称为加工表面;工件上已切去切削层而得到的表面称为已加工表面。

1. 切削速度 v

切削速度是指主运动的线速度,以 v 表示,单位为 m/s。当主运动为回转运动时,其切削速度按下式计算:

$$v=\frac{\pi Dn}{60\ 000}\quad (\mathrm{m/s}) \tag{14-1}$$

式中　n——工件(或刀具)的转速,r/min;

　　D——切削处工件(或刀具)的直径,mm。

对于旋转体工件和旋转类刀具,在转速一定时,由于切削刃上各点的回转半径不同,因而切削速度不同。在计算时,应以最大的切削速度为准。

2. 进给量(走刀量)f

进给量 f 是指在主运动的一个循环和单位时间内,沿进给运动方向刀具与工件的相对位移量。车削时的进给量为工件每转一转,刀具沿进给(走刀)方向移动的距离,单位为 mm/r(见图 14-2)。

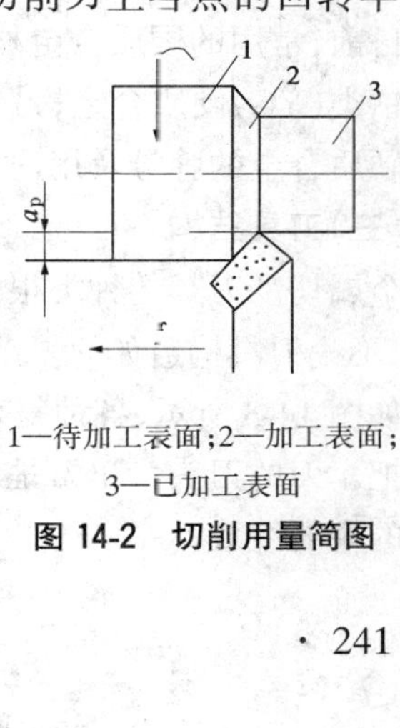

1—待加工表面;2—加工表面;
3—已加工表面

图 14-2　切削用量简图

3. 切削深度(吃刀深度)a_p

切削深度是指工件上待加工表面和已加工表面的垂

直距离。对于回转表面，a_p 为该次切削余量的一半；对于非回转表面，a_p 等于该次的切削余量。

二、切削刀具的基本知识

（一）刀具材料的性能要求

切削加工中，刀具切削部分直接参与切削工作，承受很大的压力、摩擦力、冲击力和高温。因此，对刀具材料有比较高的要求，通常应具备以下性能。

1．高硬度和耐磨性

刀具材料必须具备高于工件材料的硬度和良好的抗磨损能力，一般常温硬度应超过60HRC。

2．足够的强度和韧性

刀具材料要能够承受切削中的压力、冲击和振动，避免崩刃和折断。

3．高的耐热性和化学稳定性

刀具材料在高温下，要保持硬度、耐磨性、强度、韧性的能力和在高温下不易与加工材料或周围介质发生化学反应的能力，包括抗氧化、抗黏结能力。化学稳定性愈高，刀具磨损愈慢，加工表面质量愈好。

4．良好的工艺性

刀具材料应具有良好的锻造、热处理、磨削加工等性能，以便于刀具的制造。

（二）常用的刀具材料

切削加工中常用的刀具材料有碳素工具钢、合金工具钢、高速钢、硬质合金及陶瓷材料等。其中使用最为广泛的是高速钢和硬质合金。

高速钢是 W（钨）和 Cr（铬）含量较多的合金工具钢。它的强度、韧性以及加工工艺性都较好。主要用来制造各种形状复杂的刀具，如铣刀、拉刀、镗刀和齿轮刀具等。

硬质合金的主要成分是碳化钨（WC）和钴（Co）。硬质合金不仅硬度高（可达 87～91HRA），而且具有良好的热硬性，可在 850～1 000 ℃的高温下进行正常的切削。它允许的切削速度高，可达高速钢的 4～10 倍。

目前，常用的硬质合金材料按其化学成分的不同分为两类：一类是由 WC 和 Co 组成的钨钴类（YG）硬质合金；另一类是由 WC、TiC（碳化钛）和 Co 组成的钨钛钴类硬质合金。常用硬质合金的牌号及用途见表 14-1。

（三）刀具结构

金属切削刀具的种类很多，但它们在切削部分的几何形状与参数方面却有着共性的内容，不论刀具构造如何复杂，它们的切削部分总是近似地以外圆车刀切削部分为基本形态。如图 14-3 所示，各种复杂刀具和多齿刀具，拿出其中一个刀齿，它的几何形状都相当于一把车刀的刀头。车刀是最常用和最简单的切削刀具之一，所以下面以车刀为例介绍刀具的主要组成。

表 14-1　常用硬质合金的牌号及用途

类别	牌号	用途
钨钴类	YG3X	铸铁、有色金属及其合金的精、半精加工，不能承受冲击载荷
	YG6X	普通铸铁、高温合金的精、半精加工
	YG3	铸铁、有色金属及其合金的精、半精加工
	YG6	铸铁、有色金属及其合金的半精、粗精加工
	YG8	铸铁、有色金属及其合金的粗加工，可用于断续切削
	YA6	铸铁、有色金属及其合金的半精加工，淬火钢及合金钢的半精、精加工
钨钛钴类	YT30	碳素钢、合金钢和淬硬钢的精加工
	YT15	碳素钢、合金钢在连续切削时的粗、半精及精加工，可用于断续切削精加工
	YT14	碳素钢、合金钢在连续切削时的粗、半精及精加工，可用于断续切削精加工
	YT5	碳素钢、合金钢的粗加工，可用于断续切削

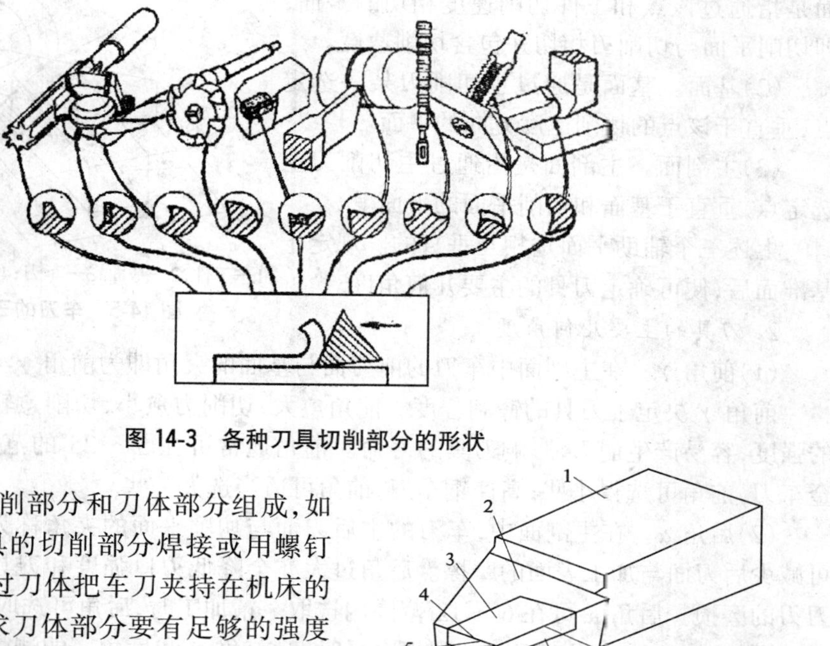

图 14-3　各种刀具切削部分的形状

普通车刀由切削部分和刀体部分组成，如图 14-4 所示。刀具的切削部分焊接或用螺钉紧固在刀体上，通过刀体把车刀夹持在机床的刀架上。因此，要求刀体部分要有足够的强度和刚度。切削部分直接参与切削，刀具的切削性能除与切削部分的材料有关外，还与它的几何形状及尺寸有关。

车刀的切削部分由三个刀面、两个切削刃和一个刀尖组成。

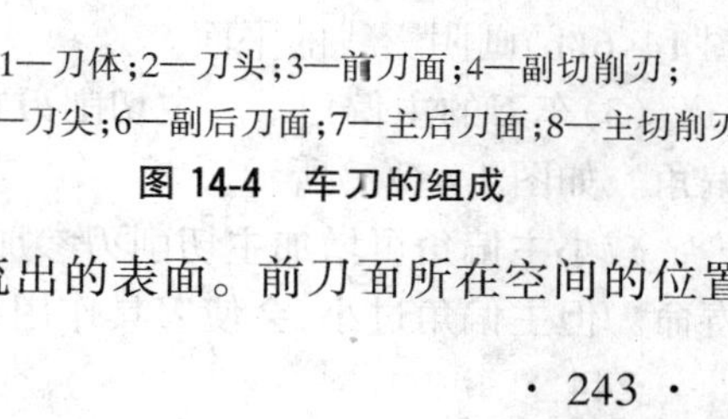

1—刀体；2—刀头；3—前刀面；4—副切削刃；5—刀尖；6—副后刀面；7—主后刀面；8—主切削刃

图 14-4　车刀的组成

(1)前刀面。这是指在切削过程中，切屑沿其流出的表面。前刀面所在空间的位置将直接影响切屑流出的方向。

(2)主后刀面。这是指在切削过程中,刀具的切削部分与工件的加工表面相对的表面。

(3)副后刀面。这是指在切削过程中,刀具的切削部分与工件已加工表面相对的表面。

(4)主切削刃。这是指前刀面与主后刀面的交线。它承担主要的切削任务。

(5)副切削刃。这是指前刀面与副后刀面的交线。

(6)刀尖。刀尖是指主切削刃和副切削刃的交点。通常,为了保证刀尖有足够的强度,把刀尖刃磨成一半径很小的圆弧。

其他类型的刀具,如刨刀、铣刀和钻头等可视为由若干把车刀所组成。

(四)刀具的主要几何角度

现仍以车刀为例介绍刀具的主要几何角度。车刀的主要几何角度有前角 γ、后角 α、主偏角 φ、副偏角 φ_1 和刃倾角 λ_s。

1. 辅助平面

为了确定车刀的几何角度,假想有以下三个辅助平面作为基准面,如图 14-5 所示。

(1)切削平面。切削刃上任一点的切削平面是指通过该点和工件切削速度相切的平面,即切削平面与切削刃相切并包含切削速度。

(2)基面。基面是通过主切削刃某一选定点,垂直于该点的切削速度方向的平面。

(3)主剖面。主剖面是指通过主切削刃上选定点,垂直于基面和切削平面的平面。

上述三个辅助平面是相互垂直的。规定了基准面后,便可确定刀具的主要几何角度。

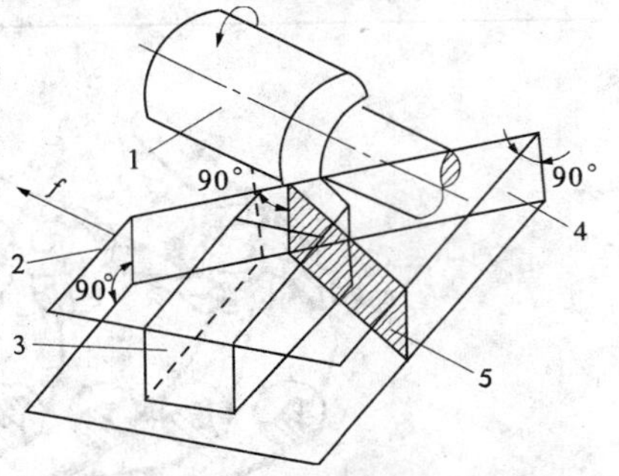

1—工件;2—基面;3—车刀;4—切削平面;5—主剖面

图 14-5 车刀的三个辅助平面

2. 刀具的主要几何角度

(1)前角 γ。在主剖面中车刀的前刀面与基面的夹角即为前角 γ。

前角 γ 决定了刀具的锋利程度。前角愈大,切削力愈小,切削愈轻快,但会降低刃口的强度,容易产生崩刃,影响刀具的寿命。前角通常可在 5°～25°的范围内选用。硬质合金车刀,前角可选得小些;高速钢车刀,前角可适当选大一些。

(2)后角 α。在主剖面中,车刀的主后刀面与切削平面的夹角称为后角。后角增加,可减少后刀面与加工表面的摩擦。后角过大亦会降低刃口强度和刀具的散热能力,加剧刀刃的磨损。后角 α 可在 6°～12°范围内选取。精加工时,后角可选取较大的数值。

图 14-6 所示为当车刀主切削刃水平时,对前角 γ 和后角 α 的测量。由图 14-6 中看出,当主切削刃水平时,主剖面为一垂直于主切削刃所作的剖面,即主剖面为一垂直面,如图 14-6(b)画阴影线的平面。

(3)车刀的主偏角 φ。主切削刃在基面上的投影与刀具进给方向之间的夹角称为主偏角。如图 14-6(c)所示。

减小主偏角可增加主切削刃参加切削的长度,改善散热条件,有利于延长刀具的使用寿命。但主偏角过小,会使刀具作用在工件上的径向力增加,尤其在加工细长轴工件时,易使工件产生过大的弯曲变形。主偏角可在 30°～70°范围内选取。当工件刚度不足时，主偏角应尽量选得大些。

(4)车刀的副偏角 φ_1。副切削刃在基面上的投影与进给方向的夹角称为副偏角。

副偏角影响已加工表面的粗糙度，增大副偏角可减小副切削刃与已加工表面的摩擦。

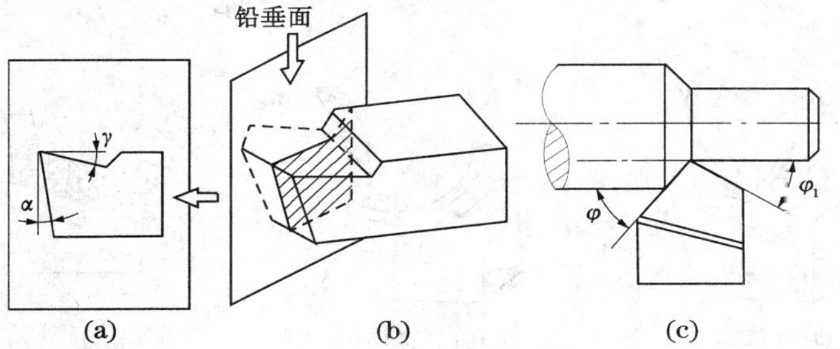

图 14-6　车刀的主要切削角度

(5)刃倾角 λ_s。主切削刃与基面的夹角称为刃倾角。它影响了切屑的流向、切削刃的强度和实际工作前角的大小。规定刀尖在最高点时 λ_s 为正值，切屑流向待加工表面；刀尖在最低点时 λ_s 为负值，切屑流向已加工表面，如图 14-7 所示。

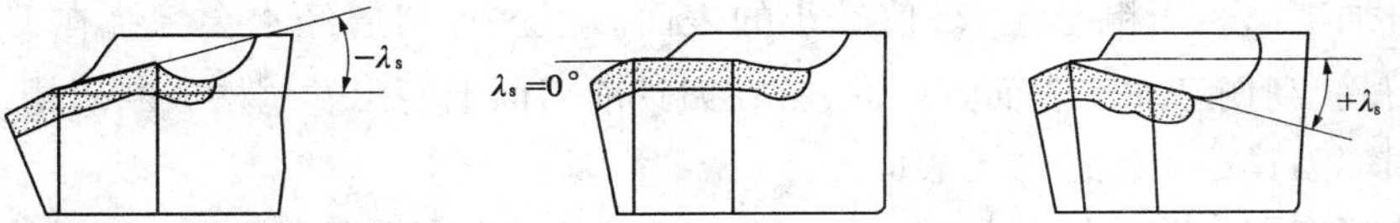

图 14-7　车刀的刃倾角

三、金属的切削过程

(一)切屑的形成过程

金属切削过程，实质上是切削层金属受刀具的挤压，随着挤压力的不断增加，切削层产生弹性变形和塑性变形，当塑性变形达到极限值时，切削层沿一定的面被挤裂并沿着刀具前刀面流出，从而形成切屑的过程。如图 14-8 所示。

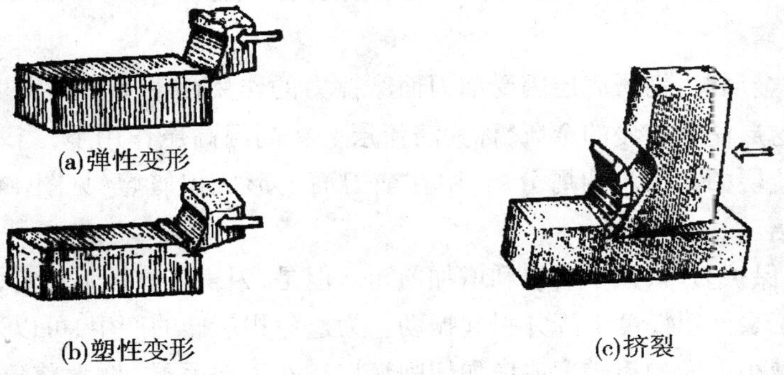

图 14-8　切屑的形成过程

(二)切屑的种类

由于工件材料、切削条件和刀具几何角度的不同,切削过程中切削层的变形程度也不一样。因此,切屑的种类繁多,归纳起来按其形状可分为带状切屑、节状切屑和崩碎切屑三大类,如图 14-9 所示。不同类型的切屑对切削加工产生不同的影响。

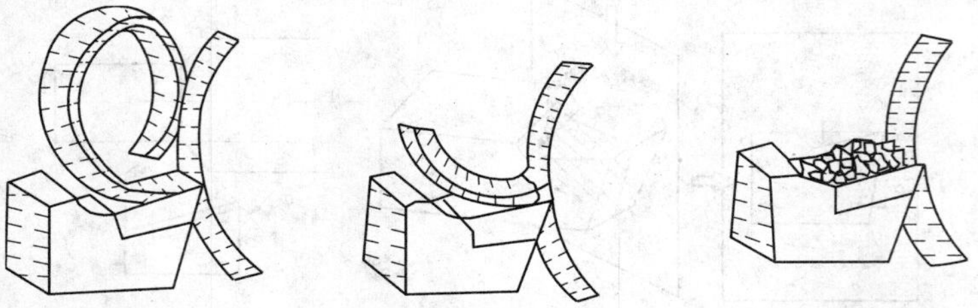

(a)带状切屑　(b)节状切屑　(c)崩碎切屑

图 14-9　切屑的种类

(1)带状切屑。这是一种最常见的切屑。切削塑性材料,若切削速度较高,切削深度较小,或切削速度较低,但刀具前角较大,一般形成带状切屑。这种切屑成连续的带状或螺旋形,靠刀具的一面很光滑,而另一面呈毛茸状。切削时,切削过程比较平稳,切削力波动较小,可加工出表面粗糙度 R_a 值较小的表面。但这种切屑经常会缠绕在刀具或工件上,损坏刀具,刮伤已加工表面。因此,常在刀具前刀面上磨出卷屑槽或断屑槽,以避免切屑缠绕、损坏刀具或工件已加工表面。

(2)节状切屑。节状切屑和带状切屑比较,切屑背面有明显的裂纹,切屑外表面呈锯齿形,且切屑较短,呈一节一节的形状。用较低的切削速度加工中等硬度的材料时,常可形成这种切屑。与带状切屑的情况相比,它的变形和切削力较大,且切削力的大小随切屑的断裂而出现波动,使工件表面粗糙度 R_a 值较大。

(3)崩碎切屑。加工脆性材料时,如灰铸铁的加工,由于工件的塑性很小,断裂强度较低,切削时,被切削材料只产生弹性变形而不经塑性变形突然崩裂,形成不规则的碎块状屑片,即为崩碎切屑。因崩碎切屑是断续产生的,容易产生振动,从而使工件表面粗糙度 R_a 值增高。同时,由于挤压力集中在刀刃的附近,容易造成崩刃或损坏刀头。

(三)积屑瘤

切削塑性金属时,切屑底层因受前刀面摩擦力的作用而沿前刀面发生滑移变形减低了流动速度,这层流速较慢的金属,称为滞流层。在高温高压作用下,当摩擦力大于某一极限值时,滞流层的金属与切屑分离,留在前刀面上形成积屑瘤(见图 14-10),其硬度为工件的 2～3 倍。

积屑瘤能保护刀刃,减小磨损和增加前角。但是,因积屑瘤极不稳定,时消时现,时大时小,使已加工表面粗糙度下降并引起振动。为避免积屑瘤的产生,可以采用较高或较低的切削速度;减小刀面的粗糙度或增加切削液以减小摩擦系数;增大前角,减小正压力使切削轻快;降低进给量以减小切削厚度等,均可使积屑瘤减少或消失。

(四)加工硬化现象

如图 14-11 所示。由于切削刃有一定的刃口圆弧半径 r_n，切削层内 O 点以下的金属并未同母体分离，刃口附近的一层金属产生急剧的挤压变形留在已加工表面形成加工硬化。它会使表面产生裂纹，降低材料的疲劳强度和耐磨性，使下道工序的加工困难，加剧刀具的磨损。在切削加工中，减小刀具的刃口圆弧半径和切削变形、减小摩擦等均可削弱加工硬化现象。

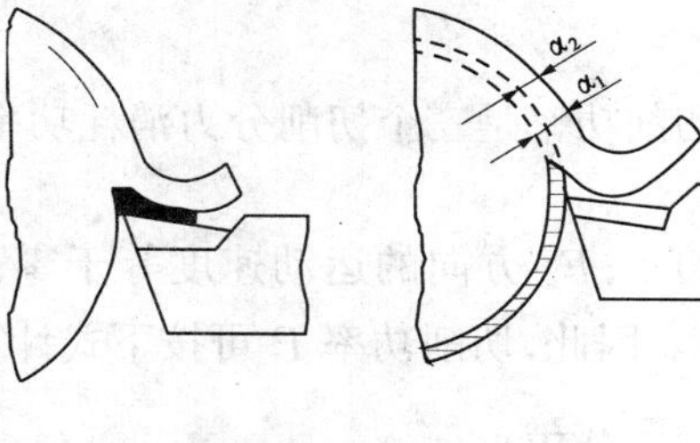

图 14-10　积屑瘤的形成

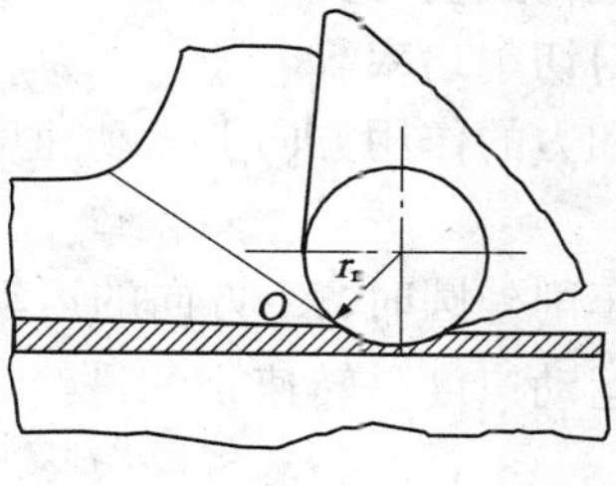

图 14-11　加工硬化现象

四、切削力和切削功率

(一)切削力

切削时工件要产生一系列的弹性变形和塑性变形，因此有变形抗力作用在刀具上，该种抗力称为切削力(F_r)。

切削力的来源有两方面：一是切削层金属、切屑和工件表面层金属的弹性变形、塑性变形所产生的抗力；二是刀具与切屑、工件表面间的摩擦阻力。

切削力是一个空间力，为了便于测量和研究，将切削力分解为相互垂直的三个分力(F_x、F_y、F_z)，如图 14-12 所示。

(1)主切削力 F_z。它垂直于基面，与切削速度 v 的方向一致，又可称为切向力。

(2)吃刀抗力 F_y。它在基面内，并与进给方向(即工件轴线方向)相垂直。

(3)走刀抗力 F_x。它也在基面内，并与进给方向(即工件轴线方向)相平行。

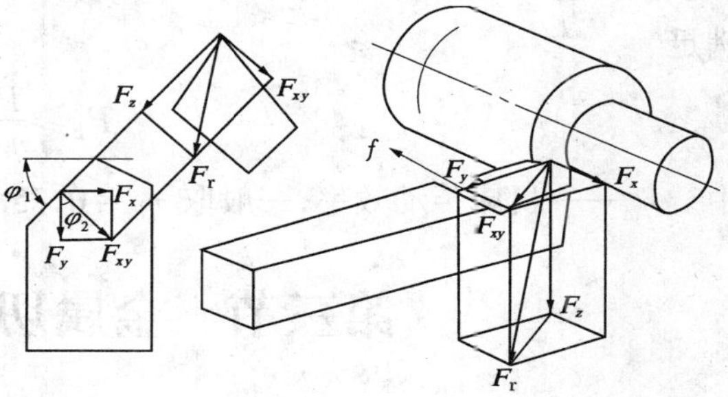

图 14-12　切削力的分解

由图 14-12 可知，合力 F_r 先分解为 F_z 和 F_{xy}，F_{xy} 再分解为 F_y 和 F_x。因此

$$F_r=\sqrt{F_z^2+F_{xy}^2}=\sqrt{F_z^2+F_x^2+F_y^2} \tag{14-2}$$

一般情况下，主切削力 F_z 最大，F_x、F_y 小一些。随着刀具几何参数、刃磨质量、磨损

情况和切削用量的不同，F_x、F_y 相对于 F_z 的比值在很大的范围内变化：

$$F_y = F_{xy}\cos\varphi \qquad F_x = F_{xy}\sin\varphi \tag{14-3}$$

$$F_y = (0.15 \sim 0.17)F_z \qquad F_x = (0.1 \sim 0.6)F_z$$

在应用中，F_z 最重要，它是计算切削功率的主要依据。车削外圆时，F_y 不做功，但能使工件变形或造成振动，对加工质量影响很大。F_x 作用在进给机构上，在设计或校核机床进给机构强度时要用到它。

(二)切削功率

力和力的作用方向上运动速度的乘积是功率。切削功率是三个切削分力消耗功率的总和。

在车削外圆时，F_z 方向的运动速度就是切削速度 v；F_y 方向的运动速度等于零；F_x 方向的运动速度是转速 n 和进给量 f 的乘积，即 $n \cdot f$。因此，切削功率 P 可按下式计算：

$$P = \left(F_z \cdot v + \frac{F_x n f}{1\ 000}\right) \times 10^{-3} \quad (\text{kW}) \tag{14-4}$$

式中 F_z——主切削力，N；

v——切削速度，m/s；

F_x——轴向力，N；

n——工件的转速，r/s；

f——进给量，mm/r。

由于 F_x 小于 F_z，而 F_x 方向的运动速度很小，因此 F_x 所消耗的功率对比于 F_z 所消耗的功率是微不足道的(一般小于 1%)，可以略去不计。一般，切削功率根据 F_z 和 v 计算就可以了，即

$$P = F_z \cdot v \cdot 10^{-3} \quad (\text{kW}) \tag{14-5}$$

根据切削功率选择机床电动机，还要考虑机床的传动效率。机床电动机功率 P_E 应当满足

$$P_E \geqslant \frac{P}{\eta_m} \tag{14-6}$$

式中 η_m——机床传动效率，一般取 $\eta_m = 0.75 \sim 0.85$。

第三节 金属切削机床概述

一、金属切削机床的分类

金属切削机床的种类很多，为便于使用和管理，每台机床都赋予一个型号，要求这个型号能反映出机床的类型、特性、组别、主参数及重大改进顺序等。目前，我国机床型号是根据《金属切削机床型号编制方法》(JB1838—85)编制的。它是采用汉语拼音字母和阿拉伯数字按一定的规律排列组合，用于表示机床的类型、特性、组别、主参数及重大改进顺序等。机床型号的表示方法如表 14-2 所示。

表 14-2　机床型号的表示方法

表示方法	〔◎〕	○	〔○〕	◎	◎	〔×◎〕	〔○〕	〔/◎〕
含义	分类代号(阿拉伯数字)	类代号(汉语拼音字母大写)	通用特性、结构特性代号(汉语拼音字母大写)	组、系代号(阿拉伯数字)	主参数或设计顺序号(阿拉伯数字)	第二主参数(阿拉伯数字)	重大改进顺序号(汉语拼音字母大写)	同一型号机床的变型代号(阿拉伯数字)

注:1. 有“〔〕”的代号或数字,当无内容时不表示,若有内容则不带括号;

2. 有“○”符号者为大写的汉语拼音字母;

3. 有“◎”符号者为阿拉伯数字。

(一)机床的类和分类代号

按机床的工作原理、结构性能特点和使用范围的不同,可分为车床、镗床、磨床、铣床等十二类(见表 14-3)。机床型号中,第一个字母表示机床的类别,用机床名称的第一个汉语拼音字母(大写)表示。

表 14-3　机床的分类及其代号

类别	车床	钻床	镗床	磨床			齿轮加工机床	螺纹加工机床	铣床	刨插床	拉床	特种加工机床	锯床	其他机床
代号	C	Z	T	M	2M	3M	Y	S	X	B	L	D	G	Q
读音	车	钻	镗	磨	二磨	三磨	牙	丝	铣	刨	拉	电	割	其

当需要时,机床的每一类又可分为若干分类。分类代号用阿拉伯数字代表,置类别代号之前,居型号首位。但第一分类不予表示,如磨床类的三个分类应表示为 M、2M、3M。

(二)机床的特性代号

1. 机床的通用特性代号

若某类机床除有普通形式外,还有一些如精密、自动、数控等通用特性,则在类代号之后加上相应的通用特性代号。表 14-4 是机床的通用特性代号。

表 14-4　机床的通用特性代号

通用特性	高精度	精密	自动	半自动	数控	加工中心	仿型	加重型	轻型	简式
代号	G	M	Z	B	K	H	F	C	Q	J

2. 结构特性代号

为区分主参数相同而结构和性能有区别的机床,在型号中用汉语拼音字母表示结构特性代号。这些字母是根据各类机床的情况分别规定的，它在型号中没有统一的含义，只在同类机床中起区分机床结构和性能的作用。为避免混淆，这些字母不使用代表通用特性代号的字母和"I"、"O"两个字母。结构特性代号直接排在通用特性代号之后。如果没有通用特性代号，它直接排在机床类代号之后。

（三）机床的组和系代号

各类机床按其结构、性能及使用范围分成若干组。如车床类机床，可分为仪表车床，回轮、转塔车床，落地及卧式车床等若干组，见表 14-5。同一组机床中，又分为若干系，如落地及卧式车床组中，又分为落地车床、卧式车床、马鞍车床等若干系。在机床中，组和系各用一个阿拉伯数字表示，位于类或特性代号之后，排在前边的数字表示组，排在后边的数字表示系。

表 14-5　车床类机床的组别

组别	仪表车床	单轴自动车床	多轴自动半自动车床	回轮、转塔车床	曲轴及凸轮轴车床
代号	0	1	2	3	4
组别	立式车床	卧式及落地车床	仿型及多刀车床	轮、轴、锭辊及铲齿车床	其他车床
代号	5	6	7	8	9

（四）机床主参数、第二主参数和设计顺序号的表示方法

机床主参数是代表机床规格大小及反映机床最大工作能力的一种参数，通常以机床最大加工尺寸或与此有关的机床部件尺寸作为主参数。型号中的主参数用折算值表示，折算值是折算系数乘以实际的主参数值。当折算值大于 1 时，取为整数；当折算值小于 1 时，则直接以主参数值表示，并在前面加"0"。

表 14-6 为常用机床的主参数及折算系数。

表 14-6　常用机床的主参数及折算系数

机床	主参数	折算系数	机床	主参数	折算系数
卧式车床	床身上最大工件回转直径	1/10	外圆磨床	最大磨削直径	1/10
单轴自动车床	最大棒料直径	1	升降台铣床	工作台面宽度	1/10
牛头刨床	最大刨削长度	1/10	回轮车床	最大棒料直径	1
摇臂钻床	最大钻孔直径	1	卧式镗床	主轴直径	1/10

为了更完整地表示机床的工作能力和加工范围，有些机床还规定有第二主参数，第二主参数也用折算值表示，位于型号的后部，并以"×"（读作"乘"）号相隔。凡以长度表示的第二主参数，如最大工作长度、最大切削长度、最大行程和最大跨距等，采用"1/100"的折算系数；凡以直径、深度和宽度表示的第二主参数，采用"1/10"的折算系数（出现小数时可化为整数）；如以厚度、最大模数和机床轴数作为第二主参数，则以实际的数值表示。

某些通用机床，当无法用一个主参数表示时，则在型号中用设计顺序号表示。设计顺序号由 1 开始，当序号少于 10 时，应在设计顺序号前加“0”。例如某厂设计试制的第五种仪表磨床为刀具磨床的型号为 M0605。

(五)机床重大改进顺序号

当机床的结构及布局有重大改进，并需按新产品重新设计、试制和鉴定时，应在机床型号中加重大改进顺序号，以示区别。重大改进顺序号按改进的次序分别用汉语拼音字母(大写)A、B、C…表示，并附在原机床型号的末尾。

(六)同一型号机床的变型代号

某些机床，因加工需要常在基本型号的基础上对机床的部分结构作适当的改变。此时，为便于区别，需在原机床型号的尾部加变形代号。变形代号用阿拉伯数字 1、2、3…顺序号表示，并用“/”(读作“之”)分开。

下面以 CG6125B 机床型号为例，说明型号中各代号和数字的含义(见表 14-7)。

表 14-7　CG6125B 机床型号含义

C	G	6	1	25	B
车床	高精度	落地及卧式车床	卧式车床	床身最大回转值为 250mm	第二次重大改进

二、机床的组成和基本结构

(一)机床的组成

机床就是利用刀具对金属毛坯进行切削加工的工作机械，它是制造机器的机器。机床由三个系统组成：

(1)定位系统。用于建立工具与零件的相对位置。

(2)运动系统。机床进行加工的实质，就是让刀具与工件之间产生相对运动，机床的运动系统就是为加工零件提供切削运动和辅助运动的。

(3)能量系统。为加工过程提供改变零件形状的能量。

(二)机床的基本结构

机床的种类很多，其性能和结构各有不同，下面介绍几种常用的机床结构。

1. 车床

车床是切削加工的主要设备，它能完成多种切削加工，在机械制造中，车床是应用最广泛的机械加工设备。下面以卧式车床为例了解车床的基本结构。

图 14-13 为 CA6140 型卧式车床外形图。车床的结构及主要组成部件如下：

(1)主轴箱。主轴箱 1 固定在床身 4 左上部，其功用是支承主轴部件，并使主轴部件及工件以所需速度旋转。

(2)刀架部件。刀架部件 2 装在床身 4 的导轨上，是装夹刀具的部件，它可以通过机动或手动使夹持在刀架上的刀具作纵向、横向或斜向进给运动。

(3)进给箱。进给箱 10 固定在床身左端前壁。进给箱中装有变速装置，用于改变切削加工的进给量。

(4)溜板箱。溜板箱 8 安装在刀架部件底部。溜板箱通过光杠或丝杠接受自进给箱传来的运动,并将运动传给刀架部件,从而使刀架实现纵向、横向进给或车螺纹运动。

(5)尾座。尾座 3 安装于床身尾座导轨上,可根据工件长度调整其纵向位置。尾座上可安装后顶尖以支承工件,也可安装孔加工刀具进行孔加工。

(6)床身。床身 4 固定在左床腿 9 和右床腿 5 上,用于支承其他部件,并使它们保持准确的相对位置。

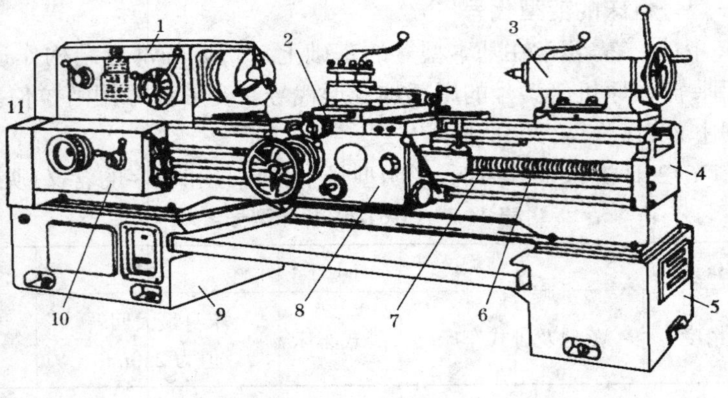

1—主轴箱;2—刀架;3—尾座;4—床身;5—右床腿;6—光杠;
7—丝杠;8—溜板箱;9—左床腿;10—进给箱;11—挂轮变速机构

图 14-13　CA6140 型卧式车床外形图

2. 铣床

铣床是用来进行铣削加工的机床。铣刀的旋转运动为机床的主运动,工件的移动为进给运动。铣床的种类很多,主要类型有卧式升降台铣床、立式升降台铣床、龙门铣床、工具铣床等。

图 14-14 为 X6132 型万能升降台铣床外形图。X6132 型万能升降台铣床主要由底座 1、床身 2、悬梁 3、刀杆支架 4、主轴 5、工作台 6、床鞍 7、升降台 8 和回转盘 9 等组成。床身 2 固定在底座 1 上,用以安装和支承其他部件。床身内装有主轴部件、主变速传动装置及其变速操纵机构。悬梁 3 安装在床身顶部,并可沿燕尾导轨调整其前后位置。悬梁上的刀杆支架 4 用以支承刀杆,以提高其刚性。升降台 8 安装在床身前侧面垂直导轨上,可作上下移动。升降台内装有进给运动传动装置及其操纵机构。升降台的水平导轨上装有床鞍 7,可沿主轴轴线方向(横向)移动。床鞍上装有回转盘 9,回转盘上面的燕尾导轨上又装有工作台 6。工作台可沿导轨作垂直于主轴轴线方向(纵向)移动;同时,工作台通过回转盘可绕垂直轴线在 $+45^\circ \sim -45^\circ$ 范围内调整角度,以铣削螺旋表面。

3. 钻床

钻床是用途广泛的孔加工机床。常用的钻床是摇臂钻床。

图 14-15 所示为 Z3040 型摇臂钻床外形图,其主要组成部件为底座、立柱、摇臂、主轴箱等。工件和夹具可安装在底座 1 或工作台 8 上。立柱为双层结构,内立柱 2 安装于底座上,外立柱 3 可绕内立柱 2 转动,并可带着夹紧在其上的摇臂 5 摆动。主轴箱 6 可在摇

臂水平导轨上移动，通过摇臂和主轴箱的上述运动，可以方便地在一个扇形面内调整主轴7至被加工孔的位置。另外，摇臂5可沿着外立柱3轴向上下移动，以调整主轴箱及刀具的高度。

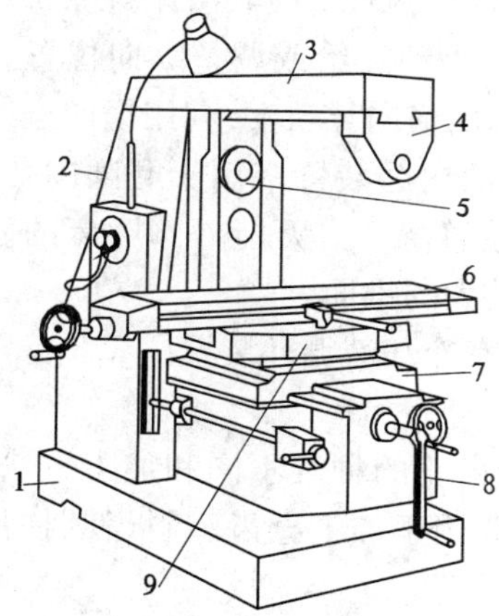

1—底座；2—床身；3—悬梁；4—刀杆支架；5—主轴；6—工作台；7—床鞍；8—升降台；9—回转盘

图 14-14　X6132 型万能升降台铣床外形图

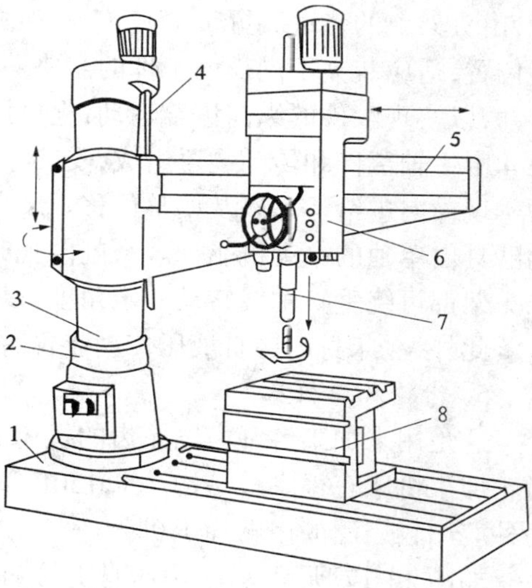

1—底座；2—内立柱；3—外立柱；4—摇臂升降丝杆；5—摇臂；6—主轴箱；7—主轴；8—工作台

图 14-15　Z3040 型摇臂钻床外形图

4．磨床

磨床是以磨料、磨具(砂轮)、砂带、油石、研磨料为工具进行磨削加工的机床。它们是由于精加工和硬表面加工需要而发展起来的。常用的磨床是普通精度的万能外圆磨床，如图 14-16 所示。

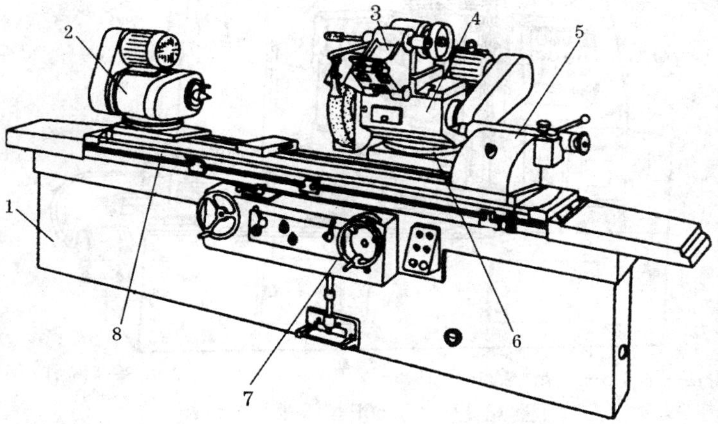

1—床身；2—工作头架；3—内磨装置；4—砂轮架；5—尾座；6—滑板；7—控制箱；8—工作台

图 14-16　M1432A 型万能外圆磨床外形图

如图 14-16 所示，M1432A 万能外圆磨床由床身1，工作头架2，工作台8，内磨装置3，砂轮架 4,尾座 5 和由工作台手摇机构、横向进给机构、工作台纵向往复运动液压控制板等组成的控制箱 7 等主要部件组成。在床身顶面前部的纵向导轨上装有工作台 8,台面上装有工作头架 2 和尾座 5。被加工工件支承在头、尾架顶尖上,或用头架上的卡盘夹持,由头架上的传动装置带动旋转,实现圆周进给运动。尾架在工作台上可左右移动以调整位置,适应装夹不同长度工件的需要。工作台由液压传动驱动,使其沿床身导轨作往复移动,以实现工件的纵向进给运动;也可用手轮操作,作手动进给或调整纵向位置。砂轮架 4 由主轴部件和传动装置组成,安装在床身顶面后部的横向导轨上,利用横向进给机构可实现横向进给运动以及调整位移。装在砂轮架 4 上的内磨装置 3 用于磨削内孔,其内圆磨具由单独的电动机驱动。磨削内孔时,应将内磨装置翻下。万能外圆磨床的砂轮架和头架都可绕垂直轴线转动一定角度,以便磨削锥度较大的锥面。

此外,在床身内还有液压传动装置,在床身左后侧有冷却液循环装置。

5. 齿轮加工机床

这是用来加工各种齿轮轮齿的机床。按照被加工齿轮的种类不同和加工方法不同,齿轮加工机床有很多种结构。Y3150E 型滚齿机是主要用于加工直齿和斜齿圆柱齿轮的一种应用较广泛的齿轮加工机床。

如图 14-17 所示,机床由床身 1、立柱 2、刀架滑板 3、滚刀架 5、后立柱 8 和工作台 9 等主要部件组成。立柱 2 固定在床身上。刀架滑板 3 带动滚刀架可沿立柱导轨作垂直进给运动或快速移动。滚刀安装在刀杆 4 上,由滚刀架 5 的主轴带动作旋转主运动。滚刀架可绕自己的水平轴线转动,以调整滚刀的安装角度。工件安装在工作台 9 的心轴 7 上或直接安装在工作台上,随着工作台一起作旋转运动。工作台和后立柱装在同一滑板上,可沿床身的水平导轨移动,以调整工件的径向位置或作手动径向进给运动。后立柱上的支架 6 可通过轴套或顶尖支承在工件心轴的上端,以提高滚切工作的平稳性。

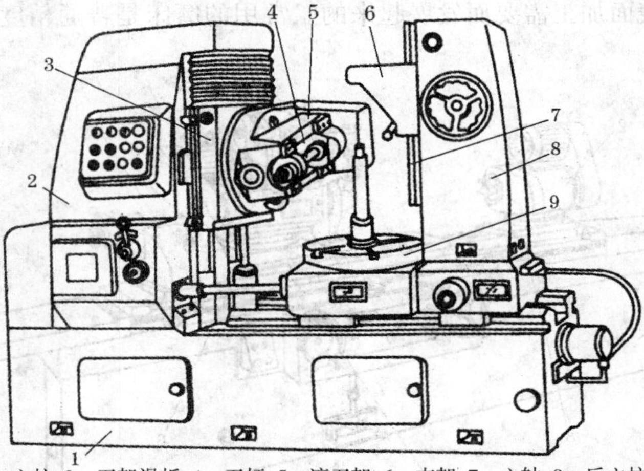

1—床身;2—立柱;3—刀架滑板;4—刀杆;5—滚刀架;6—支架;7—心轴;8—后立柱;9—工作台

图 14-17 Y3150E 型滚齿机外形图

6. 数控机床

数控机床是综合应用了计算机技术、自动控制、精密测量和机械设计等方面的最新成就而发展起来的一种典型的机电一体化产品。数控机床的基本组成如图 14-18 所示,它一般由控制介质、计算机数控装置、伺服驱动系统、辅助控制装置和机床本体组成。

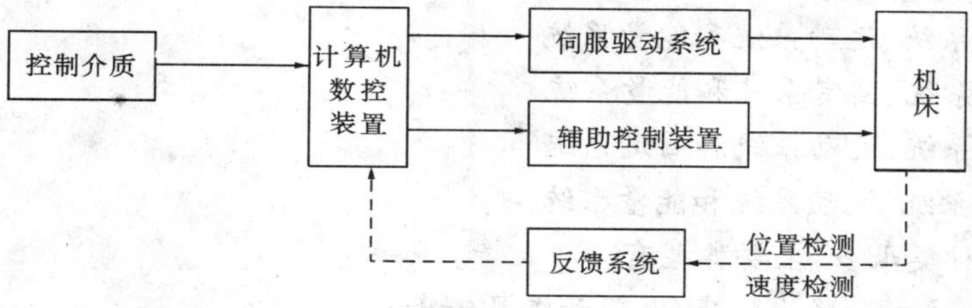

图 14-18　数控机床的组成

机床的种类很多，其结构各有不同，除上述介绍的几种机床外，其他机床需要在现场教学中去认识和了解。

本章小结

本章主要介绍了切削运动和切削用量、金属切削机床的分类、切削加工方法及其加工质量。简单介绍了切削刀具、金属的切削原理、切削用量和切削功率、组合机床、数控机床等。

本章重点掌握切削运动和切削用量、金属切削机床的分类、切削加工方法及其加工质量。

习　题

一、判断正误（正确的打√，错误的×）

1. 用金属切削刀具从金属毛坯上切去多余的材料，从而获得形状、尺寸及表面质量都符合零件图纸要求的零件加工方法，称为金属切削加工。(　　)

2. 零件的机械加工精度是指加工后的零件在形状和尺寸方面与理想零件的符合程度。(　　)

3. 用金属切削机床把毛坯加工成零件的过程中，零件表面的形成是依靠工具和工件间的相对运动来实现的。而这种相对运动就称为切削运动。(　　)

4. 切削加工中常用的刀具材料有碳素工具钢、合金工具钢、高速钢、硬质合金钢及陶瓷材料等。其中使用最为广泛的是合金工具钢和硬质合金。(　　)

5. 金属切削过程，实质上是切削层金属受刀具的挤压，随着挤压力的不断增加，切削层产生弹性变形和塑性变形，当塑性变形达到极限值时，切削层沿一定的面被挤裂并沿着刀具前刀面流出，从而形成切削的过程。(　　)

6. 切削时工件要产生一系列的弹性变形和塑性变形，因此有变形抗力作用在刀具上，这种抗力称为切削力。(　　)

7. 通常将原材料或者半成品变成为产品所经过的全部过程称为生产过程。(　　)

二、单向选择题

1. 机床是由______三个系统组成。

A. 定位系统、运动系统和能量系统

B. 定位系统、固定系统和能量系统

C. 定位系统、运动系统和固定系统

D. 固定系统、运动系统和能量系统

2. 铣床的种类很多，主要类型有______等。

A. 卧式、立式升降台铣床，龙门和工具铣床

B. 卧式、立式升降台铣床

C. 龙门和工具铣床

D. 卧式、立式升降台铣床和工具铣床

3. 金属切削加工按机械化程度和使用刀具的形式分为______两部分。

A. 车床加工和机械加工　　B. 铣床加工和机械加工

C. 手工加工和机械加工　　D. 钻床加工和机械加工

4. 机床的切削运动按其功用可分为______。

A. 主运动和进给运动　　B. 副运动和进给运动

C. 主运动和副运动　　D. 加工运动和进给运动

5. 切削用量是表示切削过程中各参量的物理量，它包括______，统称切削用量三要素。

A. 切削速度、进给量和切削深度

B. 走刀次数、进给量和切削深度

C. 切削速度、走刀次数和切削深度

D. 切削速度、进给量和走刀次数

6. 车刀的主要几何角度有______。

A. 前角 γ、后角 α、主偏角 φ、副偏角 φ_1 和刃倾角 λ_s

B. 前角 γ、后角 α、主偏角 φ 和副偏角 φ_1

C. 前角 γ、后角 α 和主偏角 φ

D. 前角 γ 和后角 α

三、问答题

1. 什么是金属的切削加工？什么叫主运动？什么叫进给运动？主运动和进给运动有何区别？

2. 切削用量包括哪些主要内容？什么叫切削速度？能否说机床转速越高，其切削速度也越高？进给量和切削深度有何不同？试举例说明。

3. 常用的金属切削加工方法有哪些？它们的加工范围如何？

4. 金属切削机床有哪些类型？机床的型号怎样构成？

5. 刀具材料应具备哪些基本的性能特点？

6. 在图 14-19 所示的车刀中，标出车刀的前角 γ、后角 α、主偏角 φ、副偏角 φ_1。

7. 简述形成积屑瘤的过程(条件)、利弊。如何消除积屑瘤？

8. 试指出下列机床型号的含义：

C616　T6180　Z3025

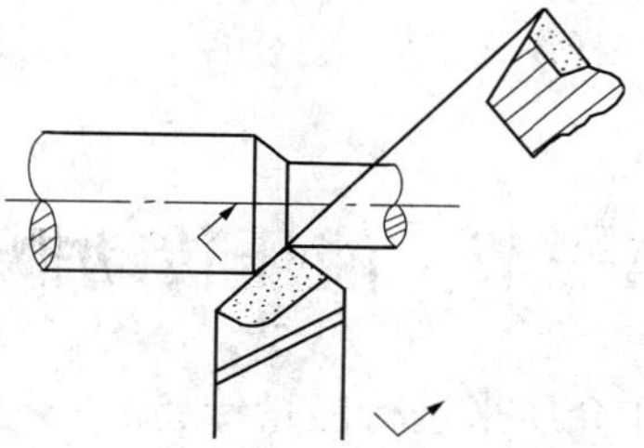

图 14-19

＊第十五章　液压传动

第一节　液压传动概述

液压传动是以液体为工作介质来进行能量传递的一种传动形式。近 40 年来，液压传动技术得以飞速发展，广泛用于各种机床、起重机械、运输机械、工程机械、农业机械、化工机械以及水电站的自动控制设备等各个方面，显示出这门新兴技术强大的生命力。今后液压技术作为机械工业的重要支柱之一，将在现代工业的进一步发展中继续发挥重要作用。

一、液压传动的原理和组成

(一)液压传动的原理

图 15-1 是一个简单液压传动示意图。其中 1 为压力表，用来观察系统中压力大小；2 为液压泵，它的作用是把泵内有关机件运动的机械能转换成需要的液压能；3 是滤油器，其作用是防止杂质进入系统中；4 为油箱，贮存一定数量的油液；6 是溢流阀，用来控制系统中的最大压力；7 为节流阀，用来调整进入系统中油液的数量；8 为换向阀，用来控制油液流动的方向；9 为液压缸；10 是工作台。该系统可以使工作台获得往复直线移动。

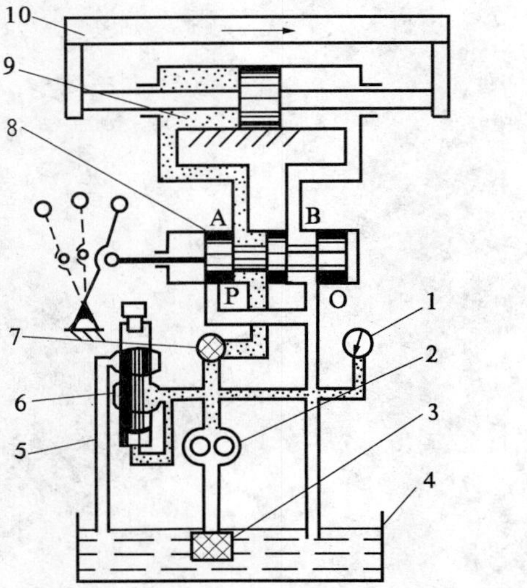

1—压力表；2—液压泵；3—滤油器；4—油箱；5—输油管；6—溢流阀；7—节流阀；8—换向阀；9—液压缸；10—工作台

图 15-1　液压系统图

工作时，油泵将具有一定压力和数量的油液输入管道，经过节流阀 7 的调节，使油液按一定量的要求进入换向阀 8，处于图示位置时，油液经换向阀的 P→A 口进入液压缸的左腔，假若缸是固定在机架上的，则油液将使缸内的活塞向右运动，从而带动工作台 10 向右运动。扳动换向阀 8 处的操纵手柄，使阀芯移动，堵住 A 口，接通 P→B 口，则压力油就经 P→B 口进入液压缸的右侧腔，从而迫使缸内活塞连同工作台一起向左运动。

当工作台向右运动时，缸内右腔的油液经 B→O 口返回油池；当工作台向左运动时，缸内左腔的油液经 A→O 口流回油池。

工作台移动速度的快慢是通过节流阀 7 来调节的。节流阀像个自来水龙头，可以开大,也可以关小。当它开大时,通入液压缸的油液增多,工作台移动速度就加快;当它关小时,工作台移动速度就减慢。

从上述液压系统的工作过程可以看出,液压系统是利用运动着的压力油迫使系统内密封容积发生改变来达到传动目的的。因此,所谓液压传动,指的是利用压力油作为工作介质,借助于运动着的压力油来传递动力和运动的传动方式。

(二)液压系统的组成

从上面的例子可以看出,液压系统主要由以下四部分组成。

1. 动力装置

动力装置是将电动机或内燃机输出的机械能转换成油液的压力能,是一种能量转换装置,其功用是供给液压系统压力油。最常见的形式就是液压泵。

2. 执行装置

执行装置是将油液的液压能转换成机械能的装置,其功用是驱动工作部件运动而做功。在上例中,它是作直线运动的液压缸,在别的情况下,也可以是作回转运动的液压马达等。

3. 控制调节装置

它是控制液压系统中油液的压力、流量和流动方向的装置,是节流阀、换向阀、溢流阀等液压元件的总称。这些元件是保证系统正常工作必不可少的组成部分。

4. 辅助装置

辅助装置是除上述三项以外的其他装置,如上例中的油箱、滤油器、压力表、油管、管接头等。它是保证液压系统可靠、稳定、持久工作不可缺少的部分。

二、液压传动的优缺点

(一)液压传动的优点

液压传动与机械传动相比,有许多突出的优点:

(1)液压传动装置能方便地实现无级调速,调速方便且调速的范围大。

(2)在相同功率情况下,液压传动装置体积小,重量轻,惯性小,结构紧凑(如液压马达的重量只有同功率的电动机重量的10%~20%),而且能传递较大的力和转矩。

(3)液压传动装置工作比较平稳,反应快,冲击小,能高速启动和频繁换向。

(4)液压传动装置的控制、调节比较简单,操作比较方便、省力,易于实现自动化。当与电控相配合时更能实现复杂的顺序动作和远程控制。

(5)液压传动装置易于实现过载保护。由于采用油液作为工作介质,液压传动装置能自行润滑,故使用寿命较长。

(6)液压传动装置由于其元件实现了系列化、标准化、通用化,故易于设计、制造和推广应用。

(7)在液压传动装置中,由于功率损失等原因所产生的热量可由流动着的油带走,因此可以避免在系统某些局部部位产生过度温升的现象。

(二)液压传动的主要缺点

(1)系统中存在着难以避免的泄漏和液体的可压缩性,使得液压传动无法保证严格的传动比。

(2)液压传动装置对油温和载荷变化比较敏感，一般不适宜在低温和高温条件下使用。

(3)液压传动由于存在着机械摩擦损失、液体的压力损失和泄漏损失，故而效率较低，不适宜远距离传动。

(4)液压传动系统中出现故障时，故障原因不易查找。

总之，液压传动的优点是主要的，其缺点则随着生产技术的发展正在逐步加以克服，因此液压传动在现代化的生产中有着广阔的发展前景。

三、液压传动的两个基本参数

由于液压传动的本质是利用处于密封容积内运动着的液体压力来传递能量，所以液压系统中运动着的液体的压力和数量，即压力和流量就成为液压传动的两个基本参数。

(一)压力

作用在液体上的力有两种类型：一种是质量力，另一种是表面力。质量力作用在液体的所有质点上，如重力、惯性力等；表面力作用在液体的表面上，如切向力、法向力等。表面力可以是其他物体(例如容器)作用在液体上的力，也可以是液体内部一部分液体作用于另一部分液体上的力。对液体整体来说，前一种情况下的表面力是一个外力，后一种情况下的表面力是一个内力。

液体在单位面积上所承受的法向作用力，通常称为压力，而在物理学中称为压强。设液体在面积 A 上所受的法向力为 F_n，则液体的压力 p 为：

$$p=\frac{F_n}{A} \tag{15-1}$$

在液压传动中常用到液体在某一点的压力这一说法。设 ΔA 为液体内某点 m 处的微小邻域的面积，ΔF_n 为 ΔA 上所受的法向力，当 ΔA 向点 m 处无限缩小时，$\Delta F_n/\Delta A$ 的极限值叫作液体在 m 点处的压力。即

$$p=\lim_{\Delta A\to 0}\frac{\Delta F_n}{\Delta A} \tag{15-2}$$

压力的单位是 N/m^2(牛顿/米^2)，称为帕斯卡，简称为帕(Pa)。由于此单位太小，在工程上使用不方便，因此常采用它的倍数单位 MPa(兆帕)。

$$1\ MPa=10^6\ Pa=10^6\ N/m^2$$

国际上的惯用单位是 bar(巴)。

$$1\ bar=10^5\ Pa=0.1\ MPa$$

在本书中，压力单位一律采用 Pa 或 MPa。

由帕斯卡原理得知，在密闭容器中，由外力作用所产生的压力，可以等值地传递到液体内部的所有各点，这就是静压传递原理。

(二)流量

液体流动时，单位时间内流过任一过流断面的液体的体积，称为流量。

$$Q=Av\quad (m^3/s) \tag{15-3}$$

式中　A——过流断面的面积，m^2；

v——通过该断面的液体平均流速,m/s。

由于液流是受活塞推动而运动的,如果不计泄漏和液体的可压缩性,则有:

$$Q = A_1 v_1 = A_2 v_2 \tag{15-4}$$

式中　v_1、v_2——油缸管道中液体的平均流速,m/s。

由此可见,液体流经管道的每一截面均可保持流量不变,也就是说,液体流动的速度与通流截面面积成反比。

液压元件常用流量来标志它的规格大小,并用 m^3/s 或 L/s 作为流量的单位。

四、液压传动用油的选择

(一)液压传动用油应满足的要求

液压系统中工作的油液,一方面作为传递能量的介质,另一方面作为润滑剂润滑运动零件的工作表面。因此,油液的性能会直接影响液压传动的性能,如工作的可靠性、灵敏性、工况的稳定性、系统的效率及零件的寿命等。在选用液压油时应满足以下要求:

(1)黏度合适且在使用温度范围内,油液黏度随温度的变化越小越好。

(2)润滑性能良好。

(3)具有良好的化学稳定性,使用寿命长。

(4)抗泡沫性、抗乳化性好;腐蚀性小,防锈性好。

(5)质地纯净,杂质含量少。

(二)液压传动用油的选择

液压油的选择首先要考虑的是油液的黏度问题,即根据泵的种类、工作温度、系统速度和工作压力首先确定适用黏度范围,然后再选择合适的液压油品种。黏度选择的总原则是:当系统工作压力较高,环境温度较高,或工作部件运动速度较慢时,为了减少泄漏,宜采用黏度较高的液压油;反之,当工作压力较低,环境温度较低,或工作部件运动速度较快时,为了减少功率损失,宜采用黏度较低的液压油。

当液压油的某些性能指标不能满足某些系统的较高要求时,可以在油液中加入抗氧化、抗磨损、抗泡沫、防锈蚀、能改善黏温性能等的添加剂,以改进它的性能,使之适用于特定的场合。

表 15-1 为按液压泵类型推荐用油黏度表,可供选用液压油时参考。

表 15-1　按液压泵类型推荐用油黏度　　(单位:mm^2/s)

泵类型		工作温度 5~40 ℃	工作温度 40~80 ℃
叶片泵	工作压力≤7MPa	19~29	25~44
	工作压力>7MPa	31~42	35~55
齿轮泵		19~42	58~98
轴向柱塞泵		26~42	42~93
径向柱塞泵		19~29	38~135

(三)液压油的使用与维护

在使用中,为防止油质恶化,应注意如下事项:

(1)液压系统清洁,防止水、灰尘和其他机械杂质侵入油中。

(2)油箱中的油面应保持一定的高度,正常工作时油箱的温升不应超过液压油所允许的范围,一般不得超过 70 ℃,否则需冷却调节。

(3)换油时必须将液压系统的管路彻底清洗,新油要过滤后再注入油箱。

第二节　液压泵、液压马达和液压缸

一、液压泵

液压泵是液压系统的动力元件。它将原动机——电动机或内燃机输出的机械能转换成油液的压力能。它是液压系统的一个重要组成部分。

(一)液压泵的工作原理

图 15-2 是液压泵的工作原理简图。图 15-2 中活塞 2 依靠弹簧 3 紧压在凸轮 1 上,凸轮 1 的旋转使活塞 2 作往复运动。当活塞向右运动时,它的缸体 7 所围成的油腔 4(密封工作腔)的容积由小变大,形成部分真空,油箱中的油液便在大气压的作用下,经吸油管顶开单向阀 5 进入油腔 4,实现了吸油;当活塞向左移动时,油腔 4 的容积由大变小,其中的油液受压,当油的压力大于或等于单向阀 6 的弹簧力时,便顶开单向阀 6 流入系统中,实现了压油。凸轮不断地旋转,泵就不断地吸油和压油。这种依靠密封容积大小的变化来工作的泵称为容积式泵。

由上所述,可归纳出容积式油泵工作的基本要素:

(1) 具有一个可变化的密封容积,是泵得以吸、压油的根本原因。容积式泵流量的大小,取决于单位时间内密封容积变化的大小,一般与压力无关。单位时间内活塞 2 往复运动越快则流量越大。

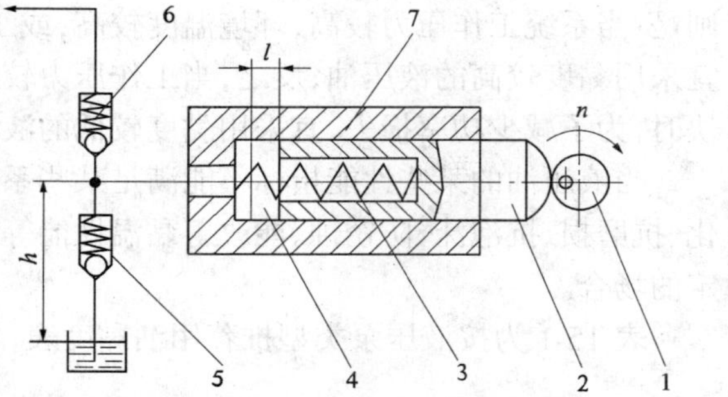

图 15-2　容积式泵的工作原理

(2) 吸油时必须使油池与大气相通,这是吸油的必要条件。压油时实际油压的高低,取决于输出油路中所遇到的阻力,取决于外载,这是形成油压的条件。由于受到泵的材料结构强度的制约和泄漏的影响,泵的输出压力不能无限提高。

(3) 单向阀 5、6 起到配油的作用,随着泵的吸油、压油过程,完成打开或关闭有关油路的任务。它对保证泵的正常工作是必不可少的。

(二) 液压泵的分类

常用液压泵按其转速一定时流量是否可以改变分为定量泵(输出流量不能改变)和变量泵(输出流量的大小可以调节)。按其结构形式不同又有齿轮泵、叶片泵和柱塞泵等。

按其压力的大小还可划分为低压泵、中压泵和高压泵等。按输出、输入液流的方向是否可调又分为单向泵、双向泵。

(1) 齿轮泵。按其结构不同分为外啮合式齿轮泵和内啮合式齿轮泵两种类型。其中外啮合式齿轮泵应用更为广泛。

图 15-3 为外啮合式齿轮泵的工作原理图。该泵的壳内装有一对大小一样、齿数相等的外啮合齿轮 1、2 和泵体 3 及前、后端盖,传动轴等主要零件。壳体,前、后端盖和齿轮的各个齿间槽组成了许多密封的工作腔。当电动机通过传动轴带动这对齿轮按图示方向旋转时,在齿轮逐渐脱离啮合的一侧,即图中的左侧,轮齿退出齿间,其密封容积变大,形成部分真空,油箱内的油在大气压的作用下,经吸油管道被吸入该腔的齿间,完成吸油过程。被吸入齿间的油液随着齿轮的旋转而带到了另一侧,即图中的右侧。在这一侧轮齿是逐渐进入啮合的,轮齿占据齿间,使密封容积减小,油液受到挤压并从压油管道中挤出,完成压油过程。液压泵不断地旋转,吸油、压油过程便连续进行。这就是齿轮泵的工作原理。

由上述可知,对齿轮泵来说,轮齿脱离啮合的一腔是吸油腔,轮齿进入啮合的一腔是压油腔。

齿轮泵的优点是组成零件少,结构简单,价格便宜,其转速范围大。但由于齿轮泵在进油腔一侧和压油腔一侧的压力不相等,所以齿轮轴受的径向压力不平衡,应用时就限制了工作压力的提高。一般多用在低压系统中。

齿轮泵在其电机转速一定时,其流量是一定的,所以齿轮泵属于定量泵。

(2) 叶片泵。按其每转吸油和排油的次数不同可分为单作用叶片泵和双作用叶片泵两类。单作用叶片泵转子每转一周完成一次吸油及排油,其流量可以调节,属于变量泵。双作用叶片泵转子每转一周完成两次吸油和排油,其流量不可调节,属于定量泵。

双作用叶片泵工作原理如图 15-4 所示。其中 1 为转子,由转动轴带动旋转。2 为定子,定子与转子中心重合。定子的内表面不是一个圆而是对称的腰圆形。转子上成一定的角度开有若干个槽,槽内有叶片 3,叶片可以沿槽滑动。4 是出油道,5 是进沿道,另有配油盘图中未画出。

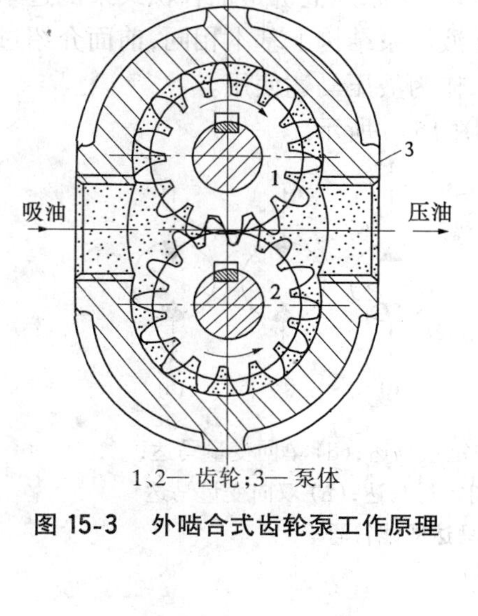

1、2— 齿轮;3— 泵体

图 15-3 外啮合式齿轮泵工作原理

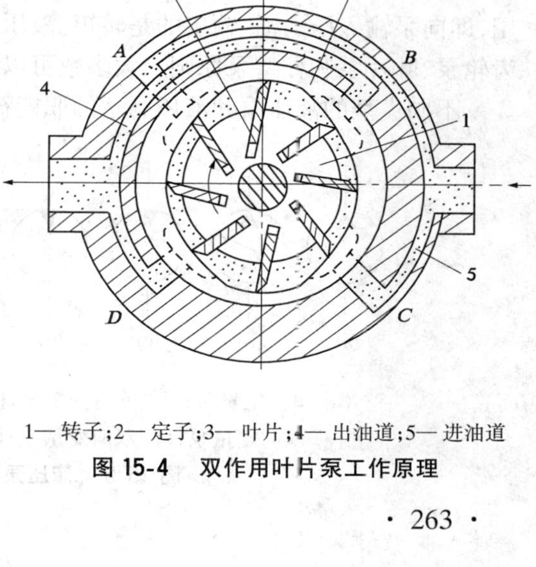

1— 转子;2— 定子;3— 叶片;4— 出油道;5— 进油道

图 15-4 双作用叶片泵工作原理

工作时，电动机带动转子按图15-4所示箭头方向转动，在离心力的作用下，叶片从槽中伸出，其顶部紧贴在定子的内表面上。这样，在定子的内表面、转子的外圆柱表面、相邻的两个叶片表面及两侧配油盘表面之间就形成了若干个密封的工作腔。由图15-4可见，转子旋转一周，每一叶片往复滑动两次，每相邻两叶片间的密封容积就发生两次增大和减小的变化。容积增大产生吸油作用，容积减小产生压油作用。这种泵在转子转一周时，每个密封空间都完成两次吸油和压油，所以称为双作用叶片泵。

双作用叶片泵常用于中压系统。

单作用叶片泵在转子转一周范围内只能完成一次吸油和一次压油过程。但单作用叶片泵的定子和转子的偏心距有很多方式可以调节，例如可以是人工调节，也可以是自动调节，所以单作用叶片泵是变量泵。

变量泵有单向变量泵和双向变量泵两大类。单向变量泵是可以改变流量的大小而不能改变输油方向的泵；双向变量泵则既能改变流量的大小又能改变输油方向。

叶片泵与齿轮泵相比，其流量均匀，运转平稳，噪音较小。但叶片泵运动零件之间的间隙一般较小，所以应用时为防止杂质进入，对油的过滤要求较高。相对来说叶片泵的结构较复杂，价格较高。

(3) 柱塞泵。柱塞泵是依靠柱塞与柱塞孔来形成密封工作容积的，工作时，柱塞在孔内往复滑动，改变密封容积的大小，从而完成吸油和排油过程。

柱塞泵可以作为变量泵或双向变量泵。

柱塞泵一般效率较高，压力可以较大，多用于高压液压系统中。

(4) 螺杆泵。螺杆泵实质上是一种外啮合的摆线齿轮泵，泵内的螺杆可以有两个，也可以有三个。螺杆泵结构简单，体积小，重量轻，运转平稳，输油均匀，噪音小，对油液的污染不敏感，但螺杆形状复杂，加工较困难，不易保证精度。

二、液压马达

液压马达是把输入的液压能转换成机械能输出的能量转换装置。就液压系统来说，液压马达是一个执行元件。容积式液压马达的工作原理，从原则上讲是把容积式泵倒过来使用，即向泵输入压力油，输出的是转矩。液压马达和液压泵结构上基本相同，前面介绍过的齿轮泵、叶片泵和柱塞泵原则上大多数可以倒过来作为液压马达使用。

不同类型的液压泵和液压马达的职能符号如图15-5所示。

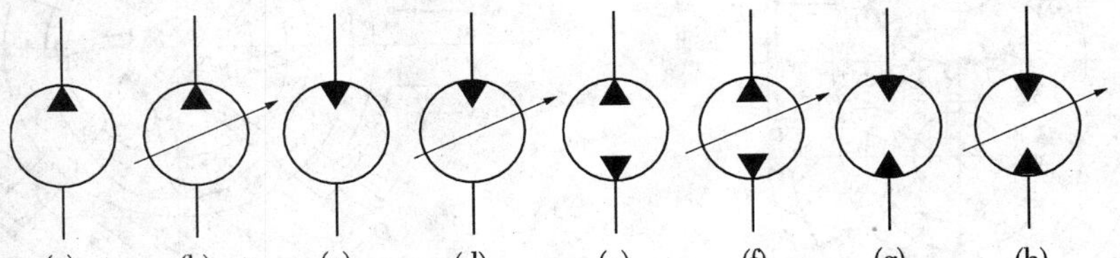

(a) 单向定量泵；(b) 单向变量泵；(c) 单向定量马达；(d) 单向变量马达；
(e) 双向定量泵；(f) 双向变量泵；(g) 双向定量马达；(h) 双向变量马达

图15-5　液压泵和液压马达职能符号

三、液压缸

液压缸是液压传动系统中的又一类执行元件，它也是把液压能转换成机械能的能量转换装置。前面所述液压马达实现的是连续回转运动，而液压缸实现的则是往复运动。

按使用要求不同，液压缸的种类很多，有用来实现往复直线运动的活塞式油缸和柱塞式油缸等，还有用来实现往复摆动的叶片式油缸。下面介绍常见的应用较为普遍的往复直线运动的活塞式油缸。

油缸大多为一个其上开有必要的油道口的筒形零件，两端用缸盖密封。

（一）双出杆活塞式油缸

图15-6为双出杆活塞式油缸工作原理图，其中1为油缸，2为活塞，3为活塞杆，4为与活塞杆相连的工作台。如果将油缸固定，当液压缸的左腔进油、右腔回油时，活塞向右移动；反之，活塞向左移动。实现了活塞的往复直线运动。

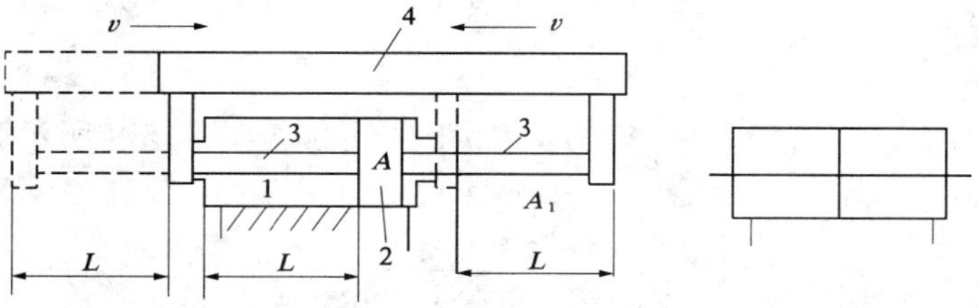

(a)油缸工作原理图　　(b)职能符号

1— 油缸；2— 活塞；3— 活塞杆；4— 工作台

图 15-6　双出杆活塞式油缸工作原理

通常双出杆活塞式油缸两边的活塞杆直径相同，也就是活塞两边的有效作用面积相同。当压力油交替进入油缸左、右两腔的流量相同时，活塞往复的速度也必然相同。

（二）单出杆活塞式油缸

图15-7为单出杆活塞式油缸工作原理图。工作时，压力油输入油缸左腔，则推动活塞连同工作台一起向右运动，油缸右腔中的油液则经油管流回油池。反之则获得反向运动。

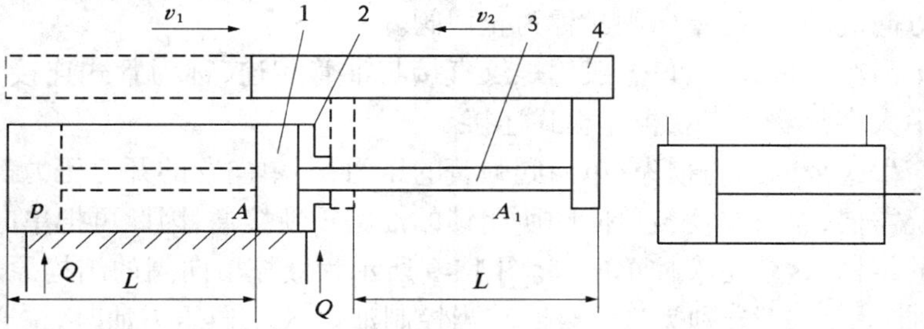

(a)油缸工作原理图　　(b)职能符号

图 15-7　单出杆活塞式油缸工作原理

很显然，单出杆活塞式油缸的结构特点是，仅在活塞的一端有活塞杆，从而使活塞左、右两侧的承压面积不同。当交替输入油缸左、右两腔的油液的压力 p 相同，流量 Q 也相同时，两侧产生的总推力 F 不相同，活塞往复运动的速度 v 也不相同。

第三节　液压控制阀

液压控制阀是液压系统的控制操纵部分，它用来控制和调节液压系统中的油压、流量和油液流动的方向，以保证液压传动系统各部分获得所要求的协调一致的动作。根据液压阀的用途和工作特点不同，液压阀一般分为方向、压力、流量控制阀三大类。

有时为了缩短液压系统管道和减少所用液压元件的数目，也可以把几个阀类元件装在一个阀体内构成复合阀。复合阀的种类很多，但就其作用来说，一般属于上述三大类中的任一种。

一、方向控制阀

液压系统中用来控制液体流动方向的阀类称为方向控制阀，简称方向阀。其中包括单向阀和换向阀等。

(一) 单向阀

单向阀的作用是只许油液往一个方向流动，不可倒流。图 15-8 所示为单向阀结构原理。

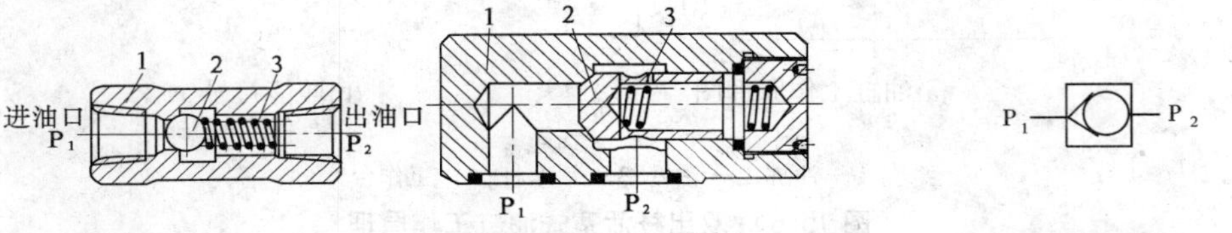

(a)直通式结构　　(b)角通式结构　　(c)单向阀职能符号

1— 阀体；2— 阀芯；3— 弹簧

图 15-8　单向阀结构原理

由图15-8可见，压力油从进油口 P_1 进入，顶开阀芯从出油口 P_2 流出。当油流反向时，在弹簧作用下阀芯紧压在油道开口上堵住油道，压力油不能通过。所以，此种阀只能使压力油沿一个方向流动，因此单向阀又称为止回阀。

直通式单向阀的进、出油口一般用螺纹直接与油管相连，称为管式连接。而角通式单向阀在系统中大多都是用安装板作板式连接。

为避免产生过大的压力损失，单向阀弹簧的压力，即单向阀的开启压力都较小。

根据系统需要，有时要使被单向阀所闭锁的油路重新接通，因此可把单向阀做成闭锁油路能控制的结构，这就是液控单向阀。图 15-9 所示为液控单向阀的结构原理和符号，其中 K 为控制油口，P_1、P_2 分别为进、出油口。当控制油口 K 不通压力油时，主通道中的压力油只能从油口 P_1 进入，顶开阀芯自 P_2 口流出，反向不能通过。当控制油口 K 接通压力油时，控制活塞 1 向右运动，通过活塞杆 2 顶开阀芯 3，从而连通 P_1、P_2 两油口，油液则可从两个方向自由流通。切断控制油路 K，立即恢复单向阀的性能。

单向阀在液压系统中应用极广，它可以单独使用，也可以和某些压力控制阀或流量控制阀并联成组合阀应用。

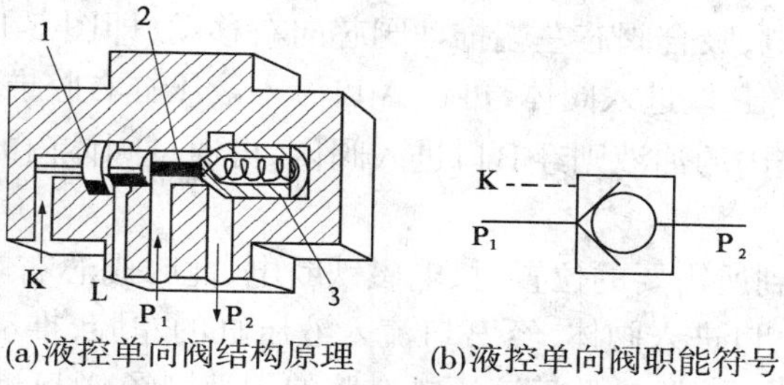

图 15-9 液控单向阀结构原理及职能符号

（二）换向阀

换向阀的作用是改变压力油的流动方向，接通或关闭油路，以达到控制执行元件运动方向或起动、停止的目的。

1. 换向阀的分类

换向阀的应用十分广泛，种类也很多，可根据其结构、操纵方式、阀芯与阀体的相互位置（工作位置）及控制通油口（通路）数来分类，见表 15-2。

表 15-2 换向阀的分类

分类方法	类型
按阀的操纵方式	手动、机动、电动、液动、电液动等
按阀的结构形式	滑阀式、转阀式
按阀的工作位置和控制通路数	二位二通、二位三通、二位四通 …… 三位四通等
按阀的安装方式	管式（亦称螺纹式）、板式、法兰式

2. 换向阀的典型结构及工作原理

以电磁换向阀为例讨论其工作原理。图 15-10(a) 所示为电磁换向阀的结构原理，图 15-10(b) 所示为电磁换向阀职能符号。

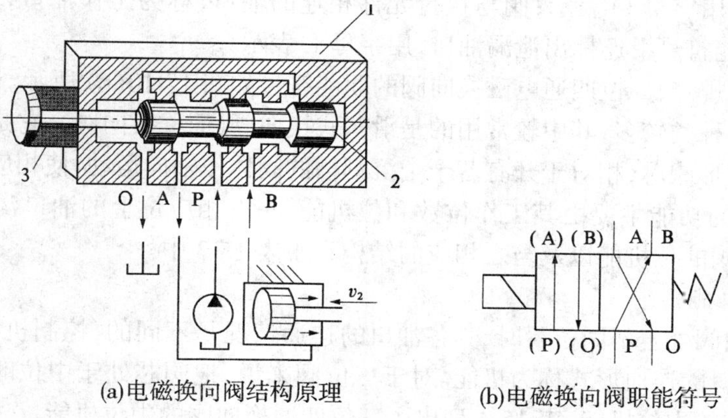

1—阀体；2—阀芯；3—电磁铁

图 15-10 电磁换向阀结构原理及职能符号

工作时电磁铁通电，吸合阀芯左端推动阀芯向右移动（即图 5-10(a) 所示位置）。此时接通 P、A 口，压力油自 P 口进入阀体，再自 A 口流入液压缸右腔推动活塞以 v_2 的速度向左运动，而液压缸左腔内的油液则经 B 口进入阀体，再通过阀体内的有关通道自 O 口流回油池。

当活塞向左运动到所需要的位置时，电磁铁断电，此时阀芯右端的弹簧则推动阀芯 2 向左运动，压力油自 P 口进入阀体，经 B 口流入液压缸的左腔，推动缸内活塞反向向右运动而实现执行元件的换向，此时处于液压缸右腔的油液则经 A 口进入阀体再由 O 口流回油池。

不难看出，电磁换向阀的工作原理是利用电磁铁推动阀芯移动从而改变油液流通通道来控制油流方向的。

由图 15-10(a) 可见，这种电磁换向阀有电磁铁通电和断电两个工作位置，阀体上开有四个分别与有关油路相连的油口，因此这种换向阀称为二位四通电磁换向阀。其职能符号见图 15-10(b)。

3. 换向阀的职能符号

1) 换向阀的"通"和"位"

换向阀的"通"是指阀体上的通油口数目，即有几个通油口，就叫几通阀；换向阀的"位"是指改变阀芯与阀体的相对位置时，所能得到的通油口切断和相通形式的种类数，有几种就叫几位阀。

2) 职能符号

换向阀职能符号的规定和含义如下：

(1) 用方框表示换向阀的"位"，有几个方框就是几位阀。

(2) 方框内的箭头表示处在这一位上的油口接通情况，并基本表示油流的实际流向。

(3) 方框内的符号"┬"或"┴"表示此油口被阀芯封闭。

(4) 方框上与外部连接的接口即表示通油口，接口数即通油口数，亦即阀的"通"数。

(5) 通常阀与液压泵或供油路相连的油口用字母 P 表示；阀与系统的回油路（油箱）相连的回油口用字母 O 表示；阀与执行元件相连的油口，称为工作油口，用字母 A、B 表示。有时在职能符号上还标出泄漏油口，用字母 L 表示。

根据上述规定，二位四通电磁换向阀的职能符号如图 15-10(b) 所示。

换向阀的种类较多，其中较常用的是滑阀式换向阀（简称换向阀），它是依靠具有若干个台肩的圆柱形阀芯，相对于开有若干个沉割槽的阀体作轴向运动，使相应的油路接通或断开。换向阀的功能主要由其工作位数和位机能 —— 相应位上的油口沟通形式来决定的。常用换向阀的位机能以及与之相应的结构列于表 15-3 中。

4. 中位机能

多位换向阀处于不同位置时，其各油口的连通情况是不同的，控制机能也不一样。因此，把滑阀阀口的连通形式称为机能。对于三位阀来说，把阀芯处于中位时各油口的连通形式称为滑阀的中位机能。表 15-4 列出了三位四通换向阀的中位机能。

中位机能不仅直接影响液压系统的工作性能，而且在换向阀由中位向左位或右位转换时对液压系统的工作性能也有影响。因此，在使用时应合理选择阀的中位机能。

表 15-3　常用换向阀的位机能以及与之相应的结构

<table>
<tr><th>名称</th><th>结构原理图</th><th>职能符号</th><th colspan="3">使用场合</th></tr>
<tr><td>二位二通阀</td><td>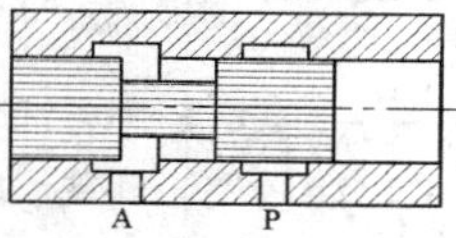</td><td>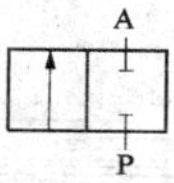</td><td colspan="3">控制油路的接通与切断
（相当于一个开关）</td></tr>
<tr><td>二位三通阀</td><td>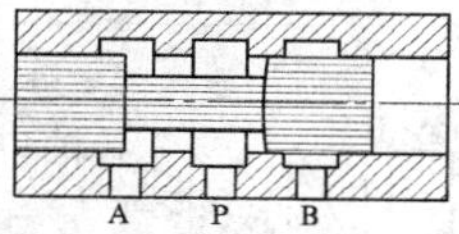</td><td>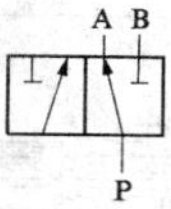</td><td colspan="3">控制液流方向
（从一个方向变换成另一个方向）</td></tr>
<tr><td>二位四通阀</td><td>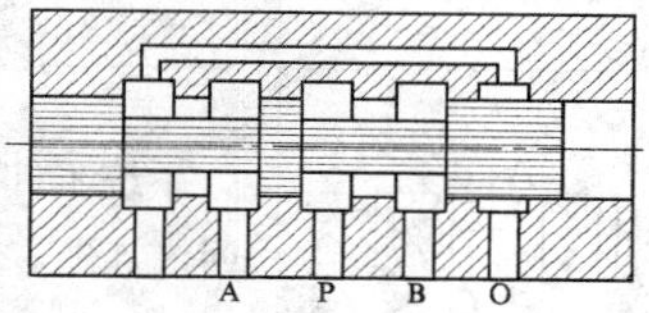</td><td>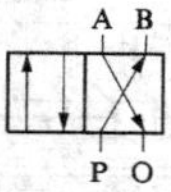</td><td rowspan="4">控制执行元件换向</td><td>不能使执行元件在任一位置处停止运动</td><td rowspan="2">执行元件正反向运动时回油方式相同</td></tr>
<tr><td>三位四通阀</td><td>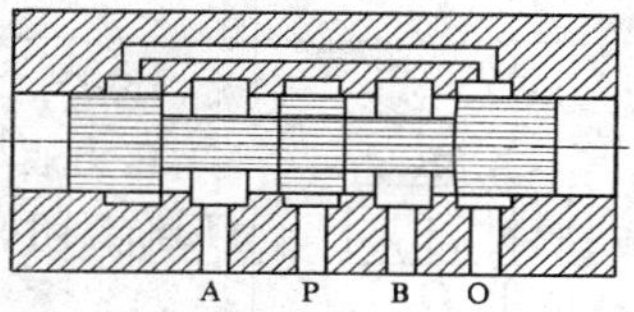</td><td>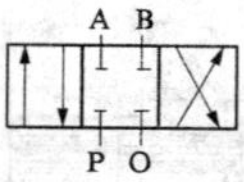</td><td>能使执行元件在任一位置处停止运动</td></tr>
<tr><td>二位五通阀</td><td>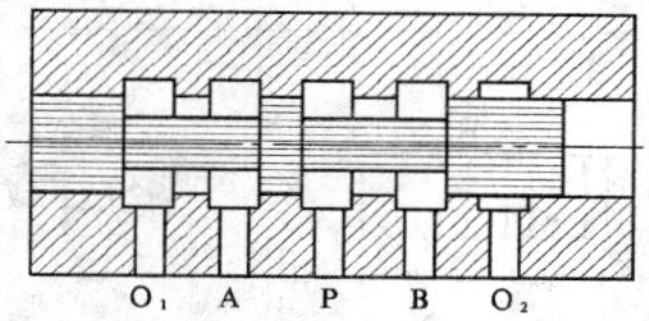</td><td>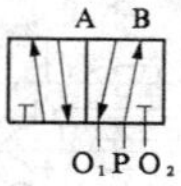</td><td>不能使执行元件在任一位置处停止运动</td><td rowspan="2">执行元件正反向运动时可以得到不同的回油方式</td></tr>
<tr><td>三位五通阀</td><td>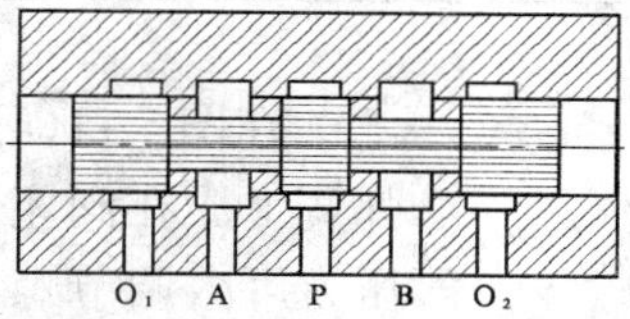</td><td>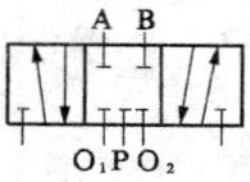</td><td>能使执行元件在任一位置处停止运动</td></tr>
</table>

二、压力控制阀

液压系统的压力能否建立起来及其压力的大小是由外界负载决定的，而压力高低的控制是由压力控制阀（简称压力阀）来完成的。

压力阀按其功能和用途可分为溢流阀、减压阀、顺序阀、压力继电器等，它们的共同特点是利用作用于阀芯上的液压力与弹簧力相平衡的原理进行工作。

（一）溢流阀

溢流阀是液压系统中必不可少的控制元件，其作用是用来防止液压系统过载，保护系统安全工作和保持系统压力的恒定。

溢流阀按工作原理不同分为直通式和先导式两种。直通式溢流阀的结构原理见图 15-11(a)，图 15-11(b) 所示为溢流阀的职能符号。

表 15-4　三位四通换向阀的中位机能

代号	名称	结构简图	符号	作用机能特点
O	中间封闭	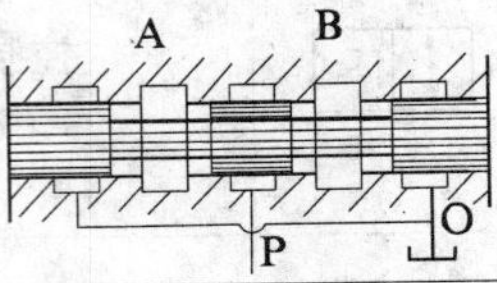		各油口全封闭，系统不卸载，缸封闭
H	中间开启	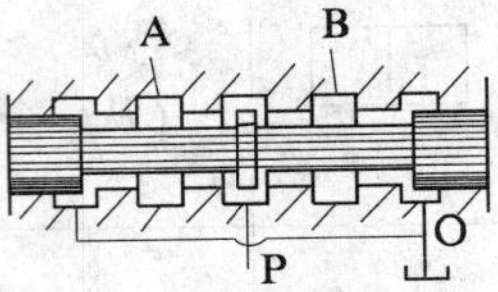		各油口全连通，系统卸载
Y	ABO连接	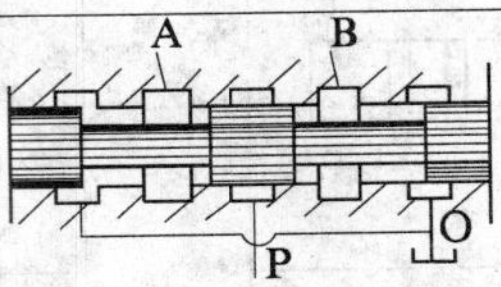		系统不卸载，缸两腔与回油连通
P	PAB连接	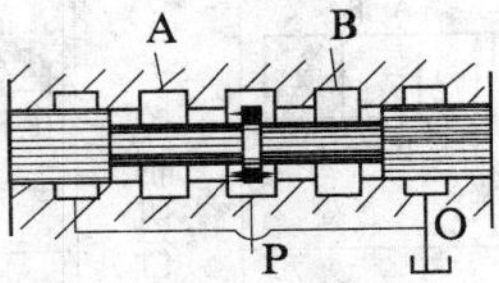		压力油与缸两腔连通，回油封闭
K	PO连接	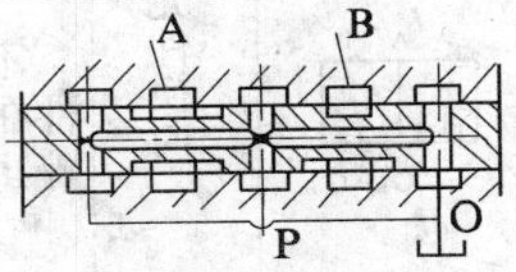		系统卸载，缸两腔封闭

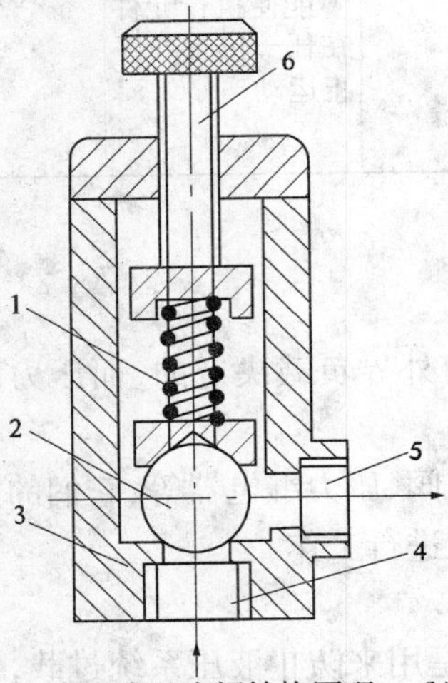

(a)直通式溢流阀结构原理

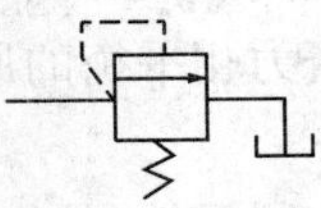

(b)直通式溢流阀职能符号

1— 弹簧；2— 阀芯；3— 阀座；4— 进油口；5— 出油口；6— 调节螺栓

图 15-11　溢流阀结构原理及职能符号

在图5-11(a)中，阀芯2由弹簧1压在阀座3上，弹簧的压力可由调节螺栓6调节。阀座上开有进油口4和出油口5，进油口和系统相连，出油口和油池相连。来自系统的压力油作用在阀芯上，当作用在阀芯上的油压产生的总作用力小于弹簧作用在阀芯上的力时，油口4与5被阀芯隔断而不通；当液压力超过弹簧力时，阀芯被液压力顶起，油液就通过阀芯与阀座之间的缝隙经过出油口流回油池，从而保证系统管路中的油压不超过由螺栓6调定的弹簧压力。所以，它可以控制系统管路中的最大压力不超过预定的极限值而起到安全保护作用。

这种直通式溢流阀的特点是结构简单，制造容易，但它是利用油压直接与弹簧力平衡的。所以，当系统油压较高时，要求弹簧较硬。因此，它一般应用于低压系统中。压力较高时可采用先导式溢流阀。

（二）减压阀

当液压系统中某一部分需要获得一个比液压泵供油压力低的稳定压力时，就要使用减压阀。应用最广泛的是定值减压阀，它是保持阀的出口油压为恒定值的减压阀。定值减压阀中以先导式减压阀应用较多。

先导式减压阀的结构原理见图 15-12(a)，图 15-12(b) 为先导式减压阀的职能符号。

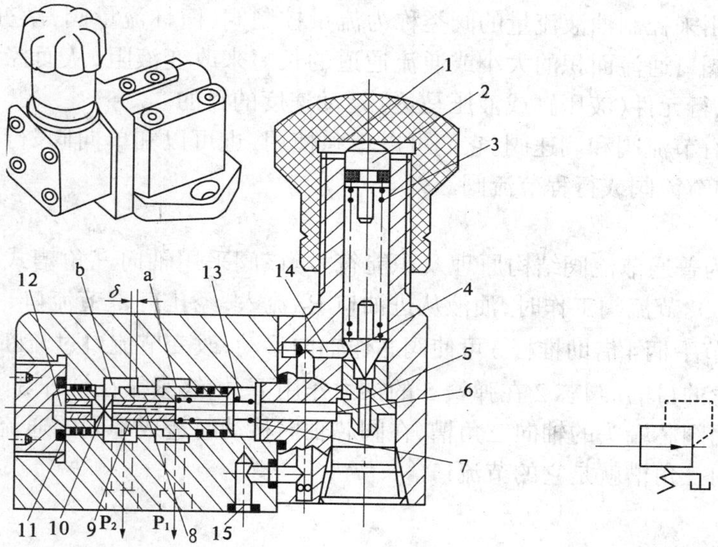

(a)先导式减压阀结构原理　　(b)先导式减压阀职能符号

1— 螺母；2— 柱塞；3、7— 弹簧；4— 锥阀；5、6、8、10、11、14、15— 孔；9— 阀芯；12— 主阀芯；13— 油腔

图 15-12　先导式减压阀结构原理及职能符号

这种减压阀降压的原理是利用油液通过缝隙时的液阻来降压的。工作时，压力较高的压力油自进油口 P_1 进入阀内 a 腔，经缝隙 δ 到 b 腔再自出油口 P_2 流出。由于缝隙 δ 的液阻作用，出油口油压 p_2 小于进油口油压 p_1。

减压阀与溢流阀相比，其主要的不同点是：

(1) 减压阀能保持出油口压力基本不变，而溢流阀是保持进油口压力基本不变。

(2) 减压阀出口的油仍是压力油，并通往工作系统中，所以其泄油孔 15 需要从阀的外部单独接回油箱。

（三）顺序阀

顺序阀是把压力作为控制信号，自动接通或断开某一油路，控制执行元件作顺序动作的压力阀。

顺序阀是利用不同的调定压力，使阀开启时间不同，从而造成接通油路的时间不同来实现动作的先后顺序的。

顺序阀可以和单向阀并联组合使用，形成单向顺序阀，亦可在阀上增开控制油口做成液控顺序阀。

(四) 压力继电器

压力继电器是用于电气－液压系统中的一种控制元件，它的作用是将液压系统中的压力信号转换成电信号，操纵电气元件，以实现顺序动作或安全保护等。

压力继电器的应用非常广泛，如用于机床上，当出现故障时使其自动停车。

三、流量控制阀

在液压系统中用来控制油液流量的阀类称为流量控制阀(简称流量阀)。它的工作原理通常是依靠改变阀口通流面积的大小或通流通道的长短来改变液阻，从而控制通过阀的流量，达到调节执行元件(液压缸或液压马达)运动速度的目的。

常用的流量阀有节流阀和调速阀。它们可以单独使用，也可以和单向阀、行程阀等组合使用，而形成单向节流阀或行程节流阀。

(一) 节流阀

图 15-13 所示为普通节流阀结构原理及职能符号。该阀采用轴向三角槽式的节流口形式(见图 15-13(a))。节流阀工作时，油液从进油口 P_1 流入，经孔道 a、节流口、孔道 b，从出油口 P_2 流出。调节手柄 4 借助推杆 3 可使阀芯作轴向移动，改变节流口过流断面面积的大小，达到调节流量的目的。阀芯 2 在弹簧 5 的推力作用下，始终紧靠在推杆 3 上。

显然，它是利用阀芯端头的轴向三角槽，在阀芯轴向移动时造成不同的通流截面面积来调节流量的。轴向三角槽就是它的节流口。

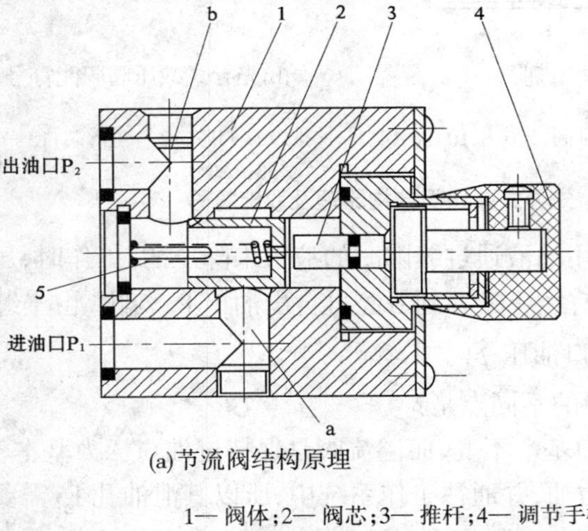

(a)节流阀结构原理

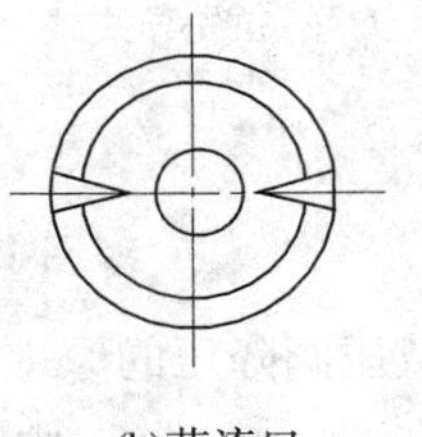
(b)节流口

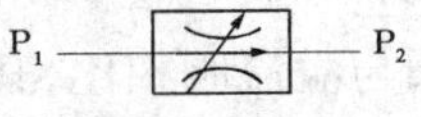

(b)节流阀职能符号

1— 阀体；2— 阀芯；3— 推杆；4— 调节手柄；5— 弹簧

图 15-13　节流阀结构原理及职能符号

节流口是任何流量控制阀都必须具备的节流部分。节流口的形式很多，除上述轴向三角槽的形式外，还有针式节流口和偏心式节流口等。

（二）调速阀

调速阀可由一个减压阀和一个普通节流阀串联组合而成，减压阀起压力补偿装置的作用。在调速阀中通过其中减压阀的压力补偿关系，可以使节流阀两端的压力差基本保持不变，从而使通过的流量稳定。

第四节　液压辅件

液压系统的辅件很多，它包括油箱、滤油器、蓄能器、压力表、油管及管接头等。它们是保证液压系统正常工作不可缺少的部分。其中油箱须根据液压系统的要求自行设计，其他一些辅助元件则做成标准件，供设计时使用。应用时随着液压系统工作的要求不同其选用的项目也有所不同。

本节主要介绍一般液压系统常用的必不可少的液压辅件。

一、滤油器

液压系统中使用的油液难免会混入一些杂质和污物，使油液不同程度地污染。杂质和污物的存在，会使相对运动的零件急剧磨损、扎伤或卡死，也可能堵塞小孔、缝隙或节流口，从而引起液压系统发生故障。因此，为了保证液压系统正常工作，提高其使用寿命，必须对油液中杂质和污物颗粒的大小及数量加以控制。滤油器的作用就是净化油液，使油液的污染程度控制在所允许的范围内。

滤油器按其所能过滤的颗粒大小不同分为粗滤油器、普通滤油器、精滤油器、特精滤油器四类。按其滤芯的材料和过滤方式不同又可分为网式（使用铜丝网过滤）、线隙式（通过绕制在滤架上的铜丝间的缝隙过滤）、纸芯式（通过微孔滤纸过滤）和烧结式等。

图 15-14 为网式滤油器的结构图。图 15-15 为滤油器职能符号。

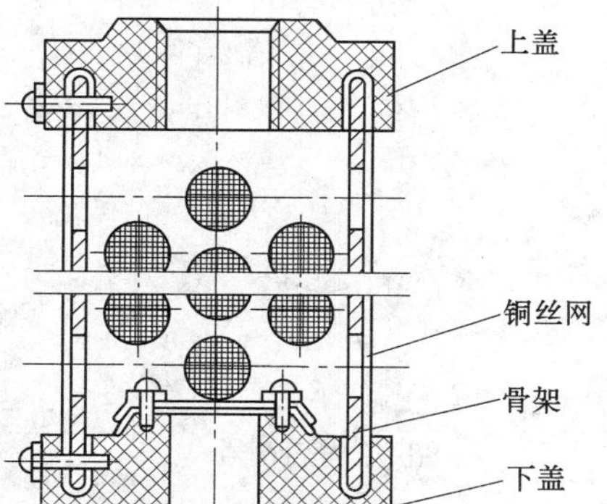

图 15-14　网式滤油器结构

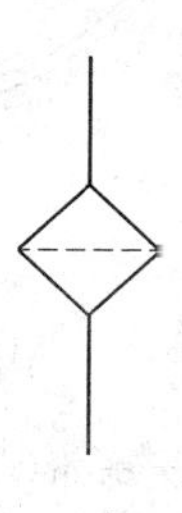

图 15-15　滤油器职能符号

二、蓄能器

蓄能器是液体压力能的储存和释放装置，它在液压系统中的功用主要有以下四个方面：

（1）短期大量供油，用于液压系统短时间内需要大量压力油的场合。在一些实现周期性动作循环的液压系统中，当系统不需大量油液时，可以把液压泵输出的多余压力油储存在蓄能器内，到需要时再由蓄能器快速释放出来，这样就可使系统采用流量较小的液压泵，不但减少了电机功率的消耗，而且也降低了液压系统的温升。

(2) 维持系统压力，用于压力机或机床夹紧装置的保压回路等场合。当实现保压时，液压泵卸荷，由蓄能器释放能量，补充系统泄漏，维持系统压力。

(3) 缓和压力冲击或吸收压力脉动，用于液压系统中压力波动太大的场合。在液压系统中，当液压泵突然启动或停止、液压阀突然关闭或换向、液压缸突然运动或停止时，液压系统中要出现液压冲击。在压力冲击和压力脉动的部位加接蓄能器，可使压力冲击得到缓和，也能吸收液压泵工作时的压力脉动。

(4) 应急能源。当停电或原动机发生故障时，蓄能器把储存的压力油供应出来，作为系统的应急能源。

蓄能器的类型主要有重力式、弹簧式和气体加载式三种。

三、压力表

液压系统各工作点的压力可由压力表来观察，以便调整和控制。最常用的压力表是弹簧弯管式压力表，其工作原理如图 15-16 所示。压力油进入弹簧弯管 1 时，管端产生变形，并通过杠杆 4 使扇形齿轮 5 摆动，扇形齿轮与小齿轮 6 啮合，小齿轮便带动指针 2 旋转，从刻度盘 3 上读出压力值。

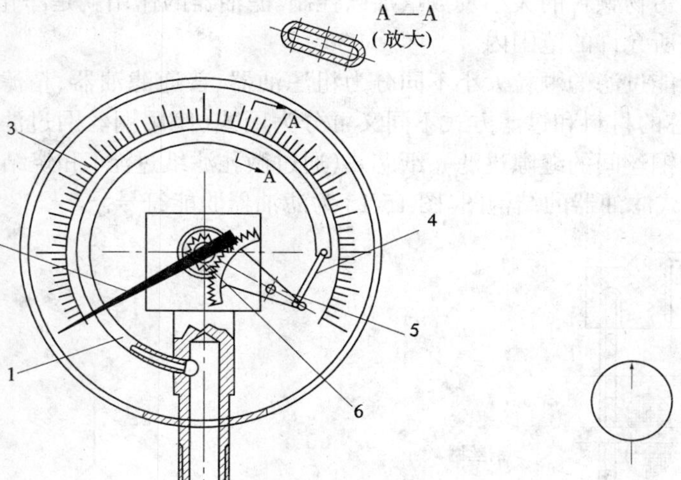

(a)压力表工作原理　　(b)压力表符号

1— 弹簧弯管；2— 指针；3— 刻度盘；4— 杠杆；5— 扇形齿轮；6— 小齿轮

图 15-16　弹簧弯管式压力表工作原理及符号

四、油管和管接头

(一) 油管

油管的作用是连接液压元件和输送油液。使用时重点是管径的选择。

常用的油管有钢管、铜管、橡胶软管、尼龙管和塑料管。采用哪种油管，主要由工作压力、安装位置及使用环境等条件决定。

(二) 管接头

管接头是油管与油管、油缸与液压元件间的可拆装的连接。其结构通常为螺纹连接。螺纹连接的管接头种类很多，常用的有扩口式、焊接式和卡套式等。

五、阀类连接板

液压系统中阀类元件间以及辅助元件间的连接方式，常见的有管式连接和板式连接两种。

管式连接不需要专门的安装板，元件布置比较分散。

板式连接则元件布置较集中，操纵调整与维修较方便，但需要制造专门的连接板。

六、油箱

油箱是用来储存和供给液压系统用油的，同时通过油箱还可以使渗入的气体逸出、污物沉淀和散热。

对油箱的基本要求一般来说就是保证具有足够的容积，并同时使结构尽可能紧凑。

液压系统中有的利用主机机座作为油箱，有的单独设置油箱。单独设置的油箱称为分离式油箱。

为了防止油液被污染，箱盖上各盖板、管口处都要加密封装置，注油口应安装滤油网。通气孔要安装空气滤清器。油箱底应有坡度，以方便放油。油箱内油面的高度一般不应超过油箱高度的 80%。

第五节　液压基本回路

一台设备的液压系统无论简单还是复杂，都是由一些液压基本回路组成的。所谓基本回路就是由有关液压元件组成的，用来实现某一特定功能的典型回路。比如用来控制系统压力的压力控制回路、用来调节执行元件运动速度的速度控制回路和用来变换执行元件运动方向的方向控制回路等。

熟悉和掌握液压基本回路的构成、工作原理和性能，对于正确分析和合理设计液压系统是很重要的。

一、压力控制回路

压力控制回路是利用各种压力控制阀来实现系统整体或局部的调压、减压、增压或卸荷，以满足执行元件对力的不同要求。

(一) 调压回路

图 15-17 所示为由溢流阀与定量泵组成的单级调压回路，以控制系统的工作压力，使其不超过某一调定值。此时溢流阀的调定压力一般略大于油缸的最大工作压力和管路上各种压力损失之和。

当某些液压系统在工作过程中的不同阶段需要不同的工作压力时，可采用图 15-18 所示的多级调压回路。图 15-18 中当活塞向下运动时，系统压力由溢流阀 1 调定，当活塞向上运动时，系统压力则由溢流阀 2 调定。

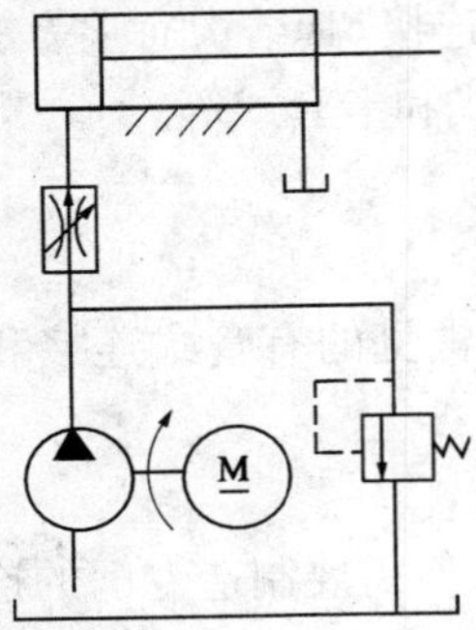

图 15-17　单级调压回路

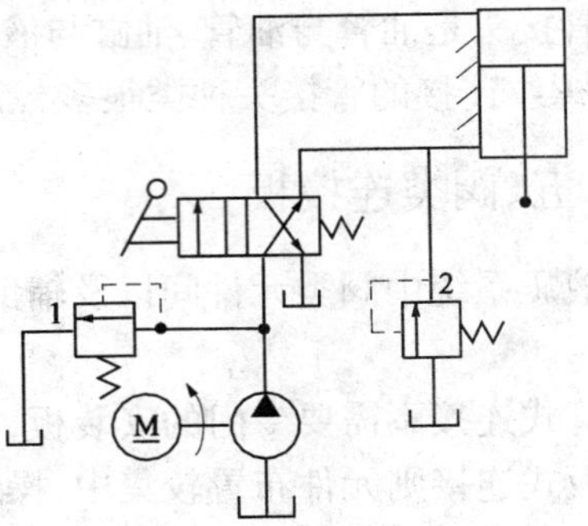

图 15-18　多级调压回路

（二）卸荷回路

液压系统工作时，有时执行元件短时间停止工作，不需要液压泵输出油液。此时关闭油泵电机使泵停止工作当然是最简单的方法。但是泵过于频繁的停、启，对泵的寿命非常不利。这种情况下要使用卸荷回路（液压泵在很小功率输出下运转的状态称为液压泵的卸荷）。卸荷回路的形式很多，下面介绍两种。

图 15-19 所示是利用三位四通电磁换向阀的“H”型中位机能卸荷的。只要换向阀的两个电磁铁都断电，换向阀的中位接入系统，油泵输出的油经换向阀上相互连通的通油口直接流回油箱。

图 15-20 所示是利用二位二通换向阀 2 来卸荷的，图示状态为泵的卸荷状态，此时泵输出的油液直接回油箱。

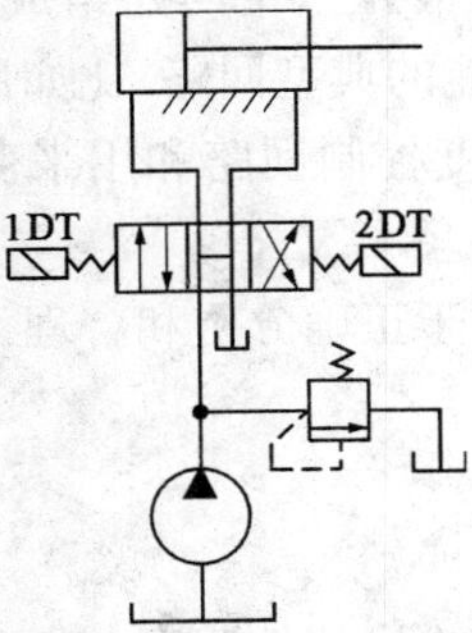

图 15-19　卸荷回路（1）

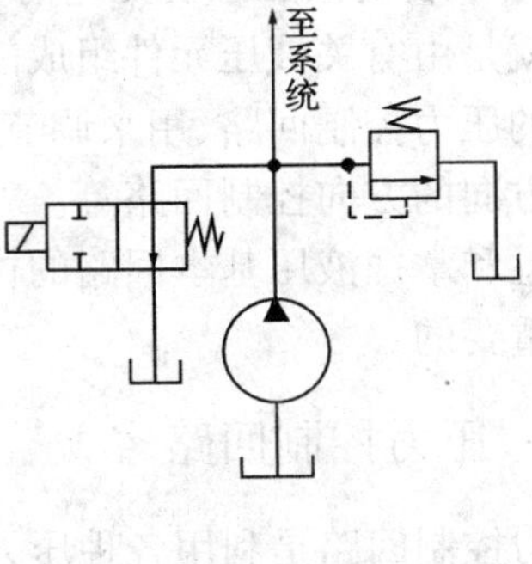

图 15-20　卸荷回路（2）

（三）减压回路

在液压系统中，当某个回路所需要的工作压力比主油路低时，在这个支路上可采用由减压阀组成的减压回路。

图 15-21 为一种减压回路,由图可见,由液压泵来的压力油既要满足工作油缸的压力需要,又要满足控制系统和润滑系统的压力需要,而且各压力值不等,后两项的压力低于主系统中的压力。此时采用溢流阀 1 调定主系统中的压力而用减压阀 2、3 来分别获得控制系统和润滑系统中需要的压力。

二、速度控制回路

液压系统中的速度控制回路是用来调节或变换执行元件的运动速度的。常见的有调速回路和速度换接回路。

(一)调速回路

定量泵供油的液压系统,可采用节流阀来控制流入或流出执行元件的流量来实现变速。

图 15-22 所示是节流阀装在进油路上,称为进口节流调速回路。它的调速原理是:定量泵输出的流量 Q_P 在压力阀调定的供油压力 P_P 下,其中一部分流量 Q_1 经节流阀后,压力降为 P_1,进入液压缸的左腔并作用于有效工作面积 A_1 上,克服负载 F_L,推动液压缸的活塞以速度 v 向右运动;另一部分流量 ΔQ 经溢流阀流回油箱。当其他条件不变时,活塞的运动速度 v 与节流阀的过流断面面积 A_T 成正比,故调节 A_T 就可调节液压缸的速度。

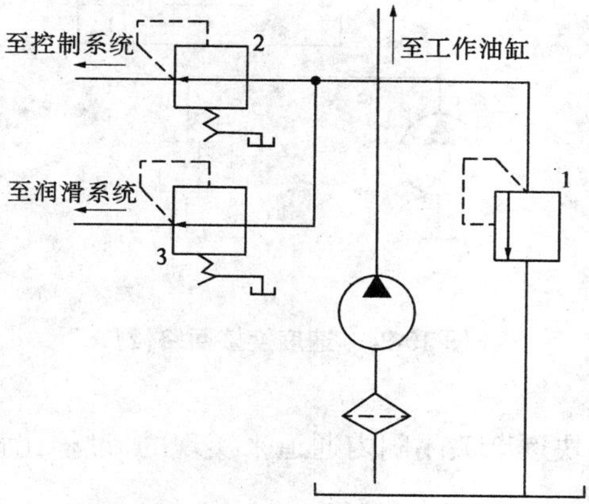

图 15-21 减压回路

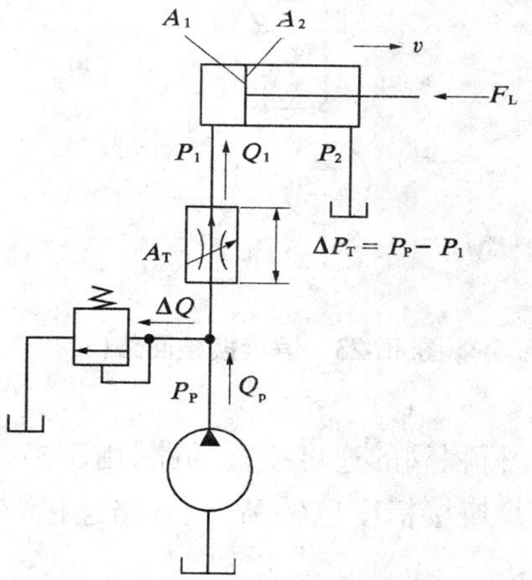

图 15-22 节流阀的进口节流调速回路

上述调速方式一般只用于负载变化不大、速度较低的场合。

对于变量泵可通过直接调节泵的输出流量来实现调速。

(二)速度换接回路

在一些设备中,常要求液压执行元件在一个工作循环中从一种运动速度变换成另一种运动速度(例如由快进变换成工进等),这时就需要使用速度换接回路。

1. 利用液压缸本身的特殊结构来实现速度换接

图 15-23 是一种利用特殊结构的液压缸来实现速度换接的回路。在图示位置时,活

塞快速向右运动，液压缸右腔的油经油路 1 和换向阀流回油箱；当活塞移到封住油路 1 处，右腔的油必须经过节流阀 3 和换向阀才能排回油箱，此时活塞的运动速度减慢，转为工作进给。当换向阀右位接入回路时，压力油经换向阀和单向阀 2 进入液压缸右腔，使活塞快速向左退回。

这种速度换接回路结构简单，速度换接位置准确，但不能调节，活塞行程也不能太长。

2．利用行程阀实现速度换接回路

图 15-24 是一种用行程阀实现速度换接的回路。图示位置为压力油进入液压缸左腔，其右腔的油经行程阀 3 流回油箱，活塞向右快速运动时的情况。当活塞移到某预定位置处，装在工作部件上的挡块压下行程阀 3，将其通道关闭时，液压缸左腔的油必须经过节流阀 2 才能排回油箱，活塞的运动就转变为慢速的工作进给。当换向阀左位接入回路时，压力油经换向阀和单向阀 1 进入液压缸右腔，活塞快速向左退回。

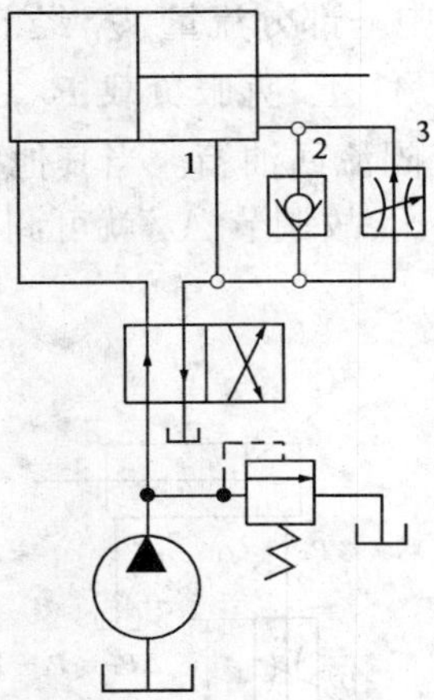

图 15-23　速度换接回路(1)

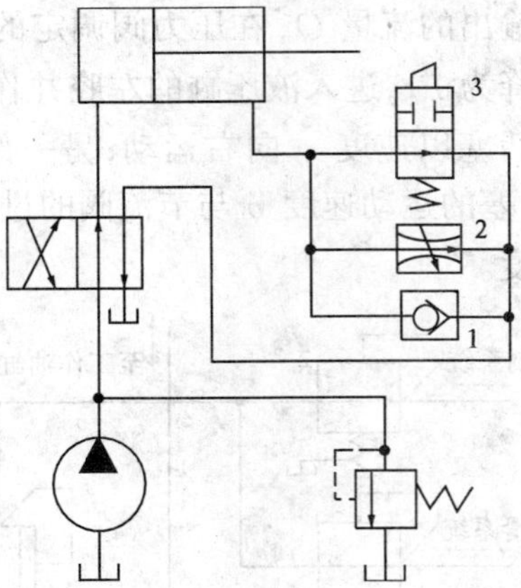

图 15-24　速度换接回路(2)

行程阀的速度换接回路，由于换接是通过挡块逐渐关闭阀内通道来实现的，过程比较平稳，换接精度也较高，但管路连接较复杂。

三、多缸控制回路

用一个液压泵驱动两个或两个以上的液压缸(或液压马达)工作的回路，称为多缸控制回路。这种回路可以减少液压元件和电机，合理利用功率，减少占地面积。

根据液压缸动作间的配合关系，多缸控制回路可分为多缸顺序动作和多缸同步动作两大类。

(一)多缸顺序动作回路

在多缸液压系统中，往往要求各个液压缸按一定的顺序依次动作，多缸顺序动作回路就是实现这种要求的回路。

图 15-25 是一种用行程开关和电磁阀控制顺序动作的回路。其工作情况如下：按下

启动按钮,电磁铁 1DT 通电,电磁阀 1 的左位接入回路,压力油进入液压缸的左腔,使其活塞向右运动。当活塞移动到预定位置碰上死挡铁停止运动时,它的挡块正好压下行程开关 6,电磁铁 1DT 断电、3DT 通电,电磁阀 2 的左位接入回路,于是压力油进入液压缸 4 的左腔,使其活塞向右运动。当活塞移动到规定位置碰上死挡块停止运动时,它的挡块正好压下行程开关 8,电磁铁 3DT 断电、2DT 通电,压力油便进入液压缸 3 的右腔,使其活塞向左移动。当活塞返回到原位时,它的挡块压下行程开关 5,电磁铁 2DT 断电、4DT 通电,压力油进入液压缸 4 的右腔,推动其活塞向左运动。当活塞返回到原位时,它的挡块压下行程开关 7,使电磁铁 4DT 断电,于是两个电磁阀都处于中位,完成了一个完整的运动循环。

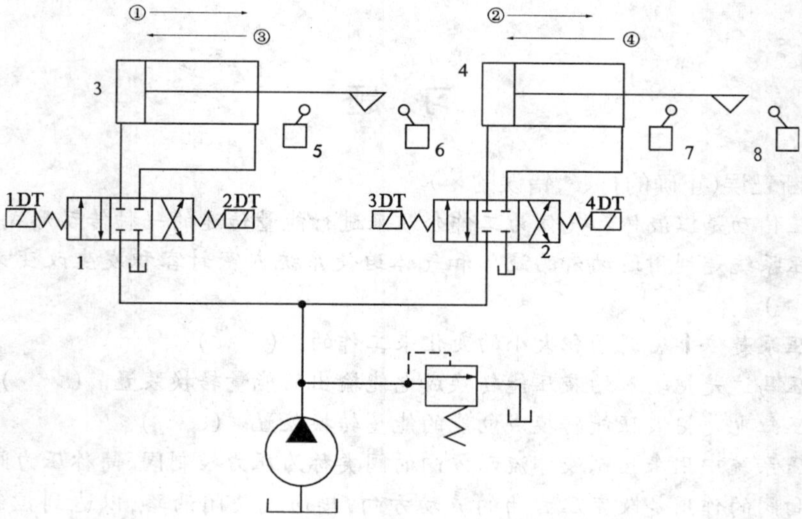

图 15-25　多缸顺序动作控制回路

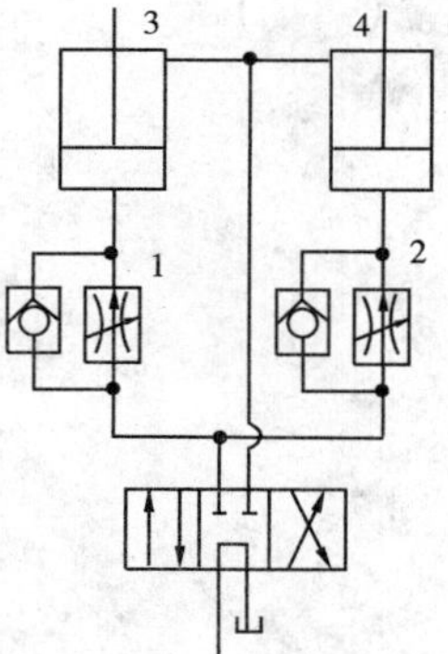

图 15-26　多缸同步回路

这种回路由于调整行程方便,动作可靠,且可改变动作顺序,应用较广。

(二)多缸同步动作控制回路

在多缸液压系统中,为了保证两个或多个液压缸在运动中的位移相同或以相同的速度运动,就要采用同步回路。

图 15-26 是一种使用调速阀实现同步运动的回路。在这里,两个调速阀 1、2 分别调节两个并联液压缸 3、4 的活塞的运动速度。若两个活塞的有效工作面积相同,两个调速阀的通过流量也调整得相同,则两个活塞向上的运动就可以同步。

这种回路的特点是:结构简单,成本低,速度可以调整,易于实现多缸同步。使用这种回路时,调速阀应尽量安装得靠近液压缸，这样可以获得更高一些的同步精度。

本章小结

本章主要介绍了液压传动的原理和组成，液压传动的优缺点，液压传动的两个基本参数，液压传动用油的选择，液压泵、液压马达和液压缸工作原理及分类，液压控制阀包括方向控制阀、压力控制阀、流量控制阀的分类、构成、工作原理和应用范围，液压基本回路包括压力控制回路、速度控制回路、多缸控制回路的工作原理和应用。简单介绍了液压系统的辅件包括油箱、滤油器、蓄能器、压力表、油管及管接头的作用、分类和应用范围。

本章重点掌握液压基本回路包括压力控制回路、速度控制回路、多缸控制回路的工作原理和应用。

习　题

一、判断正误(正确的打√，错误的×)

1. 液压传动是以液体和气体为工作介质来进行能量传递的一种传动形式。(　　)

2. 液压系统是利用运动着的液体和气体迫使系统内密封容积发生改变来达到传递目的。(　　)

3. 液压泵是依靠密封面积大小的变化来工作的。(　　)

4. 液压马达是把输入的液压能转换成电能输出的能量转换装置。(　　)

5. 液压缸也是把液压能转换成电能的能量转换装置。(　　)

6. 液压系统中用来控制液体流动方向的阀类称为压力控制阀，简称压力阀。(　　)

7. 换向阀的作用是改变压力油的流动方向，接通或关闭油路，以达到控制执行元件的起动、停止的目的。(　　)

8. 液压系统的压力能否建立起来及其压力的大小是由外界负载决定的，而压力高低的控制是由压力控制阀(简称压力阀)来完成的。(　　)

9. 在液压系统中用来控制油液流量的阀类称为流量控制阀。(　　)

二、单向选择题

1. 压力阀按其功能和用途可分为______等。

A. 溢流阀、减压阀、顺序阀和压力继电器

B. 溢流阀、减压阀和顺序阀

C. 溢流阀和减压阀

D. 溢流阀、减压阀和压力继电器

2. 方向控制阀包括______。

A. 单向阀和换向阀　　　　B. 双向阀和换向阀

C. 单向阀和溢流阀　　　　D. 溢流阀和换向阀

3. 常用的流量阀有______。

A. 节流阀和调速阀　　　　B. 减压阀和调速阀

C. 单向阀和调速阀　　　　　　D. 换向阀和调速阀

4. 滤油器按其所能过滤的颗粒大小不同分为______四类。

A. 粗、普通、精和特精滤油器

B. 粗、普通、精和网式滤油器

C. 粗、普通、线隙式和网式滤油器

D. 粗、纸芯式、线隙式和网式滤油器

5. 压力控制回路是利用各种压力控制阀来实现系统整体或局部的______,以满足执行元件对力的不同要求。

A. 调压、减压、增压或卸荷　　　　B. 调压和减压

C. 调压、增压或卸荷　　　　　　　D. 减压、增压或卸荷

6. 多缸控制回路可分为______两大类。

A. 多缸顺序动作和多缸同步动作

B. 多缸顺序动作和多缸异步动作

C. 多缸相互动作和多缸异步动作

D. 多缸异步动作和多缸同步动作

7. 速度控制回路常见的有______。

A. 调速回路和速度换接回路　　　　B. 提速回路和速度换接回路

C. 调速回路和提速回路　　　　　　D. 调速回路和减速回路

三、问答题

1. 何谓液压传动?

2. 液压传动的基本组成部分有哪些? 各组成部分的作用是什么?

3. 液压传动与机械传动相比有哪些主要优缺点?

4. 液压系统中的压力指的是什么意思,其单位是什么? 液压系统中压力的大小取决于什么因素?

5. 试述容积式液压泵的工作原理和必须具备的条件。

6. 齿轮泵、叶片泵、柱塞泵中哪些是变量泵,哪些是定量泵? 变量泵是通过什么原理来改变流量的?

7. 滑阀式换向阀的作用和工作原理是什么?

8. 什么是三位四通换向阀的中位机能? 它有哪些基本形式?

9. 液压辅件有哪些? 各起什么作用?

10. 什么是液压基本回路?

四、分析题

在图 15-27 中,试分析实现“快进—工进—快退—原位停止及油泵卸荷”工作循环时各液压元件动作状态,并写出各环节的进油路线和回油路线。

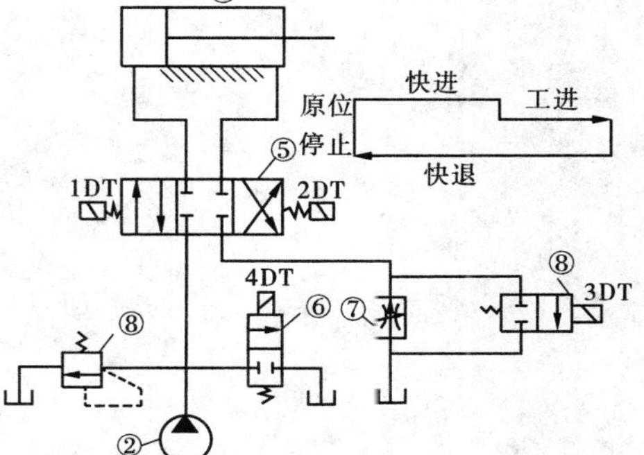

图 15-27

参考文献

[1] 何少平,许晓嫦．热加工工艺基础[M]. 北京:中国铁道出版社,1998.
[2] 丁德全．金属工艺学[M]. 北京:机械工业出版社,2000.
[3] 朱玉义．焊工实用技术手册[M]. 北京:科学技术出版社,1995.
[4] 刘喜俊．铸造工艺[M]. 北京:机械工业出版社,1999.
[5] 鞠鲁粤．机械制造基础[M]. 上海:上海交通大学出版社,2000.
[6] 薛彦成．公差配合与技术测量[M]. 北京:机械工业出版社,2001.
[7] 徐锦康,周国民,刘极峰．机械设计[M]. 北京:机械工业出版社,1998.
[8] 丁树模．机械工学[M]. 北京:机械工业出版社,1999.
[9] 孙宝钧．机械设计基础[M]. 北京:机械工业出版社,1999.
[10] 邵韫珠,等．机械基础[M]. 北京:高等教育出版社,1991.
[11] 陈仪先．机械制造基础(上册)[M]. 北京:中国水利水电出版社,2005.
[12] 张若锋．机械制造基础[M]. 北京:人民邮电出版社,2006.
[13] 京玉海．机械制造基础(上册)[M]. 北京:清华大学出版社,2006.